JN097125

基 礎 解 析

―― 論証, 証明を実践的に習得するために ――

酒 井 久 満

大 垣 書 店

まえがき

　本書は，大学の初年次教育において 基礎学習として 数学における論証，証明を実践的に習得するためのものである。

　数学においては，論証する，推論する，証明することは最重要事である。私自身 それをいつ学んだのだろう。中学時代に 初等幾何学 (ユークリッド幾何学) においてだったと思う。「二等辺三角形の二つの底角は等しい」などは図を見れば 明らかであるのに，証明を求められた。しかも，仮定を列挙し 結論を書き，途中 根拠を明示するという型に従って。そうして，易しい命題から次第に複雑な命題へと証明していった。その後，高校で 代数や微積の数式などでも幾何と同じように証明という形式になっていることに気づいて，数学における証明の位置，重要性を納得したものである。現在の 学びの課程もほぼ 同様であろう。

　ところで，数学が苦手，嫌いという人はこの証明を学ぶ時期を逸したからではないかと考えるのである。さすれば，問題を解く (結局，証明の行為である) に当たっても，類題の解法を覚えて それをひたすら真似るようなことになって，たぶん さっぱり面白くないだろうことも 至極 当然なのである。微積や線形代数の講義において 証明をどんなに易しくやったつもりでも そのような学生諸君には全く受け付けてもらえないようなのである。易しい命題における証明の成功体験 (のひと続き) が必要なのだと思う。

　とはいえ，大学一年生で 再び，初等幾何学を学び直すのは いかにも 迂遠な感じがする。 それゆえ，本書のように 実数の公理系から 既によく知っている数式の性質を一つ一つゆっくり証明してゆく (第 1 章 §2) ことを 提案したい。易しいとはいえ，このような初歩的な数式の証明は 恐らく 初めての体験であろう。この場合 初めてであることは 非常な利点である。

　約分の公式 $\dfrac{ac}{bc} = \dfrac{a}{b}$ などのように，中学で学んですっかり当たり前になっている等式でも，公理系の中に それがなければ 証明すべき事柄なのである。二等辺三角形の二つの底角が等しいことを証明してきたように。 このような，最も基本的な命題から順次証明を実行していって，そうして 微積や線形代数に至れば，そこにおける証明にも 必要性，重要性，意味が感じられるだろう。

　証明は論理に従って実行されるのであるが，使われる論理は 初歩的な数学でも，かなり進んだ数学でもそれほどの違いはないのである。本書の内容ぐらいで，微積や線形代数を学ぶに十分であろう。数学の命題の理解に労力を使う必要がない分，論理そのものに注意を向けることができるので，思考経済的である。

　このように, 本書の前半 (序章〜第 2 章) は論証, 証明を実践的に学ぶためであり, 後半 (第 3 章〜第 5 章) は 引き続いて 論証を実践し, 確かめてゆくとともに, 色々な初等関数の例を復習して, 微分積分学への準備とするものである。

　本書の前半部分について, もう少し詳しく 述べる。

序章 §1 は 数の歴史の概説である。数の初歩的な内容を扱うので必要だった。

序章 §2〜§4 は 数学において使われる論理をまとめたものである。記号で書かれているが, できるだけ日常の言葉に直して, 感覚的に 理解してほしい。ここでは 証明をしない。('論理' にも証明があるが, 数理論理学の書物にゆずる.) 同時に 集合, 関数, 関係 について 述べている。これらは現在では, 数学における言葉に相当する。

序章 §5 は 数学的理論の構成 について 書かれている。数学を学ぶときには 常に 念頭に置いておきたい。

第 1 章 §1 は 等号 について。　等号は関係の 1 つであるが, 特別に 注意する必要があると考えた。

ここまでが 準備であり, 本書の性質上, 証明はしなかった。また, 演習問題も置かなかった。

第 1 章 §2 から 論証, 証明 が実行される。本書では, 論証, 証明という行為はここから始まる。従って, 最も重要な §(節) といえる。以後, 各 § 末 に 基礎的な演習問題がある。解答も 巻末に できるだけ詳しく書いた。

第 1 章 §3〜§4 は 累乗, 絶対値, 平方根, 整式の加減乗 について。展開や因数分解の公式の証明などは 見慣れた光景であろう。

第 2 章 は 方程式と不等式 で, 第 1 章をクリアしてきた諸君は, この章は少し楽しみながら進めるだろうか。

　最後に, 各 § 末の基礎演習について。文字通り基礎的ないわゆる計算問題が中心であるが, 結果が合っていれば良い ではなく (もっとも, 間違えるようでも 困るのだが), 結果に至るまでに使われる公理, 定理, 定義, 論理を変形ごとに示せるかという論証の練習問題なのである。

　大学の 1, 2 年次では, 従来より, 微分積分学や線形代数学を学ぶが, 数学 (特に 証明) が苦手の諸君には, その前に, 本書などを読んで 論証, 証明に 十分強くなってもらいたいと 切に願うものである。

　最後になりましたが, かつて 同じ職場 (大学) におられた西郷甲矢人教授には, 本書の原稿を通読し, 励まして頂きましたことを心より感謝いたします。

2020 年　8 月　　　　　　　　　　　　　　　　　　酒 井 久 満

目　次

vi

序　章　　準備のために

§1　数の歴史

1 自然数

　数, 数字, 数詞は人類の長い歴史の中で, ゆっくり時間をかけて, 発見され, 作られてきたのである。

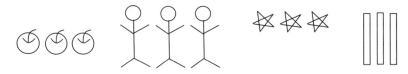

りんご, 人, 星, 棒切れなどの上の状態から 3 という数を抽象してくるのにどれだけの歳月を要したのだろう。ともかく, このように個数として, 或いはまた順序として, 数 1, 2, 3, 4, …… が発見されていったと思われる。数字・書き方・記数法 と 数詞・読み方・命数法 とにおいて。

　しかし, このようにしてゆくと, 数を表す符丁（数字）が無数に必要になってくる。これを解決するのに位取り記数法が見出された。
1 2 3 4 5 6 7 8 9 の次に 1 束 (10), 1 束 1 (11), 1 束 2 (12), 1 束 3 (13),……,
9 束 9 (99) と続けて, この次を 100,101,102,…… とする位取りの記数法である。
この発見 (10 進法) によって, 0 ～ 9 の十個の符丁ですべての数 (自然数) が表せるようになったのである。ここで 0 は位 (位置, 場所) を調節するための単なる符丁 (空位の 0) に過ぎない。

この左端の状態に個数 0 と当てるにはやはり飛躍が必要だったろう。空箱だけを見ていて気付くだろうか。元々あった筈の所に ' ない ' という強い不在の印象が働いているだろう。空位の 0 と個数 0 が統合されて, 零が発見されたのである。

　零の発見, 位取り記数法の発見はインドと言われているが, いつ頃か定かでない。6 世紀には使われていたようである。その後, アラビアを経て, ヨーロッパに伝えられた。

2 分数（有理数）

　分数 (分母分子がともに自然数の分数) はエジプト, ギリシア等, どの古代文明でも広く知られていたようである。一方, 零や 特に 負の数が認知されるのは比較的遅い。

　分数は線分の長さや長方形の広さなど連続的な量を表す必要から自然数の比として考えられた。3 つに等分したうちの 1 つとして $\frac{1}{3}$, 2 つなら $\frac{2}{3}$ というように。

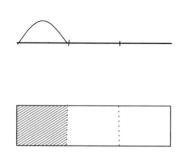

$$\frac{1}{2} \quad \frac{2}{2} \quad \frac{3}{2} \quad \frac{4}{2} \quad \frac{5}{2} \quad \frac{6}{2} \quad \cdots\cdots$$

$$\frac{1}{3} \quad \frac{2}{3} \quad \frac{3}{3} \quad \frac{4}{3} \quad \frac{5}{3} \quad \frac{6}{3} \quad \cdots\cdots$$

$$\frac{1}{4} \quad \frac{2}{4} \quad \frac{3}{4} \quad \frac{4}{4} \quad \frac{5}{4} \quad \frac{6}{4} \quad \cdots\cdots$$

$$\frac{1}{5} \quad \frac{2}{5} \quad \frac{3}{5} \quad \frac{4}{5} \quad \frac{5}{5} \quad \frac{6}{5} \quad \cdots\cdots$$

$$\cdots\cdots\cdots\cdots\cdots\cdots\cdots\cdots\cdots$$

これで有理数 (正の) までが現れた。

　小数表記は中国に発するらしい。その後インドを経て, アラビアからヨーロッパ へ伝わったと考えられている。以下のように, 分数表記の別表現である。

$$\frac{1}{10} = 0.1 \qquad \frac{2}{10} = 0.2 \qquad \frac{3}{10} = 0.3 \quad \cdots\cdots \quad \frac{9}{10} = 0.9$$

$$\frac{1}{100} = 0.01 \qquad \frac{2}{100} = 0.02 \qquad \frac{3}{100} = 0.03 \quad \cdots\cdots\cdots\cdots \qquad \frac{99}{100} = 0.99$$

小数記法は位取り記数法において上の方に増える桁を下の方にも限りなく延ばすものである。

3 無理数

　無理数の発見は古代ギリシアのピタゴラス学派と言われる。一辺の長さ 1 の正方形の対角線の長さは有理分数では表されない。この事実は, 当時 既にピタゴラス本人またはその学徒によって現在のような形で証明されていたらしい。無理数の認識には実用を離れた理論的な考察が必要である。しかし, この数を数の体系の中に理解することは彼らには難しかったのであり, 固く秘めて置かなければならなかった。無理数が数体系の中に合理的に認められるには 19 世紀を待たねばならなかった。

4 負の数

負とは方向性における逆性である。一方が正性なら他方は負性である。東向きに対して西向き, 北向きに対して南向き, 金銭における貸しと借り, 今日から見て昨日と明日, 温度計における氷点の上下。このような方向性の概念を数に組み込んで負の数が生まれた。発見されたのは, 中国であり, インド, アラビアから西洋へ伝わった。直線上に線分の長さをもとに, 点 O に関して対称に表記された。数直線である。

5 数の分類

このように, 数は個数, 順序, 連続量, 方向性などの概念を取り込んで統合し発展してきた。西洋史的には, 自然数から分数 (正の有理数) が登場し, その後, 無理数が続き, かなり遅れて負の数や虚数が登場した。虚数は, 量でも方向性でもなく, 単に, 方程式の根として誕生したのである。現在では, 以下のように整理されている。

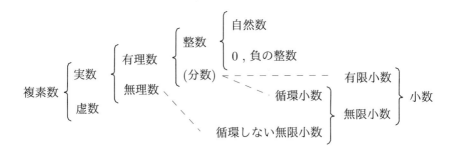

自然数の全体を N, 整数の全体を Z, 有理数の全体を Q, 実数の全体を R, 複素数の全体を C で表す。

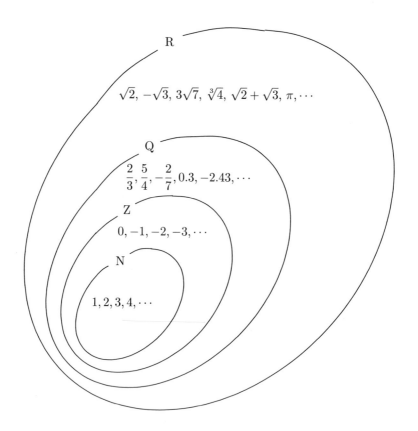

本書では, 複素数 (虚数) は 扱わない. また, $\sqrt{}$ や $\sqrt[3]{}$ は 後述する。

 以上, 数そのものの発達について述べてきたが, それらの間の加減乗除の計算
や大小の表現についても同時に見出され, 発展してきた。そして, 数字を直接書
かずに $a, b, c, \cdots$ などの文字（定数と変数）を使って数を表すようになって, 数
学は飛躍的に進歩した。様々な記号が考案され, 簡潔で正確な表現を得た。文字
式の使用は素晴らしい発見だった。文字は 数以外にも 様々な‘もの’を表すよ
うになり, 文字の運用は数学に深く根ざしている。
 更にまた, 論理的に考える, 推論するという行為そのものが数学的考察の対象
となり, 数学の基礎と全体像が明らかにされてきた。

§2　論理 (1) —— 命題論理

1　命題

　真偽が判定できる '文や式' を命題という。即ち, 命題には真の命題 (Υ で表す) と偽の命題 (人 で表す) がある。命題が真であるを命題が成り立つ, 命題が偽であるを命題が成り立たないともいう。命題は Υ か 人 のいずれかである。

2　命題の複合

　p, q を命題として, 以下のような複合命題が定義される。

(1) 否定

　　「p でない」　を　¬p や $\bar{p}$　と書く。

p	$\bar{p}$
Υ	人
人	Υ

(2) 論理積 (合接, 連言)

　　「p かつ q」　を　$p \wedge q$　と書く。

(3) 論理和 (離接, 選言)

　　「p または q」　を　$p \vee q$　と書く。

p	q	$p \wedge q$
Υ	Υ	Υ
Υ	人	人
人	Υ	人
人	人	人

p	q	$p \vee q$
Υ	Υ	Υ
Υ	人	Υ
人	Υ	Υ
人	人	人

(4) 含意 (条件文, 条件式)

　　「p ならば q」　を　$p \to q$　と書く。

(5) 同値

　　「p と q は同値である」　を　$p \leftrightarrows q$
　と書く。

p	q	$p \to q$
Υ	Υ	Υ
Υ	人	人
人	Υ	Υ
人	人	Υ

p	q	$p \leftrightarrows q$
Υ	Υ	Υ
Υ	人	人
人	Υ	人
人	人	Υ

　同値とは真偽が同じということである。

右上の表を 真理表 という。複合命題は真理表で定義される。

¬ − ∧ ∨ → ⇆　を命題結合記号という。

　　　　$p \to q$ が真であること　を　$p \Rightarrow q$　と書く。
　　　　$p \leftrightarrows q$ が真であること　を　$p \Leftrightarrow q$　と書く。

＜注＞ → ⇒ ⇆ ⇔ は本書と異なる意味で使われることがある。

3 逆・裏・対偶

　命題 $p \to q$　に対して　$q \to p$, $\bar{p} \to \bar{q}$, $\bar{q} \to \bar{p}$　をそれぞれ　$p \to q$ の 逆, 裏, 対偶　という。

4 基本的な性質

　これらは 真理表によって 証明することができる。

① 　$\bar{\bar{p}} \Leftrightarrow p$ 　　　　　　　　　　　　　　　　　　　　　　　　　（二重否定の法則）

② 　$p \wedge 人 \Leftrightarrow 人$, 　$p \vee Y \Leftrightarrow Y$, 　$p \wedge Y \Leftrightarrow p$, 　$p \vee 人 \Leftrightarrow p$

③ 　$p \wedge \bar{p} \Leftrightarrow 人$ 　　　　　　　　　　　　　　　　　　　　　　　（矛盾律）

④ 　$p \vee \bar{p} \Leftrightarrow Y$ 　　　　　　　　　　　　　　　　　　　　　　　（排中律）

⑤ 　$p \wedge p \Leftrightarrow p$, 　　$p \vee p \Leftrightarrow p$ 　　　　　　　　　　　　　（巾等律）

⑥ 　$p \wedge q \Leftrightarrow q \wedge p$, 　　$p \vee q \Leftrightarrow q \vee p$ 　　　　　　　　　（交換律）

⑦ 　$(p \wedge q) \wedge r \Leftrightarrow p \wedge (q \wedge r)$

　　$(p \vee q) \vee r \Leftrightarrow p \vee (q \vee r)$ 　　　　　　　　　　　　　（結合律）

⑧ 　$p \wedge (q \vee r) \Leftrightarrow (p \wedge q) \vee (p \wedge r)$

　　$p \vee (q \wedge r) \Leftrightarrow (p \vee q) \wedge (p \vee r)$ 　　　　　　　　（分配律）

⑨ 　$p \wedge (p \vee q) \Leftrightarrow p$, 　　$p \vee (p \wedge q) \Leftrightarrow p$ 　　　　　（吸収律）

⑩ 　$\overline{p \wedge q} \Leftrightarrow \bar{p} \vee \bar{q}$, 　　$\overline{p \vee q} \Leftrightarrow \bar{p} \wedge \bar{q}$ 　　　（ド・モルガンの法則）

⑪ 　$(p \to q) \Leftrightarrow \bar{p} \vee q$ 　　　　　　　　　　　　　　　（含意について）

⑫ 　$(p \to q) \Leftrightarrow (\bar{q} \to \bar{p})$ 　　　　　　　　　　　　　（対偶について）

⑬ 　$(p \leftrightarrows q) \Leftrightarrow (p \to q) \wedge (q \to p)$ 　　　　　　　（同値について）

⑭ 　$p \wedge (p \to q) \Rightarrow q$ 　　　　　　　　　　　　　　　　（仮言三段論法）

⑮ 　$(p \to q) \wedge (q \to r) \Rightarrow (p \to r)$ 　　　　　（推移律, 定言三段論法）

＜注1＞　$p \to q$ は p が真のときに q が真か偽かでその真偽をいうから, 普通 は p が偽のときのことを考えていないけれども, 拡張して, p が偽のときには q の真偽に拘らず $p \to q$ は真 とするのである。 （ 2 (4) の真理表 ）

　　$\bar{p} \vee q$ の真理表を作れば, $p \to q$ と真偽が同じであることがわかる。（ 4 ⑪ ）

＜注2＞　$p \to q$ が真であっても, その逆 $q \to p$ が真であるとは限らない。

　　即ち, 逆 は 必ずしも 真ならず。

　　しかし, $p \to q$ とその対偶とは真偽が同じである。 （ 4 ⑫ ）

§3 集合と関数

1 集合と要素

範囲のはっきりした区別のできる ' もの ' の集まりを集合という。
また, 集合を構成する個々の ' もの ' をその集合の要素（or 元）という。

もの a が集合 A の要素であることを $a \in A$ と書き,
a は A に属する, a は A に含まれる, A は a を含む などという。

N：自然数全体の集合　　Z：整数全体の集合　　Q：有理数全体の集合
R：実数全体の集合　　C：複素数全体の集合

要素が全くない集合を 空集合 といい, ϕ で表す。

要素が書けるとき, $A = \{a, b, \cdots, d\}$ （有限個）
$A = \{a, b, c, \cdots\}$ （無限個） などと表す。 ＜集合の表し方 (1) ＞

2 相等, 部分集合

2つの集合 A, B が全く同じ要素から成ることを $A = B$ と書き,
A と B は等しい という。

集合 A の要素がすべて集合 B の要素であることを $A \subseteq B$ と書き,
A は B の部分集合である, A は B に含まれる, B は A を含む などという。

$$A = B \quad \Leftrightarrow \quad A \subseteq B \ \wedge \ B \subseteq A$$
$$\phi \subseteq A, \qquad A \subseteq A$$
$$A \subseteq B \ \wedge \ B \subseteq C \ \Rightarrow \ A \subseteq C$$

$A \subseteq B$ かつ $A \neq B$ を $A \subset B$ と書き, A は B の真部分集合である
という。

$$N \subset Z \subset Q \subset R \subset C$$

＜注＞ $\subset$ を $\subseteq$ の意味に用いることもある。

3 和集合と共通部分

集合 A, B のいずれかに属する要素全体の集合を $A \cup B$ と書き,
A と B の和集合 という。

集合 A, B の両方に属する要素全体の集合を $A \cap B$ と書き,
A と B の共通部分 という。

4 全体集合と補集合

　数学の理論においては, 1 つの集合 U を 最初に定めて, 要素としては U の要素 だけを, 集合としては U の部分集合だけを考えることが多い。このとき, 集合 U を（その理論における）全体集合 という。

　U の要素のうち, A の要素ではないもの全体の集合を　A の補集合 といい, $U - A$ や $\overline{A}$ や A^c で表す。

$$A \subseteq U , \qquad \overline{U} = \phi , \qquad \overline{\phi} = U , \qquad \overline{\overline{A}} = A$$
$$A \cup \overline{A} = U , \qquad A \cap \overline{A} = \phi$$

5 直積

　A, B を 2 つの集合とする。A の要素 a と B の要素 b の順序づけられた組 (a, b) 全体の集合を A と B の直積 といい, $A \times B$ で表す。　$A \times A$ は A^2 とも書く。

　3 つ以上の集合の直積 $A \times B \times C$, $A \times B \times C \times D$, $\cdots$, A^3 , A^4 , $\cdots\cdots$ なども 同様に定義される。 それらの要素は (a, b, c) , (a, b, c, d) , $\cdots\cdots$ などである。

6 関数

　A, B を 2 つの集合とする。$(A \neq \phi, B \neq \phi)$
A の各要素 x に対して, それぞれ 1 つずつ B の要素 y が 定められているとき, この対応 f を　A から B への関数（or 写像）といい, 　$f : A \to B$ 　で表す。A を f の始集合（or 定義域）, B を f の終集合 という。

　A の要素 x に対応する B の要素 y を　$f(x)$ と書き, f による x の像, x における f の値 などという。　$y = f(x)$, 　$f : x \mapsto y$, 　f は x を y に移す（写す）

　A から B への 2 つの関数 f, g について,
すべての $x \in A$ に対して　$f(x) = g(x)$ である とき, 　$f = g$ と書き, f と g は等しい という。

　$f : A \times B \to C$, 　　$z = f(x, y)$ 　　は　　2 変数関数,
$f : A \times B \times C \to D$, 　$w = f(x, y, z)$ 　は　3 変数関数, 　$\cdots\cdots$ 　という。
特に, 2 変数関数 $f : A \times A \to A$ は　A における演算 (or 算法) ともいわれる。

§4　論理 (2) ── 述語論理

1　命題関数

　U：全体集合，　　$x \in U$，　　$p(x)$：変数 x を含む文や式　　　とする。
x が決まると $p(x)$ の真偽が決まる (即ち 命題となる) とき，$p(x)$ を命題関数と
いう。　p は U から 2 元集合 $\{ \curlyvee, \curlywedge \}$ への関数 と考えられるからである。
U を対象領域（or 個体領域）という。

　命題関数は, また, 関係, 述語, 条件, 性質　などともいわれる。
それらの場合に応じて $x = a$ で，　$p(a)$ は真である，　$p(a)$ が成り立つ，　$p(a)$
である (a は p である)，　a は条件 $p(x)$ を満たす (に適する)，　a は性質 $p(x)$
をもつ　などという。　これらはすべて同義である。

　全体集合 $U \times V$ で，　2 変数の命題関数（関係, 述語, 条件, 性質）　$p(x, y)$
全体集合 $U \times V \times W$ で, 3 変数の命題関数（関係, 述語, 条件, 性質）$p(x, y, z)$
…………………………………　などが 同様に考えられる。
n 変数の関係, n 変数の述語 はそれぞれ n 項関係, n 項述語 ともいわれる。
特に, $U \times U$ での 2 変数の関係は 単に, U における関係 といわれる。
＜注＞　‘ 関係 ’は 2 変数以上で使われる用語である。

2　命題関数の複合

　命題論理における 命題の複合 と同様に定義される。
(1) 否定　$\neg p(x)$,　$\overline{p(x)}$　　　(2) 論理積　$p(x) \wedge q(x)$　　　(3) 論理和　$p(x) \vee q(x)$
(4) 含意　$p(x) \to q(x)$　　　(5) 同値　$p(x) \leftrightarrows q(x)$

3　全称命題

　すべての x に対して $p(x)$ である，　任意の x に対して $p(x)$ である
ことを　$\forall x \, p(x)$　と書き，全称命題 という。　x の変域 U を明示するとき
には，　$\forall x \in U \, p(x)$　と書く。　$\forall$ を 全称記号 という。
all の A から作られたようである。　　一般に，$\forall x$ は しばしば省略される。

4　存在命題

　ある x に対して $p(x)$ である，　$p(x)$ である x が (少なくとも 1 つ) 存在する
ことを　$\exists x \, p(x)$　と書き，存在命題 という。　x の変域 U を明示するとき
には，　$\exists x \in U \, p(x)$　と書く。　$\exists$ を 存在記号 という。
exist の E から作られたようである。　　存在命題は 特称命題 ともいわれる。

　∀, ∃ をあわせて, 量化記号 (or 限定記号) という。対象領域 U は特に量化領域ともいわれる。

$$\overline{\forall x\ p(x)} \ \Leftrightarrow \ \exists x\ \overline{p(x)}, \quad \overline{\exists x\ p(x)} \ \Leftrightarrow \ \forall x\ \overline{p(x)} \quad (\text{ド・モルガンの法則})$$

5 必要条件・十分条件

$\forall x\,[\,p(x) \to q(x)\,]$ が真であることを　$p(x) \Rightarrow q(x)$　と書くことが多い。
このとき, 　$p(x)$ は $q(x)$ (であるため) の 十分条件である,
　　　　　　$q(x)$ は $p(x)$ (であるため) の 必要条件である　　という。
$\forall x\,[\,p(x) \leftrightarrows q(x)\,]$ が真であることを　$p(x) \Leftrightarrow q(x)$　と書くことが多い。
このとき, 　$p(x)$ は $q(x)$ (であるため) の 必要十分条件である,
　　　　　　$q(x)$ は $p(x)$ (であるため) の 必要十分条件である,
　　　　　　$p(x)$ と $q(x)$ は同値である　　　　　　　　　　　　という。

6 存在と一意性

$p(x)$ である x が 唯 1 つ存在する　ことを　$\exists!\,x\ p(x)$　と書く。
次の (i) かつ (ii) が成り立つことである。

  (i) 存在　　　　$\exists x\, p(x)$

  (ii) 一意　　　$p(x) \land p(y) \Rightarrow x = y$　　即ち　$\forall x \forall y\,[\,p(x) \land p(y) \to x = y\,]$
　　　　　　　　　一意 とは 多くとも 1 つ存在 といえる。

7 命題関数と集合

　全体集合を U とする。 x は U を動く。 命題関数 $p(x)$ が真である x 全体の集合 P を命題関数 $p(x)$ の真理集合 (or グラフ) という。
　　　　　$x \in P \ \Leftrightarrow \ p(x)$, 　　　　$P = \{\,x \mid p(x)\,\}$　　　<集合の表し方 (2) >
$p(x), q(x)$ の真理集合を それぞれ P, Q とするとき,
　　　　$\overline{p(x)}$　　の真理集合は　$\overline{P}$
　　　　$p(x) \land q(x)$　　の真理集合は　$P \cap Q$
　　　　$p(x) \lor q(x)$　　の真理集合は　$P \cup Q$
　　　　$\forall x\,[\,p(x) \to q(x)\,]$　　$\Leftrightarrow$　　$P \subseteq Q$
　　　　$\forall x\,[\,p(x) \leftrightarrows q(x)\,]$　　$\Leftrightarrow$　　$P = Q$

　このように, 命題関数と集合は対応しているので, 命題関数についての事柄を集合に変換して考えることができる。

<注> 2 ～ 7 でも, n 変数の命題関数 (関係, 述語, 条件, 性質) について, 同様に考えることができる。 特に, 7 で, U における 2 項関係のグラフ (or 真理集合) は重要である。

§5 数学的理論の構成

1 公理

　ある命題の正しさの根拠をさかのぼって次々に問い詰めて行けば, 次第に簡単な概念や命題に置き換わって行くだろうが, 限りのないことである。そこで, これ以上さかのぼれないと判断された命題を, 真であると認めて理論の出発点とすることにした。ある数学的理論において最初に真であることを認めて置く命題を公理という。通常, 複数個あるので, まとめて公理系という。

　公理系の記述から始める方法はユークリッド以来の長い歴史を有するが, 20世紀になって初めて 幾何学ばかりでなく代数学や解析学, 更に論理学にさえも適用されるようになった。このとき, 集合論の果たした役割は 絶妙である。

2 証明

　いくつかの命題が真であること (前提, 仮定) を根拠としてある命題が真であること (結論) を論理規則に従って導き出すことを推論という。また, この過程を演繹という。いくつかの前提の命題から有効な推論を何回か積み重ねて結論の命題を導くことを証明という。各段階での推論の結論が次の段階での推論の前提となり, 最後の推論で目的の命題が結論される。証明は 論理に従う。

3 定理と定義

　公理から証明によって真であることが認められた命題を定理という。

　数学では正確であることが重要なので, 用語や記号を紛れのないように規定する。それが定義である。理論が進んで行くと, 一般に, 表現が次第に長くなるので, ひと塊りの表現を新しい単語や記号で置き換えて短くする。定義にはそのような働きもある。

＜注＞　数学的理論においては, 次頁の図で, 左から右へと理論は進んで行くので, 基礎側から発展側へという方向性がある。このことは 循環論法に陥らないために大切な視点である。

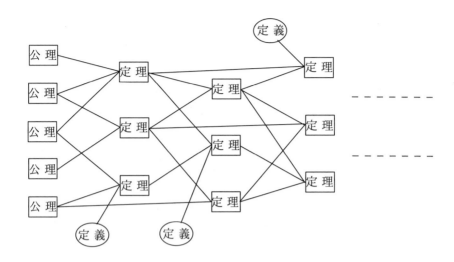

$\boxed{4}$　**命題の証明法**

(1)　直接証明法

　　三段論法 (6p $\boxed{4}$ ⑭⑮) による 証明法。

　　数学的帰納法 (43p) は三段論法の無限の連鎖 と考えられる。

(2)　間接証明法

　　(ⅰ)　背理法　　　　　━━━━　否定を仮定して 矛盾を導く。

　　(ⅱ)　対偶 による証明　　　　　　　　　　　　　　[6p $\boxed{4}$ ⑫]

　　(ⅲ)　転換法

$$p_1 \Rightarrow q_1$$
$$p_2 \Rightarrow q_2$$
$$p_3 \Rightarrow q_3$$

　　がいずれも 成り立ち，　仮定がすべての場合を尽くしている。

　　結論がどの 2 つも両立しない。　　このとき，逆がすべて成り立つ。

　　　㊟　上記では 3 つの場合で書いたが，2 つでも，4 つ以上でもよい。

　　(ⅳ)　同一法

$$p(x) \Rightarrow q(x) \qquad が成り立ち，$$

　　①　$p(x)$ を満たす x が存在する。

　　②　$q(x)$ を満たす x が唯 1 つ存在する。(or　$q(x) \land q(y) \Rightarrow x = y$)

　　このとき，　逆が成り立つ。　　（即ち，同値である。）

< 注 >　証明法については，出会ったところで，学んでゆけばよい。

第1章　数と式

§1　等号

どのような集合（$\neq \phi$）にも等号（という2項関係）は考えられる。

1　等号の性質（公理）

(1) $a = a$ （反射律）

(2) $a = b \ \wedge \ p(a) \ \Rightarrow \ p(b)$ 　　　ただし，$p(x)$ は命題関数 である.

$p(a)$ に文字 a が複数個所あるときは，代入は一部でもよい.　（代入の原理）

2　等号の性質（定理）

(3) $a = b \ \Rightarrow \ b = a$ （対称律）

(3)′ $a = b \ \Leftrightarrow \ b = a$

(2)′ $a = b , p(a) \ \Leftrightarrow \ a = b , p(b)$ 　（ $\wedge$ を簡単に，と書くことが多い.）

(4) $a = b , b = c \ \Rightarrow \ a = c$ （推移律）

(4)′ $a = b , b = c , \cdots , d = e$ を $a = b = c = \cdots = d = e$ と略記する.

　これを縦書きして

$$
\begin{array}{ll}
a = b & \qquad a = b \\
b = c & \qquad = c \\
\cdots\cdots & \text{を} \qquad \cdots\cdots \qquad \text{と略記する.} \\
d = e & \qquad = e
\end{array}
$$

　このとき，(4) を繰り返して　　$\therefore \ a = e$

(5) $a = b \ \Rightarrow \ f(a) = f(b)$ 　　　　ただし，$f(x)$ は関数 である.

＜注＞ 公理 (1)(2) から 定理 (3)(3)′(2)′(4)(4)′(5) を証明することは本書を
いくらか先に進んでからその後でやってみるとよい。

§2　実　数

1　実数の公理系

集合 R（$\neq \phi$）において，演算 $+, \times$ と関係 $<$ が定義されて，以下の公理 (0)～(14) が成り立つとする．このとき，R の要素を実数という．

(0) $1 \neq 0$ 　　　（$0 \in R, 1 \in R$）

(1) $a + b = b + a$ 　　　　　　　　　　　　　　　　加法の交換法則

(2) $(a + b) + c = a + (b + c)$ 　　（$= a + b + c$ と書く）　　加法の結合法則

(3) $0 + a = a + 0 = a$ 　　　　　　　　　　　　　加法についての単位元

(4) $(-a) + a = a + (-a) = 0$ 　　　　　　　　加法についての a の逆元

(5) $a\,b = b\,a$ 　　　　　　　　　　　　　　　　　乗法の交換法則

(6) $(a\,b)\,c = a\,(b\,c)$ 　　　　　（$= a\,b\,c$ と書く）　　乗法の結合法則

(7) $1 \times a = a \times 1 = a$ 　　　　　　　　　　　乗法についての単位元

(8) $a^{-1} \times a = a \times a^{-1} = 1$ 　　（$a \neq 0$）　　乗法についての a の逆元

(9) $a\,(b + c) = ab + ac$，　　$(a + b)\,c = ac + bc$ 　　　分配法則

(10) $a < b,\ a = b,\ b < a$ 　のうち 1 つだけが成り立つ　　全順序性

(11) $a < b,\ b < c \Longrightarrow a < c$ 　　　　　　　　　　推移律

(12) $a < b \Longrightarrow a + c < b + c$ 　　　　　　　　　関係と加法

(13) $a < b,\ 0 < c \Longrightarrow ac < bc$ 　　　　　　　　　関係と乗法

(14) $A \neq \phi,\ B \neq \phi,\ A \cap B = \phi,\ A \cup B = R,\ \forall a \forall b\,[\,a \in A,\ b \in B \longrightarrow a < b\,]$
　　　$\Longrightarrow$ A が最大数をもつ $\underline{\lor}$ B が最小数をもつ　　（デデキントの）連続性公理

解説

空集合でない 1 つの集合 R を考える．

2 変数関数 $f : R \times R \to R$ を考え，ここでは，f を $+$ と書き，$f(x, y) = +(x, y)$ を，更に $x + y$ と書く．$x + y$ を x と y の和という．(x, y) から $x + y$ を求めることを x に y を加える（足す）という．

2 変数関数 $g : R \times R \to R$ を考え，ここでは，g を $\times$ と書き，$g(x, y) = \times(x, y)$ を，更に $x \times y$ と書く．$x \times y$ を x と y の積という．(x, y) から $x \times y$ を求めることを x に y を掛ける という．$+, \times$ は R における演算 である．[8p $\boxed{6}$]

$R \times R$ での 2 変数の命題関数 $p(x, y)$ を考え，ここでは，p を $<$ と書き，

$p(x, y) = \ <(x, y)$ を，更に $x < y$ と書く。　　$x < y$ を x は y より小さい，y は x より大きい と読む。　$<$ は R における（2項）関係 である。[9p $\boxed{1}$]

　以上，1 つの集合を考えて，そこに 2 つの演算と 1 つの関係 を考えるのである。そして それら一式 $(R, +, \times, <)$ において，公理 (0)〜(14) の 15 個の命題が成り立つと前提するのである。これら 15 個の命題は まとめて 実数の公理系 といわれる。

　公理 (14) 以外は 既に 中学校までに学んでいる。最初に前提とする公理だから易しい命題であるのは当然である。そして，ここに書かれていないものはすべて どんなに易しく見えようと難しく見えようと ここから証明できる。そのとき使う論理は 序章 §2, §4 に，基礎概念の集合と関数は 序章 §3 に，等号は 第 1 章 §1 に 簡単に書いてある。これから，易しい命題から順に 1 つ 1 つ証明を実行してゆくのです。序章 §5 の図を念頭において下さい。序章 §1 は忘れるべし。歴史的に発見され，作り上げられてきたものを 理論的に構成しようというのだから。

★　公理 (0) について。

　0 や 1 さえも知らないという立場なのです。とにかく，集合 R には 0, 1 と名づけられた異なる要素が存在する。公理 (3)(7) にその説明がある。

★　公理 (1) について。

　$\forall a \forall b\, [a + b = b + a]$ と書くべきところを，$\forall a \forall b$ が省略されている。以後も，全称記号 $\forall$ は殆ど省略される。自分で補ってほしい。
演算 $+$ は 加法 といわれ，この公理は 加法の交換法則 といわれる。

★　公理 (2) について。

　$\forall a \forall b \forall c$ が省略されている。括弧の中を先に計算する。演算 $+$ は 2 変数関数だから，左辺は $* + c$ の形，右辺は $a + *$ の形である。

　ところで，$a + b + c$ に括弧をつけるには 何通りのつけ方があるか？
どちらの $+$ が最後の計算の $+$ になるかを考えると $a + (b + c)$ と $(a + b) + c$ の 2 通りとわかる。そして 公理 (2) によって この 2 つは常に等しいから，括弧をつけずに，どちらも単に $a + b + c$ と書けばよい（定義）。実際の計算はどちらの括弧づけでやってもよい。普通は，左から右へ順に計算する，即ち $a + b + c = (a + b) + c$ と定義する。

　では，4 つになって，$a + b + c + d$ には括弧のつけ方は何通りあるか？
どの $+$ が最後の計算の $+$ になるかを考えると，
$a + (b + c + d),\ (a + b) + (c + d),\ (a + b + c) + d$ の 3 パターンとわかる。
$b + c + d,\ a + b + c$ の括弧づけは，上記の通り，いずれも 2 通りだから，
合計 $2 + 1 + 2 = 5$ 通りの括弧のつけ方がある。　公理 (2) より，

$$a + \{(b+c)+d\} = a + \{b+(c+d)\} \qquad [\text{等式の両辺に同じ数 } a \text{ を足す}]$$
$$= (a+b)+(c+d) \qquad [\, c+d \text{ を } 1 \text{ つと見て}\,]$$
$$= \{(a+b)+c\}+d \qquad [\, a+b \text{ を } 1 \text{ つと見て}\,]$$
$$= \{a+(b+c)\}+d \qquad [\text{等式の両辺に同じ数 } d \text{ を足す}]$$

（この証明の 1 行目と 4 行目については 後述の定理 5 (1) を見よ.）

従って, 等号の性質 (4)′ より, これらの 5 通りはすべて同じ値となる (定理)。

それなら 括弧なしに 単に $a+b+c+d$ と書けばよい (定義)。

計算の実行は 5 通りのいずれかでやればよい。 普通は, 左から右へ順に計算する (括弧をつける) と規約している。

では, 5 つになって, $a+b+c+d+e$ の括弧のつけ方は何通りか？

上記と同様に考えて, $5+2+2+5 = 14$ 通りである。更に, 上記と同様にして, これらすべてが等しいことが証明される (定理)。それ故, それらを括弧なしで単に $a+b+c+d+e$ と書く (定義)。

一般に, n 個の文字の和の括弧のつけ方の場合の数はカタラン数と呼ばれる数になる。そして, それらがすべて等しいことは数学的帰納法によって証明される。どちらも証明を省略する。論証に充分強くなってからやって見るとよい。

定理 1 (加法の一般結合法則) $\qquad (n \geqq 4)$

n 個の数 $a_1, a_2, \cdots, a_n$ の和は その順序のみに関係し, 括弧のつけ方に拘らず すべて等しい。 従って, 括弧なしで 単に $a_1 + a_2 + \cdots + a_n$ と書く。普通は, 左から右へ順に計算する (括弧をつける) と規約している。

即ち $a_1 + a_2 + \cdots + a_n = (a_1 + a_2 + \cdots + a_{n-1}) + a_n$ と帰納的に定義する。

更に, 公理 (1) より, 並べる順も 任意でよい。

証明は やはり数学的帰納法によるが, 省略する。

定理 2 (加法の一般交換法則) $\qquad (n \geqq 3)$

n 個の数 $a_1, a_2, \cdots, a_n$ の和は 任意に 並べ替えても すべて等しい。

この定理では, 公理 (1) だけでなく, 公理 (2) も前提となっている。

★ 公理 (3) について。

簡略に書いてある。詳細に書けば, $\exists e \forall a [e+a = a \wedge a+e = a]$ である。即ち $\forall a [e+a = a \wedge a+e = a]$ —— ① である e が存在する という存在命題である。 もう 1 つ e' が存在する とすれば,

$$\forall a [e'+a = a \wedge a+e' = a] \text{ —— ②}$$

① で $a = e'$ とすると, $\qquad e+e' = e'$ —— ③ $\qquad e'+e = e'$ —— ④

② で $a = e$ とすると, $\qquad e'+e = e$ —— ⑤ $\qquad e+e' = e$ —— ⑥

③⑥ (or ④⑤) で, 等号の性質 (3)(4) より $\quad e' = e \quad$ 従って, 一意的である。

よって　　$\exists!e\forall a\,[e+a=a \wedge a+e=a]$　　即ち　　$\forall a\,[e+a=a \wedge a+e=a]$
である e が唯 1 つ存在する (定理)。 　　　　　　[序章 §4 $\boxed{6}$ (ii) を見よ.]
そこで，その数 e を 0 と書く（0 の定義）。　　　従って，集合 R には
0 という特別な要素が 唯 1 つ存在して　$\forall a\,[0+a=a \wedge a+0=a]$　である。
$\forall a$ を省略し，簡略に，　　$0+a=a+0=a$　　と書いている。
即ち，　公理 (3) の表現は 一意的存在 (定理) の証明と それに基づく 0 の定義
と が含まれたものなのである。

★　公理 (4) について。

　簡略に書いてある。詳細に書けば，$\forall a \exists a'\,[a'+a=0 \wedge a+a'=0]$ である。
0 が使われているので 公理 (4) には 公理 (3) が前提されている。
任意の a に対して　　$a'+a=0 \wedge a+a'=0$ ——— ① となる a' が存在する
という（a ごとの）存在命題である。　　もう 1 つ a'' が存在する とすれば，
　　　　　　　　　　$a''+a=0 \wedge a+a''=0$ ——— ②　　　　後述の定理 5(1) より
① の左の式の両辺に 右から a'' を足して　$(a'+a)+a''=0+a''$ ——— ③
② の右の式の両辺に 左から a' を足して　$a'+(a+a'')=a'+0$ ——— ④
③④ の左辺同士は 公理 (2) より 等しいから　等号の性質 (3)(4)′ より
　　$0+a''=a'+0$　　公理 (3) より　　　$a''=a'$　従って，一意的である。
よって　　$\forall a \exists! a'\,[a'+a=0 \wedge a+a'=0]$　　　即ち
任意の a に対して $a'+a=0 \wedge a+a'=0$ である a' が唯 1 つ存在する (定理)。
　　　　　　　　　　　　　　　　　　　[序章 §4 $\boxed{6}$ (ii) を見よ.]
従って，関数 $f:R \to R$（$f:a \mapsto a'$）が定まる。　$f(a)=a'=-a$　と書き，
　$-a$ を a の反数 という（$-a$ の定義）。
$\forall a$ を省略し，簡略に，　　$(-a)+a=a+(-a)=0$　　と書いている。
即ち，　公理 (4) の表現は 一意的存在 (定理) の証明と それに基づく $-a$ の定
義と が含まれたものなのである。

★　公理 (5) について。

　演算についての性質 としては 公理 (1) と全く同じである。
演算 $\times$ は乗法といわれ，この公理は乗法の交換法則 といわれる。
$a \times b$ は普通，$\times$ を省いて ab と書く。　$a \cdot b$ と書くこともある。

★　公理 (6) について。

　演算についての性質 としては 公理 (2) と全く同じである。

> **定理 3 (乗法の一般結合法則)**　　　　$(n \geqq 4)$
>
> 　　n 個の数 $a_1, a_2, \cdots, a_n$ の積は その順序のみに関係し, 括弧のつけ方に拘らず すべて等しい。　従って, 括弧なしで 単に $a_1 a_2 \cdots a_n$ と書く。
>
> 普通は, 左から右へ順に計算する (括弧をつける) と規約している。
>
> 　　即ち　$a_1 a_2 \cdots a_n = (a_1 a_2 \cdots a_{n-1}) a_n$　と帰納的に定義する。

証明が 数学的帰納法による ことも 加法と同様である。

> **定理 4 (乗法の一般交換法則)**　　　　$(n \geqq 3)$
>
> 　　n 個の数 $a_1, a_2, \cdots, a_n$ の積は 任意に 並べ替えても すべて等しい。

証明が 数学的帰納法による ことも 加法と同様である。

この定理では, 公理 (5) だけでなく, 公理 (6) も前提となっている。

＜注＞定理 1〜定理 4 は 後述の事柄を使っていて ここで述べるのは 早すぎるのだが, 同じ事項は 同じところでと考え敢えて載せた。

★　公理 (7) について。

　演算についての性質 としては 公理 (3) と全く同じである。

詳細に書けば,　$\exists e \forall a \, [\, ea = a \land ae = a \,]$ である。　公理 (3) と同様に,

$\forall a \, [\, ea = a \land ae = a \,]$ である e が 唯 1 つ存在する (定理)。

そこで, その数 e を 1 と書く (1 の定義)。　従って, 集合 R には

1 という特別な要素が 唯 1 つ存在して　$\forall a \, [\, 1a = a \land a1 = a \,]$　である。

$\forall a$ を省略し, 簡略に,　$1a = a1 = a$　と書く。

即ち,　公理 (7) の表現は 一意的存在 (定理) の証明と それに基づく 1 の定義と が含まれたものなのである。

★　公理 (8) について。

　演算についての性質 として 公理 (4) と殆ど同じであるが, 相違点は $a \neq 0$

ことである。　詳細に書けば, $\forall a (\neq 0) \exists a' \, [\, a'a = 1 \land aa' = 1 \,]$　である。

$0, 1$ が使われているので 公理 (8) には 公理 (3)(7) が前提されている。

公理 (4) と同様に　$\forall a (\neq 0) \exists ! a' \, [\, a'a = 1 \land aa' = 1 \,]$　　即ち

$a \neq 0$ なる任意の a に対して $a'a = 1 \land aa' = 1$ である a' が唯 1 つ存在する

(定理)。　従って, 関数 $f : R - \{0\} \to R$　($f : a \mapsto a' \, (a \neq 0)$) が定まる。

$f(a) = a' = a^{-1} \, (a \neq 0)$　と書き,　a^{-1} を a の逆数 という (a^{-1} の定義)。

$\forall a$ を省略し, 簡略に,　$a^{-1}a = aa^{-1} = 1 \, (a \neq 0)$　と書いている。

即ち,　公理 (8) の表現は 一意的存在 (定理) の証明と それに基づく a^{-1} の定義と が含まれたものなのである。ここで, a の右肩の -1 は 今は 単なる記号であって a' のままでもよいのだが, 後で意味がついてくる。

[指数法則の項　61p ＜注＞を参照]

★ 公理 (9) について。

　公理 (1)〜(4) は演算 + だけの性質であり, 公理 (5)〜(8) は 0 の存在のもとで演算 × だけの性質である。公理 (9) は 2 つの演算 +, × が関わる性質である。

★ 公理 (10)(11) について。

　(R における) 関係 < についての性質 である。

　公理 (11) は　$\forall a \forall b \forall c\,[\,a < b \wedge b < c \to a < c\,]$ が真 ということである。

★ 公理 (12) について。

　関係 < と演算 + についての性質である。

★ 公理 (13) について。

　関係 < と演算 × と 0 についての性質である。

★ 公理 (14) について。

　本書では触れることはない。微分積分学の最初の極限の章に (大学では) 書かれている。　$p \veebar q$ は　p, q のいずれか一方のみが成り立つ という記号である。

$\boxed{2}$ **減法と除法 (定義 1)**

(1)　　$a - b = a + (-b)$　　と定義する。

　演算 $-: R \times R \to R$　を減法という。　　$a - b$ を a と b の差 という。

　(a, b) から $a - b$ を求めることを　a から b を引く という。

　反数の記号 − と 減法の記号 − と は別のものである。

　しかし, 混同していても間違うことはないだろう。うまい定義である。

(2)　　$a \div b \;(= \dfrac{a}{b}) = a \times b^{-1}$　　$(\,b \neq 0\,)$　　と定義する。

　演算 $\div : R \times (R - \{0\}) \to R$　を除法という。

　$a \div b \;(= \dfrac{a}{b})$ を a と b の商 という。

　(a, b) から　$a \div b \;(= \dfrac{a}{b})$ を求めることを　a を b で割る という。

　除法の記号 $\div$ は使わないで,　普通は, 分数の形に書く。

$\boxed{3}$ **等式の性質 (定理 5)** ——— 等号と加減乗除 ———

(1)   等式はその両辺に同じ数を足しても成り立つ (同値である)。
$$a = b \iff a + c = b + c$$
(2)   等式はその両辺から同じ数を引いても成り立つ (同値である)。
$$a = b \iff a - c = b - c$$
(3)   等式はその両辺に 0 でない同じ数を掛けても成り立つ (同値である)。
$$a = b \iff ac = bc \qquad (c \neq 0)$$
(4)   等式はその両辺を 0 でない同じ数で割っても成り立つ (同値である)。
$$a = b \iff \frac{a}{c} = \frac{b}{c} \qquad (c \neq 0)$$
(5) $a = b,\ c = d \implies a + c = b + d$ (3 つ以上でも成立する.)
(6) $a = b,\ c = d \implies a - c = b - d$
(7) $a = b,\ c = d \implies ac = bd$ (3 つ以上でも成立する.)
(8) $a = b,\ c = d \neq 0 \implies \dfrac{a}{c} = \dfrac{b}{d}$

　以下，順に証明してゆく。　　㊟ 等式の性質と等号の性質を区別している。

> **定理5 (等式の性質)**
> (1)   等式はその両辺に同じ数を足しても成り立つ (同値である)。
> $$a = b \iff a + c = b + c$$

証明
　§1 $\boxed{2}$ 等号の性質 (5) で　関数 $f : R \to R$ を　$f(x) = x + c$ と定めれば，
$$a = b \implies f(a) = f(b) \quad \text{即ち} \quad a + c = b + c \text{ ——— ①}$$
関数 $g : R \to R$ を　$g(x) = x + (-c)$ と定めれば，　　同様に，
$$a + c = b + c \implies g(a+c) = g(b+c) \text{ 即ち } (a+c) + (-c) = (b+c) + (-c)$$
ここで，　　(左辺) $= (a+c) + (-c) = a + \{c + (-c)\}$　　　　[公理 (2)]
$$= a + 0 \qquad\qquad\qquad \text{[公理 (4)]}$$
$$= a \qquad\qquad\qquad\quad \text{[公理 (3)]}$$
同様に，　　(右辺) $= (b+c) + (-c) = b + \{c + (-c)\}$　　　　[公理 (2)]
$$= b + 0 \qquad\qquad\qquad \text{[公理 (4)]}$$
$$= b \qquad\qquad\qquad\quad \text{[公理 (3)]}$$
従って，　等号の性質 (3)(4)′　によって　　　$a = b$
即ち，　　$a + c = b + c \implies a = b$　　———— ②
①② より　　　　　$a = b \iff a + c = b + c$　　　　　　■
< 注 > この同値記号の右辺は，同様にして，勿論 $c + a = c + b$ でもよい。

公理 (1) を使えば, 最初からやらなくてよい。

定理5 (等式の性質)

(2) 等式はその両辺から同じ数を引いても成り立つ (同値である)。
$$a = b \iff a - c = b - c$$

証明

　上記 (1) の証明と同様である。$f(x) = x - c,\ g(x) = x + c$ と定めればよい。
減法の定義も使う。　　　　　　　　　　　　　　　　　　　　　　　　■

＜注＞ 或いは, 上記 (1) で, c を $-c$ としてもよい。

定理5 (等式の性質)

(3) 等式はその両辺に 0 でない同じ数を掛けても成り立つ (同値である)。
$$a = b \iff ac = bc \qquad (c \neq 0)$$

証明

　§1 $\boxed{2}$ 等号の性質 (5) で　関数 $f : R \to R$ を　$f(x) = xc$ と定めれば,
$$a = b \implies f(a) = f(b) \quad \text{即ち} \quad ac = bc \text{———— ①}$$
関数 $g : R \to R$ を　$g(x) = xc^{-1}\ (c \neq 0)$ と定めれば,　同様に,
$$ac = bc \implies g(ac) = g(bc) \quad \text{即ち} \quad (ac)c^{-1} = (bc)c^{-1}$$

ここで,　　　　(左辺) $= (ac)c^{-1} = a(cc^{-1})$ 　　　　　[公理 (6)]

　　　　　　　　　　　　　　$= a \cdot 1$ 　　　　　　　　　[公理 (8)]

　　　　　　　　　　　　　　$= a$ 　　　　　　　　　　　　[公理 (7)]

同様に,　　　　(右辺) $= (bc)c^{-1} = b(cc^{-1})$ 　　　　　[公理 (6)]

　　　　　　　　　　　　　　$= b \cdot 1$ 　　　　　　　　　[公理 (8)]

　　　　　　　　　　　　　　$= b$ 　　　　　　　　　　　　[公理 (7)]

従って,　等号の性質 (3)(4)′　によって　　　$a = b$

即ち,　　　　$ac = bc \implies a = b$ 　　　　　　———— ②

①② より　　　　　$a = b \iff ac = bc \qquad (c \neq 0)$ 　　　■

＜注＞　この同値記号の右辺は, 同様にして, 勿論　$ca = cb$　でもよい。

　公理 (5) を使えば, 最初からやらなくてよい。

　また,　$\implies$　では　$c = 0$　でもよい。

定理5 (等式の性質)

(4) 等式はその両辺を 0 でない同じ数で割っても成り立つ (同値である)。
$$a = b \iff \frac{a}{c} = \frac{b}{c} \qquad (c \neq 0)$$

証明

上記 (3) の証明と同様である。 $f(x) = \dfrac{x}{c}$, $g(x) = xc$ $(c \neq 0)$ と定めればよい。除法の定義も使う。 ∎

＜注＞ 或いは, 上記 (3) で, c を c^{-1} としてもよい。

定理 5 (等式の性質)
  (5) $a = b$, $c = d$ $\Longrightarrow$ $a + c = b + d$ （3 つ以上でも成立する.）

証明

$a = b$ $\Longleftrightarrow$ $a + c = b + c$ [等式の両辺に同じ数を右から足す. 定理 5(1)]
$c = d$ $\Longleftrightarrow$ $b + c = b + d$ [等式の両辺に同じ数を左から足す. 定理 5(1)]
従って, $a = b$, $c = d$ $\Longleftrightarrow$ $a + c = b + c$, $b + c = b + d$
等号の性質 (4) より $a + c = b + c$, $b + c = b + d$ $\Longrightarrow$ $a + c = b + d$
よって, $a = b$, $c = d$ $\Longrightarrow$ $a + c = b + d$ ∎
6p ④ ⑦⑮ と 公理 (2) より   これを繰り返せば, 3 つ以上でも成立する。

定理 5 (等式の性質)
  (6) $a = b$, $c = d$ $\Longrightarrow$ $a - c = b - d$

証明

$c = d$ $\Longrightarrow$ $-c = -d$ [等号の性質 (5) で $f(x) = -x$ とする.]
従って, $a = b$, $c = d$ $\Longrightarrow$ $a = b$, $-c = -d$
また, $a = b$, $-c = -d$ $\Longrightarrow$ $a + (-c) = b + (-d)$ [定理 5 (5)]
この結論は, 減法の定義より $a - c = b - d$ と同値である。
よって,   6p ④ ⑮ より $a = b$, $c = d$ $\Longrightarrow$ $a - c = b - d$ ∎

定理 5 (等式の性質)
  (7) $a = b$, $c = d$ $\Longrightarrow$ $ac = bd$ （3 つ以上でも成立する.）

証明

$a = b$ $\Longrightarrow$ $ac = bc$ [等式の両辺に同じ数を右から掛ける. 定理 5(3)]
$c = d$ $\Longrightarrow$ $bc = bd$ [等式の両辺に同じ数を左から掛ける. 定理 5(3)]
従って, $a = b$, $c = d$ $\Longrightarrow$ $ac = bc$, $bc = bd$
等号の性質 (4) より $ac = bc$, $bc = bd$ $\Longrightarrow$ $ac = bd$
よって,   6p ④ ⑮ より $a = b$, $c = d$ $\Longrightarrow$ $ac = bd$ ∎
6p ④ ⑦⑮ と 公理 (6) より   これを繰り返せば, 3 つ以上でも成立する。

> 定理 5 (等式の性質)
>
> (8) $a = b$, $c = d \neq 0$ $\implies$ $\dfrac{a}{c} = \dfrac{b}{d}$

証明

$c = d \neq 0 \implies c^{-1} = d^{-1}$ [等号の性質 (5) で $f(x) = x^{-1}$ とする.]

従って, $a = b$, $c = d \neq 0 \implies a = b$, $c^{-1} = d^{-1}$

また, $a = b$, $c^{-1} = d^{-1} \implies ac^{-1} = bd^{-1}$ [定理 5 (7)]

この結論は, 除法の定義より $\dfrac{a}{c} = \dfrac{b}{d}$ と同値である。

よって, 6p $\boxed{4}$ ⑮ より $a = b$, $c = d \neq 0 \implies \dfrac{a}{c} = \dfrac{b}{d}$ ∎

$\boxed{4}$ **等式 $A = B$ の証明 の 型**

(1) $A = \cdots = B$ 　　　　　　　よって $A = B$

(2) $B = \cdots = A$ 　　　　　　　よって $A = B$

(3) $A = \cdots = C$, $B = \cdots = C$ 　　よって $A = B$

(4) $A - B = \cdots = 0$ 　　　　　　よって $A = B$

(5) 成立する 1 つの等式から演繹する。

　　等式の性質 (1)〜(4) により, 同値変形によって, 結論が $A = B$ となる。

(6) 成立する 2 つ以上の等式から演繹する。

　　等式の性質 (5)〜(8) により, 結論が $A = B$ となる。

　　(i) $a = b$, $c = d$ $\implies$ $a + c = b + d$ （これが $A = B$）

　　(ii) $a = b$, $c = d$ $\implies$ $a - c = b - d$ （これが $A = B$）

　　(iii) $a = b$, $c = d$ $\implies$ $ac = bd$ （これが $A = B$）

　　(iv) $a = b$, $c = d \neq 0$ $\implies$ $\dfrac{a}{c} = \dfrac{b}{d}$ （これが $A = B$）

　　㊟ (i)(iii) では, 成立する等式が 3 つ以上でもよい。

解説

　(1)〜(3) は 等号の性質 (3)(3)′(4)(4)′ より。

(4) は 等式の性質 (2) $A = B \iff A - B = 0$ と同値変形して考えているが, 従って, (1) かつ (5) といえる。

[5]   実数の基礎的な性質（定理6）   （分母 $\neq 0$ とする）

(1) $0 - a = -a$, $a - a = 0$ $\dfrac{1}{a} = a^{-1}$, $\dfrac{a}{a} = 1$

      $-0 = 0$, $a - 0 = a$ $1^{-1} = 1$, $\dfrac{a}{1} = a$

(2) $a0 = 0a = 0$, $\dfrac{0}{a} = 0$ $ab = 0 \iff a = 0 \lor b = 0$

      $a = 0 \iff -a = 0$ $ab \neq 0 \iff a \neq 0 \land b \neq 0$

      $a \neq 0 \iff -a \neq 0$ $a \neq 0 \Rightarrow a^{-1} \neq 0$

(3) $-(-a) = a$ $(a^{-1})^{-1} = a$

(4) $-(a + b) = (-b) + (-a) = (-a) + (-b)$ $(ab)^{-1} = b^{-1}a^{-1} = a^{-1}b^{-1}$
                    $= -a - b$

      $-(a - b) = b - a = -a + b$ $\left(\dfrac{a}{b} \right)^{-1} = \dfrac{b}{a}$

      $-(-a + b) = a - b$

      $-(-a - b) = a + b$

(5) $(-a)b = a(-b) = -ab$, $(-a)(-b) = ab$ $(-1)^{-1} = -1$, $(-a)^{-1} = -a^{-1}$

      $(-1)a = -a$ $\dfrac{-a}{b} = \dfrac{a}{-b} = -\dfrac{a}{b}$, $\dfrac{-a}{-b} = \dfrac{a}{b}$

(6) $a - (b + c) = a - b - c$

      $a - (b - c) = a - b + c$ $\dfrac{ac}{bc} = \dfrac{a}{b}$

      $a - (-b + c) = a + b - c$

      $a - (-b - c) = a + b + c$ $\dfrac{ac}{c} = a$, $\dfrac{c}{bc} = \dfrac{1}{b}$

(7) $a(b - c) = ab - ac$, $(a - b)c = ac - bc$

(8) $\dfrac{a}{c} + \dfrac{b}{c} = \dfrac{a + b}{c}$, $a + \dfrac{b}{c} = \dfrac{ac + b}{c}$ $\dfrac{a}{b} \times \dfrac{c}{d} = \dfrac{ac}{bd}$, $a \times \dfrac{b}{c} = \dfrac{ab}{c}$

      $\dfrac{a}{c} - \dfrac{b}{c} = \dfrac{a - b}{c}$ $\dfrac{a}{b} \div \dfrac{c}{d} = \dfrac{ad}{bc}$

(9) $a > 0 \iff -a < 0$ $a > 0 \iff a^{-1} > 0$

      $a < 0 \iff -a > 0$ $a < 0 \iff a^{-1} < 0$

      $0 < 1$ $1 < a \iff 0 < a^{-1} < 1$

               $0 < a < 1 \iff 1 < a^{-1}$

(10) (i)　　$a \leqq a$　　　　　　　　　　　　　　　　　　（反射律）

　　　(ii)　　$a \leqq b,\ \ b \leqq a\ \ \Longrightarrow\ \ a = b$　　　　　　（反対称律）

　　　(iii)　　$a \leqq b\ \lor\ b \leqq a\ \ \Longleftrightarrow\ \ \curlyvee$　　　　（比較可能性）

　　　(iv)　　$a \leqq b,\ \ b \leqq c\ \ \Longrightarrow\ \ a \leqq c$　　　　　（推移律）

　　　　　　　　　　　　　　　公理 (11) で $<$ を $\leqq$ としたものである.

　　　(v)　　$a < b,\ \ b \leqq c\ \ \Longrightarrow\ \ a < c$

　　　(vi)　　$a \leqq b,\ \ b < c\ \ \Longrightarrow\ \ a < c$

(11) (i)　$a \leqq b \Longrightarrow a + c \leqq b + c$　　公理 (12) で $<$ を $\leqq$ としたものである.

　　　(ii)　$a \leqq b,\ 0 \leqq c \Longrightarrow ac \leqq bc$　　公理 (13) で $<$ を $\leqq$ としたものである.

(12) (i)　　$a \neq 0 \Longleftrightarrow a^2 > 0$

　　　(ii)　　$a^2 \geqq 0$

　　　(iii)　　$a^2 + b^2 \geqq 0$

　　　(iv)　　$a_1{}^2 + a_2{}^2 + a_3{}^2 + \cdots + a_n{}^2 \geqq 0$　　　$(\,n \geqq 3\,)$

＜注1＞ 定義2

　(1)　$a + (-b) + (-c)$　を　$a - b - c$　と書く。　　4つ以上でも同様。

　(2)　$(-a) + b$　は　$-a + b$,　$-(ab)$　は　$-ab$　と書く。

＜注2＞ 定義3

　(1)　$a < b$　を　$b > a$　とも書く。

　(2)　$a > 0$ のとき, a は正である, $a < 0$ のとき, a は負である　という。

　(3)　$a < b\ \land\ b < c$　を　$a < b < c$　と略記する。　3つ以上でも同様。

＜注3＞ 定義4

　(1)　$a \leqq b\ \Longleftrightarrow\ a < b\ \lor\ a = b$　　と定義する。

　(2)　$a \leqq b$　を　$b \geqq a$　とも書く。　a は b 以下である, b は a 以上である
　　　と読む。

　(3)　$a \leqq b\ \land\ b \leqq c$　を　$a \leqq b \leqq c$　と略記する。　3つ以上でも同様。
　　　また, $<$ と $\leqq$ が 混ざっていてもよい。

　(4)　$\leqq$ のように 反射律, 反対称律, 推移律 を満たす関係を 順序 (関係) と
　　　いう。 更に, 比較可能性 を満たすとき, 全順序（or 線形順序）という。

　(5)　$<$　$>$　$\leqq$　$\geqq$　　を 不等号 という。

＜注4＞ 定理 6 (4)(6)(7)(8) では, 3項以上でも 同様に成立する。(が, 含めて,
　省略．) (7)については 76 p 定理 24 (1) を参照。(5)については 30 p ＜注＞

以下, 順に 証明してゆく。

定理 6 (1)

(ⅰ) $0 - a = -a$　　(ⅱ) $a - a = 0$　　　(ⅴ) $\dfrac{1}{a} = a^{-1}$　　(ⅵ) $\dfrac{a}{a} = 1$

(ⅲ) $-0 = 0$　　　　(ⅳ) $a - 0 = a$　　(ⅶ) $1^{-1} = 1$　　(ⅷ) $\dfrac{a}{1} = a$

---

(1)(ⅰ) の証明

$\quad 0 - a = 0 + (-a)$　　[定義 1(1)]

$\qquad\quad = -a$　　　　[公理 (3)]

$\qquad \therefore \quad 0 - a = -a$　　■

(1)(ⅱ) の証明

$\quad a - a = a + (-a)$　　[定義 1(1)]

$\qquad\quad = 0$　　　　　[公理 (4)]

$\qquad \therefore \quad a - a = 0$　　■

(1)(ⅲ) の証明

$\quad$(ⅰ)(ⅱ) で $\quad a = 0 \quad$ とすると,

$\quad 0 - 0 = -0, \quad 0 - 0 = 0$

$\qquad \therefore \quad -0 = 0$　　■

(1)(ⅳ) の証明

$\quad a - 0 = a + (-0)$　　[定義 1(1)]

$\qquad\quad = a + 0$　　　[(ⅲ)]

$\qquad\quad = a$　　　　　[公理 (3)]

$\qquad \therefore \quad a - 0 = a$　　■

(1)(ⅴ) の証明　　　　$a \neq 0 \quad$ とする.

$\quad \dfrac{1}{a} = 1 \cdot a^{-1}$　　　　[定義 1(2)]

$\qquad = a^{-1}$　　　　[公理 (7)]

$\qquad \therefore \quad \dfrac{1}{a} = a^{-1}$　　■

(1)(ⅵ) の証明　　　　$a \neq 0 \quad$ とする.

$\quad \dfrac{a}{a} = a\, a^{-1}$　　　　[定義 1(2)]

$\qquad = 1$　　　　　[公理 (8)]

$\qquad \therefore \quad \dfrac{a}{a} = 1$　　■

(1)(ⅶ) の証明

$\quad$公理 (0) より $1 \neq 0$ で 1^{-1} が存在する.

$\quad$(ⅴ)(ⅵ) で $\quad a = 1 \quad$ とすると,

$\quad \dfrac{1}{1} = 1^{-1}, \quad \dfrac{1}{1} = 1$

$\qquad \therefore \quad 1^{-1} = 1$　　■

(1)(ⅷ) の証明

$\quad \dfrac{a}{1} = a \cdot 1^{-1}$　　　[定義 1(2)]

$\qquad = a \cdot 1$　　　[(ⅶ)]

$\qquad = a$　　　　[公理 (7)]

$\qquad \therefore \quad \dfrac{a}{1} = a$　　■

定理 6 (2)

(ⅰ) $a0 = 0a = 0$　　(ⅱ) $\dfrac{0}{a} = 0$　　(ⅳ) $ab = 0 \iff a = 0 \lor b = 0$

(ⅲ) $a = 0 \iff -a = 0$　　　　　　　　　$ab \neq 0 \iff a \neq 0 \land b \neq 0$

$\quad a \neq 0 \iff -a \neq 0$　　　(ⅴ) $a \neq 0 \implies a^{-1} \neq 0$

---

(2)(i) の証明

$$a0 = 0 + a0 \qquad [\text{公理}(3)]$$
$$= (-ab + ab) + a0 \qquad [\text{公理}(4)]$$
$$= -ab + (ab + a0) \qquad [\text{公理}(2)]$$
$$= -ab + a(b + 0) \qquad [\text{公理}(9)]$$
$$= -ab + ab \qquad [\text{公理}(3)]$$
$$= 0 \qquad [\text{公理}(4)]$$
$$\therefore \quad a0 = 0$$

$$0a = 0a + 0 \qquad [\text{公理}(3)]$$
$$= 0a + \{ba + (-ba)\} \qquad [\text{公理}(4)]$$
$$= (0a + ba) + (-ba) \qquad [\text{公理}(2)]$$
$$= (0 + b)a + (-ba) \qquad [\text{公理}(9)]$$
$$= ba + (-ba) \qquad [\text{公理}(3)]$$
$$= 0 \qquad [\text{公理}(4)]$$
$$\therefore \quad 0a = 0$$

以上より $\qquad a0 = 0a = 0$ ■

㊟ b は任意であるが，$b = 0$ or $b = a$ と決めてしまってもよい。
また，公理 (5) を使えば，左右どちらか一方のみでよい。

(2)(ii) の証明

$a \neq 0$ とする.
$$\frac{0}{a} = 0a^{-1} \qquad [\text{定義}1(2)]$$
$$= 0 \qquad [(\text{i})]$$
$$\therefore \quad \frac{0}{a} = 0 \qquad ■$$

(2)(iii) の証明

$$-a = 0$$
$$\Leftrightarrow \quad -a + a = 0 + a \qquad [\text{定理}5(1)]$$
$$\Leftrightarrow \quad 0 = a \qquad [\text{公理}(4)(3)]$$
従って $\qquad a = 0 \Leftrightarrow -a = 0$
対偶を取れば $\quad a \neq 0 \Leftrightarrow -a \neq 0$ ■

(2)(iv) の証明

$\Longleftarrow$ は (i) より明らか。
$\Longrightarrow$ について。
$ab = 0$, $a \neq 0$ とすると，a^{-1} が存在して，
$ab = 0$ の両辺に左から掛けると，
$$a^{-1}(ab) = a^{-1}0 \qquad [\text{定理}5(3)]$$
$$(a^{-1}a)b = 0 \qquad [\text{公理}(6), (\text{i})]$$
$$1 \cdot b = 0 \qquad [\text{公理}(8)]$$
$$\therefore \quad b = 0 \qquad [\text{公理}(7)]$$
よって $\qquad ab = 0$, $a \neq 0 \Longrightarrow b = 0$
即ち $\qquad ab = 0 \Longrightarrow a = 0 \lor b = 0 \qquad [6\text{p}\,\boxed{4}\,⑪⑩⑦①]$
以上より $\qquad ab = 0 \Longleftrightarrow a = 0 \lor b = 0$ ■
対偶を取れば $\quad ab \neq 0 \Longleftrightarrow a \neq 0 \land b \neq 0 \qquad [6\text{p}\,\boxed{4}\,⑩]$ ■

(2)(v) の証明

$a \neq 0$　のとき，　$a^{-1} = 0$　と仮定すると，　両辺に左から a を掛けて，

$$a\,a^{-1} = a\,0 \qquad\qquad [\text{定理}\,5\,(3)\,]$$
$$1 = 0 \qquad\qquad [\text{公理}\,(8),(\mathrm{i})\,]$$

となり，　公理 (0) に矛盾する。　　よって　$a^{-1} \neq 0$　　　$[\,12\,\mathrm{p}\ \text{背理法}\,]$

即ち　　　　$a \neq 0\ \Rightarrow\ a^{-1} \neq 0$　　　　　　　　　　　■

定理 6 (3)

(ⅰ)　$-(-a) = a$　　　　　　　　(ⅱ)　$(a^{-1})^{-1} = a$

---

(3)(ⅰ) の証明

公理 (4) より　$(-a) + a = 0,\ a + (-a) = 0$

これらの等式を $-a$ から眺めると　$a + (-a) = 0,\ (-a) + a = 0$

公理 (4) の一意性より　$-(-a) = a$　　　　　　　　　　　■

(3)(ⅱ) の証明

$a \neq 0$　のとき，　定理 6 (2)(v) より　$a^{-1} \neq 0$

公理 (8) より　　　　　$a^{-1}a = 1,\ a\,a^{-1} = 1$

これらの等式を a^{-1} から眺めると　　$a^{-1}a = 1,\ a\,a^{-1} = 1$

公理 (8) の一意性より　　$(a^{-1})^{-1} = a$　　　　　　　　　■

定理 6 (4)

(ⅰ)　$-(a+b) = (-b) + (-a)$　　　　　(ⅴ)　$(ab)^{-1} = b^{-1}a^{-1} = a^{-1}b^{-1}$
　　　　　　$= (-a) + (-b) = -a - b$

(ⅱ)　$-(a-b) = b - a\ \ = -a + b$　　(ⅵ)　$\left(\dfrac{a}{b}\right)^{-1} = \dfrac{b}{a}$

(ⅲ)　$-(-a+b) = a - b$

(ⅳ)　$-(-a-b) = a + b$

---

(4)(ⅰ) の証明

$$\{(-b) + (-a)\} + (a+b) = (-b) + [\{(-a) + a\} + b] \qquad [\text{定理}\,1\,]$$
$$= (-b) + (0 + b) \qquad [\text{公理}\,(4)\,]$$
$$= (-b) + b \qquad [\text{公理}\,(3)\,]$$
$$= 0 \qquad [\text{公理}\,(4)\,]$$

$\therefore$　　　$\{(-b) + (-a)\} + (a+b) = 0$

同様に（or 公理 (1) より）　　$(a+b) + \{(-b) + (-a)\} = 0$

公理 (4) の一意性より　　$(-b) + (-a)$ は $a + b$ の反数であるから，

$-(a+b) = (-b) + (-a)$

$\qquad\qquad = (-a) + (-b) = -a - b \qquad [\text{公理}\,(1),\text{定義}\,1(1)\,2(2)\,]$　■

(4)(ii) の証明

$$
\begin{aligned}
-(a-b) &= -\{a+(-b)\} & &[\,\text{定義}\,1\,(1)\,] \\
&= \{-(-b)\}+(-a) & &[\,(\,\mathrm{i}\,)\,] \\
&= b+(-a) \quad = b-a & &[\,\text{定理}\,6\,(3)(\,\mathrm{i}\,),\ \text{定義}\,1\,(1)\,] \\
&= (-a)+b \quad = -a+b & &[\,\text{公理}\,(1),\ \text{定義}\,2(2)\,] \\
\therefore\quad -(a-b) &= b-a \ = -a+b & &\blacksquare
\end{aligned}
$$

(4)(iii)(iv) の証明   (i)(ii) で a を $-a$ として, 定理 6(3)(i) より。   ■

(4)(v) の証明

$a \neq 0$, $b \neq 0$ のとき, a^{-1}, b^{-1} が存在し, 定理 6 (2)(iv) より $ab \neq 0$ であって,

$$
\begin{aligned}
(b^{-1}a^{-1})(ab) &= b^{-1}\{(a^{-1}a)b\} & &[\,\text{定理}\,3\,] \\
&= b^{-1}(1\cdot b) & &[\,\text{公理}\,(8)\,] \\
&= b^{-1}b & &[\,\text{公理}\,(7)\,] \\
&= 1 & &[\,\text{公理}\,(8)\,] \\
\therefore\quad (b^{-1}a^{-1})(ab) &= 1
\end{aligned}
$$

同様に (or 公理 (5) より) $(ab)(b^{-1}a^{-1}) = 1$

公理 (8) の一意性より $b^{-1}a^{-1}$ は ab の逆数であるから,

$$
\begin{aligned}
(ab)^{-1} &= b^{-1}a^{-1} \\
&= a^{-1}b^{-1} & &[\,\text{公理}\,(5)\,]\ \blacksquare
\end{aligned}
$$

(4)(vi) の証明

$a \neq 0$, $b \neq 0$ のとき, 定理 6 (2)(v)(iv) より $b^{-1} \neq 0$, $ab^{-1} \neq 0$ であって,

$$
\begin{aligned}
\left(\frac{a}{b}\right)^{-1} &= (ab^{-1})^{-1} & &[\,\text{定義}\,1\,(2)\,] \\
&= (b^{-1})^{-1}a^{-1} & &[\,(\,\mathrm{v}\,)\,] \\
&= ba^{-1} & &[\,\text{定理}\,6\,(3)(\mathrm{ii})\,] \\
&= \frac{b}{a} & &[\,\text{定義}\,1\,(2)\,] \\
\therefore\quad \left(\frac{a}{b}\right)^{-1} &= \frac{b}{a} & &\blacksquare
\end{aligned}
$$

定理 6 (5)

(i) $(-a)b = a(-b) = -ab$ (iii) $(-1)^{-1} = -1$, $(-a)^{-1} = -a^{-1}$

      $(-a)(-b) = ab$

(ii) $(-1)a = -a$ (iv) $\dfrac{-a}{b} = \dfrac{a}{-b} = -\dfrac{a}{b}$, $\dfrac{-a}{-b} = \dfrac{a}{b}$

(5)(ⅰ) の証明

$$(-a)b + ab = (-a+a)b \qquad [\ 公理\,(9)\ ]$$
$$= 0b \qquad\qquad [\ 公理\,(4)\ ]$$
$$= 0 \qquad\qquad [\ 定理\,6\,(2)(ⅰ)\ ]$$
$$\therefore \quad (-a)b + ab = 0$$

同様に (or 公理 (1) より)

$$ab + (-a)b = 0$$

公理 (4) の一意性 より

$(-a)b$ は ab の反数である から,

$$(-a)b = -ab \qquad\qquad ■$$

上記と同様にして,

$$a(-b) + ab = 0$$
$$ab + a(-b) = 0 \qquad\qquad より$$

$a(-b)$ は ab の反数である から,

$$a(-b) = -ab \qquad\qquad ■$$

(別証) 上記の結果より,

$$(-a)b = -ab$$
$$b(-a) = -ba \qquad\qquad [\ 公理\,(5)\ ]$$

文字 a, b を入れ換えて,

$$a(-b) = -ab \qquad\qquad ■$$

$(-a)b = a(-b)$ で b を $-b$ とすれば

$$(-a)(-b) = a\{-(-b)\}$$
$$= ab \qquad\qquad [\ 定理\,6\,(3)(ⅰ)\ ]$$
$$\therefore \quad (-a)(-b) = ab \qquad\qquad ■$$

(5)(ⅱ) の証明

$(-a)b = -ab$ で

a を 1, b を a とすれば,

$$(-1)a = -1\,a$$
$$= -a \qquad\qquad [\ 公理\,(7)\ ]$$
$$\therefore \quad (-1)a = -a \qquad\qquad ■$$

(5)(ⅲ) の証明

$$(-1)(-1) = 1 \cdot 1 \qquad\qquad [\ (ⅰ)\ ]$$
$$= 1 \qquad\qquad [\ 公理\,(7)\ ]$$

公理 (0) と 定理 6 (2)(ⅲ) より

$$-1 \neq 0$$

公理 (8) の一意性 より

$$(-1)^{-1} = -1 \qquad\qquad ■$$

$a \neq 0$ のとき 定理 6 (2)(ⅲ)(ⅳ)

より $-a \neq 0$, $-1 \neq 0$, $(-1)a \neq 0$

$$(-a)^{-1} = \{(-1)a\}^{-1} \qquad [\ (ⅱ)\ ]$$
$$= (-1)^{-1}a^{-1} \qquad [\ 定理\,6\,(4)(ⅴ)\ ]$$
$$= (-1)a^{-1} \qquad\qquad [\ 上記\ ]$$
$$= -a^{-1} \qquad\qquad [\ (ⅱ)\ ] ■$$

(5)(ⅳ) の証明

$b \neq 0$ のとき

$$\frac{-a}{b} = (-a)b^{-1} \qquad [\ 定義\,1\,(2)\ ]$$
$$= -ab^{-1} \qquad\qquad [\ (ⅰ)\ ]$$
$$= -\frac{a}{b} \qquad\qquad [\ 定義\,1\,(2)\ ] ■$$

$b \neq 0$ のとき 定理 6 (2)(ⅲ) より

$-b \neq 0$ であって,

$$\frac{a}{-b} = a(-b)^{-1} \qquad [\ 定義\,1\,(2)\ ]$$
$$= a(-b^{-1}) \qquad\qquad [\ (ⅲ)\ ]$$
$$= -ab^{-1} \qquad\qquad [\ (ⅰ)\ ]$$
$$= -\frac{a}{b} \qquad\qquad [\ 定義\,1\,(2)\ ] ■$$

$$\frac{-a}{b} = \frac{a}{-b} \quad で \ b \ を \ -b \ とすれば$$
$$\frac{-a}{-b} = \frac{a}{-(-b)}$$
$$= \frac{a}{b} \qquad\qquad [\ 定理\,6\,(3)(ⅰ)\ ] ■$$

＜注＞ 定理6(5)(ⅰ)(ⅳ) より, 3つ以上の数の 積, 商については,

符号 − の個数 が, 偶数個なら ＋ （なし）, 奇数個なら − である。(定理)

定理6 (6)

(i)　$a-(b+c)=a-b-c$　　　　(v)　$\dfrac{ac}{bc}=\dfrac{a}{b}$

(ii)　$a-(b-c)=a-b+c$　　　　(vi)　$\dfrac{ac}{c}=a$

(iii)　$a-(-b+c)=a+b-c$　　　(vii)　$\dfrac{c}{bc}=\dfrac{1}{b}$

(iv)　$a-(-b-c)=a+b+c$

(6)(i) の証明

$$\begin{aligned}
a-(b+c)&=a+\{-(b+c)\} & [\text{定義 1 (1)}]\\
&=a+\{(-b)+(-c)\} & [\text{定理 6 (4)(i)}]\\
&=a+(-b)+(-c) & [\text{公理 (2)}]\\
&=a-b-c & [\text{定義 2 (1)}]\\
\therefore\quad a-(b+c)&=a-b-c & \blacksquare
\end{aligned}$$

(6)(ii) の証明

$$\begin{aligned}
a-(b-c)&=a+\{-(b-c)\} & [\text{定義 1 (1)}]\\
&=a+(-b+c) & [\text{定理 6 (4)(ii)}]\\
&=a+(-b)+c & [\text{定義 2 (2), 公理 (2)}]\\
&=a-b+c & [\text{定義 2 (1)}]\\
\therefore\quad a-(b-c)&=a-b+c & \blacksquare
\end{aligned}$$

(6)(iii) の証明

$$\begin{aligned}
a-(-b+c)&=a+\{-(-b+c)\} & [\text{定義 1 (1)}]\\
&=a+(b-c) & [\text{定理 6 (4)(iii)}]\\
&=a+\{b+(-c)\} & [\text{定義 1 (1)}]\\
&=a+b+(-c) & [\text{公理 (2)}]\\
&=a+b-c & [\text{定義 2 (1)}]\\
\therefore\quad a-(-b+c)&=a+b-c & \blacksquare
\end{aligned}$$

(6)(iv) の証明

$$\begin{aligned}
a-(-b-c)&=a+\{-(-b-c)\} & [\text{定義 1 (1)}]\\
&=a+(b+c) & [\text{定理 6 (4)(iv)}]\\
&=a+b+c & [\text{公理 (2)}]\\
\therefore\quad a-(-b-c)&=a+b+c & \blacksquare
\end{aligned}$$

(6)(v) の証明

$b\neq0,\ c\neq0$ のとき,

定理6 (2)(iv) より　$bc\neq0$ で,

$$\begin{aligned}
\dfrac{ac}{bc}&=(ac)(bc)^{-1} & [\text{定義 1 (2)}]\\
&=(ac)(c^{-1}b^{-1}) & [\text{定理 6 (4)(v)}]\\
&=\{a(cc^{-1})\}b^{-1} & [\text{定理 3}]\\
&=(a\cdot1)\,b^{-1} & [\text{公理 (8)}]\\
&=ab^{-1} & [\text{公理 (7)}]\\
&=\dfrac{a}{b} & [\text{定義 1 (2)}]\\
\therefore\quad \dfrac{ac}{bc}&=\dfrac{a}{b} & \blacksquare
\end{aligned}$$

(6)(vi) の証明

$c\neq0$ のとき,

$$\begin{aligned}
\dfrac{ac}{c}&=\dfrac{ac}{1c} & [\text{公理 (7)}]\\
&=\dfrac{a}{1} & [\text{(v)}]\\
&=a & [\text{定理 6 (1)(viii)}]\\
\therefore\quad \dfrac{ac}{c}&=a & \blacksquare
\end{aligned}$$

(6)(vii) の証明

$b\neq0,\ c\neq0$ のとき,

定理6 (2)(iv) より　$bc\neq0$ で,

$$\begin{aligned}
\dfrac{c}{bc}&=\dfrac{1c}{bc} & [\text{公理 (7)}]\\
&=\dfrac{1}{b} & [\text{(v)}]\\
\therefore\quad \dfrac{c}{bc}&=\dfrac{1}{b} & \blacksquare
\end{aligned}$$

定理 6 (7)

(i) $a(b - c) = ab - ac$　　　　　　　(ii) $(a - b)c = ac - bc$

(7)(i) の証明

$$a(b - c) = a\{b + (-c)\} \qquad [\text{定義 } 1\,(1)]$$
$$= ab + a(-c) \qquad\qquad [\text{公理 }(9)]$$
$$= ab + (-ac) \qquad\qquad [\text{定理 } 6\,(5)(\text{i})]$$
$$= ab - ac \qquad\qquad [\text{定義 } 1\,(1)]$$
$$\therefore \quad a(b - c) = ab - ac \qquad\qquad\blacksquare$$

(7)(ii) の証明

(i) と同様に，定義 1 (1), 公理 (9),
定理 6 (5)(i), 定義 1 (1) より 成立。■

(別証) $(a - b)c = c(a - b)$ [公理 (5)]
$$= ca - cb \qquad\qquad [\ (\text{i})\ ]$$
$$= ac - bc \qquad\qquad [\text{公理 }(5)\,]\ \blacksquare$$

定理 6 (8)

(i) $\dfrac{a}{c} + \dfrac{b}{c} = \dfrac{a + b}{c}$, $a + \dfrac{b}{c} = \dfrac{ac + b}{c}$　(iii) $\dfrac{a}{b} \times \dfrac{c}{d} = \dfrac{ac}{bd}$, $a \times \dfrac{b}{c} = \dfrac{ab}{c}$

(ii) $\dfrac{a}{c} - \dfrac{b}{c} = \dfrac{a - b}{c}$　　　　　　　　(iv) $\dfrac{a}{b} \div \dfrac{c}{d} = \dfrac{ad}{bc}$

(8)(i) の証明

$$\frac{a}{c} + \frac{b}{c} = ac^{-1} + bc^{-1} \qquad [\text{定義 } 1\,(2)]$$
$$= (a + b)c^{-1} \qquad\qquad [\text{公理 }(9)]$$
$$= \frac{a + b}{c} \qquad\qquad [\text{定義 } 1\,(2)]$$
$$\therefore \quad \frac{a}{c} + \frac{b}{c} = \frac{a + b}{c} \qquad\qquad\blacksquare$$

$$a + \frac{b}{c} = \frac{ac}{c} + \frac{b}{c} \qquad [\text{定理 } 6\,(6)(\text{vi})]$$
$$= \frac{ac + b}{c} \qquad\qquad [\ \text{上記}\ ]$$
$$\therefore \quad a + \frac{b}{c} = \frac{ac + b}{c} \qquad\qquad\blacksquare$$

(8)(ii) の証明

$$\frac{a}{c} - \frac{b}{c} = ac^{-1} - bc^{-1} \qquad [\text{定義 } 1\,(2)]$$
$$= (a - b)c^{-1} \qquad [\text{定理 } 6\,(7)(\text{ii})]$$
$$= \frac{a - b}{c} \qquad\qquad [\text{定義 } 1\,(2)]$$
$$\therefore \quad \frac{a}{c} - \frac{b}{c} = \frac{a - b}{c} \qquad\qquad\blacksquare$$

(8)(iii) の証明

$$\frac{a}{b} \times \frac{c}{d} = (ab^{-1})(cd^{-1}) \qquad [\text{定義 } 1\,(2)]$$
$$= (ac)(b^{-1}d^{-1}) \qquad\qquad [\text{定理 } 4]$$
$$= (ac)(bd)^{-1} \qquad\qquad [\text{定理 } 6\,(4)(\text{v})]$$
$$= \frac{ac}{bd} \qquad\qquad [\text{定義 } 1\,(2)]$$
$$\therefore \quad \frac{a}{b} \times \frac{c}{d} = \frac{ac}{bd} \qquad\qquad\blacksquare$$

$$a \times \frac{b}{c} = \frac{a}{1} \times \frac{b}{c} \qquad [\text{定理 } 6\,(1)(\text{viii})]$$
$$= \frac{ab}{1c} \qquad\qquad [\ \text{上記}\ ]$$
$$= \frac{ab}{c} \qquad\qquad [\text{公理 }(7)\,]\ \blacksquare$$

(8)(iv) の証明

$$\frac{a}{b} \div \frac{c}{d} = \frac{a}{b} \times \left(\frac{c}{d}\right)^{-1} [\text{定義 } 1\,(2)]$$
$$= \frac{a}{b} \times \frac{d}{c} \qquad [\text{定理 } 6\,(4)(\text{vi})]$$
$$= \frac{ad}{bc} \qquad\qquad [\ \text{上記}\ ]$$
$$\therefore \quad \frac{a}{b} \div \frac{c}{d} = \frac{ad}{bc} \qquad\qquad\blacksquare$$

> 定理 6 (9)
>
> (i)　　$a > 0 \ \Leftrightarrow \ -a < 0$　　　　　　(iii)　　$a > 0 \ \Leftrightarrow \ a^{-1} > 0$
>
> 　　　　　$a < 0 \ \Leftrightarrow \ -a > 0$　　　　　　　　　　$a < 0 \ \Leftrightarrow \ a^{-1} < 0$
>
> (ii)　　$0 < 1$　　　　　　　　　　　　(iv)　　$1 < a \ \Leftrightarrow \ 0 < a^{-1} < 1$
>
> 　　　　　　　　　　　　　　　　　　　　　　　$0 < a < 1 \ \Leftrightarrow \ 1 < a^{-1}$

(9)(i) の証明

　公理 (12) で，　(a, b, c) を $(0, a, -a)$ とすると

　　　　　$0 < a \ \Rightarrow \ 0 + (-a) < a + (-a)$　　　この結論は 公理 (3)(4) より

　$-a < 0$　　だから　　　　　$a > 0 \ \Rightarrow \ -a < 0$　　　——①

　また，公理 (12) で，　(b, c) を $(0, -a)$ とすると

　　　　　$a < 0 \ \Rightarrow \ a + (-a) < 0 + (-a)$　　　この結論は 公理 (3)(4) より

　$0 < -a$　　だから　　　　　$a < 0 \ \Rightarrow \ -a > 0$　　　——②

　定理 6(2)(iii) より　　　　　$a = 0 \ \Rightarrow \ -a = 0$　　　——③

　①〜③ で，仮定がすべての場合を尽くし，結論がどの 2 つも両立しないから，転換法により，　逆がすべて成り立つ。　　　■

(9)(ii) の証明

　$1 < 0$　と仮定すると，　　　(i) より　　　$-1 > 0$　……　㊀

　公理 (13) より　$1 \cdot (-1) < 0 \cdot (-1)$　即ち　$-1 < 0$ [公理 (7), 定理 6 (2)(i)]

　これは ㊀ に矛盾。よって　$1 \not< 0$　　　公理 (0), 公理 (10) より　　$0 < 1$　■

(9)(iii) の証明

　$a > 0$ のとき，　　$a \neq 0$　より　定理 6 (2)(v)　から　$a^{-1} \neq 0$

　$a^{-1} < 0$　と仮定すると　公理 (13) より　$a^{-1} a < 0 a$　即ち　$1 < 0$

　これは (ii) に矛盾。よって　$a^{-1} \not< 0$　　　公理 (10) より　　$0 < a^{-1}$

　　　　　　$\therefore$　　$a > 0 \ \Rightarrow \ a^{-1} > 0$　　　——①

　従って，また　　$a^{-1} > 0 \ \Rightarrow \ (a^{-1})^{-1} > 0$

　この結論は 定理 6(3)(ii) より　$a > 0$　だから　①は逆も成り立つ。　■

　$a < 0$ のとき，　　$a \neq 0$　より　定理 6 (2)(v)　から　$a^{-1} \neq 0$

　$0 < a^{-1}$　と仮定すると　公理 (13) より　$a a^{-1} < 0 a^{-1}$　即ち　$1 < 0$

　これは (ii) に矛盾。よって　$0 \not< a^{-1}$　　　公理 (10) より　　$a^{-1} < 0$

　　　　　　$\therefore$　　$a < 0 \ \Rightarrow \ a^{-1} < 0$　　　——②

　従って，また　　$a^{-1} < 0 \ \Rightarrow \ (a^{-1})^{-1} < 0$

　この結論は 定理 6(3)(ii) より　$a < 0$　だから　②は逆も成り立つ。　■

(9)(iv) の証明

  $1 < a$ のとき， $0 < 1$ と 公理 (11) より $0 < a$ (iii) より $a^{-1} > 0$
  従って 公理 (13) より $1 \cdot a^{-1} < a a^{-1}$ 即ち $a^{-1} < 1$ [公理 (7)(8)]
          $\therefore$ $1 < a \;\Rightarrow\; 0 < a^{-1} < 1$ ——— ①
  $0 < a < 1$ のとき，   (iii) より $a^{-1} > 0$
  従って 公理 (13) より $a a^{-1} < 1 \cdot a^{-1}$ 即ち $1 < a^{-1}$ [公理 (7)(8)]
          $\therefore$ $0 < a < 1 \;\Rightarrow\; 1 < a^{-1}$ ——— ②
  $a \neq 0$ のとき，   定理 6 (2)(v) より $a^{-1} \neq 0$ であって
  ①② で， a を a^{-1} とすれば，   定理 6 (3)(ii) より
  ②①の逆 が それぞれ 成り立つ。   ■

定理 6 (10)
(i) $a \leqq a$ (反射律)
(ii) $a \leqq b,\; b \leqq a \;\Longrightarrow\; a = b$ （反対称律）
(iii) $a \leqq b \;\vee\; b \leqq a \;\Longleftrightarrow\; \curlyvee$ (比較可能性)
(iv) $a \leqq b,\; b \leqq c \;\Longrightarrow\; a \leqq c$ (推移律)
                    公理 (11) で $<$ を $\leqq$ としたものである．
(v) $a < b,\; b \leqq c \;\Longrightarrow\; a < c$
(vi) $a \leqq b,\; b < c \;\Longrightarrow\; a < c$

---

(10)(i) の証明

  $a \leqq a \;\Longleftrightarrow\; a < a \;\vee\; a = a$ [定義 4 (1) で $b = a$ とする.]
       $\Longleftrightarrow\; \curlyvee$ [等号の性質 (1) と ∨ の定義]■

(10)(ii) の証明

  $a \leqq b,\; b \leqq a \;\Longleftrightarrow\; (a < b \vee a = b) \wedge (b < a \vee b = a)$ [定義 4 (1)]
       $\Longleftrightarrow\; (a < b \wedge b < a) \vee a = b$ [6 p $\boxed{4}$ ⑧ 分配律]
       $\Longleftrightarrow\; \curlywedge \;\vee\; a = b$ [公理 (10)]
       $\Longleftrightarrow\; a = b$ [6 p $\boxed{4}$ ②]
  $\therefore\; a \leqq b,\; b \leqq a \;\Longrightarrow\; a = b$ ■

                    (実は, 逆 も 成立 している.)

(10)(iii) の証明

  $a \leqq b \vee b \leqq a \;\Longleftrightarrow\; (a < b \vee a = b) \vee (b < a \vee b = a)$ [定義 4 (1)]
       $\Longleftrightarrow\; a < b \vee a = b \vee b < a$ [∨ の結合律, 交換律, 巾等律]
       $\Longleftrightarrow\; \curlyvee$ [公理 (10) と ∨ の定義]■

㊟ 定理 6 (10)(iii) では， $\Longleftrightarrow \;\curlyvee$ は なくても 同義 である。

(10)(iv) の証明

$$a \leqq b,\ b \leqq c \iff (a < b \lor a = b) \land (b < c \lor b = c) \qquad [\text{定義 } 4\,(1)\,]$$
$$\iff (a < b, b < c) \lor (a < b, b = c) \lor (a = b, b < c) \lor (a = b, b = c) \quad [\text{分配律}]$$
$$\implies a < c \lor a < c \lor a < c \lor a = c \qquad [\text{公理 } (11) \text{ と等号の性質 } (2)(4)\,]$$
$$\iff a < c \lor a = c \qquad\qquad [\lor \text{ の結合律, 巾等律}]$$
$$\iff a \leqq c \qquad\qquad [\text{定義 } 4\,(1)\,]$$
$$\therefore \quad a \leqq b,\ b \leqq c \implies a \leqq c \qquad\qquad \blacksquare$$

(10)(v) の証明

$$a < b,\ b \leqq c \iff a < b \land (b < c \lor b = c) \qquad [\text{定義 } 4\,(1)\,]$$
$$\iff (a < b, b < c) \lor (a < b, b = c) \qquad [\text{分配律}]$$
$$\implies a < c \lor a < c \qquad [\text{公理 } (11) \text{ と等号の性質 } (2)\,]$$
$$\iff a < c \qquad\qquad [\lor \text{ の巾等律}]$$
$$\therefore \quad a < b,\ b \leqq c \implies a < c \qquad\qquad \blacksquare$$

(10)(vi) の証明

$$a \leqq b,\ b < c \iff (a < b \lor a = b) \land b < c \qquad [\text{定義 } 4\,(1)\,]$$
$$\iff (a < b, b < c) \lor (a = b, b < c) \qquad [\text{分配律}]$$
$$\implies a < c \lor a < c \qquad [\text{公理 } (11) \text{ と等号の性質 } (2)\,]$$
$$\iff a < c \qquad\qquad [\lor \text{ の巾等律}]$$
$$\therefore \quad a \leqq b,\ b < c \implies a < c \qquad\qquad \blacksquare$$

定理 6 (11)

(i) $a \leqq b \implies a + c \leqq b + c$ 　　　公理 (12) で $<$ を $\leqq$ としたものである.

(ii) $a \leqq b,\ 0 \leqq c \implies ac \leqq bc$ 　　　公理 (13) で $<$ を $\leqq$ としたものである.

---

(11)(i) の証明

$$a \leqq b \iff a < b \lor a = b \qquad\qquad [\text{定義 } 4\,(1)\,]$$
$$\implies (a + c < b + c) \lor (a + c = b + c) \qquad [\text{公理 } (12), \text{定理 } 5\,(1)\,]$$
$$\iff a + c \leqq b + c \qquad\qquad [\text{定義 } 4\,(1)\,]$$
$$\therefore \quad a \leqq b \implies a + c \leqq b + c \qquad\qquad \blacksquare$$

(11)(ii) の証明

$$a \leqq b,\ 0 \leqq c \iff (a < b \lor a = b) \land (0 < c \lor 0 = c) \qquad [\text{定義 } 4\,(1)\,]$$
$$\iff (a < b, 0 < c) \lor (a < b, 0 = c) \lor (a = b, 0 \leqq c) \qquad [\text{分配律}]$$
$$\implies ac < bc \lor ac = bc \lor ac = bc \qquad [\text{公理 } (13), \text{定理 } 6\,(2)(i), \text{定理 } 5\,(3)\,]$$
$$\iff ac < bc \lor ac = bc \qquad\qquad [\lor \text{ の結合律, 巾等律}]$$
$$\iff ac \leqq bc \qquad\qquad [\text{定義 } 4\,(1)\,]$$
$$\therefore \quad a \leqq b,\ 0 \leqq c \implies ac \leqq bc \qquad\qquad \blacksquare$$

> 定理 6 (12)
> (i)　　$a \neq 0 \iff a^2 > 0$
> (ii)　　$a^2 \geqq 0$
> (iii)　　$a^2 + b^2 \geqq 0$
> (iv)　　$a_1{}^2 + a_2{}^2 + a_3{}^2 + \cdots + a_n{}^2 \geqq 0$　　　　　　　($n \geqq 3$)

(12)(i) の証明

　$a \neq 0$ のとき,　　公理 (10) より　　　$a < 0$ or $0 < a$　である。

　$0 < a$ なら　　公理 (13) より　　　$0\,a < aa$

　　　　　　　　定理 6 (2)(i) より　　$0 < a^2$　　　　　[aa を a^2 とかく. 後述]

　$a < 0$ なら　　定理 6 (9)(i) より　　$0 < -a$　従って　上記より　$0 < (-a)^2$

　　　　　　　　定理 6 (5)(i) より　　$0 < a^2$

　いずれにしても　　　$0 < a^2$　　　$\therefore$　$a \neq 0 \Rightarrow a^2 > 0$　　　——①

　$a = 0$ のとき,　定理 5 (3) より　　$aa = 0a$　　定理 6 (2)(i) より　　$a^2 = 0$

　　　　　　　　　　　　　$\therefore$　$a = 0 \Rightarrow a^2 = 0$　　　——②

　①② で,　仮定がすべての場合を尽くし,　結論が両立しない [公理 (10)]
から,　転換法により,　逆がすべて成り立つ。　■

(12)(ii) の証明

　　$a^2 \geqq 0 \iff a^2 > 0 \ \lor \ a^2 = 0$　　　　　　　　　[定義 4 (1)(2)]

　　　　　　$\iff a \neq 0 \ \lor \ a = 0$　　　　　　　　[上記①② 逆も]

　　　　　　$\iff$　　　$\curlyvee$　　　　　　　　[6 p $\boxed{4}$ ④ 排中律]　■

(12)(iii) の証明

　上記 (ii) より　　$0 \leqq a^2$　　　　定理 6 (11)(i) より　　　$0 + b^2 \leqq a^2 + b^2$

　公理 (3) より　　$b^2 \leqq a^2 + b^2$　　　　また　　　$0 \leqq b^2$　　だから

　定理 6 (10)(iv) より　　　　$0 \leqq a^2 + b^2$　　　　　　　　　　■

(12)(iv) の証明

　数学的帰納法 (後述) による。　　(省略)

6　**不等式の性質 (定理7)**　　───── 不等号と加減乗除 ─────

　以下は　$<$, $>$, $\leqq$, $\geqq$　の いずれでも 成立する。

(1)　不等式はその両辺に同じ数を足しても成り立つ (同値である)。
$$a < b \iff a + c < b + c$$

(2)　不等式はその両辺から同じ数を引いても成り立つ (同値である)。
$$a < b \iff a - c < b - c$$

(3)　不等式はその両辺に同じ正の数を掛けても成り立つ (同値である)。
$$a < b \iff ac < bc \qquad (c > 0)$$
　　不等式はその両辺に同じ負の数を掛けると不等号の向きが変わる。
$$a < b \iff ac > bc \qquad (c < 0)$$

(4)　不等式はその両辺を同じ正の数で割っても成り立つ (同値である)。
$$a < b \iff \frac{a}{c} < \frac{b}{c} \qquad (c > 0)$$
　　不等式はその両辺を同じ負の数で割ると不等号の向きが変わる。
$$a < b \iff \frac{a}{c} > \frac{b}{c} \qquad (c < 0)$$

(5)　$a < b,\ c < d \implies a + c < b + d$　　　　(3つ以上でも成立する.)

(6)　$a < b \iff -a > -b$

(7)　$0 \leqq a < b,\ 0 \leqq c < d \implies 0 \leqq ac < bd$　(3つ以上でも成立する.)

(8)　$a < b \iff a^{-1} > b^{-1}$　　($a > 0,\ b > 0$)

(9)　(i)　$ab > 0 \iff a > 0, b > 0 \ \lor \ a < 0, b < 0$　　(a, b は同符号)

　　　　　$ab < 0 \iff a > 0, b < 0 \ \lor \ a < 0, b > 0$　　(a, b は異符号)

　　(ii)　2つ以上の正負の数の積, 商 について,
　　　　　負の数の個数 が, 偶数個なら 正, 奇数個なら 負 である。

以下, 順に 証明してゆく。　　$\leqq$ でも 証明は 殆ど 同様である。

定理7 (不等式の性質)
　(1)　不等式はその両辺に同じ数を足しても成り立つ (同値である)。
$$a < b \iff a + c < b + c$$

証明

公理 (12) より　　　$a < b \implies a + c < b + c$　　　───── ①

また,　$a + c < b + c \implies (a + c) + (-c) < (b + c) + (-c)$

$$\iff a + \{c + (-c)\} < b + \{c + (-c)\} \qquad [\text{公理} (2)]$$
$$\iff a + 0 < b + 0 \qquad [\text{公理} (4)]$$
$$\iff a < b \qquad [\text{公理} (3)]$$

従って,　$a + c < b + c \implies a < b$　───── ②　　①② より (1) は成立。∎

定理7 (不等式の性質)

(2)　不等式はその両辺から同じ数を引いても成り立つ (同値である)。
$$a < b \iff a - c < b - c$$

証明

上記 (1) で，c を $-c$ とすると，

$$a < b \iff a + (-c) < b + (-c)$$
$$\iff a - c < b - c \qquad\qquad [\,定義 1\,(1)\,]$$
$$\therefore \quad a < b \iff a - c < b - c \qquad\qquad\qquad ■$$

定理7 (不等式の性質)

(3)(ⅰ)　不等式はその両辺に同じ正の数を掛けても成り立つ (同値である)。
$$a < b \iff ac < bc \qquad (c > 0)$$

(ⅱ)　不等式はその両辺に同じ負の数を掛けると不等号の向きが変わる。
$$a < b \iff ac > bc \qquad (c < 0)$$

---

(3)(ⅰ) の証明

公理 (13) より　　　$a < b \Longrightarrow ac < bc$　　$(c > 0)$　　——　①

$c > 0$ のとき，　定理6(9)(ⅲ) より　　$c^{-1} > 0$ だから，

$$ac < bc \implies (ac)c^{-1} < (bc)c^{-1} \qquad\qquad [\,公理 (13)\,]$$
$$\iff a(cc^{-1}) < b(cc^{-1}) \qquad\qquad [\,公理 (6)\,]$$
$$\iff a \cdot 1 < b \cdot 1 \qquad\qquad\qquad [\,公理 (8)\,]$$
$$\iff a < b \qquad\qquad\qquad\qquad [\,公理 (7)\,]$$

従って　　　$ac < bc \implies a < b$　　$(c > 0)$　　——　②

①② より　　　$a < b \iff ac < bc$　　$(c > 0)$　　　　■

(3)(ⅱ) の証明

$c < 0$ のとき，　定理6(9)(ⅰ) より　　$-c > 0$ だから，

$$a < b \iff a(-c) < b(-c) \qquad\qquad [\,上記 (3)(ⅰ)\,]$$
$$\iff -ac < -bc \qquad\qquad\qquad [\,定理 6(5)(ⅰ)\,]$$
$$\iff -ac + (ac + bc) < -bc + (ac + bc) \qquad [\,定理 7(1)\,]$$
$$\iff bc < ac \qquad\qquad\qquad\qquad [\,公理 (1)(2)(3)(4)\,]$$
$$\therefore \quad a < b \iff ac > bc \qquad (c < 0) \qquad\qquad ■$$

定理 7 (不等式の性質)

(4)(i)　不等式はその両辺を同じ正の数で割っても成り立つ (同値である)。
$$a < b \iff \frac{a}{c} < \frac{b}{c} \qquad (c > 0)$$

(ii)　不等式はその両辺を同じ負の数で割ると不等号の向きが変わる。
$$a < b \iff \frac{a}{c} > \frac{b}{c} \qquad (c < 0)$$

---

(4)(i) の証明

$c > 0$ のとき，　　定理 6(9)(iii) より　　$c^{-1} > 0$ だから，

$$a < b \iff ac^{-1} < bc^{-1} \qquad\qquad [\text{定理}\,7(3)(\text{i})]$$
$$\iff \frac{a}{c} < \frac{b}{c} \qquad\qquad [\text{定義}\,1(2)]$$
$$\therefore \quad a < b \iff \frac{a}{c} < \frac{b}{c} \qquad (c > 0) \qquad \blacksquare$$

(4)(ii) の証明

$c < 0$ のとき，　　定理 6(9)(iii) より　　$c^{-1} < 0$ だから，

$$a < b \iff ac^{-1} > bc^{-1} \qquad\qquad [\text{定理}\,7(3)(\text{ii})]$$
$$\iff \frac{a}{c} > \frac{b}{c} \qquad\qquad [\text{定義}\,1(2)]$$
$$\therefore \quad a < b \iff \frac{a}{c} > \frac{b}{c} \qquad (c < 0) \qquad \blacksquare$$

定理 7 (不等式の性質)

(5)　$a < b,\ c < d \implies a + c < b + d$　　　(3 つ以上でも成立する.)

証明

$$a < b,\ c < d \implies a + c < b + c,\ b + c < b + d \qquad [\text{公理}\,(12)]$$
$$\implies a + c < b + d \qquad\qquad\qquad [\text{公理}\,(11)]$$
$$\therefore \quad a < b,\ c < d \implies a + c < b + d$$

同じように 繰り返せば，3 つ以上でも成立する。　　　　　　　　　　　　$\blacksquare$

定理 7 (不等式の性質)

(6)　　　$a < b \iff -a > -b$

証明

$$a < b \iff a + \{(-a) + (-b)\} < b + \{(-a) + (-b)\} \qquad [\text{定理}\,7(1)]$$
$$\iff -b < -a \qquad\qquad\qquad [\text{公理}\,(1)(2)(3)(4)]$$
$$\therefore \quad a < b \iff -a > -b \qquad\qquad \blacksquare$$

定理7 (不等式の性質)

(7) $0 \leqq a < b,\ 0 \leqq c < d \implies 0 \leqq ac < bd$ （3つ以上でも成立する.)

証明

$0 \leqq a < b,\ 0 \leqq c < d$ 即ち $0 \leqq a,\ a < b,\ 0 \leqq c,\ c < d$ とする。

$0 \leqq a < b,\ 0 \leqq c$ より $0c \leqq ac \leqq bc$ ―――① ［定理6 (11)(ii)］

$0 \leqq a,\ a < b$ より $0 < b$ ［定理6 (10)(vi)］

従って, $c < d$ より $bc < bd$ ―――② ［公理 (13)(5)］

①② より $0 \leqq ac < bd$ ［定理6 (2)(i), 定理6 (10)(vi)］

よって, $0 \leqq a < b,\ 0 \leqq c < d \implies 0 \leqq ac < bd$

同じように 繰り返せば, 3つ以上でも成立する。 ∎

定理7 (不等式の性質)

(8) $a < b \iff a^{-1} > b^{-1}$ $(a > 0,\ b > 0)$

証明

$a > 0,\ b > 0$ のとき, 定理6 (9)(iii) より $a^{-1} > 0,\ b^{-1} > 0$

公理 (13) より $a^{-1}b^{-1} > 0b^{-1}$ 即ち $a^{-1}b^{-1} > 0$ 従って,

$\quad a < b \iff a(a^{-1}b^{-1}) < b(a^{-1}b^{-1})$ ［定理7(3)(i)］

$\qquad\quad \iff b^{-1} < a^{-1}$ ［公理 (5)(6)(7)(8)］

$\quad \therefore \quad a < b \iff a^{-1} > b^{-1}$ $(a > 0,\ b > 0)$ ∎

定理7 (不等式の性質)

(9) (i) $ab > 0 \iff a > 0, b > 0\ \lor\ a < 0, b < 0$ （a, b は同符号）

$\qquad\quad ab < 0 \iff a > 0, b < 0\ \lor\ a < 0, b > 0$ （a, b は異符号）

(ii) 2つ以上の正負の数の積, 商 について,

負の数の個数 が, 偶数個なら正, 奇数個なら負 である。

(9) (i) の証明

• 上式の $\Leftarrow$ の証明

$a > 0, b > 0$ のとき, 公理 (13) より $ab > 0b$ 定理6 (2)(i) より $ab > 0$

$a < 0, b < 0$ のとき, 定理6 (9)(i) より $-a > 0,\ -b > 0$

従って, 上記より $(-a)(-b) > 0$ 定理6 (5)(i) より $ab > 0$

• 下式の $\Leftarrow$ の証明

$a > 0, b < 0$ のとき, 公理 (13)(5) より $ab < a0$ 定理6 (2)(i) より $ab < 0$

$a < 0, b > 0$ のとき, 公理 (13) より $ab < 0b$ 定理6 (2)(i) より $ab < 0$

• 上式, 下式の $\Rightarrow$ の証明

定理6 (2)(i) より $ab = 0 \Leftarrow a = 0\ \lor\ b = 0$ ――― ⊛

上式の $\Leftarrow$, 下式の $\Leftarrow$, $\circledast$ の $\Leftarrow$ において, 公理 (10) より 右辺の仮定がすべての場合を尽くし, 左辺の結論はどの 2 つも両立しない. 従って, 転換法により逆がすべて成り立つ. 以上より, 定理 7 (9)(i) は証明された. ■

< 注 > この証明によれば, $ab = 0 \implies a = 0 \ \lor \ b = 0$ ——— (*)

(定理 6 (2)(iv) の $\implies$) の証明に 公理 (8) を要しない.

(9)(ii) の証明 積については, (i) を繰り返して. 商については, 定義 1(2) で積に変えて, 定理 6(9)(iii) より. 一般的には, 数学的帰納法 (後述) による. ■

$\boxed{7}$ **不等式 $A < B$, $A > B$, $A \leqq B$, $A \geqq B$ の証明 の 型**

$\boxed{4}$ 等式 $A = B$ の証明 の 型 と同様に考えられる.

$\boxed{8}$ **実数の公理系 に関連して**

$(R, +, \times, <)$ で, 公理 (0)〜(14) の 15 個すべてを満たすものを考えてきたが, これら公理系の一部を満たすものも考えられる.

(1) 演算が 1 つだけ定義されて, $(R, +)$ が 公理 (2)(3)(4) を満たすとき, $(R, +)$ を 群 という. 更に, 公理 (1) を満たせば, 可換群 という.

演算が 1 つだけのときは, 演算記号は + でなく, × を使うのが普通である.

(2) 演算が 2 つ定義されて, $(R, +, \times)$ が 公理 (1)(2)(3)(4)(6)(7)(9) を満たすとき, $(R, +, \times)$ を 環 という. 更に, 公理 (5) を満たせば, 可換環 という. 公理 (7) を含めないことがある. 可換環が 公理 (0)(7) と上記 (*) を満たせば, 整域 という.

(3) 演算が 2 つ定義されて, $(R, +, \times)$ が 公理 (0)(1)(2)(3)(4)(6)(7)(8)(9) を満たすとき, $(R, +, \times)$ を 体 という. 更に, 公理 (5) を満たせば, 可換体 という. それ故, 実数全体の集合 R を 実数体 という.

(4) 演算が 2 つと関係が 1 つ定義されて, $(R, +, \times, <)$ が 可換環の公理 と公理 (0)(7)(10)(11)(12)(13) を満たすとき, $(R, +, \times, <)$ を 順序環 という.

(5) 演算が 2 つと関係が 1 つ定義されて, $(R, +, \times, <)$ が 可換体の公理 と公理 (10)(11)(12)(13) を満たすとき, $(R, +, \times, <)$ を 順序体 という.

(6) 関係が 1 つだけ定義されて, $(R, \leqq)$ が 定理 6(10)(i)(ii)(iv) を満たすとき, $(R, \leqq)$ を 順序集合, 更に, 定理 6(10)(iii) を満たせば, 全順序集合 という.

(7) 公理 (14) は連続性といわれるが, 公理 (0)〜(13) の下で, アルキメデス的完備性 (という性質) と同値であること が解っている. 従って, 実数体 R は連続順序体 or アルキメデス的完備順序体である といえる. 実数体 R は同型を除いて 唯 1 つである (一意的である) ことが解っている. 上記の 群, 環, 体, 順序環, 順序体, 順序集合, 全順序集合 などは 一意的ではない.

9 | 最大元・最小元, 上界・下界 (定義 5)

($R, \leqq$) を 順序集合 とする。(実数体は順序集合である.)

R の要素 a と R の 空でない部分集合 A に対して, 以下のように定義する。

(1) a は A の上界である $\iff$ $\forall x \in A\,[\,x \leqq a\,]$

    a は A の下界である $\iff$ $\forall x \in A\,[\,a \leqq x\,]$

(2) A は上に有界である $\iff$ A の上界が存在する

    A は下に有界である $\iff$ A の下界が存在する

    上にも下にも有界であるとき, 単に, 有界である という。

(3) a は A の最大元である $\iff$ $a \in A$ $\wedge$ $\forall x \in A\,[\,x \leqq a\,]$

    A の最大元は 存在すれば, 一意的であり, $\max A$ と書く。

    a は A の最小元である $\iff$ $a \in A$ $\wedge$ $\forall x \in A\,[\,a \leqq x\,]$

    A の最小元は 存在すれば, 一意的であり, $\min A$ と書く。

以下, 自然数全体の集合 N, 整数全体の集合 Z, 有理数全体の集合 Q を
実数体 R の部分集合 として 定義してゆく。

10 | 自然数

定義 6 (自然数の定義)

  実数体 R の部分集合で, 以下の (1)〜(3) を満たすもの N を定め,
集合 N の要素 を 自然数 という。 (3) で, X は R の任意の部分集合 である。

(1) $1 \in N$

(2) $\forall x \in R\,[\,x \in N \rightarrow x+1 \in N\,]$

(3) $1 \in X$ $\wedge$ $\forall x \in R\,[\,x \in X \rightarrow x+1 \in X\,]$ $\implies$ $N \subseteq X$

＜注＞ 即ち, N は (1)(2) を満たす R の部分集合のうち 最小のもの である。

＜注＞ $1+1=2$ と書く (2 の定義)。

              $(1+1)+1=2+1=3$ と書く (3 の定義)。

              $\{(1+1)+1\}+1=3+1=4$ と書く (4 の定義)。

                                                        ·······

  R の部分集合 $N = \{1, 2, 3, 4, \cdots\}$ は (1)(2)(3) を満たす。   (存在)

もう 1 つの R の部分集合 N' が (1)(2)(3) を満たす とすると,

  (3) より $N \subseteq N'$, $N' \subseteq N$ 7p 2 より $N = N'$ (一意的)

従って, (1)(2)(3) を満たす R の部分集合が 唯 1 つ存在する。

それが $N = \{1, 2, 3, 4, \cdots\}$ である。

定理 8 (数学的帰納法)

　　$P(n)$ を 自然数 n についての条件 (性質, 命題関数) とするとき,

　　$P(1)$ 　$\wedge$ 　$\forall k \in N \, [\, P(k) \;\rightarrow\; P(k+1) \,]$ 　$\Longrightarrow$ 　$\forall n \in N \; P(n)$

$<$注 1$>$ 　　[i] $P(1)$ が成り立つ.

　　　　　　　[ii] $P(k)$ が成り立つことを仮定すると $P(k+1)$ が成り立つ.

　　　　[i][ii] を示せば, すべての自然数 n に対して $P(n)$ が成り立つ.

　　　　この証明法を 数学的帰納法 という。 [ii] の $P(k)$ を 帰納法の仮定 という。

$<$注 2$>$ 　　自然数についての条件 $P(n)$ という場合,

　　　　$a \in \overline{N}$ のとき, $P(a)$ に意味があってもなくても $P(a) = 人$ と考える。

証明

　　$M = \{\, n \in N \,|\, P(n) \,\}$ 　とする。　　　もちろん　　$M \subseteqq N$ 　　——— ①

$P(1)$ 　　$\Longleftrightarrow$ 　　$1 \in M$

上記 $<$注 2$>$ と 6p $\boxed{4}$ ① (含意について) より,

$\forall k \in N \, [\, P(k) \;\rightarrow\; P(k+1) \,]$ 　$\Longleftrightarrow$ 　$\forall k \in R \, [\, P(k) \;\rightarrow\; P(k+1) \,]$

　　　　　　　　　　　　　　　$\Longleftrightarrow$ 　$\forall k \in R \, [\, k \in M \;\rightarrow\; k+1 \in M \,]$

従って,　定義 6 (3) より　　　　　$N \subseteqq M$ 　　　——— ②

①② より　7p $\boxed{2}$ から　　　$M = N$ 　　　　　よって　　$\forall n \in N \; P(n)$ 　■

定理 9 (自然数の性質)　　　　$l, \, m, \, n$ は自然数 とする。

(1)　　$n < n+1$ 　　　　　　　　　 (即ち, $1 < 2 < 3 < 4 < \cdots\cdots$)

(2)　　$1 \leqq n$ 　　　　　　　　　　 (即ち, 1 は最小の自然数である.)

(3)　　$1 < n$ 　$\Longrightarrow$ 　$n-1 \in N$

(4)　　$m < n$ 　$\Longrightarrow$ 　$n-m \in N$

(5)　　$m < n$ 　$\Longrightarrow$ 　$\exists l \, [\, n = m+l \,]$

(6)　　$m < n$ 　$\Longrightarrow$ 　$m+1 \leqq n$

(7)　　$m < n$ 　$\Longrightarrow$ 　$m \leqq n-1, \; n-1 \in N$

(8)　　$m < n+1$ 　$\Longrightarrow$ 　$m \leqq n$

(9)　　$n < l < n+1$ 　となる自然数 l は存在しない。

$<$注$>$ 　(6) より, $m+1$ は m より大きい自然数のうち 最小のものである。

以下, 順に証明してゆく。

定理 9
(1)　$n < n+1$ 　　　　　　　　　　 (即ち, $1 < 2 < 3 < 4 < \cdots\cdots$)

証明

$$0 < 1 \qquad\qquad\qquad\qquad\qquad\qquad\quad [\,\text{定理}\,6(9)(ii)\,]$$

$$0 + a < 1 + a \qquad (a \in R) \qquad\qquad\qquad [\,\text{公理}\,(12)\,]$$

$$\therefore \quad a < a + 1 \qquad (a \in R) \qquad\qquad\qquad [\,\text{公理}\,(1)(3)\,]$$

R で成立するので, N で成立する。　　　　即ち　　$n < n + 1$　■

定理 9

(2)　　$1 \leqq n$　　　　　　　　　　　　　（ 即ち, 1 は最小の自然数である. ）

証明

$$P(n) : 1 \leqq n \qquad とする。$$

[i]　　$P(1) \iff 1 \leqq 1$

$$\iff \curlyvee \qquad\qquad\qquad\qquad\qquad [\,\text{定理}\,6(10)(i)\,]$$

[ii]　　$\forall k\,[\,P(k) \to P(k+1)\,] \iff \forall k\,[\,1 \leqq k \to 1 \leqq k + 1\,]$

$$\iff \curlyvee$$

$[\,\because\,$ 上記 (1) より $k < k + 1$ 従って $k \leqq k + 1$, よって 定理 $6(10)(iv)$ より $]$

[i] [ii] より,　　数学的帰納法によって　　$\forall n \in N \; P(n)$

即ち　　$\forall n \in N\,[\,1 \leqq n\,]$　■

定理 9

(3)　　$1 < n \implies n - 1 \in N$

証明

$$P(n) : \; n = 1 \;\vee\; n - 1 \in N \qquad とする。$$

[i]　　$P(1) \iff 1 = 1 \;\vee\; 0 \in N$

$$\iff \curlyvee \qquad\qquad [\,\vee\,\text{の定義により}, 0 \in N \text{ の真偽に拘らず}\,]$$

[ii]　　$P(k) : \; k = 1 \;\vee\; k - 1 \in N \quad (k \in N)$　　が成り立つとする。

$$(\,P(k+1) : \; k + 1 = 1 \;\vee\; k \in N \quad に注意して\,)$$

$k = 1$　　のとき　　　$k \in N$　　　　　　　　　　　$[\,\text{定義}\,6(1)\,]$

$k - 1 \in N$　　のとき　　$(k - 1) + 1 \in N$　　即ち　　$k \in N$　　$[\,\text{定義}\,6(2)\,]$

従って　　　$P(k+1)$　　が成り立つ。

[i] [ii] より,　　数学的帰納法によって　　$\forall n \in N \; P(n)$

6p $\boxed{4}$ ⑪　　より　　　　　$\forall n \in N\,[\,n \neq 1 \to n - 1 \in N\,]$

即ち　　　　$n \neq 1 \implies n - 1 \in N$

公理 (10) より　　$1 < n \implies n \neq 1$

従って, 6p $\boxed{4}$ ⑮　　より　　　$1 < n \implies n - 1 \in N$　■

定理 9

(4) $m < n \implies n - m \in N$

証明

$$P(m): \forall n \, [\, m < n \, \to \, n - m \in N \,] \qquad とする。$$

[i] $P(1) \iff \forall n \, [\, 1 < n \, \to \, n - 1 \in N \,]$

$\qquad\qquad \iff \curlyvee$ 　　　　　　　　　　　[上記 (3)]

[ii] $P(k): \forall n \, [\, k < n \, \to \, n - k \in N \,]$ —— (∗) が成り立つ と仮定する。

$k + 1 < n$ とすると, 　　定理 7 (2) より 　　$1 < n - k$ —— ①

上記 (1) より $k < k + 1$ だから, 　　公理 (11) より $k < n$ で,

(∗) より 　　$n - k \in N$ ——— ②

①② より 上記 (3) から $n - k - 1 \in N$ 即ち $n - (k + 1) \in N$

よって 　　$P(k + 1)$ が成り立つ。

[i] [ii] より, 数学的帰納法によって 　　$\forall m \in N \, P(m)$

$\qquad\qquad\qquad$ 即ち 　　$\forall m \forall n \, [\, m < n \, \to \, n - m \in N \,]$ ∎

定理 9

(5) $m < n \implies \exists l \, [\, n = m + l \,]$

証明

$m < n$ とすると, 　　上記 (4) より 　　$n - m \in N$

$l = n - m$ とおくと, 　　　　$l \in N$, 　　$n = m + l$ ∎

定理 9

(6) $m < n \implies m + 1 \leqq n$

証明

$m < n$ とすると,

上記 (5) より, 　　$l \in N$ が存在して 　　$n = m + l$

上記 (2) より, 　　　　$1 \leqq l$

従って, 定理 6 (11) (i) より $m + 1 \leqq m + l$ 　　よって 　　$m + 1 \leqq n$ ∎

定理 9

(7) $m < n \implies m \leqq n-1,\ n-1 \in N$

証明

$m < n$ とすると,

上記 (2) より, $1 \leqq m$ だから,   定理 6 (10)(vi) によって, $1 < n$

従って,   上記 (3) より, $n-1 \in N$ —— ①

また,   上記 (6) より, $m+1 \leqq n$

従って,   定理 7 (2) より, $m \leqq n-1$ —— ②

① ② より, $m < n \implies m \leqq n-1,\ n-1 \in N$ ■

定理 9

(8) $m < n+1 \implies m \leqq n$

証明

$m < n+1$ とすると,   定義 6 (2) より $n+1 \in N$ で,

上記 (6) より, $m+1 \leqq n+1$ 定理 7 (2) より $m \leqq n$ ■

定理 9

(9) $n < l < n+1$ となる自然数 l は存在しない。

証明   (背理法による. 12p 参照)

$l \in N$ が存在して $n < l < n+1$ であると仮定すると,

$n < l$ より   上記 (6) から $n+1 \leqq l$

$l < n+1$ より   上記 (8) から $l \leqq n$

従って,   定理 6 (10)(iv) より $n+1 \leqq n$ となり,   上記 (1) に矛盾。

よって,   与命題が成り立つ。   ■

定理 10（整列性）

 N の任意の空でない部分集合 S は最小元をもつ。

証明

 $T = \{\, n \in N \mid \forall l \in S\,[\,n \leq l\,]\,\}$ 即ち $T : S$ の下界の全体の集合 とする。

 $1 \in T$ $\Longleftrightarrow$ $\forall l \in S\,[\,1 \leq l\,]$

     $\Longleftrightarrow$ $\curlyvee$ [定理 9(2)]

 $S \neq \phi$ より $n_0 \in S$ とする。 定義 6(2) より $n_0 + 1 \in N$

 $n_0 + 1 \in T$ $\Longleftrightarrow$ $\forall l \in S\,[\,n_0 + 1 \leq l\,]$

      $\Longleftrightarrow$ $\curlywedge$ [$l = n_0$ が反例. 定理 9(1), 公理 (10)]

 即ち $n_0 + 1 \notin T$ だから $N \subsetneqq T$

 従って， 定義 6(3) の対偶 より $\exists x \in R\,[\,x \in T \,\wedge\, x + 1 \notin T\,]$

          [6p $\boxed{4}$ ⑪, 6p10p ド・モルガンの法則]

 即ち， $m_0 \in T \,\wedge\, m_0 + 1 \notin T$ となる m_0 が存在する。 公理 (10) より

 即ち， $\forall l \in S\,[\,m_0 \leq l\,]$ —— ① かつ $\exists l \in S\,[\,l < m_0 + 1\,]$ —— ②

 ② より $l_0 \in S,\;\; l_0 < m_0 + 1$ とすると，

 ① より $m_0 \leq l_0,$ 定理 9(8) より $l_0 \leq m_0$

 従って， 定理 6(10)(ii) より $l_0 = m_0$ よって $m_0 \in S$ —— ③

 ①③ より m_0 が S の最小元である。   ■

<注> 順序集合 $(R, \leq)$ が 整列性 を満たせば，整列集合 という。

  整列集合は 全順序集合である。

   $\because$ R の部分集合として，2 元集合 $\{a, b\}$ をとれば， $a < b\;$ or $\;b < a$

定理 11

 N の，自然数の上界をもつ 空でない部分集合 S は最大元をもつ。

証明

 $T = \{\, n \in N \mid \forall l \in S\,[\,l \leq n\,]\,\}$ 即ち $T : S$ の上界の全体の集合 とする。

 T は 空でない から， 定理 10 より， 最小元 m_0 が存在する。

 最小元の定義より， $m_0 \in T$ 即ち $\forall l \in S\,[\,l \leq m_0\,]$ —— ①

         かつ $\forall k \in T\,[\,m_0 \leq k\,]$ —— ②

 $m_0 \notin S$ と仮定すると， ① より $\forall l \in S\,[\,l < m_0\,]$

 定理 9(7) より $\forall l \in S\,[\,l \leq m_0 - 1,\;\; m_0 - 1 \in N\,]$ 即ち $m_0 - 1 \in T$

 定理 9(1) より $m_0 - 1 < (m_0 - 1) + 1$ 即ち $m_0 - 1 < m_0$

 だから， m_0 の最小性 ② に矛盾。 よって， $m_0 \in S$ —— ③

 ①③ より m_0 が S の最大元である。   ■

定理 12 (累積帰納法)

　$P(n)$ を 自然数 n についての条件 (性質, 命題関数) とするとき,

　$P(1)$ 　 $\wedge$ 　 $\forall n > 1\,[\,\forall k < n\ P(k)\ \rightarrow\ P(n)\,]$ 　 $\Longrightarrow$ 　 $\forall n \in N\ P(n)$

< 注 > 　　[i]　$P(1)$ が成り立つ.

　　　　　[ii]　$\forall k < n\ P(k)$ が成り立つことを仮定すると　$P(n)$ が成り立つ.

　　[i][ii] を示せば, すべての自然数 n に対して $P(n)$ が成り立つ。

　この証明法を累積帰納法 という。　 [ii] の $\forall k < n\ P(k)$ を帰納法の仮定
という。

証明 I (背理法による)

　　　　　$P(1)$ 　　　　　　　　　　　　　　　　　—— [i]

　　　　　$\overline{\forall n > 1\,[\,\forall k < n\ P(k)\ \rightarrow\ P(n)\,]}$ 　　　　—— [ii]　　　　であるとき,

　　$\overline{\forall n \in N\ P(n)}$ 　即ち　$\exists n \in N\ \overline{P(n)}$ 　　—— ①　　　　と仮定する。

　　　　　　$S = \{\, n \in N \mid \overline{P(n)} \,\}$ 　とする。　　もちろん　 $S \subseteqq N$

　① より　　$S \neq \phi$ 　だから

定理 10 (整列性)　より　　S には最小元 n_0 が存在する。 —— ②

定理 9 (2)　より　　$1 \leqq n_0$ 　　　　[i]　より　　$1 \not\in S$ 　　　　$\therefore$ 　$n_0 > 1$

従って, [ii] より　　$\forall k < n_0\ P(k)\ \Rightarrow\ P(n_0)$

　　　　　　　　　　　$\overline{P(n_0)}\ \Rightarrow\ \overline{\forall k < n_0\ P(k)}$ 　　　　[6p $\boxed{4}$ ⑫ 対偶]

　　　　　　即ち,　 $n_0 \in S\ \Rightarrow\ \exists k < n_0\,[\,k \in S\,]$ 　　[ド・モルガンの法則]

故に, 　 $k < n_0,\ k \in S$ 　である k が存在して, 　　n_0 の最小性 ② に矛盾。

よって, 　　[i] $\wedge$ [ii] 　 $\Longrightarrow$ 　$\forall n \in N\ P(n)$ 　　　　　　　　　　　■

　実は, 最小元をもつ全順序集合 (N はその例) において, 累積帰納法は整列性
と同値であって, 同値変形によって, 一方から他方へ ' 移る ' ことができる。
それを示す前に, 補題をおく。

⊕　48p 49p の証明が難しく感じる場合は, 定理だけを読んで, 証明は飛ばし
て, 後回しにしてもよい。

補題

$$P(1) \quad \wedge \quad \forall n > 1 \, [\, \forall k < n \; P(k) \; \rightarrow \; P(n) \,]$$
$$\Longleftrightarrow \quad \forall n \, [\, \forall k < n \; P(k) \; \rightarrow \; P(n) \,]$$

証明

[ii] では, $\forall n > 1 \, [\, \cdots\cdots\cdots\cdots \,]$ であるが, $n = 1$ とすると,

$$\forall k < 1 \; P(k) \quad \rightarrow \quad P(1)$$
$$\Longleftrightarrow \quad \forall k \, [\, k < 1 \rightarrow P(k) \,] \quad \rightarrow \quad P(1) \qquad [\, 量化領域 \, の \, \mathrm{N} \, への拡大 \,]$$
$$\Longleftrightarrow \quad \forall k \, [\, \curlywedge \rightarrow P(k) \,] \quad \rightarrow \quad P(1) \qquad [\,定理 9 (2) より \; 1 \leqq k, \; 公理 (10) \,]$$
$$\Longleftrightarrow \quad \forall k \, [\, \curlyvee \,] \quad \rightarrow \quad P(1) \qquad\quad [\, 5 \mathrm{p} \, 含意 \rightarrow の定義 \,]$$
$$\Longleftrightarrow \quad \curlyvee \quad \rightarrow \quad P(1) \qquad\qquad\quad [\, 全称命題の真偽 \,]$$
$$\Longleftrightarrow \quad P(1) \qquad\qquad\qquad\qquad\quad [\, 5 \mathrm{p} \, 含意 \rightarrow の定義 \,]$$

定理 9 (2) より $1 \leqq n \; (\, n = 1 \vee n > 1 \,)$ だから, 与命題は成立する. ∎

＜注＞ 上記の証明 (2 行目〜6 行目) で,

$$\forall k < 1 \; P(k) \Longleftrightarrow \curlyvee \qquad\qquad (\, 無内容的に \, 成立するのである.)$$

証明 II (同値変形による)

S を N の任意の部分集合とする.　　　　以下, 各行はすべて 同値である.

$$S \neq \phi \implies S は最小元をもつ. \qquad\qquad (\, 整列性 \,)$$
$$S \neq \phi \implies \exists n \, [\, n \in S \; \wedge \; \forall k \in S \, [\, n \leqq k \,] \,] \qquad [\, 最小元の定義 \,]$$
$$\overline{\exists n \, [\, n \in S \; \wedge \; \forall k \in S \, [\, n \leqq k \,] \,]} \implies S = \phi \qquad [\, 6 \mathrm{p} \; \boxed{4} \; ⑫ \; 対偶 \,]$$
$$\forall n \, [\, \overline{n \in S} \; \vee \; \overline{\forall k \in S \, [\, n \leqq k \,]} \,] \implies S = \phi \qquad [\, ド \cdot モルガンの法則 \,]$$
$$\forall n \, [\, \forall k \in S \, [\, n \leqq k \,] \; \rightarrow \; \overline{n \in S} \,] \implies S = \phi \qquad [\, 6 \mathrm{p} \; \boxed{4} \; ⑪ \; 含意 \,]$$
$$\forall n \, [\, \forall k \, [\, k \in S \rightarrow n \leqq k \,] \rightarrow \overline{n \in S} \,] \implies S = \phi \qquad [\, 量化領域の拡大 \,]$$
$$\forall n \, [\, \forall k \, [\, \overline{n \leqq k} \rightarrow \overline{k \in S} \,] \rightarrow \overline{n \in S} \,] \implies S = \phi \qquad [\, 6 \mathrm{p} \; \boxed{4} \; ⑫ \; 対偶 \,]$$
$$\forall n \, [\, \forall k \, [\, k < n \rightarrow \overline{k \in S} \,] \rightarrow \overline{n \in S} \,] \implies S = \phi \qquad [\, 公理 (10) \,]$$
$$\forall n \, [\, \forall k < n \, [\, \overline{k \in S} \,] \; \rightarrow \; \overline{n \in S} \,] \implies \forall n \; \overline{n \in S} \qquad [\, 量化領域の縮小 \,]$$
$$\forall n \, [\, \forall k < n \; P(k) \rightarrow P(n) \,] \implies \forall n \; P(n) \qquad [\, P(n) : \overline{n \in S} \; とする \,]$$
$$P(1) \; \wedge \; \forall n > 1 \, [\, \forall k < n \; P(k) \rightarrow P(n) \,] \implies \forall n \; P(n) \qquad [\, 補題 \,]$$

この最後の行は 累積帰納法 である. ∎

＜注＞ 証明 II (6 行目〜10 行目) で, $\forall k \in S \, [\, n \leqq k \,] \Longleftrightarrow \forall k < n \, [\, \overline{k \in S} \,]$

＜注＞ 以上, 整列性と累積帰納法とは 互いに対偶であり, 整列性は外延的表現, 累積帰納法は内包的表現なのである.

11　整数

定義 7（整数の定義）

$N^- = \{-n \mid n \in N\}$　として，　　$Z = N^- \cup \{0\} \cup N$　　と定義する。
Z の要素を整数という。
$Z = \{ \cdots, -3, -2, -1, 0, 1, 2, 3, \cdots \cdots \}$　と書ける。

定理 13

(1)　$N \subset Z$

(2)　(i)　$m \in N \implies m > 0$　（従って，N の要素を正の整数という.）

　　(ii)　$m \in N^- \implies m < 0$　（従って，N^- の要素を負の整数という.）

　　(iii)　　$\cdots < -3 < -2 < -1 < 0 < 1 < 2 < 3 < \cdots \cdots$

(1) の証明

$N \subset N^- \cup \{0\} \cup N$　　だから　　$N \subset Z$　　　　　　■

(2)(i) の証明

$m \in N$ のとき，　定理 9(2) より　$1 \leqq m$　また，定理 6(9)(ii) より　$0 < 1$
従って，　定理 6(10)(v) より　　$0 < m$　　　　　　　　　　　　　■

(2)(ii) の証明

$m \in N^-$ のとき，　$n_0 \in N$ があって，　$m = -n_0$　である。
上記 (i) より　$n_0 > 0$　　定理 6(9)(i) より　$-n_0 < 0$　　　$\therefore$　　$m < 0$　■

(2)(iii) の証明

定理 9(1) より，　$n < n+1$　　　　　従って　$1 < 2 < 3 < 4 < \cdots \cdots$
定理 7(6) より，　$-n > -(n+1)$　　　従って $-1 > -2 > -3 > -4 > \cdots$
定理 6(9)(ii) より，$0 < 1$　従って，$-0 > -1$　定理 6(1)(iii) より，$0 > -1$
以上より，　　　$\cdots < -3 < -2 < -1 < 0 < 1 < 2 < 3 < \cdots \cdots$　　　■

定理 14

(1)　Z の, 整数の下界をもつ 空でない部分集合 S は最小元をもつ。

(2)　Z の, 整数の上界をもつ 空でない部分集合 S は最大元をもつ。

証明

定理 10, 定理 11 による。　各自, 試みてみよ。

12 有理数

定義 8 (有理数の定義)

$$Q = \left\{ \ \frac{m}{n} \ \middle| \ m \in Z, \ n \in Z, \ n \neq 0 \ \right\} \qquad \text{と定義し,}$$

Q の要素を 有理数 という。   有理数でない実数を 無理数 という。

定理 15

$$Z \subset Q$$

証明

$m \in Z$ とすると,   定理 6 (1)(viii) より $m = \dfrac{m}{1}$ で,

$1 \in Z$ 公理 (0) より $1 \neq 0$ 従って, $m \in Q$ $\therefore$ $Z \subseteqq Q$

$\dfrac{1}{2} \in Q$。 $\dfrac{1}{2} \in Z$ と仮定すると, $0 < \dfrac{1}{2}$, $1 \leqq \dfrac{1}{2}$ [定理 7(9)(ii), 定理 9(2)]

$1 \cdot 2 \leqq 2^{-1} \cdot 2$, $\ 2 \leqq 1$ となり矛盾。 $\ \therefore \ \dfrac{1}{2} \notin Z$ よって $Z \subset Q$ ∎

定理 16 (有理数と無理数)

(1) $p, q \in Q$ (有理数) $\alpha \in \overline{Q}$ (無理数)   のとき,

$$p + q\alpha = 0 \iff p = 0, \ q = 0$$

(2) $p, q, p', q' \in Q$ (有理数) $\alpha \in \overline{Q}$ (無理数)   のとき,

$$p + q\alpha = p' + q'\alpha \iff p = p', \ q = q'$$

(1) の証明

$\Longleftarrow$ について。 $p = 0, \ q = 0$ のとき,

$$p + q\alpha = 0 + 0\alpha$$
$$= 0 \qquad\qquad\qquad\qquad [\text{公理 (3), 定理 6 (2)(i)}]$$

$\Longrightarrow$ について。 $p + q\alpha = 0$ のとき, $q \neq 0$ と仮定すると,

定理 5 (2)(4) より $\alpha = \dfrac{-p}{q}$

Q は減法, 除法について, 閉じているから (後述), $\dfrac{-p}{q} \in Q$ (有理数)

一方, $\alpha \in \overline{Q}$ (無理数)   だから   矛盾。   よって $q = 0$

従って, $p + 0\alpha = 0$ より $p = 0$ ∎

(2) の証明

$$p + q\alpha = p' + q'\alpha$$

$\iff$ $p - p' + q\alpha - q'\alpha = 0$ [定理 5 (2)]

$\iff$ $(p - p') + (q - q')\alpha = 0$ [定理 6 (7)(ii)]

$\iff$ $p - p' = 0, \ q - q' = 0$ [$p - p' \in Q, \ q - q' \in Q$ 上記 (1)]

$\iff$ $p = p', \ q = q'$ [定理 5 (1)] ∎

定理 17 (有理数の稠密性)

$$a < b \implies \exists c [\, a < c < b \,] \qquad (a, b, c \in Q)$$

証明

$a < b$ とする。   公理 (12) より $a + a < a + b$, $a + b < b + b$

ここで, $a + a = 1a + 1a = (1 + 1)a = 2a$ [公理 (7), 公理 (9)]

だから, $2a < a + b$ 同様に, $a + b < 2b$

$2 > 0$ より, $\dfrac{2a}{2} < \dfrac{a + b}{2}$, $a < \dfrac{a + b}{2}$ [定理 7 (4)(i), 定理 6 (6)(vi)]

同様に, $\dfrac{a + b}{2} < b$ 従って,   定義 3 (3) より $a < \dfrac{a + b}{2} < b$

また, Q は加法, 除法について, 閉じているから (後述), $\dfrac{a + b}{2} \in Q$

よって, $c = \dfrac{a + b}{2}$ とすれば, $a < c < b$, $c \in Q$ ■

< 注 > N, Z, Q, R はいずれも 全順序集合である。 Q, R は稠密であるが,
     N, Z は稠密ではない。   稠密な全順序集合は 無限個の要素を含む。

13   数の範囲と四則演算

+   加法 (足し算) ── 和   ×   乗法 (掛け算) ── 積
−   減法 (引き算) ── 差   ÷   除法 (割り算) ── 商

(1) 2 つの自然数の和, 積は, また 自然数であるが, 差, 商は 必ずしも自然数で
    はない。 即ち, 自然数の全体 N は加法, 乗法に関して 閉じているが, 減法,
    除法に関しては 閉じていない。

(2) 2 つの整数の和, 差, 積は, また 整数であるが, 商は 必ずしも整数ではない。
    即ち, 整数の全体 Z は加法, 減法, 乗法に関して 閉じているが, 除法に関し
    ては閉じていない。
    Z は順序環である。 それ故, 整数全体の集合 Z を 整数環 という。

(3) 2 つの有理数の和, 差, 積, 商は, また 有理数である。
    即ち, 有理数の全体 Q は加法, 減法, 乗法, 除法に関して 閉じている。
    Q は順序体である。 それ故, 有理数全体の集合 Q を 有理数体 という。

(4) 2 つの実数の和, 差, 積, 商は, また 実数である。
    即ち, 実数の全体 R は加法, 減法, 乗法, 除法に関して 閉じている。
    R については,   既に,   41p 8 (3)(7) で述べてある。

以上は, 証明を省略するが, 各自, 試みてみよ。

14 | 式の計算の順序

① 加減だけ乗除だけの式は　左から右へ順に計算する。

② 加減乗除の混合した式は　加減より乗除を先に計算する。

③ 括弧のある式は　括弧の中を先に計算する。

15 | 文字式を書くときの約束

① 乗法の記号 × は省く。

② 文字と数字の積は　数字を文字の前に書く。　文字どうしの積は　ふつう
　アルファベットの順に書く。(定理 4 による.)

③ 同じ文字の積は　累乗の形に書く。(定理 3 による. 累乗は後述.)

④ 除法の記号 ÷ は使わないで　分数の形に書く。

16 | 実数の小数表記

　有理数は 整数, 有限小数, 循環小数のいずれかで表される。　逆に, 整数,
有限小数, 循環小数 は 分数の形に表され, 有理数であることが知られている。
従って, 無理数は 循環しない無限小数で表される数である。　　(3p, 4p 参照)

17 | 実数と直線

　直線上に 2 点 O, E をとり, $OE = 1$ とする。　直線上の点 P に対して,
P が O に関して E と同じ側にあり, $OP = a$ のとき, 正の実数 a を,
P が O に関して E と反対側にあり, $OP = a$ のとき, 負の実数 $-a$ を,
P が O に一致するときは, 0 を　対応させる。　このように, 直線上の各点に
実数を対応させるとき,　この直線を 数直線 (実数直線) という。
O を原点, E を単位点 という。点 P に対応する実数 a を 点 P の座標 といい,
点 P の座標が a であることを, $P(a)$ で表す。　　$O(0)$,　$E(1)$

　逆に, 任意の実数 a に対して, a を座標とする点が 唯 1 つ定まり, すべての
実数は数直線上の点として表される。このように, 直線上の点全体と実数全体
は 1 対 1 に対応する。

　普通は, 直線を水平に, E は O の右側にとる。実数の大小関係は, 数直線上
の点の左右の位置関係により表される。

　有理数の稠密性より, 数直線上では 有理数を表す点は 無数に多く存在する。
しかし, 有理数だけでは 数直線を 埋め尽くすことはできない。有理数と無理
数を合わせた実数で 数直線は 埋め尽くされる。(実数の連続性)

基礎演習 1　　　　　　　　　　　　　　　　　　　——— 解答は 204 p

1–1　次の式を簡単にせよ。

(1)　$0 + (-3.8)$

(2)　$\left(-\dfrac{2}{5}\right) + \dfrac{2}{5}$

(3)　$0 - 7.2$

(4)　$(-5.6) - (-5.6)$

(5)　$(-4) - 0$

(6)　$-(-8)$

(7)　$0.8 + (-9.3)$

(8)　$(-9) + 1.7$

(9)　$(-8.7) - (-12.4)$

(10)　$\left(-\dfrac{1}{6}\right) + \left(-\dfrac{1}{12}\right)$

(11)　$\dfrac{3}{4} - \dfrac{4}{5}$

(12)　$(-1.8) - \dfrac{4}{3}$

1–2　次の式を簡単にせよ。

(1)　$1 \times \left(-\dfrac{4}{5}\right)$

(2)　$\dfrac{-2.7}{-2.7}$

(3)　$\dfrac{8.4}{1}$

(4)　$0 \times (-5)$

(5)　$0 \div (-5)$

(6)　$-\dfrac{3}{4}$ の逆数

(7)　$(-3.6) \times 7.4$

(8)　$6 \times \left(-\dfrac{7}{3}\right)$

(9)　$\left(-\dfrac{7}{5}\right) \times \left(-\dfrac{2}{3}\right)$

(10)　$0.36 \div (-0.9)$

(11)　$\left(-\dfrac{18}{35}\right) \div \dfrac{9}{14}$

(12)　$\left(-\dfrac{5}{3}\right) \div \left(-\dfrac{10}{7}\right)$

1–3　次の式を簡単にせよ。

(1)　$-\dfrac{1}{2} + \dfrac{1}{3} - \dfrac{1}{6}$

(2)　$\dfrac{2}{3} + \left(-\dfrac{3}{2}\right) - \dfrac{1}{3} - \left(-\dfrac{5}{4}\right)$

(3)　$(-1) \div (-0.1) \div (-0.01)$

(4)　$\left(-\dfrac{3}{5}\right) \div \dfrac{6}{19} \times \left(-\dfrac{5}{19}\right) \div \left(-\dfrac{6}{19}\right)$

(5)　$(-1.5) \times \dfrac{1}{3} + 0.9 \div \dfrac{3}{4}$

(6)　$6 \times \left(-\dfrac{1}{2}\right) + 7 - 5 \div \left(-\dfrac{1}{3}\right)$

(7)　$\dfrac{1}{3} - \left\{-\dfrac{3}{2} + \left(\dfrac{7}{3} - \dfrac{1}{4}\right)\right\}$

(8)　$\dfrac{2}{1 - \dfrac{1}{3}}$

1–4　次の式を簡単にせよ。

(1)　$4(2x - 3y) - 3(x - 5y)$

(2)　$5(x + y + z) - 3(-2x + y - 3z)$

(3)　$\dfrac{2a - b}{3} + \dfrac{3a - 2b}{5}$

(4)　$\dfrac{2a - 3b}{9} - \dfrac{a + 2b}{6} - \dfrac{5a - 4b}{12}$

(5)　$3b - 4\{a - 3(a - b)\}$

(6)　$\dfrac{1}{3}(5x - 3y) - \dfrac{1}{2}\{x - 2(3x - y)\}$

(7)　$-\{-(-a + b - c)\}$

(8)　$11x - [\,4y - \{-3x - (3x - 2y - 5z) - 2z\}]$

1–5　次の問いに答えよ。

(1)　$\dfrac{3}{8}, \ \dfrac{7}{9}, \ \dfrac{5}{7}$　をそれぞれ小数に直せ。

(2)　$0.181818\cdots$（即ち $0.\dot{1}\dot{8}$）を分数に直せ。

§3 累乗, 絶対値, 平方根

1 関数の帰納的定義 (数学的帰納法による定義) —— 漸化式と初期条件 ——

定理 18 (関数の帰納的定義の可能性)

$$\alpha \in R, \quad \varphi : R \to R \qquad \text{とするとき,}$$

ⓘ $\quad f(1) = \alpha$

ⓘⓘ $\quad \forall n \in N \quad f(n+1) = \varphi(f(n)) \qquad (\ \varphi(x) \ \text{に} \ n, \alpha \ \text{を含んでもよい.}\ )$

ⓘⓘⓘを満たす関数 $f : N \to R$ が一意的に存在する.

< 注 > 従って, ⓘ ⓘⓘ によって, α, φ より 関数 $f : N \to R$ を定義する
ことができる. 関数のこのような定義を 帰納的定義 という.

< 注 > R は実数体でなくても 任意の空でない集合でよい.

証明 (簡略に)

ⓘ ⓘⓘ より, $\quad f(1) = \alpha$

$$f(2) = f(1+1) = \varphi(f(1)) = \varphi(\alpha)$$
$$f(3) = f(2+1) = \varphi(f(2)) = \varphi(\varphi(\alpha))$$
$$f(4) = f(3+1) = \varphi(f(3)) = \varphi(\varphi(\varphi(\alpha)))$$

···

となる $f(n)$ が考えられる. この $f(n)$ は ⓘⓘⓘを満たす.

即ち, ⓘⓘⓘを満たす関数 $f : N \to R$ が存在する. (存在)

もう 1 つ ⓘⓘⓘを満たす関数 $g : N \to R$ が存在する とする.

$$P(n) : f(n) = g(n) \qquad \text{とする.}$$

[i] ⓘ より, $f(1) = \alpha = g(1)$ 即ち, $P(1)$ が成り立つ.

[ii] $P(k)\ (k \in N)$ が成り立つ 即ち, $k \in N$ に対して, $f(k) = g(k)$ と仮定
すると, ⓘⓘ より, $f(k+1) = \varphi(f(k)) = \varphi(g(k)) = g(k+1)$
従って, $P(k+1)$ が成り立つ.

[i] [ii] より, 数学的帰納法によって, $\forall n \in N \quad f(n) = g(n)$ 即ち $f = g$
(一意性)

以上より, ⓘⓘⓘを満たす関数 $f : N \to R$ が一意的に 存在する. ■

2 累乗

定義9 (a^n の定義)

$a \in R,$ 　　R から R への関数 $\varphi(x) = xa$ 　　　より,

① 　$f(1) = a$

⑪ 　$f(n+1) = f(n)a$ 　　($\forall n \in N$)

によって, 　関数 $f : N \to R$ が帰納的に定義される。　　　　[$\because$ 定理18]

そこで, 　$f(n) = a^n$ と書く。

即ち, 　$a \in R,\ n \in N$ 　に対して, 　a^n を

$$\begin{cases} a^1 = a & \cdots\cdots ① \\ a^{n+1} = a^n\,a & \cdots\cdots ⑪ \end{cases}$$

と帰納的に定義する。　　　　　解り易く書けば, 　$a^n = \overbrace{a \times a \times \cdots \times a}^{n\ 個}$

a^n を a の n 乗 と読む。　a をその底, n をその指数 という。

2乗は平方, 3乗は立方 ともいい, 　$a^1, a^2, a^3, \cdots\cdots$ を a の累乗 と総称する。

定理19 (指数法則)　　　　　(m, n は自然数, a, b は実数)

(1) 　$a^m a^n = a^{m+n}$ 　　　　　　(1)′ 　$\dfrac{a^m}{a^n} = \begin{cases} a^{m-n} & (m > n) \\ \dfrac{1}{a^{n-m}} & (m < n) \end{cases}$ 　　($a \neq 0$)

(2) 　$(a^m)^n = a^{mn}$

(3) 　$(ab)^n = a^n b^n$ 　　　　　　(3)′ 　$\left(\dfrac{a}{b} \right)^n = \dfrac{a^n}{b^n}$ 　　　($b \neq 0$)

以下, 順に証明してゆく。

> **定理19**
> (1)　　$a^m a^n = a^{m+n}$

証明

$a \in R,\ m \in N$　を任意に固定して,

$$P(n) : a^m a^n = a^{m+n} \qquad \cdots\cdots ⊛$$

とする。

[i]　$n = 1$ のとき,

$$a^m a^1 = a^m\, a \qquad\qquad\qquad [\ a^n\ \text{の定義} ①\ ]$$
$$= a^{m+1} \qquad\qquad\qquad [\ a^n\ \text{の定義} ⅱ\ ]$$

より　⊛ が成り立つ。

[ii]　$n = k$ のとき,　⊛ が成り立つ　即ち,　$a^m a^k = a^{m+k}$　$\cdots\cdots ⊛⊛$
と仮定すると,

$$a^m a^{k+1} = a^m\,(a^k a) \qquad\qquad [\ a^n\ \text{の定義} ⅱ\ ]$$
$$= (a^m a^k)\,a \qquad\qquad [\ \text{公理} (6)\ ]$$
$$= a^{m+k}\,a \qquad\qquad [\ \text{帰納法の仮定} ⊛⊛\ ]$$
$$= a^{(m+k)+1} \qquad\qquad [\ m+k \in N,\ a^n\ \text{の定義} ⅱ\ ]$$
$$= a^{m+(k+1)} \qquad\qquad [\ \text{公理} (2)\ ]$$

よって,　$n = k+1$ のときも　⊛ が成り立つ。

[i][ii] より,　数学的帰納法によって,　$\forall n \in N$　$a^m a^n = a^{m+n}$
m は任意に固定したから, すべての自然数 m, n に対して, $a^m a^n = a^{m+n}$　∎

> 余談

$a + b\ \longrightarrow\ ab$　（和を積に）

$na\ \longrightarrow\ a^n$　（左乗を累乗に,　即ち, n 個の和を n 個の積に）

と変換すると,

加法の結合法則　$(a+b)+c = a+(b+c)\ \longrightarrow\ (ab)c = a(bc)$

乗法の結合法則　$(mn)a = m(na)\ \longrightarrow\ a^{mn} = (a^n)^m$

分配法則　$(m+n)a = ma + na\ \longrightarrow\ a^{m+n} = a^m a^n$

分配法則　$n(a+b) = na + nb\ \longrightarrow\ (ab)^n = a^n b^n$

と変換される。

定理 19

  (2) $(a^m)^n = a^{mn}$

証明

  $a \in R, \ m \in N$ を任意に固定して,

$$P(n) : (a^m)^n = a^{mn} \qquad \cdots\cdots ⊛$$

  とする。

[i] $n = 1$ のとき,

$$(a^m)^1 = a^m \qquad\qquad\qquad\qquad [\ a^n \text{ の定義 ①}]$$
$$= a^{m \cdot 1} \qquad\qquad\qquad\qquad\quad [\ \text{公理 (7)}]$$

  より   ⊛ が成り立つ。

[ii] $n = k$ のとき, ⊛ が成り立つ   即ち, $(a^m)^k = a^{mk}$ $\cdots\cdots$ ⊛⊛
    と仮定すると,

$$(a^m)^{k+1} = (a^m)^k \, a^m \qquad\qquad [\ a^n \text{ の定義 ⑪}]$$
$$= a^{mk} \, a^m \qquad\qquad\quad [\ \text{帰納法の仮定 ⊛⊛}]$$
$$= a^{mk+m} \qquad\qquad [\ mk \in N, \text{上記 (1)}]$$
$$= a^{m(k+1)} \qquad\qquad\quad [\ \text{公理 (7)(9)}]$$

  よって, $n = k + 1$ のときも   ⊛ が成り立つ。

[i] [ii] より,   数学的帰納法によって, $\forall n \in N \quad (a^m)^n = a^{mn}$

  m は任意に固定したから, すべての自然数 m, n に対して, $(a^m)^n = a^{mn}$ ∎

別証明

  $a \in R, \ m \in N$ を任意に固定して,

  N から R への関数 $f(n) = a^{mn}$ を考える。

$$① \quad f(1) = a^{m \cdot 1}$$
$$= a^m \qquad\qquad\qquad\qquad\quad [\ \text{公理 (7)}]$$
$$⑪ \quad f(n+1) = a^{m(n+1)}$$
$$= a^{mn+m} \qquad\qquad\qquad [\ \text{公理 (7)(9)}]$$
$$= a^{mn} \, a^m \qquad\qquad\quad [\ mn \in N, \text{上記 (1)}]$$
$$= f(n) \, a^m$$

  定義 9 より ① ⑪ を満たす関数 $f(n)$ は $f(n) = (a^m)^n$ である。

  よって, 一意性より $(a^m)^n = a^{mn}$ ∎

定理 19

  (3) $(ab)^n = a^n b^n$

証明

  $a \in R$, $b \in R$ を任意に固定して,

$$P(n) : (ab)^n = a^n b^n \qquad \cdots\cdots ⊛$$

  とする。

[i] $n = 1$ のとき,

$$\begin{aligned}(ab)^1 &= ab & [\ a^n \text{ の定義 ①}\ ] \\ &= a^1 b^1 & [\qquad '' \qquad]\end{aligned}$$

  より ⊛ が成り立つ。

[ii] $n = k$ のとき, ⊛ が成り立つ 即ち, $(ab)^k = a^k b^k$ $\cdots\cdots$ ⊛⊛

  と仮定すると,

$$\begin{aligned}(ab)^{k+1} &= (ab)^k (ab) & [\ a^n \text{ の定義 ②}\ ] \\ &= (a^k b^k)(ab) & [\ \text{帰納法の仮定 ⊛⊛}\ ] \\ &= (a^k a)(b^k b) & [\ \text{定理 3, 定理 4}\ ] \\ &= a^{k+1} b^{k+1} & [\ a^n \text{ の定義 ②}\ ]\end{aligned}$$

  よって, $n = k+1$ のときも ⊛ が成り立つ。

[i] [ii] より, 数学的帰納法によって, $\forall n \in N$ $(ab)^n = a^n b^n$ ■

別証明

  $a \in R$, $b \in R$ を任意に固定して,

  N から R への関数 $f(n) = a^n b^n$ を考える。

$$\begin{aligned}①\quad f(1) &= a^1 b^1 & \\ &= ab & [\ a^n \text{ の定義 ①}\ ] \\ ②\quad f(n+1) &= a^{n+1} b^{n+1} & \\ &= (a^n a)(b^n b) & [\ a^n \text{ の定義 ②}\ ] \\ &= (a^n b^n)(ab) & [\ \text{定理 3, 定理 4}\ ] \\ &= f(n)(ab) & \end{aligned}$$

定義 9 より ① ② を満たす関数 $f(n)$ は $f(n) = (ab)^n$ である。

よって, 一意性より $(ab)^n = a^n b^n$ ■

補題

$a \neq 0 \implies a^n \neq 0$　　　　　　　$(n \in N , a \in R)$

証明

　$a \in R \ (a \neq 0)$　を任意に固定して，

　　　　　　$P(n) : a^n \neq 0$　　　　$\cdots\cdots$ ※

　とする。

[ⅰ]　$n = 1$ のとき，　a^n の定義① より　　※ が成り立つ。

[ⅱ]　$n = k$ のとき，　※ が成り立つ　即ち，　$a^k \neq 0$　　$\cdots\cdots$ ※※

　　と仮定すると，　a^n の定義⑪ より　　　$a^{k+1} = a^k a$

帰納法の仮定 ※※ と　定理 6 (2)(ⅳ) より　　$a^k a \neq 0$　従って，　$a^{k+1} \neq 0$

よって，　$n = k + 1$ のときも　　※ が成り立つ。

[ⅰ][ⅱ] より，　数学的帰納法によって，すべての自然数 n に対して，$a^n \neq 0$ ∎

定理 19

$(1)'$　$\dfrac{a^m}{a^n} = \begin{cases} a^{m-n} & (m > n) \\[2mm] \dfrac{1}{a^{n-m}} & (m < n) \end{cases}$　　　$(a \neq 0)$

証明

　$a \neq 0$　だから　上記の補題より　$a^n \neq 0$

　$m > n$ のとき，　定理 9 (4) より　$m - n \in N$

　　　　$\dfrac{a^m}{a^n} = \dfrac{a^{(m-n)+n}}{a^n}$

　　　　　　$= \dfrac{a^{m-n} a^n}{a^n}$　　　　　　　　　　[上記 (1)]

　　　　　　$= a^{m-n}$　　　　　　　　　　　　[定理 6 (6) (ⅵ)]

　$m < n$ のとき，　定理 9 (4) より　$n - m \in N$

　$a \neq 0$　だから　上記の補題より　$a^{n-m} \neq 0 , \ a^m \neq 0$

　　　　$\dfrac{a^m}{a^n} = \dfrac{a^m}{a^{(n-m)+m}}$

　　　　　　$= \dfrac{a^m}{a^{n-m} a^m}$　　　　　　　　　　[上記 (1)]

　　　　　　$= \dfrac{1}{a^{n-m}}$　　　　　　　　　　[定理 6 (6) (ⅶ)]

以上より，　与命題は成立する。　　　　　　　　　　　　　　∎

定理 19

(3)′ $\left(\dfrac{a}{b}\right)^n = \dfrac{a^n}{b^n}$ $(b \neq 0)$

証明

$b \neq 0$ だから 上記の補題より $b^n \neq 0$

$a \in R,\ b \in R$ を任意に固定して,

$$P(n): \left(\dfrac{a}{b}\right)^n = \dfrac{a^n}{b^n} \qquad \cdots\cdots ⊛$$

とする。

[i] $n = 1$ のとき,

$$\left(\dfrac{a}{b}\right)^1 = \dfrac{a}{b} \qquad\qquad [\ a^n\ の定義 ①]$$

$$= \dfrac{a^1}{b^1} \qquad\qquad [\qquad 〃\qquad]$$

より ⊛ が成り立つ。

[ii] $n = k$ のとき, ⊛ が成り立つ 即ち, $\left(\dfrac{a}{b}\right)^k = \dfrac{a^k}{b^k}$ $\cdots\cdots ⊛⊛$

と仮定すると,

$$\left(\dfrac{a}{b}\right)^{k+1} = \left(\dfrac{a}{b}\right)^k \left(\dfrac{a}{b}\right) \qquad [\ a^n\ の定義 ⅱ]$$

$$= \dfrac{a^k}{b^k}\ \dfrac{a}{b} \qquad [\ 帰納法の仮定 ⊛⊛]$$

$$= \dfrac{a^k a}{b^k b} \qquad [\ 定理 6 (8) (iii)]$$

$$= \dfrac{a^{k+1}}{b^{k+1}} \qquad [\ a^n\ の定義 ⅱ]$$

よって, $n = k + 1$ のときも ⊛ が成り立つ。

[i] [ii] より, 数学的帰納法によって, $\forall n \in N$ $\left(\dfrac{a}{b}\right)^n = \dfrac{a^n}{b^n}$ ■

別証明 定理 19 (3) の別証明 と同様にできる。 各自 試みよ。

＜注＞ $a \neq 0$ のとき, $a^0 = 1$, $a^{-m} = \dfrac{1}{a^m}$ $(m \in N)$ と定義する。
指数法則は m, n が整数の範囲で 成立する。ただし, $a \neq 0$ (定理 19′)
証明 は 省略。

a^{-1} の -1 は 逆数の記号であるとともに 指数の意味にも使えることになる。
(定理 6 (1) (v) 参照) それ故, (1)′ (3)′ は それぞれ (1) (3) に '吸収' される。

定理 20 (累乗の大小関係)　　　　(m, n は自然数, a, b は実数)

(1)　　$a > 0 \implies a^n > 0$

(2)　　$1^n = 1$, 　　$0^n = 0$

(3)　$a \geqq 0$, $b \geqq 0$　のとき,

　　　　(i)　　　$a = b$　　$\Longleftrightarrow$　　　$a^n = b^n$

　　　　(ii)　　$a < b$　　$\Longleftrightarrow$　　　$a^n < b^n$

　　　　(iii)　　$a > b$　　$\Longleftrightarrow$　　　$a^n > b^n$

　　　注　n が奇数のときは, $a \geqq 0$, $b \geqq 0$ は不要である。

(4)　$a > 1$　のとき,

　　　　(i)　　　$m = n$　　　$\Longleftrightarrow$　　　$a^m = a^n$

　　　　(ii)　　$m < n$　　　$\Longleftrightarrow$　　　$a^m < a^n$

　　　　(iii)　　$m > n$　　　$\Longleftrightarrow$　　　$a^m > a^n$

(5)　$0 < a < 1$　のとき,

　　　　(i)　　　$m = n$　　　$\Longleftrightarrow$　　　$a^m = a^n$

　　　　(ii)　　$m < n$　　　$\Longleftrightarrow$　　　$a^m > a^n$

　　　　(iii)　　$m > n$　　　$\Longleftrightarrow$　　　$a^m < a^n$

以下, 順に証明してゆく。

定理 20

   (1) $a > 0 \implies a^n > 0$

証明

   $a > 0$ として, $P(n) : a^n > 0$ ……⊛
   とする。

[i] $n = 1$ のとき, a^n の定義① より   ⊛ が成り立つ。

[ii] $n = k$ のとき, ⊛ が成り立つ   即ち, $a^k > 0$ ……⊛⊛
   と仮定すると, a^n の定義⑪ より $a^{k+1} = a^k a$

帰納法の仮定⊛⊛ と 定理 7 (9)(i) より $a^k a > 0$ 従って, $a^{k+1} > 0$

よって, $n = k+1$ のときも   ⊛ が成り立つ。

[i][ii]より, 数学的帰納法によって, すべての自然数 n に対して, $a^n > 0$ ■

定理 20

   (2) $1^n = 1$, $0^n = 0$

証明

        $P(n) : 1^n = 1$ ……⊛   とする。

[i] $n = 1$ のとき, a^n の定義① より   ⊛ が成り立つ。

[ii] $n = k$ のとき, ⊛ が成り立つ   即ち, $1^k = 1$ ……⊛⊛
   と仮定すると,

$$1^{k+1} = 1^k 1 \qquad [\,a^n \text{ の定義⑪}\,]$$
$$= 1^k \qquad [\,\text{公理}\,(7)\,]$$
$$= 1 \qquad [\,\text{帰納法の仮定⊛⊛}\,]$$

従って, $n = k+1$ のときも   ⊛ が成り立つ。

[i][ii]より, 数学的帰納法によって, すべての自然数 n に対して, $1^n = 1$

$0^n = 0$ についても, ほぼ 同様である。   ■

定理20

(3) $a \geqq 0,\ b \geqq 0$　のとき,

　(i)　　　　$a = b$　　　$\Longleftrightarrow$　　　$a^n = b^n$

　(ii)　　　　$a < b$　　　$\Longleftrightarrow$　　　$a^n < b^n$

　(iii)　　　　$a > b$　　　$\Longleftrightarrow$　　　$a^n > b^n$

　㊟　n が奇数のときは, $a \geqq 0,\ b \geqq 0$ は不要である。

証明　(3)(i) の $\Longrightarrow$

　13p 等号の性質 ②(5) で,　$f(x) = x^n$　として　成り立つ。　　　　　■

証明　(3)(ii) の $\Longrightarrow$

　$0 \leqq a < b$ として,　　$P(n) : a^n < b^n$　　　$\cdots\cdots$ ㊉　　　　とする。

[i] $n = 1$ のとき,　a^n の定義① より　　㊉ が成り立つ。

[ii] $n = k$ のとき,　㊉ が成り立つ　　即ち,　$a^k < b^k$　$\cdots\cdots$ ㊉㊉

　と仮定すると,　上記 (1)(2) より　$0 \leqq a^k$　　帰納法の仮定 ㊉㊉ とより,

　$0 \leqq a^k < b^k$　　定理7(7) より　　　$a^k a < b^k b$

　a^n の定義⑪ より　　　　$a^{k+1} < b^{k+1}$

　従って,　　　$n = k+1$ のときも　　㊉ が成り立つ。

[i][ii] より, 数学的帰納法によって, すべての自然数 n に対して, $a^n < b^n$ ■

証明　(3)(iii) の $\Longrightarrow$

　文字 a, b を交換すれば, (3)(iii) は (3)(ii) と同じ命題であり, 成立する。　　■

証明　(3)(i)〜(iii) の $\Longleftarrow$

　(i)(ii)(iii) において, 公理 (10) より 左辺の仮定がすべての場合を尽くし
ている。右辺の結論はどの2つも両立しない。従って, 転換法により 逆が
すべて成り立つ。　　　　　　以上より, 定理20(3) は証明された。　　　■

㊟の証明 は省略する。各自試みよ。　　(a, b の正0負で場合分けするとよい.)

定理20

(4) $a > 1$　のとき,

　(i)　　　$m = n$　　　$\Longleftrightarrow$　　　$a^m = a^n$

　(ii)　　　$m < n$　　　$\Longleftrightarrow$　　　$a^m < a^n$

　(iii)　　　$m > n$　　　$\Longleftrightarrow$　　　$a^m > a^n$

証明 $(4)(\mathrm{i})$ の $\Longrightarrow$

  13p 等号の性質 $\boxed{2}$ (5) で, $f(x) = a^x$ $(x \in N)$ として   成り立つ。■

証明 $(4)(\mathrm{ii})$ の $\Longrightarrow$

  $m < n$ とすると,   定理 9 (5) より $n = m + l$ となる $l \in N$ が存在する。

  上記 (3)(iii) で $b = 1, n = l$ とすると, $a^l > 1^l$ (2) より $a^l > 1$

  (1) より $a^m > 0$ だから   公理 (13) より $a^l a^m > 1 a^m$

  定理 19 (1) と 公理 (7) より $a^{l+m} > a^m$, $a^n > a^m$ $\therefore$ $a^m < a^n$ ■

証明 $(4)(\mathrm{iii})$ の $\Longrightarrow$

  文字 m, n を交換すれば, (4)(iii) は (4)(ii) と同じ命題であり, 成立する。■

証明 $(4)(\mathrm{i})$～(iii) の $\Longleftarrow$

  (i)(ii)(iii) において,   公理 (10) より   左辺の仮定がすべての場合を尽くしている。右辺の結論はどの2つも両立しない。従って,   転換法により   逆がすべて成り立つ。   以上より,   定理 20 (4) は証明された。   ■

定理 20

  (5) $0 < a < 1$ のとき,

     (i) $m = n$ $\Longleftrightarrow$ $a^m = a^n$

     (ii) $m < n$ $\Longleftrightarrow$ $a^m > a^n$

     (iii) $m > n$ $\Longleftrightarrow$ $a^m < a^n$

証明 $(5)(\mathrm{i})$ の $\Longrightarrow$

  13p 等号の性質 $\boxed{2}$ (5) で, $f(x) = a^x$ $(x \in N)$ として   成り立つ。■

証明 $(5)(\mathrm{ii})$ の $\Longrightarrow$

  $m < n$ とすると,   定理 9 (5) より $n = m + l$ となる $l \in N$ が存在する。

  上記 (3)(ii) で $b = 1, n = l$ とすると, $a^l < 1^l$ (2) より $a^l < 1$

  (1) より $a^m > 0$ だから   公理 (13) より $a^l a^m < 1 a^m$

  定理 19 (1) と 公理 (7) より $a^{l+m} < a^m$, $a^n < a^m$ $\therefore$ $a^m > a^n$ ■

証明 $(5)(\mathrm{iii})$ の $\Longrightarrow$

  文字 m, n を交換すれば, (5)(iii) は (5)(ii) と同じ命題であり, 成立する。■

証明 $(5)(\mathrm{i})$～(iii) の $\Longleftarrow$

  (i)(ii)(iii) において, 公理 (10) より 左辺の仮定がすべての場合を尽くしている。右辺の結論はどの2つも両立しない。従って,   転換法により   逆がすべて成り立つ。   以上より,   定理 20 (5) は証明された。   ■

3　絶対値

定義 10 (絶対値の定義)

実数 x に対して，　　$|x| = \begin{cases} x & (x \geqq 0) \\ -x & (x < 0) \end{cases}$　　と定義する。

$|x|$ を x の絶対値 という。

定理 21 (絶対値の性質)

(1)　　$|a| \geqq 0$,　　　　　　$|a| = 0 \iff a = 0$,　　$|a| > 0 \iff a \neq 0$

(2)　(i)　$|a| \geqq a$,　　　　$|a| = a \iff a \geqq 0$,　　$|a| > a \iff a < 0$

　　(ii)　$|a| \geqq -a$,　　$|a| = -a \iff a \leqq 0$,　　$|a| > -a \iff a > 0$

　　(iii)　$-|a| \leqq a \leqq |a|$

(3)　　$|-a| = |a|$

(4)　　$|a|^2 = a^2$

(5)　　$|ab| = |a||b|$

(6)　　$\left|\dfrac{a}{b}\right| = \dfrac{|a|}{|b|}$　　　$(b \neq 0)$

< 注 >　　数直線上の 2 点間の距離

　　　2 点 $A(a)$, $B(b)$ に対して，　$AB = |b - a|$　　　特に，　$OA = |a|$

以下，順に証明してゆく。

定理 21
(1)　$|a| \geqq 0$,　　　　$|a| = 0 \iff a = 0$,　　$|a| > 0 \iff a \neq 0$

証明

$a > 0$ のとき　$|a| = a$　　　　　　　$\therefore$　$|a| > 0$　　　　　　　── ①

$a = 0$ のとき　$|a| = 0$　　　即ち　　$a = 0 \implies |a| = 0$　　── ②

$a < 0$ のとき　$|a| = -a$　定理 $6\,(9)(\mathrm{i})$ より　$-a > 0$　$\therefore$ $|a| > 0$　── ③

　公理 (10) から　　①③ より　　　　$a \neq 0 \implies |a| > 0$　　　── ④

②④ より　$|a| \geqq 0$　　　また,　転換法により　逆も成り立つ。

即ち,　$a = 0 \iff |a| = 0$

　　　　$a \neq 0 \iff |a| > 0$　　　これを左辺右辺を反対に書いている。 ■

定理 21　(2)
(ⅰ)　$|a| \geqq a$,　　　$|a| = a \iff a \geqq 0$,　　$|a| > a \iff a < 0$

証明

$a \geqq 0$ のとき　$|a| = a$　　　　　即ち　　$a \geqq 0 \implies |a| = a$　　　── ①

$a < 0$ のとき　$|a| = -a$　　　定理 $6\,(9)(\mathrm{i})$ より　$-a > 0$　　$\therefore$ $|a| > 0$

　公理 (11) より　$|a| > a$　　　故に　　$a < 0 \implies |a| > a$　　── ②

①② より　$|a| \geqq a$　　　また,　転換法により　逆も成り立つ。

即ち,　$a \geqq 0 \iff |a| = a$

　　　　$a < 0 \iff |a| > a$　　　これを左辺右辺を反対に書いている。 ■

定理 21　(2)
(ⅱ)　$|a| \geqq -a$,　　　$|a| = -a \iff a \leqq 0$,　　$|a| > -a \iff a > 0$

証明

$a > 0$ のとき　$|a| = a$　$\therefore$ $|a| > 0$　　定理 $6\,(9)(\mathrm{i})$ より　$-a < 0$

　公理 (11) より　$|a| > -a$　故に　　$a > 0 \implies |a| > -a$　── ①

$a \leqq 0$ のとき　$|a| = -a$　　　即ち　　$a \leqq 0 \implies |a| = -a$　── ②

①② より　$|a| \geqq -a$　　　また,　転換法により　逆も成り立つ。

即ち,　$a > 0 \iff |a| > -a$

　　　　$a \leqq 0 \iff |a| = -a$　　これを左辺右辺を反対に書いている。 ■

定理 21　(2)
(iii)　$-|a| \leqq a \leqq |a|$

証明
上記 (2)(i) より，　$|a| \geqq a$　即ち　$a \leqq |a|$　　　　　　　　　——— ①
上記 (2)(ii) より，　$|a| \geqq -a$　　定理 7 (6) より　$-|a| \leqq -(-a)$
定理 6 (3)(i) より　$-|a| \leqq a$　——— ②　　①② より　(iii) が成り立つ。∎

定理 21
　(3)　$|-a| = |a|$

証明
$$|-a| = \begin{cases} -a & (-a \geqq 0) \\ -(-a) & (-a < 0) \end{cases} \qquad [\,定義 10\,]$$
$$= \begin{cases} -a & (a \leqq 0) \\ a & (a > 0) \end{cases} \qquad [\,定理 6 (3)(i), 定理 6 (9)(i)\,]$$
$$= |a| \qquad\qquad\qquad\qquad [\,定義 10\,] \;∎$$

定理 21
　(4)　$|a|^2 = a^2$

証明
$$|a|^2 = \begin{cases} a^2 & (a \geqq 0) \\ (-a)^2 & (a < 0) \end{cases} \qquad [\,定義 10, 等号の性質 (5)\,]$$
$$= \begin{cases} a^2 & (a \geqq 0) \\ a^2 & (a < 0) \end{cases} \qquad [\,定理 6 (5)(i)\,]$$
$$= a^2 \qquad\qquad\qquad\qquad\qquad ∎$$

定理 21
　(5)　$|ab| = |a||b|$

証明
$$|ab|^2 = (ab)^2 = a^2 b^2 \qquad\qquad [\,上記 (4), 定理 19 (3)\,]$$
$$(|a||b|)^2 = |a|^2|b|^2 = a^2 b^2 \qquad [\,定理 19 (3), 上記 (4)\,]$$
$$\therefore \quad |ab|^2 = (|a||b|)^2$$
また，　$|ab| \geqq 0,\;\; |a| \geqq 0,\;\; |b| \geqq 0$　　　　　　　　[\,上記 (1)\,]
　　　　$|a||b| \geqq 0$　　　　　　[\,定理 7 (7)　or　定理 7 (9)(i)\,]
よって，　定理 20(3)(i) $(n = 2)$　より　　$|ab| = |a||b|$　　　　　∎

別証明

(ア) $a > 0$, $b > 0$ のとき,

　定理 7(9)(i) より　　$ab > 0$　だから　　　$|ab| = ab$

　また,　$|a||b| = ab$　　　　　　　　　　　$\therefore$　$|ab| = |a||b|$

(イ) $a < 0$, $b > 0$ のとき,

　定理 7(9)(i) より　　$ab < 0$　だから　　　$|ab| = -ab$

　また,　$|a||b| = (-a)b$　定理 6(5)(i) より　$|a||b| = -ab$　$\therefore$　$|ab| = |a||b|$

(ウ) $a > 0$, $b < 0$ のとき,

　(イ) と同様。

(エ) $a < 0$, $b < 0$ のとき,

　定理 7(9)(i) より　　$ab > 0$　だから　　　$|ab| = ab$

　また, $|a||b| = (-a)(-b)$　定理 6(5)(i) より　$|a||b| = ab$　$\therefore$　$|ab| = |a||b|$

(オ) $a = 0$ または $b = 0$ のとき,

　$a = 0$ とすると,　　$|ab| = |0b|$　　定理 6(2)(i) より　$|ab| = |0| = 0$

　また, $|a||b| = 0|b|$　　定理 6(2)(i) より　$|a||b| = 0$　$\therefore$　$|ab| = |a||b|$

　$b = 0$ としても, 同様。　　　　(ア)〜(オ)　より　　(5) が成り立つ。　■

定理 21

(6)　　$\left| \dfrac{a}{b} \right| = \dfrac{|a|}{|b|}$　　　$(b \neq 0)$

証明

$$\left| \frac{a}{b} \right| |b| = \left| \frac{a}{b}\,b \right| \qquad\qquad\qquad\qquad\qquad\qquad [\,上記\,(5)\,]$$

$$= |a| \qquad\qquad\qquad\qquad [\,定理\,6(8)(iii),\ 定理\,6(6)(vi)\,]$$

$b \neq 0$　より　上記 (1)　から　$|b| > 0$　従って　$|b| \neq 0$　だから,

等式の両辺を $|b|\,(\neq 0)$ で割って (定理 5(4)),　定理 6(6)(vi)　より

$$\left| \frac{a}{b} \right| = \frac{|a|}{|b|} \qquad\qquad\qquad\qquad\qquad\qquad\qquad ■$$

別証明

　上記 (5) を使わないで, 上記 (5) と同様に証明することができる。

　各自, 試みてみよ。

4 平方根

定義 11（平方根の定義）

・ 2 乗すると a になる数を a の平方根という。　即ち,
・ x は a の平方根である　$\iff$　$x^2 = a$

定理： $\forall a \geqq 0 \ \exists! x \geqq 0 \ \ x^2 = a$

　　任意の実数 $a \geqq 0$ に対して　$x^2 = a$ となる実数 $x \geqq 0$ が 唯 1 つ存在する。

証明 は 略す。　　存在の証明に 公理 (14) を要する。　本書では 公理 (14) に
　関係する事柄には 触れないので 今後の課題とする。　　なお, 一意性の証明 は
　定理 20 (3) (i)（$n = 2$）　による。

定義 11′（$\sqrt{a}$ の定義）

① 正の数 a の平方根は 正と負の 2 つ存在する。　正の方を $\sqrt{a}$ で表す。
　負の方は $-\sqrt{a}$ である。　　　　　　　　　　　　[正の方は, 上記の定理]
　　　　　　　　　　　　　　　　　[負の方は, 定理 6 (5)(i), 定理 6 (9)(i)]

② 0 の平方根は 0 だけである。　$\sqrt{0} = 0$ とする。　　[∵ 定理 6 (2)(iv)]

③ 負の数の平方根は 実数の範囲には 存在しない。　　[∵ 定理 6 (12)(ii)]

上記の定理の系：　$a \geqq 0, \ x \geqq 0$ のとき　$x = \sqrt{a} \iff x^2 = a$　——— ⊛

＜注＞ 記号 $\sqrt{\ \ }$ を根号といい, $\sqrt{a}$ をルート a と読む。

$\sqrt{2} \fallingdotseq 1.41421356$	一夜一夜に人見頃
$\sqrt{3} \fallingdotseq 1.7320508$	人並みにおごれや
$\sqrt{5} \fallingdotseq 2.2360679$	富士山麓オーム鳴く
$\sqrt{6} \fallingdotseq 2.44949$	似よ, よくよく
$\sqrt{7} \fallingdotseq 2.64575$	菜に虫いない
$\sqrt{10} \fallingdotseq 3.1622$	人丸は三色に並ぶ

定理 22（平方根の性質）

(1) $(\sqrt{a})^2 = a, \quad \sqrt{a} \geqq 0 \quad (a \geqq 0)$ 　　(1)′ $\sqrt{a^2} = |a|$

(2) $\sqrt{ab} = \sqrt{a}\sqrt{b} \quad (a \geqq 0, \ b \geqq 0)$ 　　(2)′ $\sqrt{a^2 b} = |a|\sqrt{b} \quad (b \geqq 0)$

(3) $\sqrt{\dfrac{a}{b}} = \dfrac{\sqrt{a}}{\sqrt{b}} \quad (a \geqq 0, \ b > 0)$ 　　(3)′ $\sqrt{\dfrac{a}{b^2}} = \dfrac{\sqrt{a}}{|b|} \quad (a \geqq 0, \ b \neq 0)$

＜注＞　$a\sqrt{c} + b\sqrt{c} = (a + b)\sqrt{c} \quad (c \geqq 0)$ 　　　　　　[∵ 公理 (9)]

以下, 順に 証明してゆく。

定理 22 (平方根の性質)

   (1) $(\sqrt{a})^2 = a$, $\sqrt{a} \geqq 0$ $(a \geqq 0)$

証明

  $\sqrt{a}$ と書けば, 定義 11′ より, $a \geqq 0$ は前提であり, $\sqrt{a} \geqq 0$ である。
定義 11′ ⊛ で, x に $\sqrt{a}$ を代入すれば, $(\sqrt{a})^2 = a$ である。 ■

定理 22 (平方根の性質)

   (1)′ $\sqrt{a^2} = |a|$

証明

  $a^2 \geqq 0$, $|a| \geqq 0$ [定理 6 (12)(ii), 定理 21 (1)]
定義 11′ ⊛ で, (a, x) を $(a^2, |a|)$ とすれば, $\sqrt{a^2} = |a|$ [定理 21 (4)] ■

定理 22 (平方根の性質)

   (2) $\sqrt{ab} = \sqrt{a}\sqrt{b}$ $(a \geqq 0,\ b \geqq 0)$

証明

  $a \geqq 0,\ b \geqq 0$ より   定理 7 (9)(i), 定理 6 (2)(i) から $ab \geqq 0$
また, 上記 (1) より $\sqrt{a} \geqq 0,\ \sqrt{b} \geqq 0$ で, $\sqrt{a}\sqrt{b} \geqq 0$ —— ①

$$(\sqrt{a}\sqrt{b})^2 = (\sqrt{a})^2(\sqrt{b})^2 \qquad [\,定理 19\,(3)\,]$$
$$= ab \qquad\qquad\qquad [\,上記\,(1)\,]$$

① より $\sqrt{ab} = \sqrt{a}\sqrt{b}$ ■

定理 22 (平方根の性質)

   (2)′ $\sqrt{a^2 b} = |a|\sqrt{b}$ $(b \geqq 0)$

証明

  定理 6 (12)(ii) より $a^2 \geqq 0$ で,
$$\sqrt{a^2 b} = \sqrt{a^2}\sqrt{b} \qquad [\,上記\,(2)\,]$$
$$= |a|\sqrt{b} \qquad\quad [\,上記\,(1)′\,]\ ■$$

定理 22 (平方根の性質)

(3) $\sqrt{\dfrac{a}{b}} = \dfrac{\sqrt{a}}{\sqrt{b}}$ $(a \geqq 0,\ b > 0)$

証明

$a \geqq 0,\ b > 0$ より   定理 7 (9)(ii), 定理 6 (2)(ii) から $\dfrac{a}{b} \geqq 0$

また, 上記 (1) より $\sqrt{a} \geqq 0,\ \sqrt{b} > 0$ で, $\dfrac{\sqrt{a}}{\sqrt{b}} \geqq 0$ —— ①

$$\left(\frac{\sqrt{a}}{\sqrt{b}} \right)^2 = \frac{(\sqrt{a})^2}{(\sqrt{b})^2} \qquad\qquad [\text{定理 } 19\,(3)']$$

$$= \frac{a}{b} \qquad\qquad [\text{上記 } (1)]$$

① より $\sqrt{\dfrac{a}{b}} = \dfrac{\sqrt{a}}{\sqrt{b}}$ ∎

定理 22 (平方根の性質)

(3)′ $\sqrt{\dfrac{a}{b^2}} = \dfrac{\sqrt{a}}{|b|}$ $(a \geqq 0,\ b \neq 0)$

証明

定理 6 (12)(i) より $b^2 > 0$ で,

$$\sqrt{\frac{a}{b^2}} = \frac{\sqrt{a}}{\sqrt{b^2}} \qquad\qquad [\text{上記 } (3)]$$

$$= \frac{\sqrt{a}}{|b|} \qquad\qquad [\text{上記 } (1)'] \; ∎$$

定理 23 (平方根の大小関係) $a \geqq 0,\ b \geqq 0$ のとき,

(1) $\sqrt{a} = \sqrt{b} \iff a = b$

(2) $\sqrt{a} < \sqrt{b} \iff a < b$

(3) $\sqrt{a} > \sqrt{b} \iff a > b$

証明

$a \geqq 0,\ b \geqq 0$ のとき, 定理 22 (1) より $\sqrt{a} \geqq 0,\ \sqrt{b} \geqq 0$ だから
定理 20 (3) において, a, b, n をそれぞれ $\sqrt{a}, \sqrt{b}, 2$ とすればよい。   ∎

基礎演習 2 —— 解答は 208 p

2-1 次の式を簡単にせよ。

(1) $x^2 \times x^3$ (2) $(a^2)^4$ (3) $(xy)^3$

(4) $(x^5 y^3)^2$ (5) $(-3a^2 b)^3$ (6) $(-x)(-x^2)(-x)^4$

(7) $4x^3 y^2 \times 7x^4 y^3$ (8) $(a^2)^3 \times (3a)^2$ (9) $(-3xy^2)^2 \times (-2x^2 y)^3$

(10) $t^5 \div t^3$ (11) $a^5 \div a^5$ (12) $x^2 \div x^6$

(13) $\dfrac{12a^2 b^2}{28a^3 b}$ (14) $12x^3 y \div (-4xy^2)$ (15) $\dfrac{9xy}{8ab} \times \dfrac{2a^2 b^3}{3x^3 y}$

(16) $\left(-\dfrac{ab}{x^2 y}\right)^2 \times \dfrac{-3y}{ab^3} \div \left(\dfrac{y}{b^2}\right)^2$ (17) $(-2m^3 n^2) \div (-4mn^2) \div (-6m^3 n^2)$

(18) $a^5 b^5 \div \left(2ab \times \dfrac{1}{4} xy^2\right)$ (19) $10^{11} \times (-0.1)^5 \times 100^3$

(20) $\dfrac{(-3)^7}{2^{10}} \times \dfrac{8^5}{-6^6}$ (21) $36 \times 10^8 \div (12 \times 10^6) + 2 \times 10^2$

2-2 次の式を簡単にせよ。

(1) $|\pi - 4|$ (2) $4 \times |3 - 7| - |-7 + 9|$ (3) $|2 - 1.5 \times 2 - 1| + |5 - 7|$

2-3 次の式を簡単にせよ。

(1) $(\sqrt{7})^2$ (2) $(-\sqrt{7})^2$ (3) $\sqrt{7^2}$ (4) $\sqrt{(-7)^2}$

(5) $\sqrt{(\sqrt{3} - 2)^2}$ (6) $\sqrt{(-8)(-2)}$ (7) $\sqrt{72}$ (8) $\sqrt{12}\sqrt{18}$

(9) $\sqrt{3}\sqrt{48}$ (10) $\sqrt{\dfrac{75}{16}}$ (11) $\dfrac{\sqrt{108}}{\sqrt{6}}$ (12) $\dfrac{\sqrt{50}}{\sqrt{8}}$

(13) $5\sqrt{2} \times 3\sqrt{6}$ (14) $3\sqrt{2} \times (-\sqrt{6})$ (15) $\sqrt{6} \div \sqrt{8} \times \sqrt{3}$

(16) $\sqrt{8} \times 3\sqrt{63} \div 2\sqrt{18}$ (17) $\sqrt{\dfrac{5}{7}} \div \sqrt{\dfrac{5}{6}} \times \sqrt{\dfrac{7}{10}}$ (18) $\dfrac{\sqrt{45}}{7} \times \sqrt{\dfrac{7}{10}} \div \sqrt{\dfrac{14}{3}}$

2-4 次の式を簡単にせよ。

(1) $\sqrt{27} - 3\sqrt{48} + \sqrt{75}$ (2) $\sqrt{3}(\sqrt{6} - \sqrt{3}) - \sqrt{8}$ (3) $\sqrt{32} + (\sqrt{2} - 3) \times \sqrt{2}$

(4) $5\sqrt{12} - \dfrac{24}{\sqrt{3}}$ (5) $\sqrt{\dfrac{5}{4}} - \dfrac{1}{\sqrt{5}}$ (6) $\dfrac{\sqrt{45} - \sqrt{20}}{\sqrt{5}}$

(7) $\sqrt{50} - \dfrac{20}{\sqrt{2}} + 3\sqrt{8}$ (8) $\dfrac{1}{\sqrt{6}} - \dfrac{\sqrt{3}}{\sqrt{2}} + \dfrac{\sqrt{2}}{\sqrt{3}}$

2-5 次の数を小さいものから順に並べよ。

(1) ① $4\sqrt{3}$ ② $6\sqrt{2}$ ③ $3\sqrt{5}$ ④ 7 ⑤ $5\sqrt{3}$

(2) ① $\sqrt{\dfrac{1}{2}}$ ② $-\sqrt{\dfrac{2}{3}}$ ③ $-\sqrt{\dfrac{1}{2}}$ ④ $\sqrt{\dfrac{1}{3}}$ ⑤ $-\sqrt{\dfrac{3}{4}}$

§4 整式の加法・減法・乗法

1 整式

(1) 単項式と多項式

　数, 文字およびそれらの積として表される式を 単項式 という。単項式の和
として表される式を 多項式 といい, 各々の単項式を その多項式の項 という。
単項式と多項式を合わせて 整式という。

　㊟ 単項式を項が 1 つの多項式と考えて, 普通, 多項式を整式と同義に使う。

(2) 項の次数と整式の次数

　整式の各項において, 数の部分をその項の係数といい, 掛け合わされている
文字の個数をその項の次数という。特に, 文字を含まない項を定数項といい,
その係数はそれ自身, その次数は 0 である。

　各項の次数のうちで最大のもの (最高次の項の次数) をその整式の次数と
いう。 整式 P の次数を $\deg P$ と書く。 次数が n の整式を n 次式という。

　㊟ 整式 0 (零多項式) の次数は定義しない。($-\infty$ とすることがある.)

　0 でない定数 (零多項式でない定数多項式) は次数 0 である。

(3) 整式の整理

　整式において, 文字の部分が同じである項を同類項という。 整式は同類項
を 1 つにまとめて, 整理することができる。

次数の高い項から順に並べることを 降べきの順に整理する,

次数の低い項から順に並べることを 昇べきの順に整理する という。

その他に, アルファベット順, 輪環の順 などという視点もある。

各項の次数がすべて同じである整式を 同次式 (or 斉次式) という。

　2 種類以上の文字を含む整式 (多変数の整式) では, 特定の文字 (複数でも
よい) に着目して考えることがある。 このとき, 他の文字は数と同じように
扱う。 　n 文字, n 変数 は n 元 ともいう。

　㊟ 項 $0x$ は普通は書かない。 $1x$ は単に x と書く。 $(-2)a$ は $-2a$ と書く。

　　　$a+(-2b)$ は $a-2b$ と書く。 (ここで, 基礎演習 $3-1$, $3-2$ を解け.)

(4) 1 変数の整式 $P(x)$

$$P(x) = a_n x^n + a_{n-1} x^{n-1} + \cdots\cdots + a_1 x + a_0$$

　　　　　　($n \geqq 0$ は整数, x は変数, $a_0, a_1, \cdots, a_n$ は定数) 　　　と書ける。

$a_n \neq 0$ のとき, 　　　$P(x)$ は n 次の整式 (n 次式) である。 　　$\deg P(x) = n$

$a_n = 0$ でもよいとき, 　$P(x)$ を n 次以下の整式 (高々 n 次の整式) という。

$P(\alpha)$ を $P(x)$ の α における値 という。 　　(文字の値, 式の値)

整式の加法・減法・乗法 は 実数の性質 をもとに行われる。
1つの文字について, 降べきの順に整理する のが基本である。

2　整式の加法・減法

整式の和, 差は 括弧をはずして (定理 1 , 定理 2 , 定理 6 (6)(i)〜(iv)) ,
同類項をまとめることによって計算する。

例　　$A = 4x^3 - 2x^2 + 6x - 5,\ \ B = 3x^3 + 2x^2 - 7$　　のとき,

整式の和　$A + B = (4x^3 - 2x^2 + 6x - 5) + (3x^3 + 2x^2 - 7)$

$\qquad\qquad = 4x^3 - 2x^2 + 6x - 5 + 3x^3 + 2x^2 - 7$　　　　　[括弧をはずす. 定理 1]

$\qquad\qquad = (4x^3 + 3x^3) + (-2x^2 + 2x^2) + 6x + (-5 - 7)$　　　　[定理 2]

$\qquad\qquad = (4 + 3)x^3 + (-2 + 2)x^2 + 6x + (-12)$　　　　　　[公理 (9)]

$\qquad\qquad = 7x^3 + 6x - 12$　　　　　　　　　　　　　　[同類項をまとめた.]

縦書きで
$$
\begin{array}{r}
4x^3 - 2x^2 + 6x - 5 \\
+)\ \ 3x^3 + 2x^2 \qquad - 7 \\
\hline
7x^3 \qquad\quad + 6x - 12
\end{array}
$$

係数のみで
$$
\begin{array}{r}
4 - 2 + 6 - 5 \\
+)\ \ 3 + 2 + 0 - 7 \\
\hline
7 + 0 + 6 - 12
\end{array}
$$

　　　無い次数の項は空けておく。　　　　　無い次数の項は +0 とする。
　　2 式 A, B を 降べきの順に整理し, 同類項を縦に揃える。

整式の差　$A - B = (4x^3 - 2x^2 + 6x - 5) - (3x^3 + 2x^2 - 7)$

$\qquad\qquad = 4x^3 - 2x^2 + 6x - 5 - 3x^3 - 2x^2 + 7$　　　　[括弧をはずす. 定理 6 (6)]

$\qquad\qquad = (4x^3 - 3x^3) + (-2x^2 - 2x^2) + 6x + (-5 + 7)$　　　　[定理 2]

$\qquad\qquad = (4 - 3)x^3 + (-2 - 2)x^2 + 6x + 2$　　　　　　[定理 6 (7)(ii)]

$\qquad\qquad = x^3 - 4x^2 + 6x + 2$　　　　　　　　　　　[同類項をまとめた.]

縦書きで
$$
\begin{array}{r}
4x^3 - 2x^2 + 6x - 5 \\
-)\ \ 3x^3 + 2x^2 \qquad - 7 \\
\hline
x^3 - 4x^2 + 6x + 2
\end{array}
$$

係数のみで
$$
\begin{array}{r}
4 - 2 + 6 - 5 \\
-)\ \ 3 + 2 + 0 - 7 \\
\hline
1 - 4 + 6 + 2
\end{array}
$$

　　　無い次数の項は空けておく。　　　　　無い次数の項は +0 とする。
　　2 式 A, B を 降べきの順に整理し, 同類項を縦に揃える。
　　整式の減法は B の符号を変えて 整式の加法 として 計算してもよい。

3　整式の乗法

単項式の積は　定理 3, 定理 4, 定理 19 (指数法則) など を 用いて計算する。

例　$(-3xy^4) \times 4x^2y^3 = -12x^3y^7$　など。 (基礎演習 2-1 (1)〜(9) で, 既習)

多項式の積は 主に 公理 (9) (分配法則), 定理 6 (7) を 用いて計算する。

定理 24 (一般分配法則)

(1)　$m(a + b - c) = ma + mb - mc$ 　　　　　　1 項式 × n 項式 $(n \geqq 2)$

　　　$(a + b - c)m = am + bm - cm$

(2)　$(a + b)(c + d) = ac + ad + bc + bd$ 　　　　2 項式 × n 項式 $(n \geqq 2)$

　　　$(a + b)(c + d + e) = ac + ad + ae + bc + bd + be$

　　　$(a + b + c)(d + e) = ad + bd + cd + ae + be + ce$

(3)　$(a + b + c)(d + e + f) = ad + \cdots\cdots$ 　　　　3 項式 × n 項式 $(n \geqq 3)$

　　　$\cdots\cdots\cdots\cdots\cdots\cdots\cdots\cdots\cdots\cdots\cdots\cdots\cdots\cdots\cdots$

⊞　公理 (9), 定理 6 (7) は 定理 24 (1) に 含まれる。　$n = 2$

⊞　(2)(3) $\cdots$ でも　定義 2, 定理 6 (5)(i) に 従って $+-$ が 考えられる。

(1) の証明

$$m(a + b - c) = m\{(a + b) + (-c)\} \qquad [\ 定義 2, 公理 (2)\ ]$$
$$= m(a + b) + m(-c) \qquad [\ 公理 (9)\ ]$$
$$= (ma + mb) + (-mc) \qquad [\ 公理 (9), 定理 6 (5)(i)\ ]$$
$$= ma + mb - mc \qquad [\ 公理 (2), 定義 2\ ]$$

　　　他も同様。　　　　　　　　　　　　　　　　　　　　　　　　　　　■

(2) の証明

$$(a + b)(c + d) = (a + b)m \qquad [\ c + d = m\ とおく.]$$
$$= am + bm \qquad [\ 公理 (9)\ ]$$
$$= a(c + d) + b(c + d) \qquad [\ m = c + d\ ]$$
$$= (ac + ad) + (bc + bd) \qquad [\ 公理 (9)\ ]$$
$$= ac + ad + bc + bd \qquad [\ 定理 1\ ]$$
$$(a + b)(c + d + e) = (a + b)m \qquad [\ c + d + e = m\ とおく.]$$
$$= am + bm \qquad [\ 公理 (9)\ ]$$
$$= a(c + d + e) + b(c + d + e) \qquad [\ m = c + d + e\ ]$$
$$= (ac + ad + ae) + (bc + bd + be) \qquad [\ 上記 (1)\ ]$$
$$= ac + ad + ae + bc + bd + be \qquad [\ 定理 1\ ]$$

　　　他も同様。　　　　　　　　　　　　　　　　　　　　　　　　　　　■

(3) 以降の証明も同様である。　　　　　　　　　　　　　　　　　　　　■

例　　$A = x^3 - 3x + 2, \quad B = 3x - 4$ 　のとき,

整式の積　$AB = (x^3 - 3x + 2)(3x - 4)$ 　　　　　　　　　[3 項式 × 2 項式]

$\qquad = (x^3 - 3x + 2) \cdot 3x + (x^3 - 3x + 2)(-4)$ 　　[定理 24 (1)]

$\qquad = (3x^4 - 9x^2 + 6x) + (-4x^3 + 12x - 8)$ 　　　　[〃]

$\qquad = 3x^4 - 4x^3 - 9x^2 + 18x - 8$ 　　　　　　　[整式の和]

縦書きで

$$\begin{array}{r} x^3 \quad\quad - 3x + 2 \\ \times)\ \underline{\quad 3x - 4 \quad\quad\quad} \\ 3x^4 \quad\quad -9x^2 + 6x \\ \underline{-4x^3 \quad\quad + 12x - 8} \\ 3x^4 - 4x^3 - 9x^2 + 18x - 8 \end{array}$$

係数のみで

$$\begin{array}{r} 1 + 0 - 3 + 2 \\ \times)\ \underline{\quad 3 - 4 \quad\quad} \\ 3 + 0 - 9 + 6 \\ \underline{-4 + 0 + 12 - 8} \\ 3 - 4 - 9 + 18 - 8 \end{array}$$

　　　無い次数の項は空けておく。　　　　　　無い次数の項は +0 とする。

次数の高い式を上, 低い式を下に書く。(次数が同じときは) 項数の多い式を上,
少ない式を下に書く。　　2 式 A, B は 普通, 頭を揃えて書く。

　　多項式の積を 単項式の和の形 (1 つの整式) に 表すことを展開する という。
単項式の和を (1 次以上の) 多項式の積の形に 表すことを因数分解するという。
多項式の積において, 各々の多項式を その因数という。

　　整式の乗法は 上記のように 一般分配法則を用いて 展開し, 整理すれば 必ず
計算できるが, 特別な形のものについては 乗法公式として記憶して利用する。

$\boxed{4}$ **展開の公式** —— 定理 25 (乗法公式) ——

(1)　$(a+b)(a-b) = a^2 - b^2$ 　　　　　　　　　　　　　　(和と差の積)

(2)　$(a+b)^2 = a^2 + 2ab + b^2$ 　　　　　　　　　　　　　(和の平方)

(3)　$(a-b)^2 = a^2 - 2ab + b^2$ 　　　　　　　　　　　　　(差の平方)

(4)　$(x+a)(x+b) = x^2 + (a+b)x + ab$ 　　　　　　　　(1 次式の積)

(5)　$(ax+b)(cx+d) = acx^2 + (ad+bc)x + bd$ 　　　　　(〃)

(4)′　$(x+ay)(x+by) = x^2 + (a+b)xy + aby^2$ 　　(2 元 1 次同次式の積)

(5)′　$(ax+by)(cx+dy) = acx^2 + (ad+bc)xy + bdy^2$ 　(〃)

(6)　$(a+b)(a^2 - ab + b^2) = a^3 + b^3$

(7)　$(a-b)(a^2 + ab + b^2) = a^3 - b^3$

(8)　$(a+b)^3 = a^3 + 3a^2b + 3ab^2 + b^3$ 　　　　　　　　(和の立方)

(9)　$(a-b)^3 = a^3 - 3a^2b + 3ab^2 - b^3$ 　　　　　　　　(差の立方)

(10)　$(a+b+c)^2 = a^2 + b^2 + c^2 + 2ab + 2bc + 2ca$ 　　　(3 項の和の平方)

(11)　$(a+b+c)(a^2 + b^2 + c^2 - ab - bc - ca) = a^3 + b^3 + c^3 - 3abc$

(12)　$(x+a)(x+b)(x+c) = x^3 + (a+b+c)x^2 + (ab+bc+ca)x + abc$

証明   いずれも, 定理 24 (一般分配法則) による。 23p $\boxed{4}$ 等式の証明の型 参照

(1) $(a+b)(a-b) = a^2 - ab + ba - b^2$ [定理 24 (2)]

$\qquad\qquad\qquad = a^2 + \{(-ab) + ab\} - b^2$ [定理 1, 公理 (5)]

$\qquad\qquad\qquad = a^2 - b^2$ [公理 (4)(3)] ■

(2) $(a+b)^2 = (a+b)(a+b)$ [定義 9]

$\qquad\qquad = a^2 + ab + ba + b^2$ [定理 24 (2)]

$\qquad\qquad = a^2 + (1ab + 1ab) + b^2$ [定理 1, 公理 (5)(7)]

$\qquad\qquad = a^2 + 2ab + b^2$ [公理 (9)] ■

(3)   上記 (2) で, b を $-b$ とすると,

$\qquad \{a+(-b)\}^2 = a^2 + 2a(-b) + (-b)^2$

$\qquad (a-b)^2 = a^2 + (-2ab) + b^2$ [定義 1, 定理 6 (5)(i)]

$\qquad\qquad = a^2 - 2ab + b^2$ [定義 2(1)] ■

$\qquad\qquad\qquad\qquad$ (1) や (2) と同様にやってもよい。

(4) $(x+a)(x+b) = x^2 + xb + ax + ab$ [定理 24 (2)]

$\qquad\qquad\qquad = x^2 + (ax + bx) + ab$ [定理 1, 公理 (1)(5)]

$\qquad\qquad\qquad = x^2 + (a+b)x + ab$ [公理 (9)] ■

(5) $(ax+b)(cx+d) = (ax)(cx) + (ax)d + b(cx) + bd$ [定理 24 (2)]

$\qquad\qquad\qquad = acx^2 + (adx + bcx) + bd$ [定理 4, 定理 1]

$\qquad\qquad\qquad = acx^2 + (ad + bc)x + bd$ [公理 (9)] ■

(4)′   上記 (4) で, a を ay, b を by とすると,

$\qquad (x+ay)(x+by) = x^2 + (ay+by)x + (ay)(by)$

$\qquad\qquad\qquad = x^2 + (a+b)xy + aby^2$ [公理 (9), 定理 4] ■

(5)′   上記 (5) で, b を by, d を dy とすると,

$\qquad (ax+by)(cx+dy) = acx^2 + \{a(dy) + (by)c\}x + (by)(dy)$

$\qquad\qquad\qquad = acx^2 + (ad+bc)xy + bdy^2$ [定理 4, 公理 (9)] ■

(6) $(a+b)(a^2 - ab + b^2) = a^3 - a^2b + ab^2 + ba^2 - bab + b^3$ [定理 24 (2)]

$\qquad\qquad = a^3 - a^2b + a^2b + ab^2 - ab^2 + b^3$ [定理 2, 定理 4]

$\qquad\qquad = a^3 + (-a^2b + a^2b) + \{ab^2 + (-ab^2)\} + b^3$ [定理 1]

$\qquad\qquad = a^3 + b^3$ [公理 (4)(3)] ■

(7)   上記 (6) で, b を $-b$ とすると,

$\qquad \{a+(-b)\}\{a^2 - a(-b) + (-b)^2\} = a^3 + (-b)^3$

$\qquad (a-b)\{a^2 - (-ab) + b^2\} = a^3 + (-b^3)$ [定義 1, 定理 6 (5)(i)]

$\qquad \therefore \quad (a-b)(a^2 + ab + b^2) = a^3 - b^3$ [定義 1, 定理 6 (3)(i)] ■

$\qquad\qquad\qquad\qquad$ (6) と同様にやってもよい。

(8)　$(a+b)^3 = (a+b)^2(a+b)$　　　　　　　　　　　　　　　　[定義 9]

　　　　$= (a^2 + 2ab + b^2)(a+b)$　　　　　　　　　　　　　[上記 (2)]

　　　　$= a^3 + 2aba + b^2a + a^2b + 2ab^2 + b^3$　　　　　[定理 24 (2)]

　　　　$= a^3 + (2a^2b + a^2b) + (ab^2 + 2ab^2) + b^3$　　[定理 2, 定理 4]

　　　　$= a^3 + 3a^2b + 3ab^2 + b^3$　　　　　　　　　　　[公理 (9)] ■

(9)　上記 (8) で，b を $-b$ とすると，

　　　$\{a+(-b)\}^3 = a^3 + 3a^2(-b) + 3a(-b)^2 + (-b)^3$

　　　$(a-b)^3 = a^3 + (-3a^2b) + 3ab^2 + (-b^3)$　　　[定義 1, 定理 6 (5)(i)]

　　　　　　　$= a^3 - 3a^2b + 3ab^2 - b^3$　　　　　　　　[定義 2] ■

　　　　　　　　　　(8) と同様にやってもよい。

(10)　$(a+b+c)^2 = \{a+(b+c)\}^2$　　　　　　　　[a について 整理する.]

　　　　　$= a^2 + 2a(b+c) + (b+c)^2$　　　　　　　　[上記 (2)]

　　　　　$= a^2 + (2ab + 2ac) + (b^2 + 2bc + c^2)$　　[公理 (9), 上記 (2)]

　　　　　$= a^2 + 2ab + 2ac + b^2 + 2bc + c^2$　　　　[定理 1]

　　　　　$= a^2 + b^2 + c^2 + 2ab + 2bc + 2ca$　　　　[定理 2, 輪環の順] ■

　　　　　　　定理 24 (3) でやってもよい。

(11)　$(a+b+c)(a^2 + b^2 + c^2 - ab - bc - ca)$

　$= \{a+(b+c)\}\{a^2 - (b+c)a + (b^2 - bc + c^2)\}$　　[a について 整理する.]

　$= a^3 - (b+c)a^2 + (b^2 - bc + c^2)a + (b+c)a^2 - (b+c)^2a + (b+c)(b^2 - bc + c^2)$

　　　　　　　　　　　　　　　　　　　　　　　　　　　[定理 24 (2)]

　$= a^3 + \{(b^2 - bc + c^2) - (b+c)^2\}a + (b^3 + c^3)$　　[定理 6 (7)(ii), 上記 (6)]

　$= a^3 + (-3bc)a + (b^3 + c^3)$　　　　　　　　　　[上記 (2), 整式の差]

　$= a^3 + b^3 + c^3 - 3abc$　　　　　　[定理 1,2,3,4, 定理 6 (5)(i), 定義 2] ■

　　　　　　　定理 24 (3) でやってもよい。

(12)　$(x+a)(x+b)(x+c) = \{x^2 + (a+b)x + ab\}(x+c)$　　　[上記 (4)]

　$= x^3 + (a+b)x^2 + abx + cx^2 + (a+b)cx + abc$　　　　[定理 24 (2)]

　$= x^3 + \{(a+b)x^2 + cx^2\} + \{abx + (a+b)cx\} + abc$　[定理 2, 定理 1]

　$= x^3 + \{(a+b) + c\}x^2 + \{ab + (a+b)c\}x + abc$　　[公理 (9)]

　$= x^3 + (a+b+c)x^2 + (ab + bc + ca)x + abc$　　[公理 (2)(9)(1)(5)] ■

⎡5⎤　複雑な展開では

　(1)　1 つの文字について，降べきの順に整理する。

　(2)　置き換え・組み合わせ などの工夫をする。

　(3)　2 元同次式の積は 1 元整式と同じように扱うことができる。(4)(4)′(5)(5)′

$\boxed{6}$ **因数分解の公式** —— 展開の公式 (乗法公式) を逆に使う ——

(0) $ma + mb - mc = m(a + b - c)$ 定理 24 (1) を逆に使う.

       $am + bm - cm = (a + b - c)m$ 即ち, 共通因数をくくり出す.

(1) $a^2 - b^2 = (a + b)(a - b)$ (2 乗の差)

(2) $a^2 + 2ab + b^2 = (a + b)^2$

(3) $a^2 - 2ab + b^2 = (a - b)^2$

(4) $x^2 + (a + b)x + ab = (x + a)(x + b)$ (2 次 3 項式)

(5) $acx^2 + (ad + bc)x + bd = (ax + b)(cx + d)$ (〃   )

(4)′ $x^2 + (a + b)xy + aby^2 = (x + ay)(x + by)$ (2 元 2 次同次式)

(5)′ $acx^2 + (ad + bc)xy + bdy^2 = (ax + by)(cx + dy)$ (〃   )

(6) $a^3 + b^3 = (a + b)(a^2 - ab + b^2)$ (立方の和)

(7) $a^3 - b^3 = (a - b)(a^2 + ab + b^2)$ (立方の差)

(8) $a^3 + 3a^2b + 3ab^2 + b^3 = (a + b)^3$

(9) $a^3 - 3a^2b + 3ab^2 - b^3 = (a - b)^3$

(10) $a^2 + b^2 + c^2 + 2ab + 2bc + 2ca = (a + b + c)^2$

(11) $a^3 + b^3 + c^3 - 3abc = (a + b + c)(a^2 + b^2 + c^2 - ab - bc - ca)$

< 注 > 因数分解の公式は 乗法公式を左辺 右辺 逆に書いただけのものなので,
     定理 25 と同じで, 証明は 既に終わっている.   [13p 等号の性質 (3)′]

たすき掛けの方法 —— 因数分解の公式 (5) を利用する ——

   例   2 次 3 項式 $6x^2 + 7x - 20$ を因数分解する.
   上記の公式 (5) $acx^2 + (ad + bc)x + bd = (ax + b)(cx + d)$ において,
        $ac = 6, \ ad + bc = 7, \ bd = -20$ となる (a, b, c, d) を見つける.
   まず, 2 式 $ac = 6, \ bd = -20$ を満たす (a, c), (b, d) を
   適当にとって, 右のように縦に並べる.
   次に, $ad + bc = 7$ となるか否かを調べる.

   (a, b, c, d) = (1, 4, 6, -5) では   不可.

   ....

   (a, b, c, d) = (3, -4, 2, 5) なら   可.

   よって,

        $6x^2 + 7x - 20 = (3x - 4)(2x + 5)$

$$
\begin{array}{ccc}
a & b & \longrightarrow \ bc \\
c & d & \longrightarrow \ ad \\
\hline
ac & bd & ad + bc
\end{array}
$$

$$
\begin{array}{ccc}
3 & -4 & \longrightarrow \ -8 \\
2 & 5 & \longrightarrow \ 15 \\
\hline
 & & 7
\end{array}
$$

㊟ $ac > 0$ のときは (a, c) は正の数の組だけを考えればよい.

7 **複雑な因数分解では**

(1) 最低次の文字について，(降べきの順に) 整理する。

(2) 置き換え・組み合わせ・項の加減 などの工夫をする。

(3) 2 元同次式は 1 元整式と同じように扱うことができる。 (4)(4)′(5)(5)′

(4) 因数定理を利用する。 (後述)

(5) 2 次 3 項式で，2 次方程式の解の公式を利用する。 (〃)

8 **その他の重要な等式** ──── これらの等式の証明 を試みよ。

(1) $(a+b)^2 + (a-b)^2 = 2(a^2+b^2)$, $(a+b)^2 - (a-b)^2 = 4ab$

(2) $(a-b)^2 + (b-c)^2 + (c-a)^2 = 2(a^2+b^2+c^2-ab-bc-ca)$

(3) $(a^2+b^2)(x^2+y^2) - (ax+by)^2 = (ay-bx)^2$

$(a^2+b^2+c^2)(x^2+y^2+z^2) - (ax+by+cz)^2$

$= (ay-bx)^2 + (bz-cy)^2 + (cx-az)^2$ (ラグランジュの恒等式)

9 **整式の次数** ── 定理 26 ──

2 つの整式 A, B ($A \neq 0, B \neq 0$) に対して，

(1) $A \pm B = 0$ または $\deg(A \pm B) \leqq \max(\deg A, \deg B)$

(2) $\deg AB = \deg A + \deg B$

証明

$\deg A = m$, $\deg B = n$ とすれば，

$A = a_m x^m + a_{m-1} x^{m-1} + \cdots\cdots + a_1 x + a_0$ ($a_m \neq 0$)

$B = b_n x^n + b_{n-1} x^{n-1} + \cdots\cdots + b_1 x + b_0$ ($b_n \neq 0$)

と書ける。 以下も，降べきの順に書く。

(1) $A + B$ の場合。 ($A - B$ の場合 も同様)

(i) $m > n$ のとき

$A + B = a_m x^m + \cdots\cdots + (a_0 + b_0)$ ∴ $\deg(A+B) = m = \deg A$

(ii) $m < n$ のとき

$A + B = b_n x^n + \cdots\cdots + (a_0 + b_0)$ ∴ $\deg(A+B) = n = \deg B$

(iii) $m = n$ のとき

$A + B = (a_m + b_n)x^m + (a_{m-1} + b_{n-1})x^{m-1} + \cdots\cdots + (a_0 + b_0)$

$a_m + b_n$, $a_{m-1} + b_{n-1}$, $\cdots\cdots$, $a_0 + b_0$ の 0 か否か によって，

$A + B = 0$ または $\deg(A+B) \leqq m$ である。

(i)〜(iii) より $A+B = 0$ または $\deg(A+B) \leqq \max(\deg A, \deg B)$

(2) $AB = a_m b_n x^{m+n} + \cdots\cdots + a_0 b_0$ 定理 6 (2)(iv) より $a_m b_n \neq 0$

よって $\deg AB = m + n = \deg A + \deg B$ ■

10 対称式

(1) 多変数の整式において, どの2文字を交換しても, 式の値が変わらないとき, この整式を これらの文字の対称式 という。

定理 2つの対称式の和, 差, 積 は, また, 対称式 である。

(2) n 個の文字について, それらのすべての和, 2つずつの積の和, 3つずつの積の和, $\cdots\cdots$, $n-1$ 個ずつの積の和, そして, n 個全部の積 を n 文字の基本対称式 という。

  $a+b$, ab は 2文字 a,b の基本対称式 である。

  $a+b+c$, $ab+bc+ca$, abc は 3文字 a,b,c の基本対称式 である。

定理 任意の対称式は 基本対称式の整式として 表される。

例 ① $a^2+b^2=(a+b)^2-2ab$

② $a^3+b^3=(a+b)^3-3ab(a+b)$

③ $a^2+b^2+c^2=(a+b+c)^2-2(ab+bc+ca)$

④ $(a+b)(b+c)(c+a)=(a+b+c)(ab+bc+ca)-abc$

11 交代式

(1) 多変数の整式において, どの2文字を交換しても, 符号だけが変わるとき, この整式を これらの文字の交代式 という。

定理 2つの交代式の和, 差 は 交代式であり, 積 は対称式である。

  対称式と交代式の積 は 交代式 である。

(2) n 個の文字について, 2つずつの文字の差のすべての積 を n 文字の最簡交代式 (or 差積) という。

  $a-b$ は 2文字 a,b の最簡交代式 である。

  $(a-b)(b-c)(c-a)$ は 3文字 a,b,c の最簡交代式 である。

定理 任意の交代式は 最簡交代式と対称式の積として 表される。

例 ① $a^2-b^2=(a-b)(a+b)$

② $a^3-b^3=(a-b)(a^2+ab+b^2)$

③ $a(b-c)+b(c-a)+c(a-b)=0$

④ $a^2(b-c)+b^2(c-a)+c^2(a-b)=-(a-b)(b-c)(c-a)$

⑤ $bc(b-c)+ca(c-a)+ab(a-b)=-(a-b)(b-c)(c-a)$

⑥ $a(b^2-c^2)+b(c^2-a^2)+c(a^2-b^2)=(a-b)(b-c)(c-a)$

⑦ $a^3(b-c)+b^3(c-a)+c^3(a-b)=-(a-b)(b-c)(c-a)(a+b+c)$

＜注＞ 10 11 の定理は 証明を省略するが, 覚えておいて, 式変形の指針とすればよい。 ただし, 例 については, 等式の証明 を試みよ。

基礎演習 3 —— 解答は 213 p

3-1 次の整式の同類項をまとめて，降べきの順に整理せよ。そして，各項の次数と係数をいえ。定数項は何か。 また，何元何次何項式か。

(1) $-2x^3 + 7 + 8x^2 - 9x - 3 - x^2 + 4x + 2x^3 - 3x$

(2) $3a^2 - a^2b - 2b^2 + 6c + 5a^2b - 3b^2 - a^2$

3-2 次の整式を [ ] 内の文字について，降べきの順に整理せよ。そして，各項の次数と係数をいえ。定数項は何か。 また，何次何項式か。

$$x^2 + 2x^2y - 3x + 4 + 6x^3 - 5y + 3y^2$$

(1) $[\,x\,]$ (2) $[\,y\,]$ (3) $[\,x \, と \, y\,]$

3-3 次の式を展開せよ。

(1) $2x^3(2x^2 - x + 4)$ (2) $(3a + 5b)(3a - 5b)$

(3) $(2x + 5)^2$ (4) $(4x - y)^2$

(5) $(x - 5)(x + 3)$ (6) $(x + 2y)(x - 4y)$

(7) $(2a - 3)(5a + 4)$ (8) $(2a + 3b)(3a - 4b)$

(9) $(x + 2)^3$ (10) $(3x - 2y)^3$

(11) $(x + 2y - 3z)^2$ (12) $(x + 4)(x - 3)(x + 5)$

(13) $(2x^2 - 3x + 1)(x^3 + 3x^2 - 4)$ (14) $(a^3 - 2a^2b + b^3)(2a^2 + 3ab - b^2)$

(15) $(x + y - 2)(2x - y + 3)$ (16) $(2x + 3y - z)(2x - 3y - z)$

3-4 次の式を因数分解せよ。

(1) $4x^2 - 8x$ (2) $a^3b - ab^3 - a^2b^2$

(3) $4x^2 - 25$ (4) $a^2x^2 - b^2y^2$

(5) $x^2 + 20x + 100$ (6) $16a^2 + 1 - 8a$

(7) $x^2 - 3x - 10$ (8) $x^2 + 4xy - 32y^2$

(9) $3x^2 - 26x + 35$ (10) $6x^2 - 5xy - 4y^2$

(11) $a^3 + 8$ (12) $27x^3 - y^3$

(13) $a^2b - ab - a + 1$ (14) $x^3 + x^2y - 4x - 4y$

(15) $a^2 + b^2 + bc - ca - 2ab$ (16) $xy - yz + xz - y^2$

(17) $x^2 + 3xy + 2y^2 + x + 3y - 2$ (18) $2x^2 - 5xy - 3y^2 + x + 11y - 6$

3-5 次の式を簡単にせよ。

(1) $(2\sqrt{3} - 3\sqrt{2})^2$ (2) $(2\sqrt{3} - \sqrt{5})(\sqrt{3} + 2\sqrt{5})$

(3) $\dfrac{\sqrt{5} + 2}{\sqrt{5} - 2}$ (4) $\dfrac{4}{1 + \sqrt{2} + \sqrt{3}}$

(5) $\sqrt{5 + 2\sqrt{6}}$ (6) $\sqrt{5 - \sqrt{21}}$

第 2 章　　方程式と不等式

§1　関係を表す式

1　関係を表す式

　等式 (方程式) や不等式 は関係を表す式である。数を表す式 と区別しなければならない。‘方程式’は‘等式’と同義である。

　等式 (方程式)・不等式 において，等号・不等号の左側の部分を左辺, 右側の部分を右辺といい，合わせて 両辺 という。

2　方程式の解・不等式の解

(1)　方程式を満たす変数の値をその方程式の解 という。

　方程式の解の全体を求めることを その方程式を解くという。

　方程式を解くには 定理 5(等式の性質) を利用して，与えられた方程式を最も簡単な形に 同値変形すればよい。

(2)　不等式を満たす変数の値を その不等式の解 という。

　不等式の解の全体を求めることを その不等式を解くという。

　不等式を解くには 定理 7(不等式の性質) を利用して，与えられた不等式を最も簡単な形に 同値変形すればよい。

　㊟　不等式の解の全体を，簡単に 不等式の解 ということもある。

3　1 次方程式・1 次不等式

(1)　方程式の項をすべて 左辺に移項して整理したとき，
$$ax + b = 0 \qquad (a, b \text{ は定数,}\ a \neq 0)$$
（即ち，左辺が x の 1 次式）となる方程式を x の 1 次方程式 という。

例題　　次の等式 (方程式) を解け。
$$\frac{3}{5}x - \frac{13}{15} = \frac{4x - 1}{3} - 2$$

解答　　以下は 同値変形である。

$$\begin{aligned}
与式より \quad 9x - 13 &= 20x - 5 - 30 \qquad [両辺に 15 を掛ける. 定理 5(3)] \\
9x &= 20x - 22 \qquad\quad [両辺に 13 を足す. 定理 5(1)] \\
-11x &= -22 \qquad\qquad\quad [両辺から 20x を引く. 定理 5(2)] \\
x &= 2 \quad \cdots\cdots (答) \qquad [両辺を -11 で割る. 定理 5(4)]
\end{aligned}$$

　㊟　$x = 2$ は 与えられた方程式と同値であり，最も簡単な形といえる。

(2) 不等式の項をすべて 左辺に移項して整理したとき,

$ax + b > 0, \;\; ax + b \geqq 0, \;\; ax + b < 0, \;\; ax + b \leqq 0$ (a, b は定数, $a \neq 0$)

(即ち, 左辺が x の1次式) となる不等式を x の1次不等式という.

例題   次の不等式を解け.

$$\frac{3}{5}x - \frac{13}{15} > \frac{4x-1}{3} - 2$$

解答   以下は 同値変形である.

与式より $9x - 13 > 20x - 5 - 30$ [両辺に 15 を掛ける. 定理 7 (3)(i)]

$\qquad\qquad 9x > 20x - 22$ [両辺に 13 を足す. 定理 7 (1)]

$\qquad\qquad -11x > -22$ [両辺から $20x$ を引く. 定理 7 (2)]

$\qquad\qquad x < 2$ $\cdots\cdots$ (答)   [両辺を -11 で割る. 定理 7 (4)(ii)]

㊟   この例題の不等式の解は, $x < 2$ を満たすすべての実数 x の集合である.
この不等式の解を, 単に $x < 2$ で表す.

$x < 2$ は 与えられた不等式と同値であり, 最も簡単な形といえる.

---

[4] **連立方程式・連立不等式**

(1) 2つ以上の方程式を組み合わせたものを連立方程式という.

それらの方程式を同時に満たす変数の値をその連立方程式の解という.

連立方程式の解の全体を求めることをその連立方程式を解くという.

例題   次の連立方程式を解け.

$$\begin{cases} 7x - 6y = 9 & \cdots\cdots\cdots ① \\ 3x + 4y = 17 & \cdots\cdots\cdots ② \end{cases}$$

解答   ① $\times 2 +$ ② $\times 3$ 定理 5 (3)(5)   より

$2(7x - 6y) + 3(3x + 4y) = 18 + 51$ 即ち $23x = 69$

$\qquad\qquad\qquad\qquad$ 定理 5 (4)   より $x = 3$

$\qquad$ ① $\times (-3) +$ ② $\times 7$ 定理 5 (3)(5)   より

$(-3)(7x - 6y) + 7(3x + 4y) = -27 + 119$ 即ち $46y = 92$

$\qquad\qquad\qquad\qquad$ 定理 5 (4)   より $y = 2$

従って, $\begin{cases} x = 3 \\ y = 2 \end{cases}$ 逆に,   これは ①②を満たす.

よって, $\begin{cases} x = 3 \\ y = 2 \end{cases}$ $\Big(\, (x, y) = (3, 2)\ \text{とも書く}\, \Big)$ $\cdots\cdots$ (答)

㊟   (答) は ① かつ ② と同値である. 逆は 代入によって確かめられるが,
線形代数の行列表現によれば よりはっきりする.   変数は x, y 2つである.

(2)　2 つ以上の不等式を組み合わせたものを連立不等式という。

　　それらの不等式を同時に満たす変数の値をその連立不等式の解という。

　　連立不等式の解の全体を求めることをその連立不等式を解くという。

例題　　　次の連立不等式を解け。

$$\begin{cases} x \leqq 8 - x & \cdots\cdots\cdots ① \\ 5x - 4 < 2 + 7x & \cdots\cdots\cdots ② \end{cases}$$

解答　　1 次不等式 ① を解いて　$x \leqq 4$　　　$\cdots\cdots\cdots$ ③

　　　　　1 次不等式 ② を解いて　$-3 < x$　　　$\cdots\cdots\cdots$ ④

　　　③ かつ ④ より　　　　　　　　　　$-3 < x \leqq 4$　　　$\cdots\cdots\cdots$ (答)

注　(答) は ① かつ ② と同値である。　変数は x 1 つである。

　　連立方程式, 連立不等式においては 式の個数と変数の個数の組み合わせは
　　様々であるが, ここではこれだけにしておく。

$\boxed{5}$　絶対値を含む方程式・不等式

定理 27 (絶対値の大小関係)

　　(1)　　$|a| = b$　　$\Longleftrightarrow$　　$a = \pm b$,　$b \geqq 0$

　　(2)　　$|a| < b$　　$\Longleftrightarrow$　　$-b < a < b$

　　(2)$'$　$|a| \leqq b$　　$\Longleftrightarrow$　　$-b \leqq a \leqq b$

　　(3)　　$|a| > b$　　$\Longleftrightarrow$　　$a < -b$ $\vee$ $b < a$

　　(3)$'$　$|a| \geqq b$　　$\Longleftrightarrow$　　$a \leqq -b$ $\vee$ $b \leqq a$

< 注 >　これらの性質は絶対値記号をはずすのに 場合分けを必要としないので
　　　有用である。　絶対値が 複数個あるときは 場合分けするとよい。

(1) の証明

$$|a| = b \quad \Longleftrightarrow \quad \begin{cases} a = b & (a \geqq 0) \\ -a = b & (a \leqq 0) \end{cases} \qquad [\text{定義 10 より}]$$

　　$\Longleftrightarrow$　　$(a = b,\ a \geqq 0) \vee (-a = b,\ a \leqq 0)$

　　$\Longleftrightarrow$　　$(a = b,\ b \geqq 0) \vee (a = -b,\ b \geqq 0)$　$[13\text{p}\boxed{2}(2)', \text{定理 6 (9)(i)}]$

　　$\Longleftrightarrow$　　$(a = b \vee a = -b) \wedge b \geqq 0$　　　　　$[6\text{p}\boxed{4}⑧]$

　　$\Longleftrightarrow$　　$a = \pm b,\ b \geqq 0$　　　　　　　　　　　　　　■

(2) の証明

$$|a| < b \iff \begin{cases} a < b & (a \geqq 0) \\ -a < b & (a < 0) \end{cases} \qquad [\text{定義 10}]$$

$$\iff (a < b,\ a \geqq 0) \lor (-a < b,\ a < 0)$$

$$\iff 0 \leqq a < b \quad \lor \quad -b < a < 0 \qquad [\text{定理 7 (6)}]$$

$$\iff -b < a < b \qquad\qquad\qquad\qquad\qquad \blacksquare$$

㊟　b を任意に固定して考えるとよい。

$|a| < b$ でも，$-b < a < b$ でも，　$b > 0$ であり，$-b < 0$ である。

(2)′ の証明

$$|a| \leqq b \iff \begin{cases} a \leqq b & (a \geqq 0) \\ -a \leqq b & (a < 0) \end{cases} \qquad [\text{定義 10}]$$

$$\iff (a \leqq b,\ a \geqq 0) \lor (-a \leqq b,\ a < 0)$$

$$\iff 0 \leqq a \leqq b \quad \lor \quad -b \leqq a < 0 \qquad [\text{定理 7 (6)}]$$

$$\iff -b \leqq a \leqq b \qquad\qquad\qquad\qquad\qquad \blacksquare$$

㊟　b を任意に固定して考えるとよい。　上記 (2) と同様である。

$|a| \leqq b$ でも，$-b \leqq a \leqq b$ でも，　$b \geqq 0$ であり，$-b \leqq 0$ である。

(3) の証明

$$|a| > b \iff \overline{|a| \leqq b} \qquad\qquad\qquad [\text{公理 (10)}]$$

$$\iff \overline{-b \leqq a \leqq b} \qquad\qquad\qquad [\text{上記 (2)′}]$$

$$\iff \overline{-b \leqq a \quad \land \quad a \leqq b}$$

$$\iff \overline{-b \leqq a} \quad \lor \quad \overline{a \leqq b} \qquad\qquad [\text{6p } \boxed{4}\ \text{⑩}]$$

$$\iff a < -b \quad \lor \quad b < a \qquad\qquad [\text{公理 (10)}]\ \blacksquare$$

$$\iff a > b \quad \lor \quad -a > b \qquad (\text{この形が覚え易いかも.})$$

(3)′ の証明

$$|a| \geqq b \iff \overline{|a| < b} \qquad\qquad\qquad [\text{公理 (10)}]$$

$$\iff \overline{-b < a < b} \qquad\qquad\qquad [\text{上記 (2)}]$$

$$\iff \overline{-b < a \quad \land \quad a < b}$$

$$\iff \overline{-b < a} \quad \lor \quad \overline{a < b} \qquad\qquad [\text{6p } \boxed{4}\ \text{⑩}]$$

$$\iff a \leqq -b \quad \lor \quad b \leqq a \qquad\qquad [\text{公理 (10)}]\ \blacksquare$$

$$\iff a \geqq b \quad \lor \quad -a \geqq b \qquad (\text{この形が覚え易いかも.})$$

例題　　次の方程式, 不等式を解け。

(1) $|x-4| = 2x-5$　　　　(2) $|2x-1| < -x+5$　　　(3) $|2x+4| \geqq x+5$

解答

(1)　　　以下は 同値変形である。

$|x-4| = 2x-5$

$x-4 = \pm(2x-5),\ \ 2x-5 \geqq 0$ 　　　　　　　　　　　　　　[定理 27 (1)]

　　　　　$x-4 = 2x-5$ より $x=1$,　　$x-4 = -(2x-5)$ より $x=3$

$x=1,3$ 　$\wedge$ 　$2x-5 \geqq 0$ 　　　　　　　[2つの 1次方程式を解いて]

$x=3$ 　　　　　$\cdots\cdots\cdots$ (答) 　　　[$2x-5 \geqq 0$ を満たすもの]

(2)　　　以下は 同値変形である。

$|2x-1| < -x+5$

$-(-x+5) < 2x-1 < -x+5$ 　　　　　　　　　　　　　　　[定理 27 (2)]

$-(-x+5) < 2x-1$ 　$\wedge$ 　$2x-1 < -x+5$

$-4 < x$ 　$\wedge$ 　$x < 2$ 　　　　　　　[2つの 1次不等式を解いて]

$-4 < x < 2$ 　　　　　$\cdots\cdots\cdots$ (答)

(3)　　　以下は 同値変形である。

$|2x+4| \geqq x+5$

$2x+4 \leqq -(x+5)$ 　$\vee$ 　$x+5 \leqq 2x+4$ 　　　　　　　　[定理 27 (3)′]

$x \leqq -3$, 　$1 \leqq x$ 　　$\cdots\cdots\cdots$ (答) 　　　[2つの 1次不等式を解いて]

㊟　　数式の中で 　, (コンマ) は 　$\wedge$ (かつ) にも 　$\vee$ (または) にも 略記され
るので, 注意が必要である。

基礎演習 4 —— 解答は 219 p

4-1 次の 1 次方程式を解け。 (3), (4) は [ ] の中の文字について 解け。

(1) $3(2x-1)-4x=5x+6$

(2) $\dfrac{x+1}{25}=\dfrac{x-8}{2}-\dfrac{47}{10}$

(3) $\dfrac{2a-x}{3}+\dfrac{a-1}{6}=\dfrac{x-2}{2}$ [x]

(4) $x=ab+bc+ca$ ($b+c \neq 0$) [a]

4-2 次の連立方程式を解け。

(1) $\begin{cases} 3x+2y=-7 \\ 2x+y=3 \end{cases}$

(2) $\begin{cases} 2(2x+3y)=3(2x-3y)+10 \\ 4x-3y=4(6y-2x)+3 \end{cases}$

(3) $\dfrac{4x+y-2}{3}=\dfrac{x-3y}{5}=-x-y$

(4) $\begin{cases} \dfrac{4}{x}-\dfrac{3}{y}=1 \\ \dfrac{8}{x}+\dfrac{9}{y}=7 \end{cases}$

4-3 次の 1 次不等式を解け。 (3), (4) は [ ] の中の文字について 解け。

(1) $2x+6<16-3x$

(2) $2(3x-1)-4x \geqq 7x-5$

(3) $x+3a+2<-a^2x+5a-1$ [x]

(4) $2x-1>m(x-2)$ ($m \neq 2$) [x]

4-4 次の連立不等式を解け。

(1) $\begin{cases} 0.3x+1 \leqq 1.6 \\ x-2.4<1.2x+1 \end{cases}$

(2) $\begin{cases} \dfrac{x+1}{2}-\dfrac{3-2x}{3}+4 \geqq 0 \\ 1-2\{1-(2-3x)\}>0 \end{cases}$

(3) $x-4<-3x+2<x+6$

4-5 次の絶対値を含む方程式を解け。

(1) $|x-4|=3x$

(2) $x+1=|2x-1|$

(3) $|2x-1|=-2x+3$

(4) $|2x-1|=x-1$

(5) $|x+1|+|x-3|=4x$

(6) $|x|+2|x-2|=x+2$

(7) $2|x+1|-|x-3|=2x$

(8) $|2x-1|=\left|\dfrac{x}{2}\right|-\dfrac{1}{4}$

4-6 次の絶対値を含む不等式を解け。

(1) $|x-4|<3x$

(2) $3|x+1| \leqq x+5$

(3) $|x-4| \geqq 3x$

(4) $|3x-2|>-2x+3$

(5) $x+|x+2| \leqq 4$

(6) $1<|2-x| \leqq 3$

(7) $|x+1|+|x+3|<4$

(8) $|x-3|+3|x+1| \geqq 12$

(9) $|x-5|-\dfrac{2}{3}|x| \leqq 1$

(10) $3|x|-|x+2|>5$

§2　2次方程式・2次不等式

$\boxed{1}$　**2次式 $ax^2 + bx + c$ の因数分解**　　$(a \neq 0)$

$$ax^2 + bx + c = a\Big(x + \frac{b}{2a}\Big)^2 + \frac{4ac - b^2}{4a} \qquad (\,2次式の平方完成\,)$$

$$= a\Big\{\Big(x + \frac{b}{2a}\Big)^2 - \frac{b^2 - 4ac}{4a^2}\Big\}$$

$$= a\Big\{\Big(x + \frac{b}{2a}\Big)^2 - \Big(\frac{\sqrt{b^2 - 4ac}}{2a}\Big)^2\Big\} \qquad [\ b^2 - 4ac \geqq 0 \ とする.]$$

$$= a\Big(x + \frac{b}{2a} + \frac{\sqrt{b^2 - 4ac}}{2a}\Big)\Big(x + \frac{b}{2a} - \frac{\sqrt{b^2 - 4ac}}{2a}\Big)$$

$$= a\Big(x + \frac{b + \sqrt{b^2 - 4ac}}{2a}\Big)\Big(x + \frac{b - \sqrt{b^2 - 4ac}}{2a}\Big) \qquad (\,2次式の因数分解\,)$$

$$= a(x - \alpha)(x - \beta)$$

$$ただし,\quad \alpha = \frac{-b - \sqrt{b^2 - 4ac}}{2a}\ ,\quad \beta = \frac{-b + \sqrt{b^2 - 4ac}}{2a}$$

$\boxed{2}$　**2次方程式**

方程式の項をすべて 左辺に移項して整理したとき,

$$ax^2 + bx + c = 0 \qquad (\,a, b, c は定数,\ a \neq 0\,)$$

(即ち, 左辺が x の 2 次式) となる方程式を x の 2 次方程式 という。

$\boxed{3}$　**2次方程式の解**

x についての 2次方程式　$ax^2 + bx + c = 0\ (a \neq 0)$　において

- $b^2 - 4ac \geqq 0$ のとき。　以下は 同値変形である。

$$ax^2 + bx + c = 0$$

$$a(x - \alpha)(x - \beta) = 0 \qquad\qquad [\ 左辺の因数分解\ 上記\ \boxed{1}\ ]$$

$$(x - \alpha)(x - \beta) = 0 \qquad\qquad [\ 定理 5\,(4)\ ]$$

$$x - \alpha = 0 \quad \vee \quad x - \beta = 0 \qquad [\ 定理 6\,(2)(iv)\ ]$$

$$x = \alpha \quad \vee \quad x = \beta \qquad\qquad [\ 定理 5\,(1)\ ]$$

$$x = \alpha,\, \beta = \frac{-b \pm \sqrt{b^2 - 4ac}}{2a} = \frac{-b' \pm \sqrt{b'^2 - ac}}{a} \quad (\,2次方程式の解の公式\,)$$

$$x \in \{\alpha, \beta\} \qquad\qquad\qquad (\,ただし,\ b = 2b'\,)$$

- $b^2 - 4ac < 0$ のとき。　上記 $\boxed{1}$ より

$$ax^2 + bx + c = a\Big\{\Big(x + \frac{b}{2a}\Big)^2 - \frac{b^2 - 4ac}{4a^2}\Big\}$$

ここで,　　$a \neq 0$,　$\Big(x + \frac{b}{2a}\Big)^2 - \frac{b^2 - 4ac}{4a^2} > 0$ 従って $\neq 0$

定理 6 (2)(iv) より　この方程式は 実数の範囲内では 解をもたない。

例題　　次の2次方程式を解け。
$$2x^2 + 4x - 7 = 3x - 1$$

解答　　以下は 同値変形である。

与式より　　$2x^2 + x - 6 = 0$　　　　　　　　　　[左辺に移項する. 定理 5 (1)(2)]

$(x + 2)(2x - 3) = 0$　　　　　　[左辺の因数分解・たすき掛けの方法]

$x + 2 = 0 \quad \vee \quad 2x - 3 = 0$　　　　　　　[定理 6 (2)(iv)]

$x = -2 \quad \vee \quad x = \dfrac{3}{2}$　　　　[1次方程式を解く. 定理 5 (2)(1)(4)]

$x = -2, \ \dfrac{3}{2}$　　……… (答)

4　2次方程式の判別式

$b^2 - 4ac$ を 2次方程式 $ax^2 + bx + c = 0$ の判別式 といい, D で表す。

定理 28 (2次方程式の解と判別式)

$$\begin{cases} D > 0 & \Longleftrightarrow \quad 異なる2つの実数解をもつ \\ D = 0 & \Longleftrightarrow \quad 1つの実数解 (重解) をもつ \\ D < 0 & \Longleftrightarrow \quad 実数解をもたない (異なる2つの虚数解をもつ) \end{cases}$$

従って　　　　$D \geqq 0 \quad \Longleftrightarrow \quad$ 実数解をもつ

証明

上記 3 において

$D > 0$ 　のとき　　α, β は実数で,　$\alpha \neq \beta$

$D = 0$ 　のとき　　$\alpha = \beta \left(= -\dfrac{b}{2a} \right)$ 　で これは実数 である。

　　　　　2つの解が重なったものと考えて, この解を 重解 という。

$D < 0$ 　のとき　　方程式は 実数解をもたない。

従って

$$\begin{cases} D > 0 & \Longrightarrow \quad 異なる2つの実数解をもつ \\ D = 0 & \Longrightarrow \quad 1つの実数解 (重解) をもつ \\ D < 0 & \Longrightarrow \quad 実数解をもたない (異なる2つの虚数解をもつ) \end{cases}$$

ここで, 仮定がすべての場合を尽くしていて, 結論がどの2つも両立しないので, 転換法により　逆がすべて成り立つ。　　　　　　　　　　■

5　2 次方程式の解と係数の関係 ── 定理 29 ──

2 次方程式 $ax^2 + bx + c = 0$ の 2 つの解を α, β とすると

$$\alpha + \beta = -\frac{b}{a}, \qquad \alpha\beta = \frac{c}{a}$$

証明　　　2 次方程式の解の公式　より

$$\alpha + \beta = \frac{-b - \sqrt{D}}{2a} + \frac{-b + \sqrt{D}}{2a} = \frac{(-b - \sqrt{D}) + (-b + \sqrt{D})}{2a}$$

$$= \frac{2(-b)}{2a} = -\frac{b}{a} \qquad [\text{定理 6 (8)(i), (6)(v), (5)(iv)}]$$

$$\alpha\beta = \frac{-b - \sqrt{D}}{2a} \times \frac{-b + \sqrt{D}}{2a} = \frac{(-b)^2 - (\sqrt{D})^2}{(2a)^2} \qquad [\text{定理 25 (1)}]$$

$$= \frac{b^2 - (b^2 - 4ac)}{4a^2} = \frac{4ac}{4a^2} = \frac{c}{a} \qquad [\text{定理 22 (1), 定理 6 (6)(ii)}] \blacksquare$$

6　2 次不等式

不等式の項をすべて 左辺に移項して整理したとき,

$$ax^2 + bx + c < 0 \quad (a, b, c は定数, a \neq 0) \quad (< は >, \leq, \geq でもよい.)$$

(即ち, 左辺が x の 2 次式) となる不等式を x の 2 次不等式 という。

例題　　　次の 2 次不等式を解け。

$$2x^2 + 4x - 7 < 3x - 1$$

解答　　　以下は 同値変形である。

与式より　$2x^2 + x - 6 < 0$ 　　　　　　　[左辺に移項する. 定理 7 (1)(2)]

$\quad\quad\quad (x + 2)(2x - 3) < 0$ 　　　　　　[左辺の因数分解・たすき掛けの方法]

$\quad\quad\quad (x + 2)(x - \frac{3}{2}) < 0$ 　　　　　　[両辺を 2 で割る. 定理 7 (4)]

数直線に 不等式の左辺の零点を記し, その区間ごとに, 左辺の正負を
定理 7 (9)(ii) によって 調べる。 この場合は 負の区間を選ぶ。

$$-2 < x < \frac{3}{2} \quad \cdots\cdots\cdots (答)$$

<注>　　2 次方程式を解くことも, 2 次不等式を解くことも　左辺に移項して
2 次式を因数分解することに帰着する。上記 1 のように 2 次式は常に因数
分解できる。 2 次方程式の解の公式は, (本書では) 解の公式である前に 2 次
式の因数分解の公式である。 ただし, 2 次不等式では, $D < 0$ のとき 変形は
2 次式の平方完成で止める。不等式では, 普通, 式は 実数の範囲で書く。

基礎演習 5　　　　　　　　　　　　　—— 解答は 226 p

5–1　次の2次方程式を解け。　　　ただし, p, a は定数である。

(1)　$x^2 - 4x + 4 = -5x + 16$　　　　(2)　$6x^2 + 7x + 1 = -4x - 3$

(3)　$12x - 4 = 4x^2 + 5$　　　　　　(4)　$x^2 - 5 = 0$

(5)　$2x^2 + 9x + 1 = 0$　　　　　　(6)　$3x^2 - 4x - 1 = 0$

(7)　$\dfrac{3}{2}x^2 + 3x - \dfrac{1}{3} = 0$　　　　(8)　$x^2 - 3\sqrt{3}\,x + 6 = 0$

(9)　$x^2 - (p+1)x + p = 0$　　　　(10)　$x^2 - 2ax + a^2 - 4 = 0$

5–2　次の問いに答えよ。

(1)　2次方程式 $x^2 - 2(a-2)x + a = 0$ が重解をもつような定数 a の値を求めよ。 また, そのときの重解を求めよ。

(2)　2次方程式 $x^2 + (a-1)x - a = 0$ の1つの解が 他の解の3倍となるような定数 a の値を求めよ。 また, そのときの2つの解を求めよ。

5–3　次の2次不等式を解け。

(1)　$x^2 - x - 6 < 0$　　　　　　(2)　$-x^2 - 3x + 4 \leqq 0$

(3)　$2x^2 + 9x + 9 \leqq 0$　　　　(4)　$3x^2 - 10x + 8 > 0$

(5)　$2x^2 - x - 4 < 0$　　　　　(6)　$\sqrt{2}x^2 - 4x + \sqrt{2} \geqq 0$

(7)　$x^2 - 6x + 11 \geqq 0$　　　　(8)　$-3x^2 + 8x - 6 > 0$

(9)　$x - 4 < x^2 + 5x$　　　　　(10)　$4x \geqq 4x^2 + 1$

5–4　次の連立不等式を解け。

(1)　$\begin{cases} x^2 - x - 6 < 0 \\ x^2 - x \geqq 0 \end{cases}$　　　　(2)　$\begin{cases} x^2 - 3x + 2 \leqq 0 \\ x^2 - x - 12 < 0 \end{cases}$

(3)　$\begin{cases} 2x^2 + 5x < 3 \\ 3x^2 + 11x < 4 \end{cases}$　　　　(4)　$x^2 + 6x < 7x + 1 \leqq 10x^2 - 11$

5–5　次の絶対値を含む方程式, 不等式を解け。

(1)　$|x^2 - 8x - 3| = 2x + 8$　　　(2)　$|x^2 - 5| = 1 - x$

(3)　$|2x - 3| = -x^2 + 4x + 5$　　(4)　$2x^2 - 5|x| - 3 = 0$

(5)　$|2x^2 - 3x - 5| \leqq x + 1$　　(6)　$|x^2 - 4x + 3| > x - 1$

(7)　$|x^2 - 4| \geqq 2x + 3$　　　　(8)　$|2x - 3| \leqq |3x + 2|$

§3　整式の除法

[1]　**除法定理** —— 定理 30 ——

　1 元整式 $A(x), B(x)$（$B(x) \neq 0$）に対して，
- ・　$A(x) = B(x)Q(x) + R(x)$
- ・　$R(x) = 0$　∨　$\deg R(x) < \deg B(x)$

を満たす 1 元整式 $Q(x), R(x)$ が 唯 1 組だけ 存在する。

証明　　　　　　$A(x) = A,\ B(x) = B,\ Q(x) = Q,\ R(x) = R$　と 略記する。
（まず, 存在の証明）

・ $A = 0$　の場合。　　$Q = 0,\ R = 0$　として，成立する。　　　…… ①

・ $\deg B = 0$　の場合。　$B = b\ (\neq 0)$　とすると，
　　$A = B \cdot \dfrac{1}{b}A + 0$　だから　$Q = \dfrac{1}{b}A,\ R = 0$　として，成立する。

・ $A \neq 0$, $\deg B \geqq 1$　の場合。
　　　　$A = a_m x^m + \cdots\cdots + a_0$　（$a_m \neq 0$）　　$\deg A = m$　$(0, 1, 2, \cdots)$
　　　　$B = b_n x^n + \cdots\cdots + b_0$　（$b_n \neq 0$）　　$\deg B = n$　$(1, 2, 3, \cdots)$

として，　$\deg A$ に関する累積帰納法によって証明する。

[i]　$\deg A = 0$　のとき，
　　　　　$Q = 0,\ R = A$　として，成立する。

[ii]　$0 \leqq \deg A \leqq m - 1$（$m \geqq 1$）のとき，　定理の存在が成立する と仮定
　　すると，　$\deg A = m$　のとき，　　　　　　　　　[文字 m の使い方に注意]

$m < n$　なら。　　$Q = 0,\ R = A$　として，成立する。

$m \geqq n$　なら。　　$B \cdot \dfrac{a_m}{b_n} x^{m-n} = a_m x^m + \cdots\cdots$　　　だから，

　　　　$A - B \cdot \dfrac{a_m}{b_n} x^{m-n} = A'$　　…… ②　　とおけば

　　　　$A' = 0$　∨　$\deg A' < m$　　[定理 9 (7) より, $\deg A' \leqq m - 1$]

　従って，　① または 帰納法の仮定により，

　　　　$A' = BQ' + R'$　　　　…… ③

　　　　$R' = 0$　∨　$\deg R' < \deg B$　　となる整式 Q', R' が存在する。

　② ③ より　$A = B \cdot \dfrac{a_m}{b_n} x^{m-n} + (BQ' + R')$

　　　　　　　　$= B\left(\dfrac{a_m}{b_n} x^{m-n} + Q' \right) + R'$　　　だから

　　$Q = \dfrac{a_m}{b_n} x^{m-n} + Q',\quad R = R'$　　とおくと，

　　$A = BQ + R$　　　　であって

　　$R = 0$　∨　$\deg R < \deg B$

[i][ii] より，0 以上のすべての整数 $\deg A$ に対して 定理の Q, R が存在する。

(次に, 一意性の証明)

2 組の $(Q_1, R_1), (Q_2, R_2)$ が題意の条件を満たすとする。 即ち,

$$A = BQ_1 + R_1 \qquad\qquad A = BQ_2 + R_2 \qquad\qquad \cdots\cdots ④$$

$$R_1 = 0 \ \lor \ \deg R_1 < \deg B \qquad R_2 = 0 \ \lor \ \deg R_2 < \deg B \qquad \cdots\cdots ⑤$$

とすると, ④ より $BQ_1 + R_1 = BQ_2 + R_2$ $B(Q_1 - Q_2) = R_2 - R_1 \cdots ⑥$

ここで, $Q_1 \neq Q_2$ と仮定すると, $Q_1 - Q_2 \neq 0$ で,

$$\deg B(Q_1 - Q_2) = \deg B + \deg(Q_1 - Q_2) \geqq \deg B \qquad [\text{定理 } 26\,(2)]$$

一方, $R_2 - R_1 = 0 \ \lor \ \deg(R_2 - R_1) \leqq \max(\deg R_2, \deg R_1) [\text{定理 } 26\,(1)]$

$$< \deg B \qquad\qquad [\ ⑤\ ]$$

だから, ⑥ に矛盾する。 よって $Q_1 = Q_2$ 従って ⑥ より $R_1 = R_2$

以上より, Q, R の存在は一意的である。 ∎

< 注 > (定義 12)

$Q(x)$ を $A(x)$ を $B(x)$ で割った商, $R(x)$ を $A(x)$ を $B(x)$ で割った余り (剰余) という。 特に, $R(x) = 0$ のとき, $A(x)$ は $B(x)$ で割り切れる, $B(x)$ は $A(x)$ の因数 (約数) である, $A(x)$ は $B(x)$ の倍数である という。

2 整式の割り算 —— 商と余りを具体的に求める手順 ——

(1) $A = 0$ または $\deg A < \deg B$ のとき, $Q = 0, R = A$

(2) $\deg A \geqq \deg B$ のとき, Q, R は次の例のように求められる。

例 $A = 2x^3 - 9x^2 + 7x - 8$, $B = x^2 - 2x + 3$ のとき,

$$
\begin{array}{r}
① \quad ④ \\
2x - 5 \qquad \cdots\cdots\cdots\cdots\ Q \\
x^2 - 2x + 3 \overline{)\ 2x^3 - 9x^2 + 7x - 8} \qquad \cdots\cdots\cdots\ A \\
2x^3 - 4x^2 + 6x \qquad \cdots\cdots ② \\
\hline
-5x^2 + x - 8 \qquad \cdots\cdots ③ \\
-5x^2 + 10x - 15 \qquad \cdots\cdots ⑤ \\
\hline
-9x + 7 \qquad \cdots\cdots\cdots ⑥ \ R
\end{array}
$$

$B \cdots\cdots$

計算の手順

A, B を降べきの順に整理する。 無い次数の項は空けておく。

① A の最高次の項 $2x^3$ を B の最高次の項 x^2 で割って $2x$

② $B \times 2x = 2x^3 - 4x^2 + 6x$ を書く。

③ $A - ② = -5x^2 + x - 8$ を書く。

④ ③の最高次の項 $-5x^2$ を B の最高次の項 x^2 で割って -5

⑤ $B \times (-5) = -5x^2 + 10x - 15$ を書く。

⑥ ③ $-$ ⑤ $= -9x + 7$ を書く。 B より次数が低いから, ここで終わる。

以上より、　　$A - B \times 2x - B \times (-5) = -9x + 7$

　　即ち　　　$A = B \times 2x + B \times (-5) + (-9x + 7)$

　　　　　　　　$= B(2x - 5) + (-9x + 7)$

　　よって、　　　　　　$Q = 2x - 5$,　　$R = -9x + 7$

この計算は 定理 30 (除法定理) の (存在の証明) における ② の引き算を 次数が B より低くなるまで繰り返したものである。定理の証明との関連を理解したい。

整式の除法も 右のように 係数のみで
できる。
符号は $+$ も書くほうが 区切りと
なってよいだろう。
無い次数の項は $+0$ とする。

係数のみで

$$
\begin{array}{r}
2 - 5 \\
1 - 2 + 3 \ ) \ \overline{2 - 9 + 7 - 8} \\
2 - 4 + 6 \\
\hline
-5 + 1 - 8 \\
-5 + 10 - 15 \\
\hline
-9 + 7
\end{array}
$$

③　組立除法 —— 1次式 $x - \alpha$ での割り算 ——

例　　$A = ax^3 + bx^2 + cx + d$,　　$B = x - \alpha$　　　のとき、

　　　　　　　$Q = lx^2 + mx + n$,　　$R = r$　　とする。

$$
\begin{array}{c}
\quad\quad l \quad\quad\quad m \quad\quad\quad n \\
\quad\quad \| \quad\quad\quad \| \quad\quad\quad \| \\
\quad\quad a + (b + \alpha l) + (c + \alpha m) \\
1 - \alpha \ ) \ \overline{a \ + \ b \ + \ c \ + \ d} \\
\quad\quad l \ - \ \alpha l \\
\hline
\quad\quad (b + \alpha l) + c \\
\quad\quad m \ - \ \alpha m \\
\hline
\quad\quad (c + \alpha m) + d \\
\quad\quad n \ - \ \alpha n \\
\hline
\quad\quad d + \alpha n
\end{array}
$$

$$
\begin{array}{c|cccc}
& a & b & c & d \\
\alpha & & \alpha l & \alpha m & \alpha n \\
\hline
& l & m & n & \ \underline{\ r\ } \\
& \| & \| & \| & \| \\
& a & b + \alpha l & c + \alpha m & d + \alpha n
\end{array}
$$

　　係数のみで　　　　　　　　　　　　$\|$　　　　　　　組立除法
　　　　　　　　　　　　　　　　　　　r

(右の方法)　第1行の a, b, c, d と第2行の先頭の α とをまず記入し、第3行に $l (= a)$ を記入する。積 αl を b の真下の第2行に記し、b との和を作って 第3行 の m が得られる。積 αm を c の真下の第2行に記し、$\cdots$　以下、同様に続ける。

　　上記の左右は同じ計算である。　　左は引き算で、右は足し算で行う。

右の方法を 組立除法 という。　　組立除法 は常に 3行で書けるから、

1次式での割り算は 組立除法 が簡便である。

例題　$2x^3 - 13x + 7$ を $x + 3$ で割った 商と余り を求めよ。

　　また, その結果を $A = BQ + R$ の形に書け。

解答

$$
\begin{array}{r|rrrr}
 & 2 & 0 & -13 & 7 \\
-3 & & -6 & 18 & -15 \\
\hline
 & 2 & -6 & 5 & -8
\end{array}
$$

　よって,　　　商は $2x^2 - 6x + 5$　　　余りは -8

　従って,　$2x^3 - 13x + 7 = (x+3)(2x^2 - 6x + 5) + (-8)$　　と書ける。

㊟　組立除法も 降べきの順に書いて 係数のみで行う。　無い次数の項は 0 とする。　常に 3 行でできるので, 符号 + は書かなくてよい。

$\boxed{4}$　**剰余定理 と 因数定理**　—— 1 次式 $x - \alpha$ での割り算 ——

定理 31 (剰余定理)

　　　　整式 $A(x)$ を $x - \alpha$ で割った余り は $A(\alpha)$ である。

証明

　除法定理で,　　$R = 0$ ∨ $\deg R = 0$　　[∵ $\deg R < \deg(x - \alpha) = 1$]

　従って,　R は定数である。　　$R = r$ とすると,

　　　$A(x) = (x - \alpha)Q(x) + r$　（r は定数）　　と書ける。

　両辺で $x = \alpha$ とすると,　　　$A(\alpha) = r$　　　　　■

㊟　$A(\alpha)$ の値を計算するのに 組立除法を利用することができる。

系　　　整式 $A(x)$ を $ax + b$ $(a \neq 0)$ で割った余りは $A\left(-\dfrac{b}{a}\right)$ である。

証明

　除法定理より　$A(x) = (ax + b)Q(x) + r$　（r は定数）　　と書ける。

　両辺で $x = -\dfrac{b}{a}$ とすると,　　　$A\left(-\dfrac{b}{a}\right) = r$　　　　■

定理 32 (因数定理)

　　　　整式 $A(x)$ が $x - \alpha$ で割り切れる　　⟺　　$A(\alpha) = 0$

　　　　(整式 $A(x)$ が $x - \alpha$ を因数にもつ)

証明

　整式 $A(x)$ が $x - \alpha$ で割り切れる

　　　⟺　($A(x)$ を $x - \alpha$ で割った余り) $= 0$　　　[定義 12]

　　　⟺　$A(\alpha) = 0$　　　　　　　　　[上記の剰余定理]　■

系　　　整式 $A(x)$ が $ax + b$ $(a \neq 0)$ で割り切れる　⟺　$A\left(-\dfrac{b}{a}\right) = 0$

定理 33 (因数定理の拡張)

(1)　　$\alpha_1, \alpha_2, \cdots, \alpha_m$ $(m \geqq 2)$ が 互いに異なる とき

整式 $A(x)$ が $(x - \alpha_1)(x - \alpha_2) \cdots (x - \alpha_m)$ で割り切れる

$$\Longleftrightarrow \quad A(\alpha_1) = A(\alpha_2) = \cdots = A(\alpha_m) = 0$$

(2)　　$\alpha_1 = \alpha_2 = \cdots = \alpha_m = \alpha$ $(m \geqq 2)$ のとき　　　　(微分積分学の範囲)

整式 $A(x)$ が $(x - \alpha)^m$ で割り切れる

$$\Longleftrightarrow \quad A(\alpha) = A'(\alpha) = \cdots = A^{(m-1)}(\alpha) = 0$$

(1) の証明　　　・まず $\Longrightarrow$ について。　　　　$Q(x)$ を整式として,

$A(x) = (x - \alpha_1)(x - \alpha_2) \cdots (x - \alpha_m)Q(x)$ と書けるから, 明らかに 成立。

・次に $\Longleftarrow$ について。　　以下, $Q_1(x), Q_2(x), \cdots, Q_m(x)$ を整式とする。

$A(\alpha_1) = 0$ から　因数定理 により　$A(x) = (x - \alpha_1)Q_1(x)$ と書ける。

ここで　$x = \alpha_2$ とすると,　$A(\alpha_2) = (\alpha_2 - \alpha_1)Q_1(\alpha_2)$

$A(\alpha_2) = 0$,　$\alpha_2 - \alpha_1 \neq 0$　だから　定理 6 (2)(iv) より　　$Q_1(\alpha_2) = 0$

従って,　　因数定理 により　$Q_1(x) = (x - \alpha_2)Q_2(x)$ と書けるので,

$A(x) = (x - \alpha_1)(x - \alpha_2)Q_2(x)$ と書ける。　　これを繰り返して,

$A(x) = (x - \alpha_1)(x - \alpha_2) \cdots (x - \alpha_m)Q_m(x)$ と書ける。 よって 成立。∎

(2) の証明　　略　(微分積分学で学べばよい.)

< 注 >　　2 文字以上の整式の除法 については, 1 文字に着目してのみ 考える
ことができる。割り切れるときは 同じことになるが, 割り切れないときは
一般に, 着目する文字によって 商も余りも 異なる。

5　n 次方程式

方程式の項をすべて 左辺に移項して整理したとき,

$$(x の n 次式) = 0 \qquad (n は自然数)$$

となる方程式を x の n 次方程式 (一般に, 整方程式 or 代数方程式) という。

定理 34　　(実数の範囲で) n 次方程式の解は 高々 n 個である。

証明　　　　　　n 次方程式を $A(x) = 0$ （ $A(x)$ は n 次式 ）　とする。

解がないときは　0 個と考えて　成立する。

解があるときは　　$\alpha_1, \alpha_2, \cdots, \alpha_m$ を相異なる解のすべて (m 個) とすると,
上記の 因数定理の拡張 (1)　より

$$A(x) = (x - \alpha_1)(x - \alpha_2) \cdots (x - \alpha_m)Q(x) \qquad (Q(x) は整式) \quad と書ける。$$

$Q(x) \neq 0$　より　　　　　　　$\deg Q(x) \geqq 0$　で,

$$\deg A(x) = \deg(x - \alpha_1)(x - \alpha_2) \cdots (x - \alpha_m) + \deg Q(x) \quad [定理 26 (2)]$$

即ち　　　　$n = m + \deg Q(x) \geqq m$　　　　　$\therefore$　$m \leqq n$　　　　　　∎

基礎演習 6 —— 解答は 232 p

6-1 次の整式 A を整式 B で割り，商と余りを求めよ。 ただし，(7), (8) は
組立除法によって求めよ。 また，その結果を $A = BQ + R$ の形に書け。

(1) $A = 2x^3 + 9x^2 + 13x + 10$, $B = 2x + 3$

(2) $A = 2x^3 - 7x^2 + 3x + 8$, $B = x^2 - x - 3$

(3) $A = 1 + 2x^3 - x$, $B = 2x + x^2 - 1$

(4) $A = 2x^3 + 4x^2 + 7$, $B = 2x^2 - 3$

(5) $A = x^4 + x^2 + 3$, $B = x^2 - x - 2$

(6) $A = 3x^4 - 2x^3 + 1$, $B = 2 - x - x^2$

(7) $A = 3x^3 - 2x^2 - 6x - 9$, $B = x - 2$

(8) $A = 2x^4 + 8 - 7x^2$, $B = x + 2$

6-2 次の問いに答えよ。

(1) 整式 A を $3x^2 - x + 2$ で割ると，商が $2x - 1$，余りが $3x + 4$ である。
整式 A を求めよ。

(2) $6x^3 - x^2 + 3x + 5$ を整式 B で割ると，商が $3x + 1$，余りが $-2x + 3$
である。 整式 B を求めよ。

(3) $x^3 + x^2 - 2x - 1$ を $x + 3$ で割ったときの余りを求めよ。(商は不要)

(4) $2x^3 - 3x^2 - 2x + 5$ を $2x - 1$ で割ったときの余りを求めよ。(〃)

(5) $2x^{100} + x^3 + 4$ を $x^2 - 1$ で割ったときの余りを求めよ。 (〃)

6-3 次の整式を，因数定理を用いて，因数分解せよ。

(1) $x^3 - 6x^2 + 11x - 6$ (2) $x^3 - x^2 - 8x + 12$

6-4 次の方程式，不等式を解け。

(1) $x^3 - 7x + 6 = 0$ (2) $x^3 + 4x^2 + 3x - 2 = 0$

(3) $x^4 + 3x^3 - 5x^2 - 3x + 4 = 0$ (4) $x^3 - 4x^2 + x + 6 > 0$

(5) $2x^3 - 7x^2 + 2x + 3 \leqq 0$ (6) $x^4 - 2x^3 - 5x^2 + 4x + 6 > 0$

6-5 次の問いに答えよ。

(1) 整式 $P(x)$ を $x^2 + 3x - 10$ で割った余りが $3x + 4$ であるとき，
$P(x)$ を $x - 2$ で割った余りを求めよ。

(2) 整式 $P(x)$ を $x - 2$ で割ると -2 余り，$x + 3$ で割ると 8 余る。
$P(x)$ を $x^2 + x - 6$ で割ったときの余りを求めよ。

§4　分数式の四則演算 と 恒等式

1　分数式

A を 0 でない整式, B を 1 次以上の整式 として, $\dfrac{A}{B}$ の形で表される式を (有理) 分数式 という。 A をその分子, B をその分母 という。

2　分数式の加減乗除

(1) 分数式の計算は, 分母, 分子を数とみて, 実数の性質に基づいて 行えばよい。

(2) 分数式の基本性質 (約分・通分)

$$\frac{AC}{BC} = \frac{A}{B} \quad (\, C \neq 0 \,) \qquad (\text{定理 6 (6)(v) と同じ.})$$

左辺から右辺への変形が約分 である。 また, 通分では 右辺から左辺への変形が使われる。

(3) 分数式の加法・減法

・ 分母が同じ場合

$$\frac{A}{C} + \frac{B}{C} = \frac{A+B}{C}, \quad \frac{A}{C} - \frac{B}{C} = \frac{A-B}{C} \qquad (\text{定理 6 (8)(i)(ii) と同じ.})$$

・ 分母が異なる場合は, 上記 (2) で 通分して, 分母が同じ場合 に帰着する。

(4) 分数式の乗法・除法

$$\frac{A}{B} \times \frac{C}{D} = \frac{AC}{BD}, \quad \frac{A}{B} \div \frac{C}{D} = \frac{AD}{BC} \qquad (\text{定理 6 (8)(iii)(iv) と同じ.})$$

3　繁分数式

分母や分子に分数式を含む分数の形の式を 繁分数式 という。

4　有理式

整式と分数式を合わせて 有理式 という。 整式 A は $\dfrac{A}{1}$ と書けるから, 有理式 とは $\dfrac{A}{B}$ (A, B は整式, $B \neq 0$) の形で表される式である。

一般に, 有理式の和, 差, 積, 商 は, また, 有理式である。 結果は 上記 (2) でこれ以上約分できない (既約な) 分数式 (or 整式) に直しておく。

5 **恒等式の定義** (定義 13)

文字にどんな値を代入しても (両辺の式の値が存在する限り) 常に成り立つ等式を その (それらの) 文字についての 恒等式 という。

$$f(x) = g(x) \text{ が恒等式である} \iff \forall x \ f(x) = g(x) \qquad 1 \text{変数 (文字) の場合}$$

例　一般に，式の変形によって導かれる等式は恒等式である。　例えば，展開, 因数分解, 整式の除法 などの等式は 恒等式 である。

6 **整式の恒等式の性質** (定理 35)　　── 両辺が 1 元整式の場合 ──

次の 3 つは同値である。　　　$A(x), B(x)$ を n 次以下の整式 とする。

(1) $A(x) = B(x)$ が (x についての) 恒等式である.

(2) $A(x)$ と $B(x)$ の次数が等しく, 同じ次数の項の係数 がすべて等しい.

（ 係数比較法 ）

(3) $A(x) = B(x)$ が 異なる $n+1$ 個の x の値 に対して 成り立つ.

（ 数値代入法 ）

注 'n 次以下の (高々 n 次の, 見かけ n 次の) 整式' には 0 を含める。

証明

(2) $\implies$ (1) $\implies$ (3)　は明らか。

(3) $\implies$ (2)　の証明

$A(x), B(x)$ は n 次以下の整式 であるから,

$A(x) = a_n x^n + \cdots\cdots + a_0$, $B(x) = b_n x^n + \cdots\cdots + b_0$　と書ける。

(3) が成り立つとき。異なる $n+1$ 個の x の値を $\alpha_1, \alpha_2, \cdots, \alpha_{n+1}$ とすると,

　　定理 33 (因数定理の拡張) (1)　より

$A(x) - B(x) = (x-\alpha_1)(x-\alpha_2)\cdots(x-\alpha_{n+1})Q$　(Q は整式)　と書ける。

即ち　$(a_n - b_n)x^n + \cdots\cdots + (a_0 - b_0) = (x-\alpha_1)(x-\alpha_2)\cdots(x-\alpha_{n+1})Q$

ここで,　　$a_n - b_n \neq 0$　と仮定すると,

左辺は n 次,　右辺は　$Q \neq 0$ なら　$n+1$ 次以上,　　　[定理 26 (2)]

　　　　　　　　　　$Q = 0$ なら　0　　　　　であり,

いずれにしても　矛盾。　　　よって,　$a_n - b_n = 0$　　　∴　$a_n = b_n$

$(a_{n-1} - b_{n-1})x^{n-1} + \cdots\cdots + (a_0 - b_0) = (x-\alpha_1)(x-\alpha_2)\cdots(x-\alpha_{n+1})Q$

同様にして,　　　　$a_{n-1} = b_{n-1}, a_{n-2} = b_{n-2}, \cdots\cdots, a_0 = b_0$

よって,　(2) が成り立つ。

以上より,　(1)(2)(3) は同値である。　　　　　　　　　■

＜注＞　大学の数学としては, 整式の相等, 加法, 乗法を定義して 始めるべき
だったかもしれないが, 他書に譲る. 本書では, 整式が等しいことを 変数の
恒等式とみなしてきたのだが, 　定理 35 によって, 　それは 係数が すべて
等しいことと同値なのである.

系　　　　特に, 　$n = 2$ のときの　(1) と (2) では,

$ax^2 + bx + c = 0$ が恒等式である　　$\iff$　　$a = 0,\ b = 0,\ c = 0$

$ax^2 + bx + c = a'x^2 + b'x + c'$ が恒等式である $\iff$ $a = a',\ b = b',\ c = c'$

$\boxed{7}$　2つ以上の文字についての恒等式

定理 36 (2 文字の整式の恒等式)

　　$ax^2 + bxy + cy^2 + dx + ey + f = 0$ が x, y についての恒等式 である

$$\iff\qquad a = b = c = d = e = f = 0$$

証明

　左辺を x について整理すると

$$ax^2 + (by + d)x + (cy^2 + ey + f) = 0$$

これが x についての恒等式であるから, 　定理 35 の系 により

$$a = 0,\quad by + d = 0,\quad cy^2 + ey + f = 0$$

これらが また, y についての恒等式であるから, 　定理 35 の系 により

$$b = 0,\quad d = 0,\quad c = 0,\quad e = 0,\quad f = 0$$

よって, 　　　　　$a = b = c = d = e = f = 0$　　　　　　　　　■

$\boxed{8}$　絶対不等式

　文字にどんな実数値を代入しても (正の値に限られることなどもある.)
常に成り立つ不等式を その (それらの) 文字についての 絶対不等式 という.
以下に 例を挙げるが, 詳細は他書に譲る.

(1)　25p 定理 6 (12) (ii) (iii) (iv)

　　　$a^2 + b^2 \geqq 2ab$　　　　　　　　　　　　　[80p $\boxed{6}$ (3)]

　　　$a^2 + b^2 + c^2 \geqq ab + bc + ca$　　　　　[81p $\boxed{8}$ (2)]

(2)　中間分数の不等式

(3)　三角不等式　　　　　　　　　　　　　　(183p ＜注＞)

(4)　相加平均・相乗平均 の不等式

(5)　コーシー・シュワルツ の不等式　　　　[81p $\boxed{8}$ (3)]

(6)　チェビシェフ の不等式

基礎演習 7 —— 解答は 238 p

7-1 次の分数式を約分せよ。

(1) $\dfrac{15a^2b^4c^2}{20a^3bc^4}$
(2) $\dfrac{2x^2-5x+2}{x^2-x-2}$
(3) $\dfrac{a^3+3a^2b-4ab^2}{2a^2-4ab+2b^2}$

7-2 次の式を計算をせよ。

(1) $\dfrac{27x^3z}{4bc^3} \times \dfrac{8abc}{9xyz^2}$
(2) $\dfrac{3axy^3}{5b^2} \div \dfrac{6ay^3}{10b^2x}$

(3) $\dfrac{x^2-2x-3}{x^2-3x+2} \times \dfrac{x^2-x}{x^2-x-6}$
(4) $\dfrac{a^2-11a+24}{a^2-6a-16} \times \dfrac{a^2+2a}{a^2-6a+9}$

(5) $\dfrac{x^2-9}{x^2-6x+9} \div \dfrac{x^2+3x}{x-3}$
(6) $\dfrac{x^2-9}{x+2} \div (x^2-x-6)$

(7) $\dfrac{x^2+2x}{x^2+4x+3} \times \dfrac{x+3}{x^2+x-2} \div \dfrac{x+1}{x-1}$

7-3 次の式を計算をせよ。

(1) $\dfrac{x^2+4}{x-2} - \dfrac{4x}{x-2}$
(2) $\dfrac{x}{x+1} + \dfrac{1}{x+2}$

(3) $\dfrac{5x+1}{x^2-4x+3} + \dfrac{x+2}{x^2-x}$
(4) $x+2 - \dfrac{x^2}{x-2}$

(5) $\dfrac{x+2}{x^2+7x-8} - \dfrac{x}{2x^2-x-1}$
(6) $\dfrac{2x}{x+y} + \dfrac{2y}{x-y} - \dfrac{4y^2}{x^2-y^2}$

(7) $\dfrac{1}{(x-1)x} + \dfrac{1}{x(x+1)} + \dfrac{1}{(x+1)(x+2)}$

(8) $\dfrac{x+2}{x} - \dfrac{x+3}{x+1} - \dfrac{x-5}{x-3} + \dfrac{x-6}{x-4}$

(9) $\dfrac{x+\dfrac{6}{x}-5}{1-\dfrac{2}{x}}$
(10) $\dfrac{x-1+\dfrac{2}{x+2}}{x+1-\dfrac{2}{x+2}}$
(11) $1-\dfrac{1}{1-\dfrac{1}{1-x}}$

7-4 次の等式が x についての恒等式となるように, 定数 a, b, c, d の値を定めよ。

(1) $a(x+2)+b(x-1)=2x+7$
(2) $ax^2+b(x-3)=c(x-2)^2+16$

(3) $x^2+1=a(x-1)(x-3)+bx(x-1)+cx(x-3)$

(4) $a(x-1)^3+b(x-1)^2+c(x-1)+d=x^3+x^2+x+1$

(5) $\dfrac{3x-8}{2x^2+x-6} = \dfrac{a}{2x-3} + \dfrac{b}{x+2}$

第3章　　関 数 と グ ラ フ

§1　関　数

1 **関数の定義** ── 8pの 6 を再掲 ──

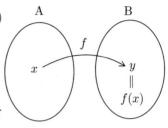

　A, B を2つの集合とする。$(A \neq \phi, B \neq \phi)$
A の各要素 x に対して，それぞれ1つずつ
B の要素 y が 定められているとき，
この対応 f を A から B への関数（or 写像）
といい，　$f : A \to B$　で表す。
A を f の始集合（or 定義域），B を f の終集合
という。

　A の要素 x に対応する B の要素 y を $f(x)$ と書き，f による x の像，x における f の値 などという。　$y = f(x)$，　$f : x \mapsto y$，　f は x を y に移す（写す）

　x が定義域全体を動くとき，f の値 $f(x)$ の全体の集合を f の値域 という。定義域が示されていないときは，$f(x)$ が意味をもつ x の値の全体を 定義域 とする。

2 **関数のグラフ** ── 10pの 7 を参照 ──

　A から B への関数 f に対して，
等式 $y = f(x)$ を満たす $(x,y) \in A \times B$ 全体の集合を 関数 f のグラフ という。

　以後，定義域は R（or R の部分集合），終集合も R　とする。　この場合，実数の集合 R は数直線で表されるから，上記の図は下記の左図のように描ける。

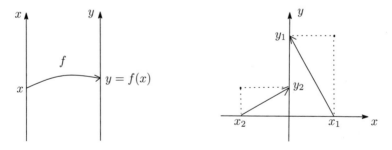

　次に，x 軸を $-90°$ 回転して，両軸の原点を重ねると，対応は上記の右図のようになる。従って，グラフの1つの点は1つの対応を表している。この図では2点で2つの対応が表されている。対応の矢印をたくさん描けば煩雑で解らないことになるが，点の方は全部書けば，その関数のグラフとなる。即ち，関数のグラフは対応のすべてを表現したものである。素晴らしい表現である。

3 **方程式のグラフ** —— 解析幾何学 (図形と方程式) の範囲 ——

$F(x, y) = 0$ を満たす (x, y) 全体の集合を **方程式 $F(x, y) = 0$ のグラフ** or
方程式 $F(x, y) = 0$ の表す図形 or **曲線 $F(x, y) = 0$** という。
また，$F(x, y) = 0$ を その図形の **方程式** という。
関数のグラフとは，即ち，方程式のグラフ (関係のグラフ) のことなのである。

用語 座標軸 x 軸 y 軸 原点 座標 x 座標 y 座標 座標 (a, b) —— 点 A

定義 14 方程式 $F(x, y) = 0$ のグラフ を C とすると，

点 (a, b) が曲線 C 上にある (曲線 C が点 (a, b) を通る) $\iff$ $F(a, b) = 0$

定理 37 (2 点間の距離)

$A(x_1, y_1)$, $B(x_2, y_2)$ に対して， $AB = \sqrt{(x_2 - x_1)^2 + (y_2 - y_1)^2}$

証明

点 A を通り x 軸に平行な直線と，点 B を通り y 軸に平行な直線の交点を C と
すると， $C(x_2, y_1)$ だから $AC = |x_2 - x_1|$, $CB = |y_2 - y_1|$ [66p<注>]
従って $AB^2 = AC^2 + CB^2$ [△ABC で 三平方の定理]
$\qquad\qquad = |x_2 - x_1|^2 + |y_2 - y_1|^2$
$\qquad\qquad = (x_2 - x_1)^2 + (y_2 - y_1)^2$ [定理 21 (4)]
$AB \geqq 0$ だから $\qquad AB = \sqrt{(x_2 - x_1)^2 + (y_2 - y_1)^2}$ ∎

㊟ C が A や B に一致して三角形ができない場合も 等式は成り立つ。

4 **関数の最大値・最小値**

関数 $y = f(x)$ において， その値域に最大の値があるとき，その値を
この関数の **最大値** といい，$\max f(x)$ とかく。その値域に最小の値があるとき，
その値をこの関数の **最小値** といい，$\min f(x)$ とかく。 (42 p の 9 を参照)

5 **区間**

実数全体の集合 R の部分集合で，以下のものを **区間** という。$a < b$ とする。
$[a, b] = \{x \in R \mid a \leqq x \leqq b\}$ $\qquad [a, \infty) = \{x \in R \mid a \leqq x\}$
$[a, b) = \{x \in R \mid a \leqq x < b\}$ $\qquad (a, \infty) = \{x \in R \mid a < x\}$
$(a, b] = \{x \in R \mid a < x \leqq b\}$ $\qquad (-\infty, b] = \{x \in R \mid x \leqq b\}$
$(a, b) = \{x \in R \mid a < x < b\}$ $\qquad (-\infty, b) = \{x \in R \mid x < b\}$
$\qquad\qquad\qquad\qquad\qquad\qquad\qquad (-\infty, \infty) = R$

$[\,a\,,\,b\,]$ を 閉区間, $(\,a\,,\,b\,)$, $(\,a\,,\,\infty\,)$, $(-\infty\,,\,b\,)$, $(-\infty\,,\,\infty\,)$ を 開区間
という。   関数の定義域や値域 は 区間 (or 区間の直和) であることが多い。

6   整関数・分数関数・有理関数

 関数 $y = f(x)$ において, $f(x)$ が x の n 次式である関数を x の n 次関数と
いう。 0 次関数 (0 を含める.) を定数関数 という。   まとめて, 整関数 という。
また, $f(x)$ が x の分数式 (有理式) である関数, を x の分数関数 (有理関数) と
いう。   分数関数の定義域は 分母を 0 にしない実数全体 である。
整関数と分数関数を 合わせて 有理関数 という。

(1) 定数関数 (0 次関数)
  定数関数は, $y = k$ (k は定数)   と表される。
  定数関数 $y = k$ のグラフは y 切片 k で, x 軸に平行な (傾き 0 の) 直線である。

(2) 1 次関数
  1 次関数は, 一般に, $y = ax + b$ (a, b は定数, $a \neq 0$)   と表される。
  1 次関数 $y = ax + b$ のグラフは 傾き a, y 切片 b の直線である。

(3) 2 次関数
  2 次関数は, 一般に, $y = ax^2 + bx + c$ (a, b, c は定数, $a \neq 0$)   と表される。
  2 次関数 $y = ax^2$ のグラフは 原点を頂点, y 軸を軸 とする放物線である。

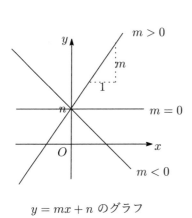

$y = mx + n$ のグラフ

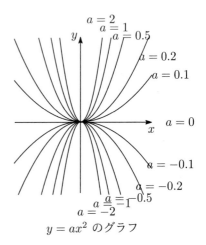

$y = ax^2$ のグラフ

7 比例

(1) 正比例

　　y が x の関数で, $y = ax$ (a は 0 でない定数) と表されるとき,
　y は x に (正) 比例する といい, 　a を 比例定数 という。
　正比例 $y = ax$ のグラフは, 原点を通る 傾き a の直線である。

(2) 反比例

　　y が x の関数で, $y = \dfrac{a}{x}$ (a は 0 でない定数) と表されるとき,
　y は x に反比例する といい, 　a を 比例定数という。
　反比例 $y = \dfrac{a}{x}$ のグラフは, 　x 軸, y 軸を漸近線とする直角双曲線 であり,
　直線 $y = x$, $y = -x$, 原点 に関して それぞれ 対称 である。

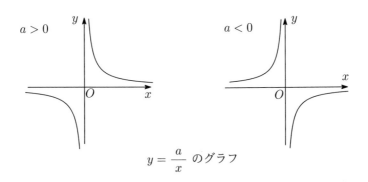

$$y = \frac{a}{x} \text{ のグラフ}$$

　注 漸近線が直交する双曲線を 直角双曲線 という。

(3) 色々な比例

　　y は x の 2 乗に比例する　　………　　$y = ax^2$
　　z は x と y の積に比例する　　………　　$z = axy$
　　y は x の 3 乗に反比例する　　………　　$y = \dfrac{a}{x^3}$

8 恒等関数 (or 恒等写像, 恒等変換)

　A の各元 x に x 自身 を対応させる A から A への関数 を,
A の上の (A における, A の) 恒等関数 といい, 　I_A で表す。
即ち, 　　$I_A : A \to A$ 　で, 　　$\forall x \in A$ 　$I_A(x) = x$

基礎演習 8   ——— 解答は 244 p

8-1   次の1次関数のグラフをかけ。

(1) $y = \dfrac{1}{2}x + 2$

(2) $y = -\dfrac{3}{2}x + 3$

(3) $y = x + 2$ $(-3 \leqq x < 2)$

(4) $y = -\dfrac{2}{3}x - 4$ $(x < 3)$

8-2   グラフが下図のような直線である関数の式を求めよ。

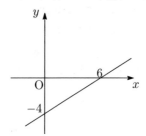

8-3   次の関数の値域をいえ。 また, 関数に 最大値, 最小値があれば 求めよ。

(1) $y = 2x + 1$ $(-2 \leqq x \leqq 3)$

(2) $y = \dfrac{1}{2}x - 1$ $(1 < x < 4)$

(3) $y = -x + 2$ $(-3 < x \leqq 1)$

(4) $y = -\dfrac{4}{5}x + 8$ $(x \geqq 5)$

8-4   次の y を x の式で表せ。

(1) 関数 $y = ax + b$ $(-1 \leqq x \leqq 3)$ の値域が $-2 \leqq y \leqq 10$ である。

(2) 関数 $y = ax + b$ $(1 \leqq x \leqq 3)$ の最大値が 1, 最小値が 0 である。

(3) y は $x + 5$ に比例し, $x = 1$ のとき $y = 18$ である。

(4) y は x に反比例し, $x = 3$ のとき $y = -4$ である。

8-5   次の関数のグラフをかけ。

(1) $y = |2x - 3|$ (2) $y = |x + 2| - 2$ (3) $y = -|x + 1|$

(4) $y = |x - 2| + x$ (5) $y = |x + 1| + |x - 2|$

8-6   次の 2次関数 $y = ax^2$ $(a \neq 0)$ のグラフをかけ。 グラフは, a の値
が変わるにつれて, どのように変わるか。

① $y = x^2$ ② $y = 2x^2$ ③ $y = 3x^2$ ④ $y = \dfrac{1}{2}x^2$

⑤ $y = \dfrac{1}{3}x^2$ ⑥ $y = \dfrac{1}{4}x^2$ ⑦ $y = \dfrac{2}{3}x^2$ ⑧ $y = -x^2$

⑨ $y = -2x^2$ ⑩ $y = -3x^2$ ⑪ $y = -\dfrac{1}{2}x^2$ ⑫ $y = -\dfrac{1}{3}x^2$

§2　2 次 関 数

$\boxed{1}$　**2次関数** $y = ax^2 + bx + c$ $(a \neq 0)$ **のグラフ**

　　$y = a(x-p)^2 + q$　と変形 (平方完成) する。　　　　　　$[\ 90\text{p の }\boxed{1}\ ]$

　　　　　　　　　ここで，　　$p = -\dfrac{b}{2a}$,　　$q = -\dfrac{b^2 - 4ac}{4a}$

　　下記の 定理 38 より　曲線 $y = ax^2$ を　x 軸方向に p, y 軸方向に q だけ 平行移動した曲線の方程式は　$y - q = a(x-p)^2$　であるから，　このグラフは 頂点：(p, q),　軸：$x = p$　で，　点 $(0, c)$ を通る 放物線　である。

　　　　$a > 0$ なら　下に凸，　　　　　　　　　　$a < 0$ なら　上に凸。

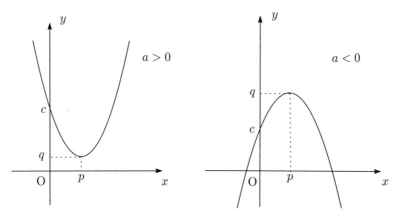

$\boxed{2}$　**図形の平行移動・対称移動**　──解析幾何学 (図形と方程式) の範囲──

定理 38 (図形の平行移動)

　　曲線 $F(x, y) = 0$ を　x 軸方向に p, y 軸方向に q だけ 平行移動した曲線 の方程式は　$F(x - p,\ y - q) = 0$　である。

証明

　　曲線 $C : F(x, y) = 0$ 上の 点 $P(x, y)$ が (p, q) だけ 移動して 点 $P'(x', y')$ になった とすると，　　　$(x', y') = (x, y) + (p, q)$

　　　即ち　　$\begin{cases} x' = x + p \\ y' = y + q \end{cases}$

　　　即ち　　$\begin{cases} x = x' - p \\ y = y' - q \end{cases}$

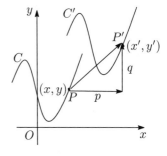

ここで，　(x, y) は $F(x, y) = 0$ を満たす (定義 14) から，　$F(x' - p, y' - q) = 0$
これが $P'(x', y')$ の満たす方程式，　即ち，移動後の曲線 C' の方程式 である。
x', y' を x, y に書き直して　　　　　$F(x - p, y - q) = 0$　　　■

定理 39 (図形の対称移動)
　曲線 $F(x, y) = 0$ を　x 軸, y 軸, 直線 $y = x$, 原点 に関して 対称移動した
　曲線の方程式は　それぞれ　$F(x, -y) = 0$, $F(-x, y) = 0$, $F(y, x) = 0$,
　$F(-x, -y) = 0$　である。

証明
　曲線 $C : F(x, y) = 0$ 上の 点 $P(x, y)$ が x 軸
に関して 対称移動して 点 $P'(x', y')$ になった
とすると，

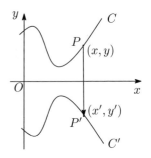

$$\begin{cases} x' = x \\ y' = -y \end{cases}$$

　　即ち　　$$\begin{cases} x = x' \\ y = -y' \end{cases}$$

ここで，　(x, y) は $F(x, y) = 0$ を満たす (定義 14) から，　$F(x', -y') = 0$
これが $P'(x', y')$ の満たす方程式，　即ち，移動後の曲線 C' の方程式 である。
x', y' を x, y に書き直して　　　　　$F(x, -y) = 0$　　　■
　y 軸に関する対称移動 も 同様。　　　　　　　　　　　　　　　　　■

　曲線 $F(x, y) = 0$ 上の 点 (x, y) が 直線 $y = x$ に関して 対称移動して
点 (x', y') になったとすると，

$$\begin{cases} x' = y \\ y' = x \end{cases}$$　　即ち　　$$\begin{cases} x = y' \\ y = x' \end{cases}$$

ここで，　(x, y) は $F(x, y) = 0$ を満たす (定義 14) から，　$F(y', x') = 0$
これが (x', y') の満たす方程式，　即ち，移動後の曲線の方程式 である。
x', y' を x, y に書き直して　　　　　$F(y, x) = 0$　　　■
　原点に関する対称移動 も 同様。　　　　　　　　　　　　　　　　　■

3　**2 次関数** $y = ax^2 + bx + c$ $(a \neq 0)$ **の最大・最小**

　関数のグラフを利用して，関数の最大値や最小値 を求めることができる。
2 次関数では，区間の端 および 軸の位置 を調べる。

定理　　$f(x) = ax^2 + bx + c$ $(a \neq 0)$　　　に対して，

$$f(l) - f(k) = a(l^2 - k^2) + b(l - k) = (l - k) \cdot 2a \left\{ \frac{k + l}{2} - \left(-\frac{b}{2a} \right) \right\}$$　　より，

$a > 0$,　$k < l$　のとき　　　$f(k) < f(l)$　$\Leftrightarrow$　$-\dfrac{b}{2a} < \dfrac{k + l}{2}$

例題　次の関数の最大値と最小値を求めよ。

$$y = x^2 - 2x - 1 \quad (-1 \leqq x \leqq 4)$$

解答　$y = (x-1)^2 - 2$　と変形されるから，
この関数のグラフは 右図の実線部分 である。
よって，

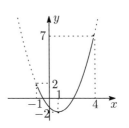

$$\left. \begin{array}{ll} x = 4 & \text{で，} \quad \max y = 7 \\ x = 1 & \text{で，} \quad \min y = -2 \end{array} \right\} \quad \cdots\cdots \text{(答)}$$

4 **2 次関数と 2 次方程式**　——関数のグラフを利用して，方程式を解く——

2 次関数 $y = ax^2 + bx + c$ のグラフ と x 軸 $(y = 0)$ の共有点の x 座標 は，
2 次方程式 $ax^2 + bx + c = 0$ の実数解 である。

$D = b^2 - 4ac$ とおくと，　　　　　　　　　　　　　[91p の定理 28 を参照]

$$\left\{ \begin{array}{lll} D > 0 & \Longleftrightarrow \quad \text{異なる 2 つの実数解をもつ} & \Longleftrightarrow \quad \text{共有点は 2 個} \\ D = 0 & \Longleftrightarrow \quad \text{1 つの実数解 (重解) をもつ} & \Longleftrightarrow \quad \text{共有点は 1 個} \\ D < 0 & \Longleftrightarrow \quad \text{実数解をもたない} & \Longleftrightarrow \quad \text{共有点は 0 個} \end{array} \right.$$

従って，　　$D \geqq 0$　$\Longleftrightarrow$　実数解をもつ　$\Longleftrightarrow$　共有点をもつ

5 **放物線と直線**

(1) 放物線 $y = ax^2 + bx + c$ と 直線 $y = mx + n$ の共有点の座標 は，

連立方程式 $\left\{ \begin{array}{l} y = ax^2 + bx + c \\ y = mx + n \end{array} \right.$　の実数解 (x, y) である。

(2) 放物線 $y = ax^2 + bx + c$ と 直線 $y = mx + n$ の共有点の x 座標 は，
2 次方程式 $ax^2 + bx + c = mx + n$ の実数解　である。

6 **2 次関数と 2 次不等式**　——関数のグラフを利用して，不等式を解く——

(1) 2 次関数のグラフが x 軸と共有点 2 個 $(D > 0)$ の場合

例題　　次の 2 次不等式を解け。　　　　　　　　　　[92p **6** を参照]

$$x^2 - x - 2 > 0$$

解答

2 次関数 $y = x^2 - x - 2$ のグラフは，
右図のようになり，x 軸と異なる 2 点で交わる。
$y = 0$ となる x の値 (2 交点の x 座標) は
2 次方程式 $x^2 - x - 2 = 0$ の実数解で，$x = -1, 2$

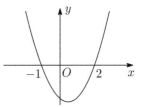

$y > 0$ となる (グラフが x 軸より上側にある) x の値の範囲は　$x < -1,\ 2 < x$
$y < 0$ となる (グラフが x 軸より下側にある) x の値の範囲は　　$-1 < x < 2$

よって， 2次不等式 $x^2 - x - 2 > 0$ の解は $x < -1, 2 < x$ ...... (答)

注 また， 2次不等式 $x^2 - x - 2 < 0$ の解は $-1 < x < 2$

          2次不等式 $x^2 - x - 2 \geqq 0$ の解は $x \leqq -1, 2 \leqq x$

          2次不等式 $x^2 - x - 2 \leqq 0$ の解は $-1 \leqq x \leqq 2$

(2) 2次関数のグラフが x 軸と共有点1個 $(D = 0)$ の場合

例題   次の2次不等式を解け。

$$x^2 - 2x + 1 > 0$$

解答

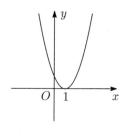

   $x^2 - 2x + 1 = (x - 1)^2$ より

2次関数 $y = x^2 - 2x + 1$ のグラフは，右図の

ようになり，x 軸と接する。 接点の x 座標は

2次方程式 $x^2 - 2x + 1 = 0$ の重解で，$x = 1$

右図から， $x = 1$ のとき $y = 0$

               $x \neq 1$ のとき $y > 0$

よって，2次不等式 $x^2 - 2x + 1 > 0$ の解は   1以外のすべての実数 ...... (答)

注 また， 2次不等式 $x^2 - 2x + 1 < 0$ の解は   ない

          2次不等式 $x^2 - 2x + 1 \geqq 0$ の解は   すべての実数

          2次不等式 $x^2 - 2x + 1 \leqq 0$ の解は $x = 1$

(3) 2次関数のグラフが x 軸と共有点0個 $(D < 0)$ の場合

例題   次の2次不等式を解け。

$$x^2 - 4x + 5 > 0$$

解答

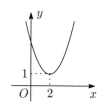

   $x^2 - 4x + 5 = (x - 2)^2 + 1$ より

2次関数 $y = x^2 - 4x + 5$ のグラフは，右図

のようになり，x 軸と共有点をもたない。

(グラフ全体が x 軸より上側にある。)

従って， 右図から， 常に $y > 0$ である。

よって， 2次不等式 $x^2 - 4x + 5 > 0$ の解は すべての実数   ...... (答)

注 また， 2次不等式 $x^2 - 4x + 5 < 0$ の解は   ない

          2次不等式 $x^2 - 4x + 5 \geqq 0$ の解は   すべての実数

          2次不等式 $x^2 - 4x + 5 \leqq 0$ の解は   ない

基礎演習 9   —— 解答は 247p

9–1   次の 2 次関数のグラフをかけ。 また, その軸と頂点を求めよ。

(1) $y = x^2 + 2$ (2) $y = (x - 2)^2$

(3) $y = x^2 - 4x + 3$ (4) $y = 2x^2 + 8x + 4$

(5) $y = -2x^2 + 4x + 1$ (6) $y = -\dfrac{1}{2}x^2 - 2x + 1$

(7) $y = -\dfrac{2}{3}x^2 + 4x - 5$ (8) $y = 3x^2 + 8x + 3$

9–2   グラフが次の条件を満たすような 2 次関数を求めよ。

(1)   頂点の座標が $(2, 1)$ で, 点 $(1, -1)$ を通る。

(2)   軸が 直線 $x = 3$ で, 2 点 $(2, -2)$, $(5, 4)$ を通る。

(3)   3 点 $(-1, -3)$, $(1, 5)$, $(2, 3)$ を通る。

(4) x 軸と 2 点 $(-2, 0)$, $(3, 0)$ で交わり, 点 $(1, 6)$ を通る。

9–3   次の 2 次関数に 最大値, 最小値があれば それを求めよ。また, そのとき
の x の値を求めよ。

(1) $y = x^2 + 2x - 3$ $(\,1 \leqq x \leqq 3\,)$

(2) $y = x^2 - 2x + 2$ $(\,0 \leqq x < 4\,)$

(3) $y = -2x^2 - 4x + 1$ $(\,x \geqq -2\,)$

(4) $y = -3x^2 - 2x + 4$ $(\,-1 < x \leqq 2\,)$

9–4   次の 2 次関数の最大値 $M(a)$ と最小値 $m(a)$ を求めよ。

(1) $y = x^2 - 2x - 1$ $(\,0 \leqq x \leqq a\,)$

(2) $y = x^2 - 2ax + 1$ $(\,0 \leqq x \leqq 2\,)$

(3) $y = -x^2 + 2x + 2$ $(\,a \leqq x \leqq a + 1\,)$

(4) $y = -x^2 + 4ax - a$ $(\,x \geqq 2\,)$

9–5   次の 2 次関数のグラフと x 軸の共有点の x 座標を求めよ。

(1) $y = 2x^2 - 5x - 3$ (2) $y = -x^2 + 6x - 9$ (3) $y = 2x^2 - 2x - 1$

9–6   2 次方程式 $2kx^2 - (k + 2)x - 5 = 0$ の 1 つの解が -1 と 0 の間にあり,
他の解が 2 と 3 の間にある (即ち, 2 次関数 $y = 2kx^2 - (k + 2)x - 5$ の
グラフが 2 つの区間 $-1 < x < 0$ および $2 < x < 3$ で x 軸と それぞれ
1 点で交わる) ような定数 k の値の範囲を求めよ。

9–7   2 次関数 $y = x^2 - 4x + 3$ のグラフを利用して, 次の 2 次不等式を解け。

(1) $x^2 - 4x + 3 > 0$ (2) $x^2 - 4x + 3 < 0$

§3　分数関数と無理関数

1　**分数関数** $y = \dfrac{ax+b}{cx+d}$　$(c \neq 0,\ ad-bc \neq 0)$　**のグラフ**

　　整式の除法により $ax+b = (cx+d)\dfrac{a}{c} + \dfrac{bc-ad}{c}$, この両辺を $cx+d$ で割り,

　　$y = \dfrac{k}{x-p} + q$　　と変形する。

　　　　　　　　　　　　ここで,　　$p = -\dfrac{d}{c}$,　　$q = \dfrac{a}{c}$,　　$k = \dfrac{bc-ad}{c^2}$

この関数のグラフは,　　　定理 38 より,　　　　　　$y = \dfrac{k}{x}$ のグラフを

x 軸方向に p, y 軸方向に q だけ平行移動したものであるから,

漸近線が $x = p$, $y = q$ の直角双曲線である。　　　　　　　[107p 7 (2) を参照]

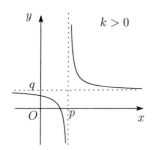
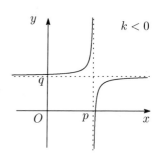

2　**分数方程式・分数不等式**

　分数式を含む方程式・不等式を 分数方程式・分数不等式 という。

(解法1)　因数の正 0 負を調べる。　　　　　　　　[37p 定理 7(9)(ii) を参照]

　　$\dfrac{A}{B} = 0$　の形に変形して,　　　$A = 0 \ \wedge \ B \neq 0$

　　$\dfrac{A}{B} < 0$　などの形に変形して,　　A, B の因数の正 0 負を調べる。

(解法2)　関数のグラフを利用する。　　　　　　　[111p 4 5 6 を参照]

　　$f(x) = g(x)$: $y = f(x)$ のグラフと $y = g(x)$ のグラフの共有点の x 座標

　　$f(x) < g(x)$: $y = f(x)$ のグラフが $y = g(x)$ のグラフの下側にある x の範囲

　㊟ グラフを念頭に, (解法1) で解けるようにしよう。

例題　次の不等式 を解け。

$$\frac{x+30}{x+2} \leqq -x^2 + 6x$$

解答 (1)　以下は 同値変形である。

与式より　$\dfrac{x+30}{x+2} + x^2 - 6x \leqq 0$　[右辺の項をすべて左辺に移項する]

$\dfrac{x^3 - 4x^2 - 11x + 30}{x+2} \leqq 0$　[通分して 左辺を $\dfrac{A}{B}$ の形にする]

$\dfrac{(x-2)(x+3)(x-5)}{x+2} \leqq 0$　[分母分子を因数分解する]

数直線に, 左辺の分母分子の零点 を記し, その区間ごとに, 左辺の正負を,
定理 7 (9)(ii) (負の因数の個数を数える) によって 調べる。

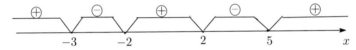

この場合は, 負の区間と分子が 0 となる値 を選ぶ。

$$-3 \leqq x < -2, \quad 2 \leqq x \leqq 5 \qquad \cdots\cdots\cdots (答)$$

解答 (2)

$$y = \frac{x+30}{x+2} \quad \cdots\cdots ①$$

$$y = -x^2 + 6x \quad \cdots\cdots ②$$

この 2 つの関数のグラフを描くと,
右図のようである。交点の x 座標は

$$\frac{x+30}{x+2} = -x^2 + 6x \quad を解いて$$

$$x = -3, \, 2, \, 5 \quad である。$$

① のグラフが ② のグラフの下側に
ある x の範囲を　右図より 求めて

$$-3 < x < -2, \, 2 < x < 5$$

与式は 等号つきだから,

$$-3 \leqq x < -2, \, 2 \leqq x \leqq 5 \qquad \cdots\cdots\cdots (答)$$

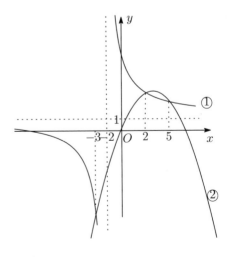

$\boxed{3}$ 　無理式・無理関数

(1) x と定数 から 加減乗除と根号 によって得られる式 を x の無理式 という。
　　根号は 必須，なければ 有理式である。

　　$\sqrt{f(x)}$ 　（ $f(x)$: 1 次以上の整式 ） 　　は 基本的な無理式 である。

　　無理式 で表される関数を 無理関数 という。

　　無理関数 $y = \sqrt{f(x)}$ の定義域 は 　$f(x) \geqq 0$ なる x の値全体 である。

(2) 無理関数 $y = \pm\sqrt{ax}$ （ $a \neq 0$ ）のグラフ

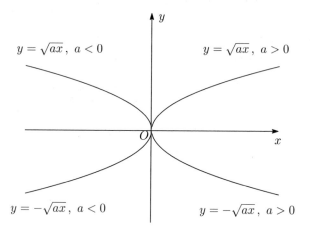

< 注 > 　次頁の定理 40 (1) より 　　　$y = \sqrt{ax} \iff x = \dfrac{1}{a}y^2$, $y \geqq 0$

　　x, y を入れ替えると 　　　$y = \dfrac{1}{a}x^2$, $x \geqq 0$ （ 放物線の右半分 ）

　　従って，　　110p 定理 39 より 　　$y = \sqrt{ax}$ （ $a > 0$ ）のグラフ は

　　$y = \dfrac{1}{a}x^2$ （ $a > 0$ ）, $x \geqq 0$ のグラフ （ 放物線の右半分 ） を

　　直線 $y = x$ に関して 対称移動したものであるから，

　　原点を頂点, x 軸を軸 とする放物線の上半分 である。上図の 1 象限の曲線。

　　上図の 2 ～ 4 象限の曲線についても同様である。　　　［ 逆関数の項を参照 ］

$\boxed{4}$　**無理関数** $y = \sqrt{ax + b} + c \;(a \neq 0)$ **のグラフ**

$$y = \sqrt{a\left(x + \dfrac{b}{a}\right)} + c \qquad \text{と変形する。}$$

この関数のグラフは，　定理 38 より，　$y = \sqrt{ax}$ のグラフ を
x 軸方向に $-\dfrac{b}{a}$，y 軸方向に c だけ 平行移動したものであるから，
頂点が $\left(-\dfrac{b}{a},\ c\right)$，軸が $y = c$ の 放物線の上半分　である。

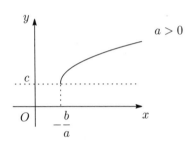
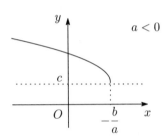

$\boxed{5}$　**無理方程式・無理不等式**

　無理式を含む方程式・不等式を 無理方程式・無理不等式という。

(解法 1)　次のような同値変形 (定理 40) による。

定理 40 (平方根の大小関係 続き)　　　　　　　　　　　[定理 23 を参照]

　　(1)　　$\sqrt{a} = b$　　$\Longleftrightarrow$　　$a = b^2,\ b \geqq 0$

　　(2)　　$\sqrt{a} < b$　　$\Longleftrightarrow$　　$a < b^2,\ a \geqq 0,\ b \geqq 0$

　　(2)′　$\sqrt{a} \leqq b$　　$\Longleftrightarrow$　　$a \leqq b^2,\ a \geqq 0,\ b \geqq 0$

　　(3)　　$\sqrt{a} > b$　　$\Longleftrightarrow$　　$a > b^2\quad \vee \quad a \geqq 0,\ b < 0$

　　(3)′　$\sqrt{a} \geqq b$　　$\Longleftrightarrow$　　$a \geqq b^2\quad \vee \quad a \geqq 0,\ b < 0$

証明　は 定理 20 (3) $(n = 2)$, 定理 22 (1) より。各自試みよ。(基礎演習 10-6)

(解法 2)　関数のグラフを利用する。　　　　　　[111p $\boxed{4}\ \boxed{5}\ \boxed{6}$ を参照]

　$f(x) = g(x) : y = f(x)$ のグラフと $y = g(x)$ のグラフの共有点の x 座標
　$f(x) < g(x) : y = f(x)$ のグラフが $y = g(x)$ のグラフの下側にある x の範囲

㊅ グラフを念頭に，(解法 1) で解けるようにしよう。

例題　　次の不等式を解け。

$$\sqrt{x+5} < -x+1$$

解答 (1)　　　　以下は 同値変形である。

定理 40 (2) より　　$x+5 < (-x+1)^2,\ x+5 \geqq 0,\ -x+1 \geqq 0$

$$x^2 - 3x - 4 > 0,\ -5 \leqq x \leqq 1$$

$$(x+1)(x-4) > 0,\ -5 \leqq x \leqq 1$$

数直線に，第1式左辺の零点を記し，正の区間を選ぶ。

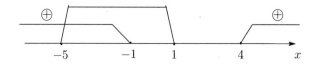

第2式を考えて，　　　　　$-5 \leqq x < -1$　　$\cdots\cdots\cdots$ (答)

解答 (2)

$$y = \sqrt{x+5} \qquad \cdots\cdots ①$$

$$y = -x+1 \qquad \cdots\cdots ②$$

この2つの関数のグラフを描くと，
右図のようである。交点の x 座標は
$\sqrt{x+5} = -x+1$　　即ち
$x+5 = (-x+1)^2,\ -x+1 \geqq 0$
$\left[\ 定理\ 40\,(1)\ \right]$
を解いて，　$x = -1$　である。
① のグラフが ② のグラフの下側に
ある x の範囲を　右図より 求めて，

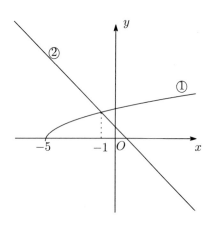

$$-5 \leqq x < -1 \qquad \cdots\cdots\cdots (答)$$

基礎演習 10　　　　　　　　　　　　　　　　—— 解答は 252 p

10-1　次の分数関数のグラフをかけ。 また，その漸近線を求めよ。

(1)　$y = \dfrac{2}{x} + 1$　　　　(2)　$y = \dfrac{2}{x-1}$　　　　(3)　$y = \dfrac{2x+2}{x-1}$

(4)　$y = \dfrac{-x-4}{x+2}$　　　　(5)　$y = \dfrac{2x+5}{x+1}$　　　　(6)　$y = \dfrac{-4x+3}{2x-3}$

10-2　次の 分数方程式・分数不等式 を解け。　　　奇数番目は 方程式，次の 偶数番目は 不等式 で，等号，不等号 以外は 式 を同じくしてある。

(1)　$\dfrac{4x+2}{x-1} = x+4$　　　　　　　(2)　$\dfrac{4x+2}{x-1} \leqq x+4$

(3)　$\dfrac{3x+1}{x+2} = x-1$　　　　　　　(4)　$\dfrac{3x+1}{x+2} > x-1$

(5)　$\dfrac{2x+1}{x+1} = -x+5$　　　　　　(6)　$\dfrac{2x+1}{x+1} < -x+5$

(7)　$\dfrac{-2x+10}{x-1} = x^2+3x-4$　　　(8)　$\dfrac{-2x+10}{x-1} \leqq x^2+3x-4$

10-3　次の無理関数のグラフをかけ。

(1)　$y = \sqrt{2x}$　　(2)　$y = -\sqrt{2x}$　　(3)　$y = \sqrt{-2x}$　　(4)　$y = -\sqrt{-2x}$

(5)　$y = \sqrt{2x-4}$　　　　(6)　$y = 2\sqrt{3-x}$　　　　(7)　$y = -\sqrt{6-2x}$

(8)　$y = \sqrt{3x+5}+2$　　　(9)　$y = -\sqrt{x+4}+1$　　　(10)　$y = \sqrt{2-x}-1$

10-4　次の 無理方程式・無理不等式 を解け。

(1)　$\sqrt{x+2} = -x+4$　　(2)　$\sqrt{2x+3} = 2x-3$　　(3)　$\sqrt{3-x} = x+3$

(4)　$\sqrt{x-1} < -x+3$　　(5)　$\sqrt{6-5x} \leqq -x+2$

(6)　$\sqrt{x+1} > x-1$　　(7)　$\sqrt{3x-2} \geqq -x+4$　　(8)　$4\sqrt{x-1} \geqq x+2$

10-5　方程式 $\sqrt{2x+1} = x+k$　の実数解の個数を 実数 k の値 によって 調べよ。

10-6　117p の 定理 40 を証明せよ。

§4 合成関数と逆関数

$\boxed{1}$ **合成関数**

　2つの関数 $f : A \longrightarrow B$, $g : B \longrightarrow C$ に対して, A の各要素 x に C の要素 $g(f(x))$ を対応させる (A から C への) 関数を f と g の合成関数といい, $g \circ f$ で表す。　　　　即ち　　$\forall x \in A$　　$(g \circ f)(x) = g(f(x))$

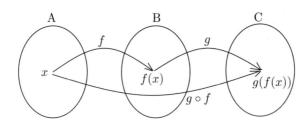

定理 41 (合成関数の性質)

(1)　　$f \circ I_A = f$,　　　　　　　　　$I_B \circ f = f$　　　　　　[107p $\boxed{8}$ 参照]

(2)　　一般に, $g \circ f$ と $f \circ g$ は 一致しない。

(3)　　$f : A \longrightarrow B$, 　$g : B \longrightarrow C$, 　$h : C \longrightarrow D$　　のとき,
$$(h \circ g) \circ f = h \circ (g \circ f)$$

(1) の証明　　明らか。

(2) の証明

　$f : A \longrightarrow B$, $g : B \longrightarrow C$ として, $g \circ f$ は定義されるが, $f \circ g$ が定義されるには, $A = C$ でなければならない。$g \circ f$, $f \circ g$ の両方が定義されても, それらの相等を考えるには, 更に, $A = B$ でなければならない。　従って, $f : A \longrightarrow A$, $g : A \longrightarrow A$ のとき, 　$g \circ f = f \circ g$ の真偽が考えられる。
$A = R$ として, 　　　　　　反例 : $f(x) = x + 1$, 　$g(x) = 2x$
　$(g \circ f)\,(x) = g(f(x)) = 2f(x) = 2(x + 1) = 2x + 2$
　$(f \circ g)\,(x) = f(g(x)) = g(x) + 1 = 2x + 1$　　　よって　　$g \circ f \neq f \circ g$　■

(3) の証明

　$(h \circ g) \circ f$, 　$h \circ (g \circ f)$ の定義域 (始集合), 終集合はいずれも A, D である。
$$((h \circ g) \circ f)(x) = (h \circ g)(f(x)) = h(g(f(x)))$$
$$(h \circ (g \circ f))(x) = h((g \circ f)(x)) = h(g(f(x)))$$
よって, 　　　　$\forall x \in A$　　　　$((h \circ g) \circ f)(x) = (h \circ (g \circ f))(x)$
即ち, 　　　　$(h \circ g) \circ f = h \circ (g \circ f)$　　　　　　　　　　■

⊕　従って, (3) の両辺を単に $h \circ g \circ f$ と書ける。 4つ以上についても同様。

2 **全射, 単射, 全単射**

定義15 :　　f を A から B への関数とする。

(1)　　f が全射である　　$\Longleftrightarrow$　　$f(A) = B$

　　　　　　　　　　　　　$\Longleftrightarrow$　　$\forall y \exists x \ \ f(x) = y$

(2)　　f が単射である　　$\Longleftrightarrow$　　$\forall x_1 \forall x_2 \, [\ x_1 \neq x_2 \ \longrightarrow \ f(x_1) \neq f(x_2) \ ]$

　　　　　　　　　　　　　$\Longleftrightarrow$　　$\forall x_1 \forall x_2 \, [\ f(x_1) = f(x_2) \ \longrightarrow \ x_1 = x_2 \ ]$

(3)　　f が全単射である　　$\Longleftrightarrow$　　f が全射である　$\wedge$　f が単射である

　　　　　　　　　　　　　$\Longleftrightarrow$　　$\forall y \exists ! x \ \ f(x) = y$　　　　　　（ 定理42 ）

(1) の㊟　　$P \subseteq A$ に対して, P の要素 x の f による像 $f(x)$ 全体の集合を $f(P)$ で表す。　明らかに,　$f(P) \subseteq f(A) \subseteq B$,　　また, $f(A) = (\, f \, の値域 \,)$

(2) の㊟　　第1式と第2式は 互いに 他の 対偶 である。

(3) の後半 (定理42) の証明　　$\forall y \exists ! x \ f(x) = y$　　　　　　（ 存在かつ一意 ）

$\Longleftrightarrow \ \forall y \, [\ \exists x f(x) = y \ \wedge \ \forall x_1 \forall x_2 [\ f(x_1) = y, \, f(x_2) = y \ \longrightarrow \ x_1 = x_2 \ ] \ ]$

$\Longleftrightarrow \ \forall y \exists x f(x) = y \ \wedge \ \forall y \forall x_1 \forall x_2 [\ f(x_1) = y, \, f(x_2) = y \ \longrightarrow \ x_1 = x_2 \ ]$

$\Longleftrightarrow \ \forall y \exists x f(x) = y \ \wedge \ \forall x_1 \forall x_2 \forall y \, [\ f(x_1) = f(x_2), \, f(x_2) = y \ \longrightarrow \ x_1 = x_2 \ ]$

$\Longleftrightarrow \ \forall y \exists x f(x) = y \ \wedge \ \forall x_1 \forall x_2 \, [\ \exists y [f(x_1) = f(x_2), \, f(x_2) = y] \ \longrightarrow \ x_1 = x_2 \ ]$

$\Longleftrightarrow \ \forall y \exists x f(x) = y \ \wedge \ \forall x_1 \forall x_2 \, [\ f(x_1) = f(x_2), \, \exists y \, f(x_2) = y \ \longrightarrow \ x_1 = x_2 \ ]$

$\Longleftrightarrow \ \forall y \exists x f(x) = y \ \wedge \ \forall x_1 \forall x_2 \, [\ f(x_1) = f(x_2) \ \longrightarrow \ x_1 = x_2 \ ]$

$\Longleftrightarrow$　　f が全射である　$\wedge$　f が単射である　　　　　　（ 全射かつ単射 ）■

3 **逆関数**

　f を A から B への関数とする。　　f が全単射である とき,　定理42 より, B の各要素 y に対して　$y = f(x)$ となる A の要素 x がただ1つ定まり, B から A への関数 $g : B \to A$ が得られる。　　g を f の逆関数 といい, f^{-1} で表す。　　　　　$y = f(x)$　$\Longleftrightarrow$　$x = g(y)$　　　（ $\forall x \in A$　$\forall y \in B$ ）

独立変数は 文字 x を使う慣例から, 文字 x と y を入れ替えて　$y = g(x)$ とする。

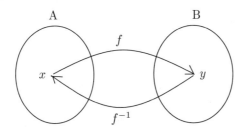

例　　無理関数 $y = \sqrt{x}$ は 2 次関数 $y = x^2$ $(x \geqq 0)$ の逆関数 である。[70p]

定理 43 (逆関数の性質)　　　　関数 $f : A \longrightarrow B$ が全単射である とき,

(1) 関数 f とその逆関数 f^{-1} では, 定義域と値域が入れ替わる。$f^{-1} : B \longrightarrow A$

(2) 関数のグラフとその逆関数のグラフは, 直線 $y = x$ に関して 対称である。

(3) 　$f^{-1} : B \longrightarrow A$ も 全単射であり,　　　$(f^{-1})^{-1} = f$

(4) 　$f^{-1} \circ f = I_A$,　　　　$f \circ f^{-1} = I_B$　　　　　[107p $\boxed{8}$ 参照]

(1) の証明　　　明らか。　　　　　　　　　　　　　　　　　　　　　■

(2) の証明

　逆関数の定義 より,　　　　　　$y = f(x)$　$\iff$　$x = f^{-1}(y)$

　だから,　　　曲線 $y = f(x)$ と　曲線 $x = f^{-1}(y)$　は　同じもの である。

　ここで,　x と y を入れ替えて　$y = f^{-1}(x)$　とするから,

　110p 定理 39　より,

　曲線 $x = f^{-1}(y)$ と　曲線 $y = f^{-1}(x)$ は 直線 $y = x$ に関して 対称である。

　よって,

　曲線 $y = f(x)$ と　曲線 $y = f^{-1}(x)$ は 直線 $y = x$ に関して 対称である。■

(3) の証明

　f が全単射である とき,　　$g = f^{-1}$ が存在して,　f^{-1} も 全単射である。

　逆関数の定義を繰り返して,

　　　　　$y = f(x)$　$\iff$　$x = f^{-1}(y)$　$\iff$　$y = (f^{-1})^{-1}(x)$

　従って,　　　$\forall x \in A$　$f(x) = (f^{-1})^{-1}(x)$　　　　よって　$f = (f^{-1})^{-1}$　■

(4) の証明

　逆関数の定義　　$y = f(x)$　$\iff$　$x = f^{-1}(y)$　　　　($\forall x \in A$　$\forall y \in B$)

　において,　y に $f(x)$ を 代入すると,

　　　　　　　　$f(x) = f(x)$　$\iff$　$x = f^{-1}(f(x))$　　　　　($\forall x \in A$)

　即ち　　　　　　　　　Y　$\iff$　$x = (f^{-1} \circ f)(x)$　　　　　($\forall x \in A$)

　即ち　　　　　$\forall x \in A$　$(f^{-1} \circ f)(x) = x$

　よって　　　　　$f^{-1} \circ f = I_A$　　　　　　　　第 2 式も同様である。　■

$\boxed{4}$　関数の増加, 減少

定義 16 (関数の増加, 減少の定義)　　　　関数 $f(x)$ において,　ある区間で,

(1) $f(x)$ が (単調に) 増加する　$\iff$　$\forall u \forall v$ [$u < v \longrightarrow f(u) < f(v)$]

　　　　　　　　　　　　　　　　$\iff$　グラフが 右上がり である

(2) $f(x)$ が (単調に) 減少する　$\iff$　$\forall u \forall v$ [$u < v \longrightarrow f(u) > f(v)$]

　　　　　　　　　　　　　　　　$\iff$　グラフが 右下がり である

例　　62p 定理 20 (3) より，　　(最後の例では, 更に, 定理 7 (6), 30p ＜ 注 ＞)

n が奇数のとき　　累乗関数 $y = x^n$ は $(-\infty, \infty)$ で (単調に) 増加する。

n が偶数のとき　　累乗関数 $y = x^n$ は $[\,0, \infty\,)$ で (単調に) 増加する。

　　　　　　　　　　累乗関数 $y = x^n$ は $(-\infty, 0\,]$ で (単調に) 減少する。

定理 44 (単調関数の性質)

(1)　　$f(x)$ が 区間 I で (単調に) 増加する　ならば　　　区間 I で,

$$u < v \iff f(u) < f(v)$$
$$u > v \iff f(u) > f(v)$$
$$u = v \iff f(u) = f(v)$$

(2)　　$f(x)$ が 区間 I で (単調に) 減少する　ならば　　　区間 I で,

$$u < v \iff f(u) > f(v)$$
$$u > v \iff f(u) < f(v)$$
$$u = v \iff f(u) = f(v)$$

(3)　　f が I で単調である $\implies$ f が I で単射である　　　(逆は成立しない)

証明

(1)(2)　　　$\implies$ は 定義 16 より 明らか。　　　$\impliedby$ は 転換法による。　■

(3)　　　　(1)(2) の第 3 式より 明らか。　　　　　　　　　　　　　　　　　■

定理 45 (単調関数と逆関数)

(1)　　f が 区間 I で (単調に) 増加する　かつ　$f : I \longrightarrow J$ が全射　ならば　f は全単射であり,　逆関数 $f^{-1} : J \longrightarrow I$ が存在して,　　区間 J で,

$$u' < v' \iff f^{-1}(u') < f^{-1}(v')$$
$$u' > v' \iff f^{-1}(u') > f^{-1}(v')$$
$$u' = v' \iff f^{-1}(u') = f^{-1}(v')$$

　　　　　従って,　f^{-1} も 区間 J で (単調に) 増加する。

(2)　　f が 区間 I で (単調に) 減少する　かつ　$f : I \longrightarrow J$ が全射　ならば　f は全単射であり,　逆関数 $f^{-1} : J \longrightarrow I$ が存在して,　　区間 J で,

$$u' > v' \iff f^{-1}(u') < f^{-1}(v')$$
$$u' < v' \iff f^{-1}(u') > f^{-1}(v')$$
$$u' = v' \iff f^{-1}(u') = f^{-1}(v')$$

　　　　　従って,　f^{-1} も 区間 J で (単調に) 減少する。

証明

上記の 定理 44 (3) より, f は I で単射であり,　従って, f は全単射である。
$u', v' \in J$ として, 定理 44 (1)(2) に $u = f^{-1}(u'), v = f^{-1}(v')$ を代入すると,
定理 43 (4) より, 与命題は成り立つ。　左辺と右辺を入れ換えてある。　　　■

基礎演習 11　　　　　　　　　　　　　　　　　　—　　　解答は 262 p

11-1　次の関数 $f(x)$, $g(x)$ について, 合成関数 $(g \circ f)(x)$, $(f \circ g)(x)$ を求めよ.

(1)　$f(x) = x + 2$,　$g(x) = 2x - 1$　　　　(2)　$f(x) = 3x + 2$,　$g(x) = x^2 + 1$

(3)　$f(x) = x^2 - 2x$,　$g(x) = -x^2 + 4x$　(4)　$f(x) = \dfrac{2x + 3}{x + 1}$,　$g(x) = x + 2$

(5)　$f(x) = \dfrac{2}{x}$,　$g(x) = 2x^2 + 1$　　(6)　$f(x) = \sqrt{x + 1}$,　$g(x) = x^2 - 1$

(7)　$f(x) = -x + 2$,　$g(x) = \sqrt{2x + 4}$　(8)　$f(x) = \dfrac{x - 1}{x}$,　$g(x) = \dfrac{2x - 3}{x - 2}$

11-2　関数 $f(x) = 2x + 1$ に対して, $g(f(x)) = 6x + 5$ となる関数 $g(x)$ を求めよ.

11-3　次の関数の逆関数を求めよ.　また, その逆関数のグラフをかけ.

(1)　$y = 4x + 6$　　　　　　　　　　(2)　$f(x) = -2x + 1$　$(-2 \leqq x \leqq 2)$

(3)　$y = x^2 + 1$　$(x \geqq 0)$　　　　(4)　$y = -\dfrac{1}{2}(x^2 - 1)$　$(x \geqq 0)$

(5)　$y = \dfrac{x - 1}{x}$　　　　　　　(6)　$f(x) = \dfrac{2x - 3}{x + 1}$

(7)　$y = \dfrac{x + 3}{x + 1}$　$(x > 0)$　　(8)　$y = \sqrt{x - 2}$

(9)　$f(x) = \sqrt{-2x + 4}$　　　　　(10)　$y = -\sqrt{2x - 5}$

11-4　次の命題を証明せよ.　$f : A \longrightarrow B$, $g : B \longrightarrow C$　とするとき,

(1)　f, g がともに全射ならば, $g \circ f$ も全射である.

(2)　f, g がともに単射ならば, $g \circ f$ も単射である.

(3)　$g \circ f$ が全射ならば, g は全射である.

(4)　$g \circ f$ が単射ならば, f は単射である.

11-5　次の命題を証明せよ.　$f : A \longrightarrow B$,　$g, g' : B \longrightarrow A$　とするとき, $g \circ f = I_A$, $f \circ g' = I_B$　ならば　f は全単射で,　$g = g' = f^{-1}$

11-6　次の命題を証明せよ.　$f : A \longrightarrow B$, $g : B \longrightarrow C$　とするとき, f, g がともに全単射ならば, $g \circ f$ も全単射であり,
$$(g \circ f)^{-1} = f^{-1} \circ g^{-1}$$

第4章　　指数関数・対数関数

§1　指数の拡張 と 指数法則

1　累乗根

定義 17 (n 乗根の定義)　　── n は 正の整数 ──

・ n 乗して a になる数を a の n 乗根 という。　即ち,

・ x は a の n 乗根である　$\iff$　$x^n = a$

定理 46 :　$\forall a \geqq 0$　$\exists! x \geqq 0$　$x^n = a$　$(n \in N)$

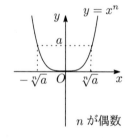

㊟　n が奇数のときは, $a \geqq 0$, $x \geqq 0$ は不要である。

証明　は 略す。　　下記の ＜注1＞＜注2＞を見よ。

定義 18 ($\sqrt[n]{a}$ の定義)　　── n は 正の整数 ──

(1)　n が奇数 のとき

a の n 乗根は (a の正0負に拘らず) 唯1つ存在する。

それを $\sqrt[n]{a}$ で表す。

定理 :　$\sqrt[n]{-a} = -\sqrt[n]{a}$　　(n は 奇数)

この性質により, $\sqrt[n]{}$ の中は できるだけ 正にする。

(2)　n が偶数 のとき

①　正の数 a の n 乗根 は 正と負の2つ存在する。

正の方を $\sqrt[n]{a}$ で表す。　負の方は $-\sqrt[n]{a}$ である。

②　0 の n 乗根 は 0 だけである。　$\sqrt[n]{0} = 0$ とする。

③　負の数の n 乗根 は 実数の範囲には 存在しない。

定理 46 の系 :　$a \geqq 0$, $x \geqq 0$ のとき,　　$x = \sqrt[n]{a} \iff x^n = a$

㊟　n が奇数のときは, $a \geqq 0$, $x \geqq 0$ は不要である。

＜注1＞　定理 46 とその系は,　言い換えれば,　$f(x) = x^n$　として,

$f : [0, \infty) \to [0, \infty)$ が全単射であり,　$f^{-1}(x) = \sqrt[n]{x}$

特に, n が奇数のときは,　$f : R \to R$ が全単射であり,　$f^{-1}(x) = \sqrt[n]{x}$

ということである。　　[121p 定理 42, 3 , 123p 例, 定理 44, 定理 45 参照]

＜注2＞　定理 46 では, 存在 (or 全射) の証明 に 公理 (14) [中間値の定理]

を要する。　本書では, 公理 (14) に関係する事柄には 触れないので 今後の

課題とする。　なお, 一意性 (or 単射) の証明は 定理 20 (3) による。

＜注3＞　1乗根, 2乗根, 3乗根, 4乗根, ⋯⋯ をまとめて 累乗根 という。

1乗根は 殆ど使われない。2乗根は 平方根, 3乗根は 立方根 といわれること

が多い。　　記号 $\sqrt[n]{}$ を 根号 という。　$\sqrt[2]{a}$ は 普通 $\sqrt{a}$ と書く。

<注4> 70p $\boxed{4}$ 平方根の項は $n=2$ の特別な場合として，本項に含まれる内容である。 が，重複をいとわずに書いた。

例

(1) $2^5 = 32$ だから   32 の 5 乗根は 2 であり， $\sqrt[5]{32} = 2$

(2) $(-2)^5 = -32$ だから -32 の 5 乗根は -2 であり，$\sqrt[5]{-32} = -2 = -\sqrt[5]{32}$

(3) $3^4 = 81$, $(-3)^4 = 81$ だから   81 の 4 乗根は 3 と -3 であり，

$$\sqrt[4]{81} = 3, \quad -\sqrt[4]{81} = -3$$

定理 47 (累乗根の性質)   ―― $a \geqq 0$，$b \geqq 0$， l, m, n は正の整数 ――

(1) $(\sqrt[n]{a})^n = a$ ， $\sqrt[n]{0} = 0$ ， $\sqrt[n]{1} = 1$

  $\sqrt[n]{a} \geqq 0$ ， $a > 0 \implies \sqrt[n]{a} > 0$ (4) $(\sqrt[n]{a})^m = \sqrt[n]{a^m}$

(2) $\sqrt[n]{a}\ \sqrt[n]{b} = \sqrt[n]{ab}$ (5) $\sqrt[m]{\sqrt[n]{a}} = \sqrt[mn]{a}$

(3) $\dfrac{\sqrt[n]{a}}{\sqrt[n]{b}} = \sqrt[n]{\dfrac{a}{b}}$ $(b > 0)$ (6) $\sqrt[nl]{a^{ml}} = \sqrt[n]{a^m}$

証明

(1) $a \geqq 0$ だから， 定理 46, 定義 18 より $\sqrt[n]{a} \geqq 0$，$(\sqrt[n]{a})^n = a$

  $0^n = 0$, $1^n = 1$, $1 > 0$ 定理 46 の系より $\sqrt[n]{0} = 0$，$\sqrt[n]{1} = 1$

  また， $\sqrt[n]{a} = 0 \implies (\sqrt[n]{a})^n = 0^n$ 即ち $a = 0$

  対偶をとれば， $a \neq 0 \implies \sqrt[n]{a} \neq 0$

  $a \geqq 0$， $\sqrt[n]{a} \geqq 0$ だから， $a > 0 \implies \sqrt[n]{a} > 0$ ∎

(2) $a \geqq 0$, $b \geqq 0$ のとき， 上記 (1) より $\sqrt[n]{a} \geqq 0$, $\sqrt[n]{b} \geqq 0$ で，

  定理 7 (3), 定理 6 (2)(i) より， $ab \geqq 0$，$\sqrt[n]{a}\ \sqrt[n]{b} \geqq 0$ ―― ①

  そして， $(\sqrt[n]{a}\ \sqrt[n]{b})^n = (\sqrt[n]{a})^n (\sqrt[n]{b})^n$ [定理 19 (3)]

  $= ab$ ―― ②   [上記 (1)]

  ①② より，   定理 46 の系 によって $\sqrt[n]{a}\ \sqrt[n]{b} = \sqrt[n]{ab}$ ∎

(3) $a \geqq 0$, $b > 0$ のとき， 上記 (1) より $\sqrt[n]{a} \geqq 0$, $\sqrt[n]{b} > 0$ で，

  定理 7 (4), 定理 6 (2)(ii) より， $\dfrac{a}{b} \geqq 0$，$\dfrac{\sqrt[n]{a}}{\sqrt[n]{b}} \geqq 0$ ―― ①

  そして， $\left(\dfrac{\sqrt[n]{a}}{\sqrt[n]{b}}\right)^n = \dfrac{(\sqrt[n]{a})^n}{(\sqrt[n]{b})^n}$ [定理 19 (3)′]

  $= \dfrac{a}{b}$ ―― ②   [上記 (1)]

  ①② より，   定理 46 の系 によって $\dfrac{\sqrt[n]{a}}{\sqrt[n]{b}} = \sqrt[n]{\dfrac{a}{b}}$ ∎

(4) $a \geqq 0$ のとき, 上記 (1) より $\sqrt[n]{a} \geqq 0$ で,

定理 20 (1)(2) より, $a^m \geqq 0$, $(\sqrt[n]{a})^m \geqq 0$ —— ①

そして, $\{(\sqrt[n]{a})^m\}^n = (\sqrt[n]{a})^{mn} = \{(\sqrt[n]{a})^n\}^m$ [定理 19 (2)]

$= a^m$ —— ② [上記 (1)]

①② より, 定理 46 の系 によって $(\sqrt[n]{a})^m = \sqrt[n]{a^m}$ ∎

(5) $a \geqq 0$ のとき, 上記 (1) より $\sqrt[n]{a} \geqq 0$ で,

再び, 上記 (1) より, $\sqrt[m]{\sqrt[n]{a}} \geqq 0$, また $a \geqq 0$ —— ①

そして, $(\sqrt[m]{\sqrt[n]{a}})^{mn} = \{(\sqrt[m]{\sqrt[n]{a}})^m\}^n$ [定理 19 (2)]

$= (\sqrt[n]{a})^n = a$ —— ② [上記 (1)]

①② より, 定理 46 の系 によって $\sqrt[m]{\sqrt[n]{a}} = \sqrt[mn]{a}$ ∎

(6) $a \geqq 0$ のとき, 定理 20 (1)(2) より $a^m \geqq 0$ で,

上記 (1) より, $\sqrt[n]{a^m} \geqq 0$, また $a^{ml} \geqq 0$ —— ①

そして, $(\sqrt[n]{a^m})^{nl} = \{(\sqrt[n]{a^m})^n\}^l$ [定理 19 (2)]

$= (a^m)^l$ [上記 (1)]

$= a^{ml}$ —— ② [定理 19 (2)]

①② より, 定理 46 の系 によって $\sqrt[n]{a^m} = \sqrt[nl]{a^{ml}}$ ∎

＜注＞ (2)〜(6) では 証明の型がすべて同じである。

定理 48 (累乗根の大小関係) —— $a \geqq 0$, $b \geqq 0$, $n \in N$ ——

(1) $\sqrt[n]{a} = \sqrt[n]{b} \iff a = b$

(2) $\sqrt[n]{a} < \sqrt[n]{b} \iff a < b$

(3) $\sqrt[n]{a} > \sqrt[n]{b} \iff a > b$

㊟ n が奇数のときは, $a \geqq 0$, $b \geqq 0$ は不要である。

n が奇数のとき 累乗根関数 $y = \sqrt[n]{x}$ は $(-\infty, \infty)$ で 単調に増加する。

n が偶数のとき 累乗根関数 $y = \sqrt[n]{x}$ は $[0, \infty)$ で 単調に増加する。

証明

$a \geqq 0$, $b \geqq 0$ のとき, 定理 47 (1) より $\sqrt[n]{a} \geqq 0$, $\sqrt[n]{b} \geqq 0$ だから

定理 20 (3) において, a, b をそれぞれ $\sqrt[n]{a}$, $\sqrt[n]{b}$ とすればよい。 ∎

＜注＞ 123p 定理 45 (1) 参照。 また, 繰り返しになるが, 72p の 定理 23 (平方根の大小関係) は $n = 2$ の特別な場合として, この定理に含まれる。

2 指数の拡張

定義 19 (分数指数)　　　　　—— m, n は正の整数, r は正の有理数 ——

$a > 0$ のとき,　　$a^{\frac{m}{n}} = \sqrt[n]{a^m}$,　　$a^{-r} = \dfrac{1}{a^r}$ 　と定義する。

特に　　$a^{\frac{1}{2}} = \sqrt{a}$

< 注 >　　定理 47 (6) より　　$a^{\frac{ml}{nl}} = \sqrt[nl]{a^{ml}} = \sqrt[n]{a^m} = a^{\frac{m}{n}}$　　であるから,

$\dfrac{m}{n}$ の 既約, 可約 に拘らず このような定義が可能である。この定義により,

指数は '有理数の範囲' にまで拡張される。　　ただし, 底 $a > 0$ である。

補題 :　$a > 0$, r が有理数　のとき,　　　$a^r > 0$,　　　$1^r = 1$

証明　$a^m > 0$,　$\sqrt[n]{a^m} > 0$　より　$a^{\frac{m}{n}} > 0, a^{-\frac{m}{n}} > 0, a^0 > 0$　∴　$a^r > 0$

$1^{\frac{m}{n}} = \sqrt[n]{1^m} = \sqrt[n]{1} = 1$　従って　$1^{-\frac{m}{n}} = 1,$ また　$1^0 = 1$　∴　$1^r = 1$ ∎

定理 49 (指数法則)　　　　　—— $a > 0, b > 0,$　p, q, r は有理数 ——

(1)　　$a^p a^q = a^{p+q}$　　　　　　　　(1)′　　$\dfrac{a^p}{a^q} = a^{p-q}$

(2)　　$(a^p)^q = a^{pq}$

(3)　　$(ab)^r = a^r b^r$　　　　　　　　(3)′　　$\left(\dfrac{a}{b}\right)^r = \dfrac{a^r}{b^r}$

証明　[1] p, q, r が正の有理数 のとき。　$p = \dfrac{k}{l}$,　$q = \dfrac{m}{n}$　($k, l, m, n \in N$)

(1)　$a^p a^q = a^{\frac{k}{l}} a^{\frac{m}{n}}$

　　　$= \sqrt[l]{a^k}\,\sqrt[n]{a^m}$　　　　[定義 19]

　　　$= \sqrt[ln]{a^{kn}}\,\sqrt[nl]{a^{ml}}$　　[定理 47 (6)]

　　　$= \sqrt[nl]{a^{kn} a^{ml}}$　　　[定理 47 (2)]

　　　$= \sqrt[nl]{a^{kn+ml}}$　　　[定義 19 (1)]

　　　$= a^{\frac{kn+ml}{nl}}$　　　　[定義 19]

　　　$= a^{\frac{k}{l}+\frac{m}{n}}$

　　　$= a^{p+q}$　　　　　　　∎

(2)　$(a^p)^q = (a^{\frac{k}{l}})^{\frac{m}{n}}$

　　　$= \sqrt[n]{(\sqrt[l]{a^k})^m}$　　　[定義 19]

　　　$= \sqrt[n]{\sqrt[l]{(a^k)^m}}$　　　[定理 47 (4)]

　　　$= \sqrt[nl]{(a^k)^m}$　　　[定理 47 (5)]

　　　$= \sqrt[nl]{a^{km}}$　　　[定理 19 (2)]

　　　$= a^{\frac{km}{nl}}$　　　　[定義 19]

　　　$= a^{pq}$　　　　　　∎

(1)′　$\dfrac{a^p}{a^q} = \dfrac{a^{\frac{k}{l}}}{a^{\frac{m}{n}}} = \dfrac{\sqrt[l]{a^k}}{\sqrt[n]{a^m}}$　　[定義 19]

　　　$= \dfrac{\sqrt[ln]{a^{kn}}}{\sqrt[nl]{a^{ml}}}$　　　[定理 47 (6)]

　　　$= \sqrt[nl]{\dfrac{a^{kn}}{a^{ml}}}$　　　[定理 47 (3)]

(i) $kn > ml$ $(p > q)$ のとき

　　　$= \sqrt[nl]{a^{kn-ml}}$　[定理 19 (1)′]

　　　$= a^{\frac{kn-ml}{nl}}$　　　[定義 19]

　　　$= a^{p-q}$

(ii) $kn < ml$ $(p < q)$ のとき

　　　$= \sqrt[nl]{\dfrac{1}{a^{ml-kn}}}$　[定義 19 (1)′]

　　　$= \dfrac{\sqrt[nl]{1}}{\sqrt[nl]{a^{ml-kn}}}$　　[定理 47 (3)]

　　　$= \dfrac{1}{a^{\frac{ml-kl}{nl}}}$　　　[定義 19]

　　　$= \dfrac{1}{a^{q-p}}$　$= a^{p-q}$ [定義 19]

(3) $(ab)^r = (ab)^{\frac{m}{n}}$ ($r = \dfrac{m}{n}$ とする)

$\quad = \sqrt[n]{(ab)^m}$ 　　[定義 19]

$\quad = \sqrt[n]{a^m b^m}$ 　　[定理 19 (3)]

$\quad = \sqrt[n]{a^m} \sqrt[n]{b^m}$ 　　[定理 47 (2)]

$\quad = a^{\frac{m}{n}} b^{\frac{m}{n}}$ 　　[定義 19]

$\quad = a^r b^r$ 　　■

㊟ 別証として,

(1)(2)(1)′ で 最初に ln 乗,

(3)(3)′ で 最初に n 乗 するのでもよい。

定理 47 (2)～(6) を使わない。

各自, 試みてみよ。

(iii) $kn = ml$ $(p = q)$ のとき

$\quad = \sqrt[nl]{1} = 1 = a^0$ [定義 19]

$\quad = a^{p-q}$

(i)～(iii) より, $\quad \dfrac{a^p}{a^q} = a^{p-q}$ 　■

(3)′ $\left(\dfrac{a}{b}\right)^r = \left(\dfrac{a}{b}\right)^{\frac{m}{n}}$ ($r = \dfrac{m}{n}$ とする)

$\quad = \sqrt[n]{\left(\dfrac{a}{b}\right)^m}$ 　　[定義 19]

$\quad = \sqrt[n]{\dfrac{a^m}{b^m}}$ 　　[定理 19 (3)′]

$\quad = \dfrac{\sqrt[n]{a^m}}{\sqrt[n]{b^m}}$ 　　[定理 47 (3)]

$\quad = \dfrac{a^{\frac{m}{n}}}{b^{\frac{m}{n}}} = \dfrac{a^r}{b^r}$ 　　[定義 19] ■

証明 [2] 次に, 指数が負の有理数を含むとき。 p, q, r を正の有理数 とする。

(1) $a^p a^{-q} = a^p \times \dfrac{1}{a^q}$ 　　[定義 19]

$\quad = \dfrac{a^p}{a^q}$

$\quad = a^{p-q}$ 　　[上記 [1](1)′]

$\quad = a^{p+(-q)}$

$a^{-p} a^q = \dfrac{1}{a^p} \times a^q = \dfrac{a^q}{a^p}$ 　[定義 19]

$\quad = a^{q-p}$ 　　[上記 [1](1)′]

$\quad = a^{-p+q}$

$a^{-p} a^{-q} = \dfrac{1}{a^p} \times \dfrac{1}{a^q}$ 　　[定義 19]

$\quad = \dfrac{1}{a^p a^q}$

$\quad = \dfrac{1}{a^{p+q}}$ 　　[上記 [1](1)]

$\quad = a^{-(p+q)}$ 　　[定義 19]

$\quad = a^{-p+(-q)}$ 　　■

(2) $(a^p)^{-q} = \dfrac{1}{(a^p)^q}$ 　　[定義 19]

$\quad = \dfrac{1}{a^{pq}}$ 　　[上記 [1](2)]

$\quad = a^{-pq}$ 　　[定義 19]

$\quad = a^{p(-q)}$

(1)′ $\dfrac{a^p}{a^{-q}} = a^p \times \dfrac{1}{a^{-q}}$

$\quad = a^p a^q$ 　　[定義 19]

$\quad = a^{p+q}$ 　　[上記 [1](1)]

$\quad = a^{p-(-q)}$

$\dfrac{a^{-p}}{a^q} = \dfrac{1}{a^p} \times \dfrac{1}{a^q}$ 　　[定義 19]

$\quad = \dfrac{1}{a^p a^q}$

$\quad = \dfrac{1}{a^{p+q}}$ 　　[上記 [1](1)]

$\quad = a^{-(p+q)}$ 　　[定義 19]

$\quad = a^{-p-q}$

$\dfrac{a^{-p}}{a^{-q}} = a^{-p} \times \dfrac{1}{a^{-q}}$

$\quad = \dfrac{1}{a^p} \times a^q$ 　　[定義 19]

$\quad = \dfrac{a^q}{a^p}$

$\quad = a^{q-p}$ 　　[上記 [1](1)′]

$\quad = a^{-p-(-q)}$ 　　■

$$(a^{-p})^q = \left(\frac{1}{a^p}\right)^q \qquad [\,\text{定義 19}\,]$$
$$= \frac{1^q}{(a^p)^q} \qquad [\,\text{上記 [1](3)}'\,]$$
$$= \frac{1}{a^{pq}} \qquad [\,\text{上記 [1](2)}\,]$$
$$= a^{-pq} \qquad [\,\text{定義 19}\,]$$
$$= a^{(-p)q}$$
$$(a^{-p})^{-q} = \frac{1}{(a^{-p})^q} \qquad [\,\text{定義 19}\,]$$
$$= \frac{1}{a^{-pq}} \qquad [\,\text{直前より}\,]$$
$$= a^{pq} \qquad [\,\text{定義 19}\,]$$
$$= a^{(-p)(-q)} \qquad \blacksquare$$
$$(3)\ (ab)^{-r} = \frac{1}{(ab)^r} \qquad [\,\text{定義 19}\,]$$
$$= \frac{1}{a^r b^r} \qquad [\,\text{上記 [1](3)}\,]$$
$$= \frac{1}{a^r} \times \frac{1}{b^r}$$
$$= a^{-r} b^{-r} \qquad [\,\text{定義 19}\,] \blacksquare$$

$$(3)'\ \left(\frac{a}{b}\right)^{-r} = \left\{\left(\frac{a}{b}\right)^r\right\}^{-1} [\,\text{定義 19}\,]$$
$$= \left(\frac{a^r}{b^r}\right)^{-1} \qquad [\,\text{上記 [1](3)}'\,]$$
$$= \frac{b^r}{a^r} \qquad [\,\text{定理 6 (4)(vi)}\,]$$
$$= \frac{(a^r)^{-1}}{(b^r)^{-1}}$$
$$= \frac{a^{-r}}{b^{-r}} \qquad [\,\text{定義 19}\,] \blacksquare$$

証明　[3] 最後に, 指数 が 0 を含むとき。　 p, q を 正負の有理数 とする。

(1)　$a^p a^0 = a^p \cdot 1 = a^p = a^{p+0}$, 　　　$a^0 a^q = 1 \cdot a^q = a^q = a^{0+q}$

　　　$a^0 a^0 = 1 \cdot 1 = 1 = a^{0+0}$ 　　　　　　　　　　　　　$[\,\because\ a^0 = 1\,] \blacksquare$

(1)'(2)(3)(3)' も 同様に 証明される。各自 確かめよ。　　　　　　　　　　　　$\blacksquare$

以上 [1]〜[3] より,　 定理 49 (指数法則) は　 指数 p, q, r が 有理数の範囲で
成り立つことが証明された。　 (指数法則が有理数の範囲で成り立つように,
そのように, 分数指数の定義 19 が考えられたのである。)　　　　　　　　　$\blacksquare$

定理 50 (指数関数の Q における単調性)　　　── p, q は有理数 ──

　(1)　$a > 1$ のとき　　　　　　$p < q \implies a^p < a^q$

　　　　　即ち,　 関数 $y = a^x$ は 有理数の範囲 Q で 単調に増加する。

　(2)　$0 < a < 1$ のとき　　　　$p < q \implies a^p > a^q$

　　　　　即ち,　 関数 $y = a^x$ は 有理数の範囲 Q で 単調に減少する。

＜注＞　 指数関数については　 次の § を参照。

証明 (1) $a > 1$ のとき。

(ア) p, q が正の有理数 のとき。$p = \dfrac{k}{l}$, $q = \dfrac{m}{n}$ ($k, l, m, n \in N$) とする。

$$
\begin{aligned}
p < q \quad &\Longleftrightarrow \quad \frac{k}{l} < \frac{m}{n} \quad \Longleftrightarrow \quad kn < lm \\
&\Longleftrightarrow \quad a^{kn} < a^{lm} && [\text{定理 20 (4)}] \\
&\Longleftrightarrow \quad \sqrt[ln]{a^{kn}} < \sqrt[ln]{a^{lm}} && [\text{定理 48}] \\
&\Longleftrightarrow \quad a^{\frac{k}{l}} < a^{\frac{m}{n}} && [\text{定義 19}] \\
&\Longleftrightarrow \quad a^{p} < a^{q}
\end{aligned}
$$

(イ) p, q が負の有理数 のとき。

$$
\begin{aligned}
p < q \ (< 0) \quad &\Longleftrightarrow \quad (0 <) \ -q < -p && [\text{定理 6 (9)(i), 定理 7 (6)}] \\
&\Longleftrightarrow \quad a^{-q} < a^{-p} && [\text{上記 (ア)}] \\
&\Longleftrightarrow \quad \frac{1}{a^{q}} < \frac{1}{a^{p}} && [\text{定義 19}] \\
&\Longleftrightarrow \quad a^{p} < a^{q} && [\text{128p 補題, 定理 7 (8)}]
\end{aligned}
$$

(ウ) $p < 0 < q$, $p, q \in Q$ のとき。$q = \dfrac{m}{n}$ ($m, n \in N$) とする。

$$
\begin{aligned}
a > 1 \quad &\Longleftrightarrow \quad a^{m} > 1^{m} && [\text{定理 20 (3)}] \\
&\Longleftrightarrow \quad \sqrt[n]{a^{m}} > \sqrt[n]{1} && [\text{定理 48, 定理 20 (2)}] \\
&\Longleftrightarrow \quad a^{\frac{m}{n}} > 1 && [\text{定義 19, 定理 47 (1)}] \\
&\Longleftrightarrow \quad a^{q} > 1 && \text{───── ①}
\end{aligned}
$$

$p < 0$ より $0 < -p$ だから 上記より $a^{-p} > 1$

定義 19 より $\dfrac{1}{a^{p}} > 1$ ここで $a^{p} > 0$ だから $a^{p} < 1$ ── ②

① ② より $p < 0 < q \implies a^{p} < a^{0} < a^{q}$

(エ) $p = 0$ or $q = 0$ のとき。

直上の式より 明らか。

(ア)〜(エ) より、 $a > 1$ のとき $p < q \implies a^{p} < a^{q}$ ($p, q \in Q$) ∎

証明 (2) $0 < a < 1$ のとき。

定理 6 (9)(iv) より $1 < \dfrac{1}{a}$ だから、

$$
\begin{aligned}
p < q \quad &\implies \quad \left(\frac{1}{a}\right)^{p} < \left(\frac{1}{a}\right)^{q} && [\text{上記 (1)}] \\
&\Longleftrightarrow \quad \frac{1^{p}}{a^{p}} < \frac{1^{q}}{a^{q}} && [\text{定理 49 (3)}'] \\
&\Longleftrightarrow \quad a^{q} < a^{p} && [\text{128p 補題, 定理 7 (8)}]
\end{aligned}
$$

よって、 $0 < a < 1$ のとき $p < q \implies a^{p} > a^{q}$ ($p, q \in Q$) ∎

3　指数の拡張 (続き)

定義 20 (無理数の指数)

　指数が無理数のときにも，累乗を定義することができる。

例えば，　　$\sqrt{2} = 1.414213\cdots\cdots$　　に対して，　　　$3^{1.4} = 4.65553\cdots$
累乗の列 $3^{1.4}$, $3^{1.41}$, $3^{1.414}$, $3^{1.4142}$, $3^{1.41421}$ $\cdots$ は　　$3^{1.41} = 4.70696\cdots$
右表のようになり，次第に一定の値に近づいていく。　　$3^{1.414} = 4.72769\cdots$
その値を　$3^{\sqrt{2}}$ と定める。このようにして，$a > 0$ の　$3^{1.4142} = 4.72873\cdots$
とき，　無理数 x に対して，累乗 a^x が定義される。　$3^{1.41421} = 4.72878\cdots$
この定義で，指数は '実数の範囲' にまで拡張される。　　$\cdots\cdots\cdots\cdots$

厳密な推論には，公理 (14) 関連の性質 を要するので，説明は これ位にして
今後の課題とする。

　そして，定理 49 (指数法則) や 定理 50 は　指数 p, q, r が 実数の範囲で 成り
立つ。

補題：　$a > 0$，r が実数 のとき，　　$a^r > 0$ ，　　$1^r = 1$ ，　　$a^{-r} = \dfrac{1}{a^r}$

定理 51 (指数法則)　　　　── $a > 0$, $b > 0$,　　p, q, r は 任意の実数 ──

　　(1)　　$a^p a^q = a^{p+q}$　　　　　　　　　　(1)′　　$\dfrac{a^p}{a^q} = a^{p-q}$

　　(2)　　$(a^p)^q = a^{pq}$

　　(3)　　$(ab)^r = a^r b^r$　　　　　　　　　　(3)′　　$\left(\dfrac{a}{b} \right)^r = \dfrac{a^r}{b^r}$

証明　　は，公理 (14) 関連の性質 を要するので 省略する。

< 注 >　　定理 50 の R への拡張は，定理 52 として，次の §2 1 に掲げる。

基礎演習 12　　　　　　　　　　　　　　　　—— 解答は 267 p

12-1　次の値を求めよ。

(1)　$(-3)^0$　　　　(2)　$(-4)^{-3}$　　　　(3)　$\left(\dfrac{1}{3}\right)^{-1}$　　　　(4)　$(\sqrt[3]{7})^6$

(5)　$\sqrt[3]{\dfrac{8}{27}}$　　　(6)　$-\sqrt[8]{81}$　　　　(7)　$\sqrt[3]{-125}$　　　(8)　$\sqrt[3]{-\dfrac{1}{64}}$

(9)　$0.04^{1.5}$　　　(10)　$\left(\dfrac{125}{64}\right)^{-\frac{2}{3}}$　　　(11)　$\sqrt{\sqrt[3]{64}}$　　　(12)　$\sqrt[5]{\sqrt{1024}}$

12-2　次の式を簡単にせよ。　　　ただし，$a \neq 0,\ b \neq 0$ とする。

(1)　$a^5 a^{-3}$　　　　(2)　$a^5 a^{-5}$　　　　　(3)　$a^2 \div a^7$

(4)　$(a^{-2})^{-5}$　　　(5)　$(a^2)^3 \times a^{-2}$　　　(6)　$(a^{-2})^3 \div a^{-5}$

(7)　$(a^2 b^{-1})^3$　　　(8)　$(a^{-1} b^2)^2 \times (ab^{-2})^3$　　　(9)　$\left(\dfrac{a}{b^2}\right)^2 \div \left(\dfrac{a}{b}\right)^3$

(10)　$a^{-5} \div \{(a^2)^{-3} \times a\}$　　　(11)　$a^4 \div (a^{-3})^{-2} \times \left(\dfrac{1}{a}\right)^4$

12-3　次の式を簡単にせよ。　　　ただし，$a > 0,\ b > 0$ とする。

(1)　$\sqrt[3]{a^2} \times \sqrt[4]{a^3}$　　　　(2)　$a\sqrt{a} \div \sqrt[3]{a}$　　　　(3)　$\sqrt[4]{a^3} \times \sqrt{a} \div \sqrt[6]{a^5}$

(4)　$\left(\dfrac{a}{\sqrt[3]{a^2}}\right)^3$　　　　(5)　$\sqrt{\sqrt{a} \times \dfrac{a}{\sqrt[3]{a}}}$　　　(6)　$\sqrt{a\sqrt{a\sqrt{a}}}$

(7)　$\left(a^{\frac{1}{2}} b^{-\frac{3}{2}}\right)^{\frac{1}{2}} \times a^{\frac{3}{4}} \div b^{-\frac{3}{4}}$　　　(8)　$\sqrt{a^3} \div \sqrt[3]{b^2} \times \sqrt[6]{\dfrac{b^2}{a}} \div \sqrt[3]{\dfrac{a}{b^4}}$

12-4　次の式を簡単にせよ。

(1)　$9^3 \times 81^{-2}$　　　(2)　$5^3 \times (5^{-1})^2 \div 5$　　　(3)　$6^3 \div (-3)^{-2} \times (-18)^{-3}$

(4)　$4^{\frac{1}{4}} \times 4^{\frac{1}{3}} \div 4^{\frac{1}{12}}$　　(5)　$(8^{\frac{1}{2}} \times 4^{\frac{1}{4}})^{\frac{1}{2}} \div (4^{-\frac{3}{4}})^{\frac{2}{3}}$　　(6)　$\left\{\left(\dfrac{27}{64}\right)^{-\frac{5}{6}}\right\}^{\frac{2}{5}}$

(7)　$9^{1.5} \times 32^{-0.4}$　　(8)　$4^{\frac{2}{3}} \div 24^{\frac{1}{3}} \times 18^{\frac{2}{3}}$　　(9)　$4^{\frac{2}{3}} \div 18^{\frac{1}{3}} \times 72^{\frac{1}{3}}$

12-5　次の式を簡単にせよ。

(1)　$\sqrt[5]{9}\,\sqrt[5]{27}$　　　　(2)　$\dfrac{\sqrt[4]{48}}{\sqrt[4]{12}}$　　　　(3)　$\sqrt[3]{2} \times \sqrt[3]{6} \times \sqrt[3]{18}$

(4)　$(\sqrt[3]{4})^2 \times \sqrt[6]{16}$　　(5)　$\sqrt[3]{3} \times \sqrt[6]{3} \div \sqrt{3}$　　(6)　$\sqrt[4]{6} \times \sqrt{6} \times \sqrt[4]{12}$

(7)　$\sqrt{6} \times \sqrt[4]{54} \div \sqrt[4]{6}$　　(8)　$(\sqrt[3]{2} \times 2 \div \sqrt{8})^{-6}$　　(9)　$\sqrt{6} \div \sqrt[3]{486} \times \sqrt[6]{\dfrac{3}{2}}$

(10)　$\sqrt[3]{81} - \sqrt[3]{24}$　　(11)　$\sqrt[3]{24} - \sqrt[3]{3} + \sqrt[3]{-81}$　　(12)　$\sqrt[3]{54} + \dfrac{3}{2}\sqrt[6]{4} + \sqrt[3]{-\dfrac{1}{4}}$

§2　指数関数

1　関数 $y = a^x$ $(a > 0,\ a \neq 1)$ を a を底とする 指数関数 という.

　指数関数 $y = a^x$ の 定義域は 実数全体, 値域は 正の実数全体 (証略) である。

定理 52 (指数関数の単調性)

　(1)　$a > 1$ のとき　　　　　　$u < v$　$\Longrightarrow$　$a^u < a^v$

　　　　　　　　即ち,　指数関数 $y = a^x$ は 増加関数である。

　(2)　$0 < a < 1$ のとき　　　　$u < v$　$\Longrightarrow$　$a^u > a^v$

　　　　　　　　即ち,　指数関数 $y = a^x$ は 減少関数である。

証明　　は, 公理 (14) 関連の性質 を要するので省略する。　　　　■

定理 52 の系

　(1)　$a > 1$ のとき　　　　　　$u < v$　$\Longleftrightarrow$　$a^u < a^v$

　(2)　$0 < a < 1$ のとき　　　　$u < v$　$\Longleftrightarrow$　$a^u > a^v$

　(3)　$a > 0,\ a \neq 1$ のとき　　$u = v$　$\Longleftrightarrow$　$a^u = a^v$

証明　　　定理 52 から　定理 44 より　明らか。　　　　　■

2　指数関数 $y = a^x$ のグラフ

　(1)　2点 $(0, 1)$, $(1, a)$ を通り,　x 軸を漸近線とする。

　(2)　$a > 1$ のとき 右上がり,　$0 < a < 1$ のとき 右下がり。　　　[定理 52]

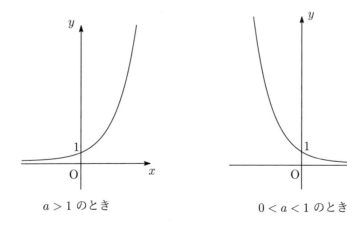

$a > 1$ のとき　　　　　　　　　　$0 < a < 1$ のとき

＜注1＞　$y = a^x$ のグラフを描くには, 初めて $y = x^2$ のグラフを描いたときのように, (a の値を決めて) x の色々な値に対する y の値を (電卓などで)

求めて, 打点して描く。 このとき, x が有理数なら, a^x を厳密に定義したが,
x が無理数のときには, 概略132p $\boxed{3}$ のように定義される。 それは x が有理数
のときの点を結ぶときに '連続な' 曲線となるように決めたものなのである。

<注2>　関数 $y = \left(\dfrac{1}{a}\right)^x \ (= a^{-x})$ のグラフは 関数 $y = a^x$ のグラフと y 軸
に関して対称である。　　　　　　　　　　　　　　[110p 定理 39]

★ 指数の式変形の方針 :「底を揃える, 次に, 指数 」

例題 1　　次の数の大小を調べよ。

$$\sqrt[3]{\dfrac{1}{4}}, \quad \dfrac{1}{\sqrt{2}}, \quad \sqrt[4]{\dfrac{1}{8}}$$

解答　　累乗根は 指数形に直す。　 指数の式変形の方針, 底を 2 に 揃える。

$$\sqrt[3]{\dfrac{1}{4}} = 2^{-\frac{2}{3}}, \qquad \dfrac{1}{\sqrt{2}} = 2^{-\frac{1}{2}}, \qquad \sqrt[4]{\dfrac{1}{8}} = 2^{-\frac{3}{4}}$$

次に, 指数 を比べる。　　$-\dfrac{3}{4} < -\dfrac{2}{3} < -\dfrac{1}{2}$　　　　定理 52 (1)　より,

$2^{-\frac{3}{4}} < 2^{-\frac{2}{3}} < 2^{-\frac{1}{2}}$　　　即ち　　$\sqrt[4]{\dfrac{1}{8}} < \sqrt[3]{\dfrac{1}{4}} < \dfrac{1}{\sqrt{2}}$　　……… (答)

$\boxed{3}$　指数方程式・指数不等式

指数関数を含む方程式・不等式を 指数方程式・指数不等式 という。

(1)　「底を揃える, 次に, 指数」も揃える。

　　$a^x = X$ と置き換えて, X の方程式・不等式を導く。　$X > 0$ に注意する。

(2)　定理 52 の系 を 右から左へ利用する。

例題 2　　次の方程式, 不等式を解け。　（ 2 項の場合 ）

(1)　　$25^{2x-1} - 5^{3x-5} = 0$　　　　　　　　(2)　　$9^x - 27^{2-x} \leqq 0$

解答

(1)　以下は 同値変形である。　 指数の式変形の方針 に従って,
　　与式より, 底を揃える。　$(5^2)^{2x-1} - 5^{3x-5} = 0$
　　　　　　　　　　　　　　$5^{4x-2} = 5^{3x-5}$　　　　　[指数法則 定理 51(2)]
　　次に, 指数 を比べる。　$4x - 2 = 3x - 5$　　　　[定理 52 の系 (3)]
　　よって,　　　　　　　　$x = -3$　　　　　　……… (答)

(2)　以下は 同値変形である。　 指数の式変形の方針 に従って,
　　与式より, 底を揃える。　$(3^2)^x - (3^3)^{2-x} \leqq 0$
　　　　　　　　　　　　　　$3^{2x} \leqq 3^{6-3x}$　　　　　[指数法則 定理 51(2)]
　　次に, 指数 を比べる。　$2x \leqq 6 - 3x$　　　　[定理 52 の系 (1)(3)]
　　よって,　　　　　　　　$x \leqq \dfrac{6}{5}$　　　　　　……… (答)

例題3　　次の方程式, 不等式を解け。　（3項以上の場合）

(1)　$8^x - 5 \cdot 4^x - 7 \cdot 2^{x+2} + 32 = 0$　　　　　(2)　$\left(\dfrac{1}{4}\right)^x - 9 \left(\dfrac{1}{2}\right)^{x-1} + 32 < 0$

解答

(1)　以下は 同値変形である。　　　指数の式変形の方針 に従って,

与式より, 底を揃える。 $2^{3x} - 5 \cdot 2^{2x} - 7 \cdot 2^{x+2} + 32 = 0$ [指数法則 定理51]

次に, 指数も揃える。　$(2^x)^3 - 5 \cdot (2^x)^2 - 7 \cdot 2^2 \cdot 2^x + 32 = 0$　　　[　〃　]

$2^x = X$ とおく。　　　　$X^3 - 5X^2 - 28X + 32 = 0$

因数分解して,　　　　　　$(X - 1)(X + 4)(X - 8) = 0$　　　[因数定理, 組立除法]

$X > 0$ より　　　$X = 1, 8$　　　即ち　　　$2^x = 1, 8$

再び, 底を揃える。　　　　　　　　$2^x = 2^0, 2^3$

指数を比べる。 定理52 の系 (3) より　　　　$x = 0, 3$　　　………… (答)

(2)　以下は 同値変形である。　　　指数の式変形の方針 に従って,

与式より, 底を揃える。　$\left(\dfrac{1}{2}\right)^{2x} - 9 \left(\dfrac{1}{2}\right)^{x-1} + 32 < 0$　[指数法則 定理51]

次に, 指数も揃える。　$\left\{\left(\dfrac{1}{2}\right)^x\right\}^2 - 9 \left(\dfrac{1}{2}\right)^{-1} \left(\dfrac{1}{2}\right)^x + 32 < 0$　　　[　〃　]

$\left(\dfrac{1}{2}\right)^x = X$ とおく。　　　$X^2 - 18X + 32 < 0$

因数分解して,　　　　　　$(X - 2)(X - 16) < 0$

　　　　　　即ち　　$2 < X < 16$　　　即ち　　$2 < \left(\dfrac{1}{2}\right)^x < 16$

再び, 底を揃える。　　　　　$2^1 < 2^{-x} < 2^4$

指数を比べる。定理52 の系 (1) より　$1 < -x < 4$　∴　$-4 < x < -1$ (答)

$\boxed{4}$　指数関数 の 最大・最小

「底を揃える, 次に, 指数」も揃える。

$a^x = t$ と置き換えて, t の関数へ。　t の変域 に注意する。

即ち, 合成関数 として 考える。

例題4　　次の関数の最大値と最小値を求めよ。

$$y = -4^x + 2^{x+2} - 3 \quad (0 \leqq x \leqq 2)$$

解答　　与式より　　$y = -2^{2x} + 2^{x+2} - 3$　　　　　　　　　[底を揃える]

　　　　　　　　　　$= -(2^x)^2 + 2^2 \cdot 2^x - 3$　　　　　　　[指数も揃える]

　　　　　　　　　　$= -t^2 + 4t - 3$　　　　　　　　　[$2^x = t$ とおく]

　　　　　　　　　　$= -(t - 2)^2 + 1$　　　　　　　[2次式の平方完成]

ここで,　　$0 \leqq x \leqq 2$　　より　　$2^0 \leqq 2^x \leqq 2^2$　　[定理52 の系 (1)(3)]

即ち $1 \leqq t \leqq 4$　従って,　$t = 2$ 即ち $x = 1$ で, $\max y = 1$　$\Big\}$ … (答)

　　　　　　　　　　　　　　　$t = 4$ 即ち $x = 2$ で, $\min y = -3$

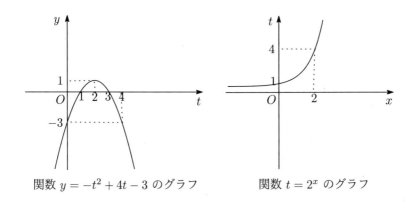

関数 $y = -t^2 + 4t - 3$ のグラフ   関数 $t = 2^x$ のグラフ

㊟ 与えられた関数を, $x \longrightarrow t \longrightarrow y$ として, 2つの関数の 合成関数
として 考えている。 右上図 x 軸から t 軸への対応, 続けて, 左上図 t 軸
から y 軸への対応。 答案にグラフを書く必要は 無いが, このように 捉えて
いることを理解しよう。

---

5 **巾関数** $y = x^k$ $(x > 0)$ —— $k \neq 0$ ——

定理 53 (巾関数の単調性)

(1) k が正の有理数 のとき $(0 <) u < v \implies u^k < v^k$
即ち, 巾関数 $y = x^k$ は $(0, \infty)$ で増加する。

(2) k が負の有理数 のとき $(0 <) u < v \implies u^k > v^k$
即ち, 巾関数 $y = x^k$ は $(0, \infty)$ で減少する。

証明 定理 20 (1)(3), 定理 48, 定理 7 (8) より 明らか。 ∎

<注> 定理 53 は k が正負の実数のときも 成立する。 証明は 省略。

定理 53 の系 $u > 0, v > 0$ とする。

(1) $k > 0$ のとき $u < v \iff u^k < v^k$
(2) $k < 0$ のとき $u < v \iff u^k > v^k$
(3) $k \neq 0$ のとき $u = v \iff u^k = v^k$

証明 定理 53 から 定理 44 より 明らか。 ∎

<注> 定理 53 の系 (3) によって, 巾関数には 逆関数が 存在する。
巾関数の逆関数 は 巾関数 である。

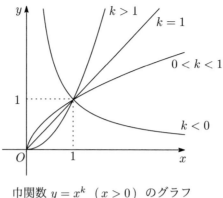

巾関数 $y = x^k \ (x > 0)$ のグラフ

例題5　　次の数の大小を調べよ。
$$\sqrt[3]{2}, \quad \sqrt[4]{3}, \quad \sqrt[6]{5}$$

解答　　累乗根は 指数形に直す。

$$\sqrt[3]{2} = 2^{\frac{1}{3}}, \qquad \sqrt[4]{3} = 3^{\frac{1}{4}}, \qquad \sqrt[6]{5} = 5^{\frac{1}{6}}$$

指数を $\dfrac{1}{12}$ に揃える。　　$\sqrt[3]{2} = 2^{\frac{1}{3}} = (2^4)^{\frac{1}{12}} = 16^{\frac{1}{12}}$

$$\sqrt[4]{3} = 3^{\frac{1}{4}} = (3^3)^{\frac{1}{12}} = 27^{\frac{1}{12}}$$

$$\sqrt[6]{5} = 5^{\frac{1}{6}} = (5^2)^{\frac{1}{12}} = 25^{\frac{1}{12}}$$

次に，底を比べる。　　 $16 < 25 < 27$ 　　　　定理53(1) より，

$16^{\frac{1}{12}} < 25^{\frac{1}{12}} < 27^{\frac{1}{12}}$ 　　即ち　　　 $\sqrt[3]{2} < \sqrt[6]{5} < \sqrt[4]{3}$ 　　$\cdots\cdots\cdots$ (答)

㊟　 例題1 (135p) と比較して検討せよ。見掛けは 似ているが，解法が異なる。
指数の式変形の方針：「底を揃える，次に，指数」に注目。　　が，この場合，
逆になっているのである。　　「指数を揃える，次に，底」に注目。
指数を変数と見る指数関数型 と 底を変数と見る巾関数型 がある。
本書では，指数関数型を中心に書いている。

基礎演習 13 —— 解答は 272 p

13-1 次の関数のグラフをかけ。

① $y = 2^x$ 　　 ② $y = -2^x$ 　　 ③ $y = 2^{-x}$ 　　 ④ $y = -2^{-x}$

⑤ $y = \left(\dfrac{1}{2}\right)^x$ 　　 ⑥ $y = 2^{x-3} - 4$ 　　 ⑦ $y = -2^{-x+3} + 4$

13-2 次の各組の数の大小を調べよ。

(1) $\sqrt{27}$, $\sqrt[3]{81}$, $\sqrt[4]{243}$ 　　　　 (2) $\sqrt{2}$, $\sqrt[5]{4}$, $\sqrt[8]{8}$, $\sqrt[9]{16}$

(3) $\sqrt[3]{\dfrac{1}{4}}$, $\dfrac{1}{\sqrt[5]{16}}$, $\sqrt[7]{\dfrac{1}{32}}$ 　　　 (4) $\sqrt{(0.2)^3}$, $\sqrt[3]{(0.2)^4}$, $\sqrt[4]{(0.2)^5}$

(5) 2^{30}, 3^{20}, 7^{10} 　　　　　　 (6) $\sqrt[3]{2}$, $\sqrt[4]{3}$, $\sqrt[6]{5}$

(7) $\sqrt[3]{\dfrac{4}{9}}$, $\sqrt[4]{\dfrac{8}{27}}$, $\sqrt[3]{\dfrac{9}{16}}$

13-3 次の指数方程式・指数不等式を解け。

(1) $5^{2x-1} - \dfrac{1}{125} = 0$ 　　　　 (2) $5^{2x-1} - \dfrac{1}{125} > 0$

(3) $4^{3-x} - 8\sqrt{2} = 0$ 　　　　 (4) $4^{3-x} - 8\sqrt{2} \leqq 0$

(5) $9^{x-1} - 3^{5x+4} = 0$ 　　　　 (6) $9^{x-1} - 3^{5x+4} > 0$

(7) $\left(\dfrac{1}{4}\right)^x = 16$ 　　　　　 (8) $\dfrac{1}{2} \leqq \left(\dfrac{1}{4}\right)^x < 16$

(9) $9^x - 2 \cdot 3^{x+1} - 27 = 0$ 　　　 (10) $9^x - 2 \cdot 3^{x+1} - 27 \geqq 0$

(11) $\dfrac{1}{4^x} - 3\left(\dfrac{1}{2}\right)^x - 4 = 0$ 　　　 (12) $\dfrac{1}{4^x} - 3\left(\dfrac{1}{2}\right)^x - 4 < 0$

(13) $8 \cdot 4^x - 3 \cdot 2^{x+1} + 1 = 0$ 　　 (14) $8 \cdot 4^x - 3 \cdot 2^{x+1} + 1 \leqq 0$

(15) $2^x + 2^{2-x} = 5$ 　　　　 (16) $2^x + 2^{2-x} > 5$

(17) $8^x - 13 \cdot 4^x + 11 \cdot 2^{x+2} - 32 = 0$ 　 (18) $8^x - 13 \cdot 4^x + 11 \cdot 2^{x+2} - 32 < 0$

13-4 次の関数の最大値と最小値を求めよ。また, そのときの x の値を求めよ。

(1) $y = 9^x - 2 \cdot 3^x + 2$ 　　($x \leqq 1$)

(2) $y = 4^x - 2^{x+2}$ 　　　　($2 \leqq x \leqq 3$)

(3) $y = -4^x + 2^x + 2$ 　　　($-2 \leqq x \leqq 2$)

§3　対数の定義 と 対数の性質

1　対数の定義

定理 54：　$\forall M > 0$　$\exists! p$　$a^p = M$　（$a > 0$, $a \neq 1$）

証明　　指数関数 $f(x) = a^x$, $f : R \longrightarrow (0, \infty)$　は 全射であり，　また，
　　定理 52 の系 (3) より 単射である。　従って，121p 定理 42 より, 成立する。■

定義 21：　$a > 0$, $a \neq 1$ のとき，　$M > 0$ に対して，
　　定理 54 の p を　$\log_a M$ で表し，　a を底とする M の対数　という。
　　M をこの対数の真数 という。　　　真数 $M > 0$
　　a を この対数の底 という。　　　　底 $a > 0$, $a \neq 1$

定理 54 の系：　$a > 0$, $a \neq 1$, $M > 0$　のとき，
$$\log_a M = p \iff a^p = M \qquad （左は 対数形, 右は 指数形）$$

＜注＞　　125p（$\sqrt[n]{a}$）の 定理 46, 定義 18, 定理 46 の系 と 同じ構成である。
　　定理 54 の系 を 実質的な 対数の定義　と考えてもよいだろう。

例　　　　定理 54 の系　によって,
(1)　$2^3 = 8$　即ち　$\log_2 8 = 3$　　　　(2)　$10^2 = 100$　即ち　$\log_{10} 100 = 2$
(3)　$\left(\dfrac{1}{3}\right)^{-2} = 9$　即ち　$\log_{\frac{1}{3}} 9 = -2$

2　対数の性質

定理 55（対数の性質）　—— $a > 0$, $a \neq 1$, $m > 0$, $m \neq 1$, $M > 0$, $N > 0$ ——

(0)　(i) $\log_a 1 = 0$　　(ii) $\log_a a = 1$　　(iii) $\log_a a^p = p$　　(iv) $a^{\log_a M} = M$

(1)　$\log_a MN = \log_a M + \log_a N$

(2)　$\log_a \dfrac{M}{N} = \log_a M - \log_a N$

(3)　$\log_a M^q = q \log_a M$

(4)　$\log_m N = \dfrac{\log_a N}{\log_a m}$　（底の変換公式）　　　(4)′ $\log_a m \cdot \log_m N = \log_a N$

証明　　　$a > 0$, $a \neq 1$, $m > 0$, $m \neq 1$, $M > 0$, $N > 0$　とする。

(0)　$a^0 = 1$, $a^1 = a$　即ち　$\log_a 1 = 0$, $\log_a a = 1$　　　　　［定理 54 の系］
　　定理 54 の系で，M を a^p とすると，　$\log_a a^p = p \iff a^p = a^p \iff$ Υ
　　p を $\log_a M$ とすると，　　$a^{\log_a M} = M \iff \log_a M = \log_a M \iff$ Υ
　　（上式では, 132p 補題より $a^p > 0$, 下式では, 左右を反対に書いている.）　■

(1)　　$a^p a^q = a^{p+q}$　　　　　　　　　　　[132p 定理 51 指数法則 (1)]

　　$\iff \log_a a^p a^q = p + q$　　[132p 補題より $a^p, a^q > 0$　$a^p a^q > 0$, 定理 54 の系]

　　$\iff \log_a MN = \log_a M + \log_a N$　$\left[\begin{array}{l} a^p = M \ 即ち \ p = \log_a M, \\ a^q = N \ 即ち \ q = \log_a N \ とおく \end{array}\right]$ ■

(2)　　$\dfrac{a^p}{a^q} = a^{p-q}$　　　　　　　　　　[132p 定理 51 指数法則 (1)′]

　　$\iff \log_a \dfrac{a^p}{a^q} = p - q$　　[132p 補題より $a^p, a^q > 0$　$\dfrac{a^p}{a^q} > 0$, 定理 54 の系]

　　$\iff \log_a \dfrac{M}{N} = \log_a M - \log_a N$　$\left[\begin{array}{l} a^p = M \ 即ち \ p = \log_a M, \\ a^q = N \ 即ち \ q = \log_a N \ とおく \end{array}\right]$ ■

また,　$\log_a MN = \log_a M + \log_a N \iff \log_a \dfrac{M}{N} = \log_a M - \log_a N$

$\left[\begin{array}{l} 左の等式で \ M \ を \ \dfrac{M}{N} \ とすると, 右の等式となり, \\ 右の等式で \ M \ を \ MN \ とすると, 左の等式となる \end{array}\right]$

(3)(4)　　$(a^p)^q = a^{pq}$　　　　　　　　　　[132p 定理 51 指数法則 (2)]

　　$\iff \log_a (a^p)^q = pq$　　[132p 補題より $a^p > 0$　$(a^p)^q > 0$, 定理 54 の系]

　　$\iff \log_a M^q = q \log_a M$　　$[\ a^p = M \ 即ち \ p = \log_a M \ とおく\ ]$

　　$\iff \log_a N = \log_M N \log_a M$　$\left[\begin{array}{l} M \neq 1 \ のとき, \\ M^q = N \ 即ち \ q = \log_M N \ とおく \end{array}\right]$

　　$\iff \log_m N = \dfrac{\log_a N}{\log_a m}$　　　　$[\ M \ を \ m \ とする, \ m \neq 1\ ]$ ■

＜注1＞　上の証明のように, 対数の性質 (1) は指数法則 (1) の対数形であり, 対数の性質 (2) は指数法則 (1)′ の対数形である。　p, q を M, N に変換。 また, この2つは, 積和形と商差形の形の違いだけで同等である。 即ち, これら4つの等式は同じ事柄の違う表現なのである。

＜注2＞　対数の性質 (3) は指数法則 (2) の '半分' 対数形である。p だけを M に変換。対数の性質 (4) は指数法則 (2) の対数形である。p, q を M, N に変換。　即ち, これら3つの等式は同じ事柄の違う表現である。

＜注3＞　指数法則 (3)(3)′ に対応する対数の性質がないのは, これらを指数法則に含めることが多いが, 指数の法則 というより, '底' 法則 とでも呼ぶべきものだからである。

＜注4＞　上の証明は, このような 指数法則 と 対数の性質 の関係 が解り易いように書いた。定理の間の関係性の理解が重要と考えるからである。

基礎演習 14 　　　　　　　　　　　　　　　　—— 解答は 280 p

14-1　　次の等式を 指数形は対数形に，対数形は指数形に 書き換えよ。

(1)　$3^4 = 81$　　　　　　　(2)　$10^{-2} = 0.01$　　　　(3)　$8^{\frac{2}{3}} = 4$

(4)　$4^{-\frac{1}{2}} = \dfrac{1}{2}$　　　　　(5)　$\log_{10} 1000 = 3$　　　(6)　$\log_{\sqrt{2}} 32 = 10$

(7)　$\log_{10} 0.1 = -1$　　　(8)　$\log_{25} \dfrac{1}{5} = -\dfrac{1}{2}$

14-2　　次の値を求めよ。

(1)　$\log_2 32$　　(2)　$\log_3 \dfrac{1}{27}$　　(3)　$\log_{10} 0.001$　　(4)　$\log_5 \sqrt[3]{25}$

(5)　$\log_4 32$　　(6)　$\log_9 \dfrac{1}{\sqrt{27}}$　　(7)　$\log_{0.2} 125$　　(8)　$\log_{\sqrt{2}} 8$

(9)　$8^{\log_2 3}$　　(10)　$10^{1+\log_{10} 3}$　　(11)　$2^{\log_4 7}$

14-3　　次の式を簡単にせよ。

(1)　$\log_4 128 + \log_4 8$　　　　　　(2)　$\log_5 \sqrt{75} - \log_5 \sqrt{15}$

(3)　$\log_2 \dfrac{4}{3} + 2\log_2 \sqrt{12}$　　　　(4)　$\log_3 \dfrac{21}{4} - \dfrac{1}{2}\log_3 \dfrac{49}{16}$

(5)　$\log_{10} \dfrac{1}{4} - \log_{10} 9 + 2\log_{10} \dfrac{3}{5}$　　(6)　$4\log_2 \sqrt{2} - \dfrac{1}{2}\log_2 3 + \log_2 \dfrac{\sqrt{3}}{4}$

(7)　$3\log_3 7 - 4\log_3 \sqrt{63} - \log_3 21$　　(8)　$\log_5 \sqrt{3} + \dfrac{3}{2}\log_5 \sqrt[3]{50} - \dfrac{1}{2}\log_5 30$

14-4　　次の式を簡単にせよ。

(1)　$\log_3 5 \cdot \log_5 3$　　　　　　(2)　$\log_4 27 \cdot \log_9 32$

(3)　$\log_4 3 \cdot \log_5 8 \cdot \log_9 25$　　　　(4)　$3\log_5 25 + 4\log_9 \dfrac{1}{3} - 6\log_{\frac{1}{4}} 8$

(5)　$(\log_2 9 + \log_8 3)(\log_3 4 + \log_9 8)$　　(6)　$(\log_5 9 + \log_{25} 3)(\log_9 5 - \log_3 25)$

(7)　$\log_2 9 - 2(\log_3 6)(\log_2 3)$　　(8)　$\log_2 6 \cdot \log_3 6 - (\log_2 3 + \log_3 2)$

§4 対数関数

1　関数 $y = \log_a x \ (a > 0, \ a \neq 1)$ を aを底とする対数関数 という.

定理 56 : 対数関数 $y = \log_a x$ は指数関数 $y = a^x$ の逆関数である。従って,
　　対数関数 $y = \log_a x$ の定義域は正の実数全体, 値域は実数全体 である。

証明　指数関数 $f(x) = a^x$, $f : R \longrightarrow (0, \infty)$ は 全単射であり,
　　140p 1 対数の定義 より 明らか。　　後半は, 122p 定理 43 (1) より。　　■

定理 57 (対数関数の単調性)

(1)　$a > 1$ のとき　　　　　　　$0 < u < v \implies \log_a u < \log_a v$
　　　　　　　　　即ち,　対数関数 $y = \log_a x$ は 増加関数 である。

(2)　$0 < a < 1$ のとき　　　　$0 < u < v \implies \log_a u > \log_a v$
　　　　　　　　　即ち,　対数関数 $y = \log_a x$ は 減少関数 である。

証明　定理 56, 定理 52 (指数関数の単調性), 定理 45 (単調関数と逆関数)　■

定理 57 の系　　　　　　$u > 0, \ v > 0$ とする。

(1)　　$a > 1$ のとき　　　　　　$u < v \iff \log_a u < \log_a v$
(2)　　$0 < a < 1$ のとき　　　　$u < v \iff \log_a u > \log_a v$
(3)　　$a > 0, \ a \neq 1$ のとき　　$u = v \iff \log_a u = \log_a v$

証明　定理 57 から 定理 44 より 明らか。(or 定理 57 の証明の中で済み)　■

2　対数関数 $y = \log_a x$ のグラフ

(1)　2 点 $(1, 0), \ (a, 1)$ を通り,　　y軸を漸近線 とする。
(2)　$a > 1$ のとき 右上がり,　　$0 < a < 1$ のとき 右下がり。　　[定理 57]
(3)　指数関数 $y = a^x$ のグラフと 直線 $y = x$ に関して対称である。[定理 56]

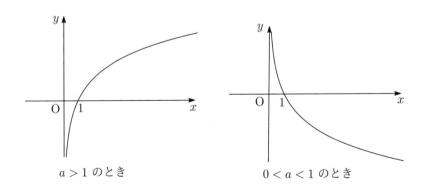

$a > 1$ のとき　　　　　　　　　　$0 < a < 1$ のとき

★ 対数の式変形の方針 :「底を揃える, 次に, 真数 」

例題 1   次の数の大小を調べよ。

$$\log_3 2 \, , \qquad \log_9 6 \, , \qquad \frac{1}{2}$$

解答   対数の式変形の方針, 底を 3 に 揃える。   複雑な式から,

$$\log_9 6 = \frac{\log_3 6}{\log_3 9} = \frac{\log_3 6}{\log_3 3^2} = \frac{\log_3 6}{2} = \frac{1}{2} \log_3 6 \qquad [\,\text{定理 } 55\,(4)(0)(\text{iii})\,]$$

$$\frac{1}{2} = \frac{1}{2} \cdot 1 = \frac{1}{2} \log_3 3 \qquad\qquad\qquad\qquad [\,\text{定理 } 55\,(0)(\text{ii})\,]$$

$$\log_3 2 = \frac{1}{2} \cdot 2 \log_3 2 = \frac{1}{2} \log_3 2^2 = \frac{1}{2} \log_3 4 \qquad [\,\text{定理 } 55\,(3)\,]$$

次に, 真数 を比べる。 $3 < 4 < 6$ 定理 57 (1) より,

$\log_3 3 < \log_3 4 < \log_3 6$ 定理 7 (3)(i) より $\dfrac{1}{2} \log_3 3 < \dfrac{1}{2} \log_3 4 < \dfrac{1}{2} \log_3 6$

よって, $\dfrac{1}{2} < \log_3 2 < \log_9 6$ ………… (答)

③ 対数方程式・対数不等式

対数関数を含む方程式・不等式 を 対数方程式・対数不等式 という。

(1) 「底を揃える, 次に, 真数」も揃える。

$\log_a x = X$ と置き換えて, X の方程式・不等式を導く。

底, 真数の条件 に注意する。

(2)   定理 57 の系 を右から左へ 利用する。

例題 2   次の方程式, 不等式を解け。   (2 項の場合 or 2 項に帰着する場合)

(1) $\log_2 (x - 1) + \log_4 (x + 2) = 1$ (2) $2 + \log_3 (1 - x^2) \leqq \log_{\sqrt{3}} (x + 3)$

解答

(1)   真数条件より $x - 1 > 0 \, , \, x + 2 > 0$ 即ち $x > 1$ ⋯⋯ ①

① のもとで, 以下は 同値変形である。   対数の式変形の方針 に従って,

与式より, 底を揃える。 $\log_2 (x - 1) + \dfrac{\log_2 (x + 2)}{\log_2 2^2} = 1$ [定理 55 (4)]

$$2 \log_2 (x - 1) + \log_2 (x + 2) = 2 \qquad [\,\text{定理 } 55\,(0)(\text{iii})\,]$$

$$\log_2 (x - 1)^2 (x + 2) = \log_2 2^2 \qquad [\,\text{定理 } 55\,(3)(1)(0)(\text{iii})\,]$$

(2 項に帰着した)

次に, 真数 を比べる。 $(x - 1)^2 (x + 2) = 2^2$ [定理 57 の系 (3)]

$$x^3 - 3x - 2 = 0$$

$$(x + 1)^2 (x - 2) = 0$$

① より $x = 2$ ……… (答)

(2) 真数条件より $1-x^2>0$, $x+3>0$ 即ち $-1<x<1$ ······ ①

① のもとで, 以下は 同値変形である。 対数の式変形の方針 に 従って,

底を揃える。 $\log_3 3^2 + \log_3(1-x^2) \leqq \dfrac{\log_3(x+3)}{\log_3 \sqrt{3}}$ [定理 55 (4)(0)(iii)]

$\log_3 9(1-x^2) \leqq 2\log_3(x+3)$ [$\sqrt{3}=3^{\frac{1}{2}}$, 定理 55 (1)(0)(iii)]

$\log_3 9(1-x^2) \leqq \log_3(x+3)^2$ [定理 55 (3)]

(2項に帰着した)

次に, 真数 を 比べる。 $9(1-x^2) \leqq (x+3)^2$ [定理 57 の系 (1)(3)]

$0 \leqq (5x+3)x$ 即ち $x \leqq -\dfrac{3}{5}$, $0 \leqq x$

① より $-1<x \leqq -\dfrac{3}{5}$, $0 \leqq x < 1$ ········· (答)

例題 3 次の方程式, 不等式を解け。 (3項以上の場合)

(1) $\log_x 4 - \log_4 x^2 - 1 = 0$ (2) $4 - \log_{\frac{1}{3}} 9x > (\log_3 x)^2$

解答

(1) 底, 真数条件より $x>0$, $x \neq 1$, $x^2>0$ 即ち $x>0$, $x \neq 1$ ······ ①

① のもとで, 以下は 同値変形である。 対数の式変形の方針 に 従って,

与式より, 底を揃える。 $\dfrac{\log_2 4}{\log_2 x} - \dfrac{\log_2 x^2}{\log_2 4} - 1 = 0$ [定理 55 (4)]

次に, 真数も揃える。 $\dfrac{2}{\log_2 x} - \dfrac{2\log_2 x}{2} - 1 = 0$ [$4=2^2$, 定理 55 (3)(0)(iii)]

$\log_2 x = X$ とおく。 $\dfrac{2}{X} - X - 1 = 0$

通分, 因数分解して, $\dfrac{(X+2)(X-1)}{X} = 0$ 即ち $X = -2$, 1

即ち $\log_2 x = -2$, 1

再び, 底を揃える。 $\log_2 x = \log_2 2^{-2}$, $\log_2 2^1$ [定理 55 (0)(iii)]

真数を比べる。 定理 57 の系 (3) より $x = 2^{-2}$, 2^1 ∴ $x = \dfrac{1}{4}$, 2 ···(答)

(2) 真数条件より $9x>0$, $x>0$ 即ち $x>0$ ······ ①

① のもとで, 以下は 同値変形である。 対数の式変形の方針 に 従って,

与式より, 底を揃える。 $4 - \dfrac{\log_3 9x}{\log_3 \frac{1}{3}} > (\log_3 x)^2$ [定理 55 (4)]

次に, 真数も揃える。 $4 - \dfrac{\log_3 9 + \log_3 x}{\log_3 3^{-1}} > (\log_3 x)^2$ [定理 55 (1)]

$\log_3 x = X$ とおく。 $4 + 2 + X > X^2$ [$9=3^2$, 定理 55 (0)(iii)]

移項し, 因数分解して, $(X+2)(X-3) < 0$

即ち $-2 < X < 3$ 即ち $-2 < \log_3 x < 3$

再び, 底を揃える。 $\log_3 3^{-2} < \log_3 x < \log_3 3^3$ [定理 55 (0)(iii)]

真数を比べる。定理 57 の系 (1) より $3^{-2} < x < 3^3$ ∴ $\dfrac{1}{9} < x < 27$ (答)

4 　対数関数 の 最大・最小

「底を揃える，次に，真数」も揃える。

$\log_a x = t$ と置き換えて，t の関数へ。　　t の変域 に注意する。

即ち，合成関数 として 考える。

例題4　　　次の関数の最大値と最小値を求めよ。

$$y = (\log_3 x)^2 + \log_{\frac{1}{3}} x^4 + 3 \quad (1 \leqq x \leqq 27)$$

解答　　　与式より　　$y = (\log_3 x)^2 + \dfrac{\log_3 x^4}{\log_3 \frac{1}{3}} + 3$　　　　　　　　[底を揃える]

$\qquad\qquad\qquad = (\log_3 x)^2 - 4\log_3 x + 3$　　　$[\dfrac{1}{3} = 3^{-1}$，真数も揃える $]$

$\qquad\qquad\qquad = t^2 - 4t + 3$　　　　　　　　　　$[\log_3 x = t$ とおく $]$

$\qquad\qquad\qquad = (t-2)^2 - 1$　　　　　　　　　　$[$ 2次式の平方完成 $]$

ここで，$1 \leqq x \leqq 27$　より　$\log_3 1 \leqq \log_3 x \leqq \log_3 27$　[定理57の系 (1)(3)]

即ち $0 \leqq t \leqq 3$　　従って，$\left.\begin{array}{l} t=0 \text{ 即ち } x=1 \text{ で，} \max y = 3 \\ t=2 \text{ 即ち } x=9 \text{ で，} \min y = -1 \end{array}\right\}$ … (答)

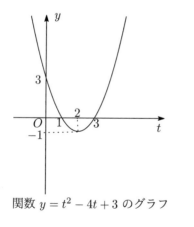

関数 $y = t^2 - 4t + 3$ のグラフ

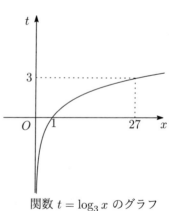

関数 $t = \log_3 x$ のグラフ

㊟　与えられた関数を，$x \longrightarrow t \longrightarrow y$　として，2つの関数の 合成関数 として 考えている。　右上図 x 軸から t 軸への対応，続けて，左上図 t 軸 から y 軸への対応。　答案にグラフを書く必要は無いが，このように捉えて いることを理解しよう。

(137p ㊟ 参照)

5　常用対数

10 を底とする対数を 常用対数 という。

定理 58：　正の数 A は 常に，　$A = a \times 10^m$　（ $m \in Z$，$1 \leqq a < 10$ ）

　　即ち，　$\log_{10} A = m + \log_{10} a$　（ $m \in Z$，$0 \leqq \log_{10} a < 1$ ）　とかける。

　　このとき，$m = [\log_{10} A]$　（ $[x]$ は x を超えない最大の整数, ガウス記号 ）

証明

　（前半）　正の数 A を 10 進法で表し，小数点の位置を 考えればよい。

　（後半）　前半の式から，定理 55 (1)(0)(iii)，定理 57 の系 (1)(3) により。　∎

定理 59

(1)　正の数 A の整数部分が n 桁である（ $n \in N$ ）

　　　$\Longleftrightarrow$　　$A = a \times 10^{n-1}$（ $1 \leqq a < 10$ ）　とかける　　　[定理 58]

　　　$\Longleftrightarrow$　　$10^{n-1} \leqq A < 10^n$

　　　$\Longleftrightarrow$　　$n - 1 \leqq \log_{10} A < n$　[定理 57 の系 (1)(3), 定理 55 (0)(iii)]

　　　$\Longleftrightarrow$　　$[\log_{10} A] = n - 1$

(2)　正の数 A の小数第 n 位に初めて 0 でない数字が現れる（ $n \in N$ ）

　　　$\Longleftrightarrow$　　$A = a \times 10^{-n}$（ $1 \leqq a < 10$ ）　とかける　　　[定理 58]

　　　$\Longleftrightarrow$　　$\dfrac{1}{10^n} \leqq A < \dfrac{1}{10^{n-1}}$

　　　$\Longleftrightarrow$　　$-n \leqq \log_{10} A < -n + 1$　[定理 57 の系 (1)(3), 定理 55 (0)(iii)]

　　　$\Longleftrightarrow$　　$[\log_{10} A] = -n$

例題 5　　次の問いに答えよ。　　　　　　　　ただし，$\log_{10} 2 = 0.3010$　とする。

(1)　次の数を　$a \times 10^m$（ $1 \leqq a < 10$，m は整数 ）の形で表せ。

　　　　①　5270000　　　　　　　②　0.004603

(2)　2^{22} は何桁の数か。　また，最高位の数字は何か。

(3)　$\left(\dfrac{1}{5}\right)^{30}$ を 小数で表したとき，小数第何位に初めて 0 でない数字が現れるか。　また，その数字は何か。

解答

(1)　小数点の位置を考えて，

　　　①　$5270000 = 5.27 \times 10^6$　(答)　　　　②　$0.004603 = 4.603 \times 10^{-3}$　(答)

(2)　$\log_{10} 2^{22} = 22 \log_{10} 2 = 22 \times 0.3010 = 6.6220$

　　従って　$2^{22} = 10^{6.6220} = 10^{6+0.6220} = 10^{0.6220} \times 10^6$　$\cdots\cdots\cdots$ (*)

　　ここで　$10^0 \leqq 10^{0.6220} < 10^1$　即ち　$1 \leqq 10^{0.6220} < 10$

　　定理 59 (1) より　　　　2^{22} は 7 桁の数　　　$\cdots\cdots\cdots$ (答)

また，　$\log_{10} 4 = 2\log_{10} 2 = 2 \times 0.3010 = 0.6020$

$\log_{10} 5 = \log_{10} \dfrac{10}{2} = \log_{10} 10 - \log_{10} 2 = 1 - 0.3010 = 0.6990$

ここで，　　　　$0.6020 < 0.6220 < 0.6990$　　　だから

$\log_{10} 4 < \log_{10} 10^{0.6220} < \log_{10} 5$　　　即ち　　　$4 < 10^{0.6220} < 5$

$(*)$　より　　　　　2^{22} の最高位の数字は　4　　　$\cdots\cdots\cdots$ (答)

(3)　　$\log_{10} \left(\dfrac{1}{5}\right)^{30} = 30\log_{10} \dfrac{2}{10} = 30\left(\log_{10} 2 - \log_{10} 10\right) = 30\left(0.3010 - 1\right)$

$\qquad\qquad\qquad = -20.970 = -21 + 0.030$

従って　　$\left(\dfrac{1}{5}\right)^{30} = 10^{-20.970} = 10^{-21+0.030} = 10^{0.030} \times 10^{-21}$　　$\cdots\cdots\cdots$ $(*)$

ここで　　$10^0 \leqq 10^{0.030} < 10^1$　　　即ち　　$1 \leqq 10^{0.030} < 10$

定理 59 (2) より，　初めて 0 でない数字が現れるのは，小数第 21 位　$\cdots$ (答)

また，　　　$0 < 0.030 < 0.3010$　　　だから

$\log_{10} 1 < \log_{10} 10^{0.030} < \log_{10} 2$　　　即ち　　$1 < 10^{0.030} < 2$

$(*)$　より　　　　　　求める数字は　1　　　$\cdots\cdots\cdots$ (答)

基礎演習 15 ―――― 解答は 284 p

15-1 次の関数のグラフをかけ。

① $y = \log_3 x$ ② $y = -\log_3 x$ ③ $y = \log_3(-x)$ ④ $y = -\log_3(-x)$

⑤ $y = \log_3 \dfrac{1}{x}$ ⑥ $y = \log_{\frac{1}{3}} x$ ⑦ $y = \log_3(3x + 6)$

15-2 次の各組の数の大小を調べよ。

(1) $\log_5 2\sqrt{2}$, $\log_5 3$, $\log_5 \sqrt{7}$ (2) 1.5, $\log_2 \dfrac{8}{3}$, $\log_2 3$

(3) 0, $\log_{0.3} 0.5$, $\log_{0.3} 2$ (4) 1, $2\log_7 3$, $3\log_7 2$

(5) $\dfrac{2}{3}$, $\log_3 2$, $\log_9 5$ (6) -2, $\log_{\frac{1}{2}} 3$, $\log_{\frac{1}{4}} 5$

(7) $\log_2 3$, $\log_3 5$, $\log_4 8$ (8) $\log_{\frac{1}{3}} 2$, $\log_{\frac{1}{3}} \dfrac{1}{2}$, $\log_{\frac{1}{2}} 3$, $\log_{\frac{1}{2}} \dfrac{1}{3}$

15-3 次の対数方程式・対数不等式を解け。 (2 項の場合 or 2 項に帰着する場合) ただし，(13) は指数方程式である。

(1) $\log_5(7x + 4) = 2$ (2) $\log_5(7x + 4) > 2$

(3) $\log_{\frac{1}{3}}(2x - 3) = -2$ (4) $\log_{\frac{1}{3}}(2x - 3) \geqq -2$

(5) $\log_3(x^2 - x - 6) = \log_3(x + 5) + 1$ (6) $\log_3(x^2 - x - 6) \leqq \log_3(x + 5) + 1$

(7) $\log_4(x + 1) + \log_4(x - 2) = 1$ (8) $\log_4(x + 1) + \log_4(x - 2) \leqq 1$

(9) $2\log_{\frac{1}{2}}(5 - x) = \log_{\frac{1}{2}}(2x^2 + x - 1)$ (10) $2\log_{\frac{1}{2}}(5 - x) > \log_{\frac{1}{2}}(2x^2 + x - 1)$

(11) $\log_2(1 - x) = \log_4(4 + x) + 2$ (12) $\log_2(1 - x) \leqq \log_4(4 + x) + 2$

(13) $5^{2x} = 3^{x+2}$ (14) $\log_{x^2}(x + 2) < 1$

15-4 次の対数方程式・対数不等式を解け。 (3 項以上の場合)

(1) $(\log_3 x)^2 - 5\log_3 x + 6 = 0$ (2) $(\log_3 x)^2 - 5\log_3 x + 6 > 0$

(3) $2(\log_{\frac{1}{2}} x)^2 + 5\log_{\frac{1}{2}} x + 2 = 0$ (4) $2(\log_{\frac{1}{2}} x)^2 + 5\log_{\frac{1}{2}} x + 2 \leqq 0$

(5) $(\log_2 4x)(\log_2 8x) = 2$ (6) $(\log_2 4x)(\log_2 8x) \geqq 2$

(7) $(\log_2 x)^2 - \log_4 x^5 - 6 = 0$ (8) $(\log_2 x)^2 - \log_4 x^5 - 6 < 0$

(9) $\log_3 x + \log_x 9 = -3$ (10) $\log_3 x + \log_x 9 < -3$

(11) $\log_2 x^2 + 3 = \log_x 4$ (12) $\log_2 x^2 + 3 \geqq \log_x 4$

15-5 次の関数の最大値と最小値，および，そのときの x の値を求めよ。

(1) $y = \log_2(x + 7) + \log_2(1 - x)$

(2) $y = (\log_4 x)^2 + \log_{\frac{1}{4}} 4x$ ($1 \leqq x \leqq 64$)

(3) $y = \left(\log_2 \dfrac{x}{4}\right)\left(\log_4 \dfrac{x}{2}\right)$ ($1 \leqq x \leqq 4$)

第5章　三角関数

§1　三角比

1　三角比の定義

右図の 直角三角形 ($0° < \theta < 90°$) において

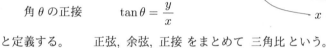

角 θ の正弦　　　$\sin\theta = \dfrac{y}{r}$

角 θ の余弦　　　$\cos\theta = \dfrac{x}{r}$

角 θ の正接　　　$\tan\theta = \dfrac{y}{x}$

と定義する。　　正弦, 余弦, 正接 をまとめて 三角比 という。

＜注＞　　直角三角形においては, 1つの鋭角 θ が定まると, 形が定まる。即ち, 同じ鋭角 θ をもつ直角三角形はすべて相似であり, 対応する2辺の長さの比の値は一定である。　従って, $\dfrac{y}{r}, \dfrac{x}{r}, \dfrac{y}{x}$ の値 は三角形の大きさに関係なく, θ の大きさだけで定まる。それ故, 上記のように $\sin\theta, \cos\theta, \tan\theta$ の定義 が可能である。　　他に, 次の3つがあるが, 本書では, 扱わない。

余割　$\operatorname{cosec}\theta = \dfrac{r}{y}$,　　　　正割　$\sec\theta = \dfrac{r}{x}$,　　　　余接　$\cot\theta = \dfrac{x}{y}$

2　角 $30°, 45°, 60°$ の三角比

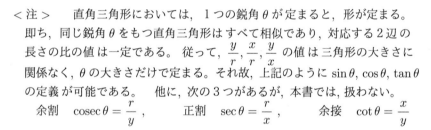

θ	$30°$	$45°$	$60°$
$\sin\theta$	$\dfrac{1}{2}$	$\dfrac{1}{\sqrt{2}}$	$\dfrac{\sqrt{3}}{2}$
$\cos\theta$	$\dfrac{\sqrt{3}}{2}$	$\dfrac{1}{\sqrt{2}}$	$\dfrac{1}{2}$
$\tan\theta$	$\dfrac{1}{\sqrt{3}}$	1	$\sqrt{3}$

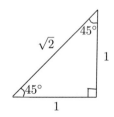

(右上図)　等辺が 1 の直角二等辺三角形
　　　　(斜辺) $= \sqrt{1^2 + 1^2} = \sqrt{2}$

(右下図)　1辺の長さ 2 の正三角形の半分
　　　　($60°$ の対辺) $= \sqrt{2^2 - 1^2} = \sqrt{3}$

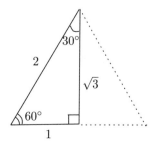

例題1

　　$\angle B = 30°$ の直角三角形 ABC の隣辺 CB
の延長上に $BD = BA$ となるように 点 D を
とる。　　　　右の図1 を利用して，
　　　　$\sin 15°$,　$\cos 15°$,　$\tan 15°$
を求めよ。

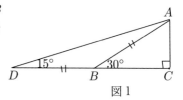

図1

解答　　$AC = 1$ とすると，　$AB = 2,\ BC = \sqrt{3},\ BD = 2,\ CD = 2+\sqrt{3}$

　　$\triangle ADC$ で　三平方の定理より

　　$AD^2 = 1^2 + (2+\sqrt{3})^2 = 8+4\sqrt{3} = (\sqrt{6}+\sqrt{2})^2$　　$\therefore$　　$AD = \sqrt{6}+\sqrt{2}$

　　また，　$\angle D + \angle BAD = \angle ABC = 30°$,　$\angle D = \angle BAD$　$[\because\ BD = BA]$

　　より，　$\angle D = \angle BAD = 15°$　　　　$\triangle ADC$　に注目して，

$\sin 15° = \dfrac{AC}{AD} = \dfrac{1}{\sqrt{6}+\sqrt{2}} = \dfrac{1 \times (\sqrt{6}-\sqrt{2})}{(\sqrt{6}+\sqrt{2})(\sqrt{6}-\sqrt{2})} = \dfrac{\sqrt{6}-\sqrt{2}}{4}$　$\cdots$（答）

$\cos 15° = \dfrac{CD}{AD} = \dfrac{2+\sqrt{3}}{\sqrt{6}+\sqrt{2}} = \dfrac{(2+\sqrt{3})(\sqrt{6}-\sqrt{2})}{(\sqrt{6}+\sqrt{2})(\sqrt{6}-\sqrt{2})} = \dfrac{\sqrt{6}+\sqrt{2}}{4}$　$\cdots$（答）

$\tan 15° = \dfrac{AC}{CD} = \dfrac{1}{2+\sqrt{3}} = \dfrac{1 \times (2-\sqrt{3})}{(2+\sqrt{3})(2-\sqrt{3})} = 2-\sqrt{3}$　　$\cdots\cdots$（答）

注1　$\triangle ADC$ で，$\angle CAD = 75°$ に注目すると，$75°$ の三角比 が求められる。

注2　下の 図2，図3，図4 によっても 同様にできる。各自試みよ。(16-2)

　　図2 では，BD は $\angle B$ の二等分線 $(AD:DC = AB:BC)$，$\triangle BCD$ で。

　　図3 では，DE は AB への垂線，$\triangle ADE$ に 注目する。

　　図4 では，AE は BD への垂線，$\triangle ABE$ に 注目する。

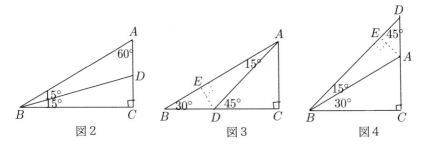

図2　　　　　　　　　　図3　　　　　　　　　図4

　　図1と図2，図3と図4 は，それぞれ $\triangle ABC$ を重ねてみると 関係がわかる。

注3　頂角 $30°$ の二等辺三角形の底角の頂点から 対辺へ垂線を下ろした図 でも，
　　内角 $45°, 60°, 75°$ の三角形 (垂線2つ) でも できる。　各自試みよ。(16-3)

注4　前頁の 図1，図2（半分の角の2通りの作り方）において，
　　△ABC を直角二等辺三角形に換えれば，上記と同様にして，22.5° の三角比
　　が求められる．従って，67.5° の三角比 も求められる．各自試みよ．(16-4)

例題2

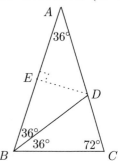

　頂角 36° の二等辺三角形 ABC の底角 B の
二等分線が対辺 AC と交わる点を D とする．
また，DE は AB への垂線である．
右図を利用して，

$$\sin 36°, \quad \cos 36°, \quad \tan 36°$$

を求めよ．

解答　　　$BC = 1$　とする．　　　$\angle A = 36°$，　$\angle ABC = \angle C = 72°$

$\angle ABD = \angle CBD = 36°$，　$\angle BDC = 72°$　より，

$BC = BD = AD = 1$,　　$\triangle ABC \backsim \triangle BCD$　　　従って，

$CD = x$　とすると，　　$\dfrac{AC}{BD} = \dfrac{BC}{CD}$　　　即ち　　$\dfrac{x+1}{1} = \dfrac{1}{x}$

$x^2 + x - 1 = 0$　　　$x > 0$　　　より　　　$x = \dfrac{-1+\sqrt{5}}{2}$

$AB = AC = x + 1$　　　より　　　$AE = \dfrac{AB}{2} = \dfrac{x+1}{2} = \dfrac{\sqrt{5}+1}{4}$

$\triangle ADE$　において，

$DE^2 = AD^2 - AE^2 = 1^2 - \left(\dfrac{\sqrt{5}+1}{4}\right)^2 = \dfrac{10-2\sqrt{5}}{16}$, $DE = \dfrac{\sqrt{10-2\sqrt{5}}}{4}$

よって，　　$\sin 36° = \dfrac{DE}{AD} = \dfrac{\sqrt{10-2\sqrt{5}}}{4}$　　　　　$\cdots\cdots\cdots\cdots$（答）

　　　　　　$\cos 36° = \dfrac{AE}{AD} = \dfrac{\sqrt{5}+1}{4}$　　　　　　$\cdots\cdots\cdots\cdots$（答）

　　　　　　$\tan 36° = \dfrac{DE}{AE} = \dfrac{\sqrt{10-2\sqrt{5}} \cdot 4}{4 \cdot (\sqrt{5}+1)} = \dfrac{\sqrt{10-2\sqrt{5}}\,(\sqrt{5}-1)}{(\sqrt{5}+1)(\sqrt{5}-1)}$

　　　　　　　　　　$= \dfrac{\sqrt{(10-2\sqrt{5})(\sqrt{5}-1)^2}}{4} = \sqrt{5-2\sqrt{5}}$　$\cdots\cdots$（答）

注1　三角形の相似 の代わりに，角の二等分線の性質 を使ってもよい．
　　$AD : DC = AB : BC$　　即ち　　$1 : x = (x+1) : 1$　　$\therefore$　$x^2 + x - 1 = 0$

注2　△ADE で，$\angle ADE = 54°$ に注目すると，54° の三角比 が求められる．

注3　頂点 B から対辺 AC へ垂線 BF を下ろし，△BCF に注目すれば，
　　72°，18° の三角比 が求められる．　　　　　　　　　　　各自試みよ．(16-5)

基礎演習 16 ────── 解答は 296p

16-1 次の図の直角三角形について，$\sin\theta, \cos\theta, \tan\theta$ の値を求めよ。

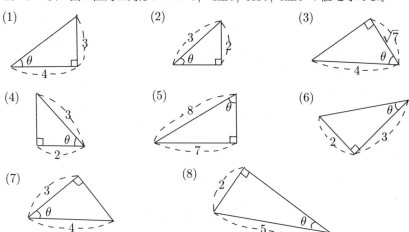

(1)　　　　　　(2)　　　　　　(3)

(4)　　　　　　(5)　　　　　　(6)

(7)　　　　　　(8)

16-2 151p 例題 1 注 2 の各図を利用して，$\sin 15°, \cos 15°, \tan 15°$ を求めよ。

(1) 図 2 を利用して。　(2) 図 3 を利用して。　(3) 図 4 を利用して。

16-3 151p 例題 1 注 3 に従って，$\sin 15°, \cos 15°, \tan 15°$ を求めよ。

(1) 頂角 30° の二等辺三角形の底角の頂点から対辺へ垂線を下ろして。

(2) 内角 45°, 60°, 75° の三角形で，垂線を 2 つ下ろして。

16-4 151p 例題 1 注 4 に従って，$\sin 22.5°, \cos 22.5°, \tan 22.5°$ を求めよ。

(1) 図 1 と同様にして。　　(2) 図 2 と同様にして。

16-5 152p 例題 2 注 3 に従って，$\sin 18°, \cos 18°, \tan 18°$ を求めよ。

16-6 $\angle C = 90°$ である直角三角形 ABC において C から
辺 AB に垂線 CD，D から辺 AC に垂線 DE
をそれぞれ下ろす。AB $= c$，$\angle A = \theta$ とするとき，
次の値をそれぞれ $c, \sin\theta, \cos\theta$ を用いて表せ。

(1) AD　(2) CD　(3) DE　(4) CE

16-7 半径 10 の円に内接する正 n 角形の 1 辺の長さを求めよ。また，円の
中心 O から正 n 角形の 1 辺に下ろした垂線の長さを求めよ。

§2   弧度法と一般角

1 弧度法

(1) 定義 22 (角の大きさの表し方 —— 弧度法)

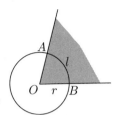

与えられた角に対して, 頂点 O を中心とする半径 r の円を考え, 角の内部にある円弧 AB の長さを l とする。与えられた $\angle AOB$ の大きさ θ を $\theta = \dfrac{l}{r}$ (ラジアン) と定義する。弧度法では, 普通, ラジアン (rad) を省略する。

＜注＞   同じ中心角 θ をもつ扇形はすべて相似であり, 対応する半径, 弧の長さの比の値は一定である。従って, $\dfrac{l}{r}$ の値は半径 r に関係なく, 角 θ だけで定まる。それ故, 上記の定義が可能である。また, r を固定すると, 角の大きさ θ は弧の長さ l に比例するから, 定義として妥当である。

　　角の大きさの表し方は, 従来の 度数法 と合わせて 2 通りある。数学では, 今後, 角の大きさを表すには, 主として 弧度法 を用いる。

(2) 円周率 π の定義   (よく知っていることだが, ここで, 注意しておく。)

円の半径を r, 円周の長さを L とするとき, $\dfrac{L}{2r} = \pi$ と定義する。

＜注＞   円はすべて相似であるから, 上の等式の左辺は定数である。

(3) 度数と弧度の関係

ある角が 度数法で α°, 弧度法で θ_{rad} のとき, $\dfrac{\theta}{\pi} = \dfrac{\alpha}{180}$

＜注＞   上記 (2) 円周率 π の定義 より, 360° は 2π (rad) であるから。

代表的な角度 (角の大きさ) を度数法と弧度法で表すと, 次のようである。

度数	0°	30°	45°	60°	90°	120°	135°	150°	180°	270°
弧度	0	$\dfrac{\pi}{6}$	$\dfrac{\pi}{4}$	$\dfrac{\pi}{3}$	$\dfrac{\pi}{2}$	$\dfrac{2}{3}\pi$	$\dfrac{3}{4}\pi$	$\dfrac{5}{6}\pi$	π	$\dfrac{3}{2}\pi$

(4) 扇形の弧の長さと面積 (定理 60)

半径 r, 中心角 θ (rad) の扇形の弧の長さを l, 面積を S とすると,

$$l = r\theta , \qquad\qquad S = \dfrac{1}{2}\, r^2 \theta$$

証明　　第 1 式は定義 22 より 明らか。即ち, 扇形の弧の長さは中心角に比例する。第 2 式 扇形の面積も中心角に比例するから, 円の面積 πr^2 を既知として, $\dfrac{S}{\pi r^2} = \dfrac{\theta}{2\pi}$ 　　　　 $\therefore$ $S = \dfrac{1}{2}\, r^2 \theta$ 　　∎

2 一般角

　一点を発する 2 つの半直線の作る図形を 角 というのであった。この 従来の角をもっと広い意味に捉え直す。角を作る 2 つの半直線の一方を 始線, 他方を 動径 と呼ぶ。 (どちらを始線とするかは, 共役角の選択に対応している。)
動径 は最初, 始線の位置にあって, 頂点の周りに回転して 現在の位置に来たと考える。回転には 2 つの向きがあるから, 反時計回りを正, 時計回りを負で表す。この角の大きさは 始線 OX からの動径 OP の回転量 とし, 回転の向きによって, 正負の符号をつける。 このように拡張して考えた角 を 一般角 という。 従来の角の大きさは 0 ($0°$) から 2π ($360°$) まで であるが, 回転では, 正, 負の向きに幾らでも続けられるから, 一般角は 任意の実数値を 取り得る。

　一般角 θ に対して, 始線 OX の位置から 点 O の周りに角 θ だけ回転した動径 OP を 角 θ の動径 という。 動径は $\pm 2\pi$ ($\pm 360°$) の回転で元の位置に戻るから, 動径が OP となる角 は 無数にあって, それらを 動径 OP の表す角 という。

　　動径 OP の表す角の 1 つを　$\alpha°$ (θ_{rad})
とすれば,　動径 OP の表す任意の角は,

度数法で　　$\alpha° + 360° \times n$　　(n は整数)

弧度法で　　$\theta + 2n\pi$　　　　(n は整数)

と表される。

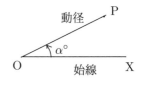

< 注 > 数直線において, 座標 (実数) を決めると, 点 P の位置が定まるように (53p [17]), 始線 OX を定めて, 角 (実数) を決めると, 動径 OP の位置が定まる。 座標と点は 1 対 1 対応であるが, 角と動径は 多対 1 対応である。

定義 23 : 始線 OX を 座標平面上の x 軸の正の部分 に重ねて, 角 θ の動径 OP が 第 k 象限にあるとき, θ を 第 k 象限の角 という。 ($k = 1, 2, 3, 4$)

例えば,　　$420° = 60° + 360°$　　　　　　　　　　　　　　は 第 1 象限の角

　　$-230° = 130° + 360° \times (-1)$　　　　　　　　　は 第 2 象限の角

　　$-500° = 220° + 360° \times (-2) = -140° + 360° \times (-1)$　は 第 3 象限の角

　　$1000° = 280° + 360° \times 2 = -80° + 360° \times 3$　　は 第 4 象限の角

定理 61 :　　　　始線を定めると, 角 α, β に対して,

$\dfrac{\alpha + \beta}{2}$ の動径は α の動径と β の動径 の作る角の二等分線である。従って, α の動径と β の動径は $\dfrac{\alpha + \beta}{2}$ の動径が含まれる直線 に関して対称である。

証明　　3 つの動径を $-\dfrac{\alpha + \beta}{2}$ 回転すると, 0 の動径は $\dfrac{\alpha - \beta}{2}$ の動径と $\dfrac{\beta - \alpha}{2} \left(= -\dfrac{\alpha - \beta}{2} \right)$ の動径 の作る角の二等分線となっているから。 ■

基礎演習 17   —— 解答は 300 p

17–1　次の角を弧度法で表せ。

① 72°　　　② 140°　　　③ 210°　　　④ −240°

⑤ 300°　　　⑥ 390°　　　⑦ 9°　　　⑧ −81°

17–2　次の角を度数法で表せ。

① $\dfrac{7}{12}\pi$　　② $\dfrac{11}{6}\pi$　　③ $\dfrac{\pi}{8}$　　④ $-\dfrac{5}{12}\pi$

⑤ 2　　　⑥ $\dfrac{5}{2}\pi$　　⑦ $\dfrac{2}{15}\pi$　　⑧ $-\dfrac{13}{5}\pi$

17–3　次の角の動径を OP とするとき，動径 OP の表す角を
$\alpha+360°\times n$ $\ (0°\leqq\alpha<360°)$，または　$\theta+2n\pi$ $\ (0\leqq\theta<2\pi)$
の形で表せ。　　　ただし，n は整数とする。

① 640°　　② 930°　　③ −315°　　④ −870°

⑤ $\dfrac{8}{3}\pi$　　⑥ $\dfrac{9}{2}\pi$　　⑦ $-\dfrac{25}{12}\pi$　　⑧ $-\dfrac{25}{4}\pi$

17–4　次の角の動径を図示せよ。

① 100°　　② 540°　　③ −200°

④ $\dfrac{11}{9}\pi$　　⑤ $\dfrac{13}{3}\pi$　　⑥ $-\dfrac{9}{4}\pi$

17–5　次の問いに答えよ。

(1)　半径 4 の扇形の面積が 6π のとき，中心角は何ラジアンか。

(2)　半径 2 cm, 弧の長さ 3 cm の扇形の中心角は何ラジアンか。また，この
扇形の面積を求めよ。

(3)　周の長さが 12 cm の扇形で，その面積が最大になるとき，半径，中心角，
面積を求めよ。

§3 三角関数の定義

1 三角関数の定義 （定義 24）

座標平面上で，x 軸の正の部分を始線として，
角 θ の動径 上に 点 P をとる。 （θ は一般角）
OP$= r \; (>0)$， P(x, y) とするとき，

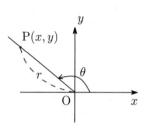

角 θ の正弦　　$\sin\theta = \dfrac{y}{r}$

角 θ の余弦　　$\cos\theta = \dfrac{x}{r}$

角 θ の正接　　$\tan\theta = \dfrac{y}{x}$ （$=$ 直線 OP の傾き）

と定義する。

$\sin\theta$, $\cos\theta$, $\tan\theta$ はいずれも θ の関数であり，まとめて 三角関数 という。

＜注1＞　 150p 1 三角比の定義＜注＞と同様な推論で，$\dfrac{y}{r}, \dfrac{x}{r}, \dfrac{y}{x}$ の値
は点 P の位置（即ち r の値）に関係なく，動径の位置（従って 角 θ）だけで
定まる。それ故，上記のような定義が可能である。 $0 < \theta < \dfrac{\pi}{2}$ では 三角比
の定義と一致するので，三角比の拡張，一般化となっている。
特に，　$\sin 0 = 0$,　$\cos 0 = 1$,　$\tan 0 = 0$,　$\sin\dfrac{\pi}{2} = 1$,　$\cos\dfrac{\pi}{2} = 0$

＜注2＞　 P$\neq$O,　$r = \sqrt{x^2 + y^2} > 0$　　　　［105p 定理 37 で, A=O, B=P］

＜注3＞　 $x = 0$ 即ち $\theta = \dfrac{\pi}{2} + n\pi$ （n は整数）では, $\tan\theta$ を定義しない。

＜注4＞ 特に, $r = 1$ とすると, $\cos\theta = x, \sin\theta = y$
　　　　　　即ち　$(\cos\theta, \sin\theta) = (x, y)$

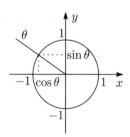

この性質から　$r = 1$ とすることが多い。

原点を中心とする半径1の円を単位円という。

また，　特に, $x = 1$ とすると, $\tan\theta = y$

＜注5＞ 定義された後では，

$$\begin{cases} x = r\cos\theta \\ y = r\sin\theta \end{cases} \quad 即ち \quad (x, y) = (r\cos\theta, \; r\sin\theta)$$

また，　直線 OP は　$y = (\tan\theta)\, x$

[2] **三角関数の値域** （定理62）

(1) $-1 \leqq \sin\theta \leqq 1$ (2) $-1 \leqq \cos\theta \leqq 1$ (3) $-\infty < \tan\theta < \infty$

証明

(1)(2)   上記 ＜注2＞ より， $-r \leqq y \leqq r$ ，$-r \leqq x \leqq r$ 従って，
$-1 \leqq \dfrac{y}{r} \leqq 1$ ，$-1 \leqq \dfrac{x}{r} \leqq 1$ よって， $-1 \leqq \sin\theta \leqq 1$ ，$-1 \leqq \cos\theta \leqq 1$
或いは，   上記 ＜注4＞ より，   角 θ の動径と単位円の交点が $(\cos\theta,\ \sin\theta)$
であるから， θ を（動径を）動かして考えれば 明らか。

(3) θ が第1,4象限の角 のとき，θ の動径と直線 $x=1$ の交点が $(1, \tan\theta)$,
θ が第2,3象限の角 のとき，θ の動径の延長と直線 $x=1$ の交点が $(1, \tan\theta)$
である。 θ を（動径を）動かして考えれば，$-\infty < \tan\theta < \infty$ [注4] ■

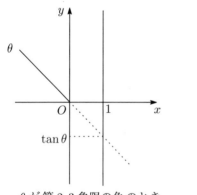

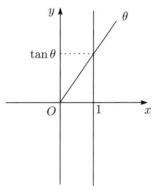

θ が第2,3象限の角 のとき θ が第1,4象限の角 のとき

[3] **三角関数の値の符号**

　三角関数の値の符号は，角 θ が第何象限の角であるかによって決まる。
これを図示すると，次のようになる。

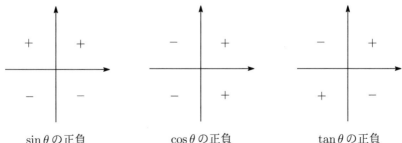

　　 $\sin\theta$ の正負　　　　　　　$\cos\theta$ の正負　　　　　　　$\tan\theta$ の正負

基礎演習 18 ——— 解答は 302 p

18-1 次の三角関数の値を，定義に従って（即ち，角の動径を作図して）
求めよ。

(1) $\sin 210°$ (2) $\cos(-135°)$ (3) $\tan 420°$

(4) $\cos \dfrac{14}{3}\pi$ (5) $\sin\left(-\dfrac{13}{4}\pi\right)$ (6) $\tan \dfrac{11}{6}\pi$

§4　三角関数の性質

定義 24 から, 以下の $\boxed{1}$〜$\boxed{9}$ の性質 (定理) が導かれる。とても多いので全体が見えるように, 一括して掲げる。証明は その後に 引き続き書かれている。

$\boxed{1}$　相互関係

(1)　$\tan\theta = \dfrac{\sin\theta}{\cos\theta}$ 　　　(2)　$\sin^2\theta + \cos^2\theta = 1$ 　　　(3)　$1 + \tan^2\theta = \dfrac{1}{\cos^2\theta}$

㊟　$(\sin\theta)^2$ を $\sin^2\theta$ と書く。他も同様。　　　$\sin\theta, \cos\theta, \tan\theta$ のうち どれか 1 つの値が わかると, (2)(1) or (3)(1) より, 他の 2 つの値もわかる。

$\boxed{2}$　還元公式

(1)　負角の公式
$$\begin{cases} \sin(-\theta) = -\sin\theta \\ \cos(-\theta) = \cos\theta \\ \tan(-\theta) = -\tan\theta \end{cases}$$

(2)　余角の公式
$$\begin{cases} \sin(\frac{\pi}{2} - \theta) = \cos\theta \\ \cos(\frac{\pi}{2} - \theta) = \sin\theta \\ \tan(\frac{\pi}{2} - \theta) = \dfrac{1}{\tan\theta} \end{cases}$$

(3)　$\theta + \dfrac{\pi}{2}$ の公式
$$\begin{cases} \sin(\theta + \frac{\pi}{2}) = \cos\theta \\ \cos(\theta + \frac{\pi}{2}) = -\sin\theta \\ \tan(\theta + \frac{\pi}{2}) = -\dfrac{1}{\tan\theta} \end{cases}$$

(4)　補角の公式
$$\begin{cases} \sin(\pi - \theta) = \sin\theta \\ \cos(\pi - \theta) = -\cos\theta \\ \tan(\pi - \theta) = -\tan\theta \end{cases}$$

(5)　$\theta + \pi$ の公式
$$\begin{cases} \sin(\theta + \pi) = -\sin\theta \\ \cos(\theta + \pi) = -\cos\theta \\ \tan(\theta + \pi) = \tan\theta \end{cases}$$

(6)　周期性　(n は整数)
$$\begin{cases} \sin(\theta + 2n\pi) = \sin\theta \\ \cos(\theta + 2n\pi) = \cos\theta \\ \tan(\theta + n\pi) = \tan\theta \end{cases}$$

(7)　$\sin(\theta + n\pi) = (-1)^n \sin\theta$,　$\cos(\theta + n\pi) = (-1)^n \cos\theta$ 　　(n は整数)
$\theta = 0$ とすると, 　　$\sin n\pi = 0$, 　$\cos n\pi = (-1)^n$, 　$\tan n\pi = 0$

㊟　これらの公式によって, 任意の角に対する三角関数の値を 鋭角に対する三角関数の値で 表すことができる。それ故, これらは 還元公式 と呼ばれる。

$\boxed{3}$　加法定理

(1)　$\sin(\alpha + \beta) = \sin\alpha\cos\beta + \cos\alpha\sin\beta$
(2)　$\sin(\alpha - \beta) = \sin\alpha\cos\beta - \cos\alpha\sin\beta$
(3)　$\cos(\alpha + \beta) = \cos\alpha\cos\beta - \sin\alpha\sin\beta$
(4)　$\cos(\alpha - \beta) = \cos\alpha\cos\beta + \sin\alpha\sin\beta$

(5)　$\tan(\alpha + \beta) = \dfrac{\tan\alpha + \tan\beta}{1 - \tan\alpha\tan\beta}$

(6)　$\tan(\alpha - \beta) = \dfrac{\tan\alpha - \tan\beta}{1 + \tan\alpha\tan\beta}$

㊟　還元公式は 加法定理の特別な場合 と見なすことができる。

4 2倍角の公式

(1) $\quad \sin 2\theta = 2\sin\theta\cos\theta = \dfrac{2\tan\theta}{1+\tan^2\theta}$

(2) $\quad \cos 2\theta = \cos^2\theta - \sin^2\theta = 2\cos^2\theta - 1 = 1 - 2\sin^2\theta = \dfrac{1-\tan^2\theta}{1+\tan^2\theta}$

(3) $\quad \tan 2\theta = \dfrac{2\tan\theta}{1-\tan^2\theta}$

5 半角の公式

(1) $\quad \sin^2\dfrac{\theta}{2} = \dfrac{1-\cos\theta}{2}$

(2) $\quad \cos^2\dfrac{\theta}{2} = \dfrac{1+\cos\theta}{2}$

(3) $\quad \tan^2\dfrac{\theta}{2} = \dfrac{1-\cos\theta}{1+\cos\theta} \quad , \qquad \tan\dfrac{\theta}{2} = \dfrac{\sin\theta}{1+\cos\theta} = \dfrac{1-\cos\theta}{\sin\theta}$

6 3倍角の公式

(1) $\quad \sin 3\theta = 3\sin\theta - 4\sin^3\theta$

(2) $\quad \cos 3\theta = -3\cos\theta + 4\cos^3\theta$ $\qquad$ (3) $\quad \tan 3\theta = \dfrac{3\tan\theta - \tan^3\theta}{1-3\tan^2\theta}$

7 積和公式 （積を和, 差に変形する）

(1) $\quad \sin\alpha\cos\beta = \dfrac{1}{2}\{\sin(\alpha+\beta) + \sin(\alpha-\beta)\}$

(2) $\quad \cos\alpha\sin\beta = \dfrac{1}{2}\{\sin(\alpha+\beta) - \sin(\alpha-\beta)\}$

(3) $\quad \cos\alpha\cos\beta = \dfrac{1}{2}\{\cos(\alpha+\beta) + \cos(\alpha-\beta)\}$

(4) $\quad \sin\alpha\sin\beta = -\dfrac{1}{2}\{\cos(\alpha+\beta) - \cos(\alpha-\beta)\}$

8 和積公式 （和, 差を積に変形する）

(1) $\quad \sin A + \sin B = 2\sin\dfrac{A+B}{2}\cos\dfrac{A-B}{2}$

(2) $\quad \sin A - \sin B = 2\cos\dfrac{A+B}{2}\sin\dfrac{A-B}{2}$

(3) $\quad \cos A + \cos B = 2\cos\dfrac{A+B}{2}\cos\dfrac{A-B}{2}$

(4) $\quad \cos A - \cos B = -2\sin\dfrac{A+B}{2}\sin\dfrac{A-B}{2}$

$\boxed{9}$　三角関数の合成　　　　$(a, b) \neq (0, 0)$

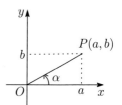

(1)　$a\sin\theta + b\cos\theta = r\sin(\theta + \alpha)$

　　　ただし，$\begin{cases} r = \sqrt{a^2 + b^2} \quad (> 0) \\ \cos\alpha = \dfrac{a}{r}, \quad \sin\alpha = \dfrac{b}{r} \end{cases}$

(2)　$a\sin\theta + b\cos\theta = r\cos(\theta - \beta)$

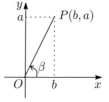

　　　ただし，$\begin{cases} r = \sqrt{a^2 + b^2} \quad (> 0) \\ \cos\beta = \dfrac{b}{r}, \quad \sin\beta = \dfrac{a}{r} \end{cases}$

普通，α, β は，$(-\pi, \pi]$ または $[0, 2\pi)$ にとる。

㊟　上記 (1)(2) のような 左辺から右辺への変形を 三角関数の合成 という。
$\sin$ による合成 (1) と $\cos$ による合成 (2) があるが，$\sin$ で合成して，還元公式 (2)(3) で $\cos$ に直しても（或いはその逆でも）よい。
$(a, b) = (0, 0)$ のときは，　$r = 0$，α, β は任意　としてもよい。

　以下に，$\boxed{1} \sim \boxed{9}$ を 順次，証明する。
すべてが等式であるから，23p $\boxed{4}$ 等式 A=B の証明 の型 に注意する。
座標平面上で，x 軸の正の部分を始線とする。　　　　　（157p $\boxed{1}$ 定義 24 参照）

証明（$\boxed{1}$ 相互関係）

角 θ の動径 上に 点 P をとり，　$\text{OP} = r \ (> 0)$，$\text{P}(x, y)$　とする。

(1)　$\tan\theta = \dfrac{y}{x} = \dfrac{y/r}{x/r} = \dfrac{\sin\theta}{\cos\theta}$ 　　　　　　　　　　　　　　　［定義 24］

(2)　$\sin^2\theta + \cos^2\theta = \left(\dfrac{y}{r}\right)^2 + \left(\dfrac{x}{r}\right)^2 = \dfrac{x^2 + y^2}{r^2} = \dfrac{r^2}{r^2} = 1$ ［定義 24 と < 注 2 >］

(3)　$1 + \tan^2\theta = 1 + \left(\dfrac{y}{x}\right)^2 = \dfrac{x^2 + y^2}{x^2} = \dfrac{r^2}{x^2} = \left(\dfrac{1}{x/r}\right)^2 = \dfrac{1}{\cos^2\theta}$ 　　［　〃　］

［(3) の別証］　　　（証明の型 (5) による）

上記 (2) の等式（成立する等式）の両辺を $\cos^2\theta$ で割って，上記 (1) より。

$\dfrac{\sin^2\theta + \cos^2\theta}{\cos^2\theta} = \dfrac{1}{\cos^2\theta}$，$\left(\dfrac{\sin\theta}{\cos\theta}\right)^2 + 1 = \dfrac{1}{\cos^2\theta}$　$\therefore 1 + \tan^2\theta = \dfrac{1}{\cos^2\theta}$ ■

　　　　　　　　　　㊟　即ち，(1) のもとで，(2) と (3) は同値である。

証明（$\boxed{2}$ 還元公式）

次の (1)(2)(4) の証明は，いずれも，2 つの動径の直線に関する対称性（155p 定理 61）による。

(1) 角 θ, $-\theta$ の動径上にそれぞれ 点 P, P′ をとり,
OP=OP′ $= r$, P(x, y), P′(x', y') とする。
$-\theta$ の動径は θ の動径と x 軸 ($\dfrac{-\theta + \theta}{2} = 0$ の動径が
含まれる直線) に関して対称であるから,
点 P′ も点 P と x 軸に関して対称である。

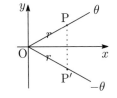

従って, $(x', y') = (x, -y)$, $\left(\dfrac{x'}{r}, \dfrac{y'}{r} \right) = \left(\dfrac{x}{r}, -\dfrac{y}{r} \right)$
定義 24 より, $(\cos(-\theta), \sin(-\theta)) = (\cos\theta, -\sin\theta)$
また, $\boxed{1}$(1) より $\tan(-\theta) = \dfrac{-\sin\theta}{\cos\theta} = -\tan\theta$

(2) 角 θ, $\dfrac{\pi}{2} - \theta$ の動径上にそれぞれ 点 P, P′ をとり,
OP=OP′ $= r$, P(x, y), P′(x', y') とする。
$\dfrac{\pi}{2} - \theta$ の動径は θ の動径と直線 $y = x$ ($\dfrac{\pi/2 - \theta + \theta}{2}$
$= \dfrac{\pi}{4}$ の動径が含まれる直線) に関して対称であるから,
点 P′ も点 P と直線 $y = x$ に関して対称である。

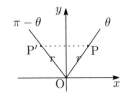

従って, $(x', y') = (y, x)$, $\left(\dfrac{x'}{r}, \dfrac{y'}{r} \right) = \left(\dfrac{y}{r}, \dfrac{x}{r} \right)$
定義 24 より, $\left(\cos(\dfrac{\pi}{2} - \theta), \sin(\dfrac{\pi}{2} - \theta) \right) = (\sin\theta, \cos\theta)$
また, $\boxed{1}$(1) より $\tan(\dfrac{\pi}{2} - \theta) = \dfrac{\cos\theta}{\sin\theta} = \dfrac{1}{\tan\theta}$

(4) 角 θ, $\pi - \theta$ の動径上にそれぞれ 点 P, P′ をとり,
OP=OP′ $= r$, P(x, y), P′(x', y') とする。
$\pi - \theta$ の動径は θ の動径と y 軸 ($\dfrac{\pi - \theta + \theta}{2} = \dfrac{\pi}{2}$ の動径
が含まれる直線) に関して対称であるから,
点 P′ も点 P と y 軸に関して対称である。

従って, $(x', y') = (-x, y)$, $\left(\dfrac{x'}{r}, \dfrac{y'}{r} \right) = \left(-\dfrac{x}{r}, \dfrac{y}{r} \right)$
定義 24 より, $(\cos(\pi - \theta), \sin(\pi - \theta)) = (-\cos\theta, \sin\theta)$
また, $\boxed{1}$(1) より $\tan(\pi - \theta) = \dfrac{\sin\theta}{-\cos\theta} = -\tan\theta$

(3) 上記 (2) の等式で, θ を $-\theta$ として, 上記 (1) 負角の公式 より。
$\sin(\dfrac{\pi}{2} + \theta) = \cos(-\theta) = \cos\theta$, $\cos(\dfrac{\pi}{2} + \theta) = \sin(-\theta) = -\sin\theta$
$\tan(\dfrac{\pi}{2} + \theta) = \dfrac{1}{\tan(-\theta)} = -\dfrac{1}{\tan\theta}$ $\qquad \dfrac{\pi}{2} + \theta$ を $\theta + \dfrac{\pi}{2}$ とした。

(5) 上記 (4) の等式で, θ を $-\theta$ として, 上記 (1) 負角の公式 より。
$\sin(\pi + \theta) = \sin(-\theta) = -\sin\theta$, $\cos(\pi + \theta) = -\cos(-\theta) = -\cos\theta$
$\tan(\pi + \theta) = -\tan(-\theta) = \tan\theta$ $\qquad \pi + \theta$ を $\theta + \pi$ とした。

[(5) の別証]　　角 θ, $\theta + \pi$ の動径上にそれぞれ 点 P, P′ をとり,

OP=OP′ $= r$,　P(x, y),　P′(x', y')　　とする。

$\theta + \pi$ の動径は θ の動径と原点に関して対称であるから,

点 P′ も 点 P と原点に関して対称である。　　　　　　　　（図を描いてみよ。）

従って,　　$(x', y') = (-x, -y)$,　　$\left(\dfrac{x'}{r}, \dfrac{y'}{r} \right) = \left(-\dfrac{x}{r}, -\dfrac{y}{r} \right)$

定義 24 より,　　$\big(\cos(\theta + \pi), \sin(\theta + \pi)\big) = (-\cos\theta, -\sin\theta)$

また, $\boxed{1}$(1) より　　$\tan(\theta + \pi) = \dfrac{-\sin\theta}{-\cos\theta} = \tan\theta$

(6)(7)　　n が整数のとき,

角 $\theta + 2n\pi$ の動径は 角 θ の動径と一致するから,　定義 24 より,

$\sin(\theta + 2n\pi) = \sin\theta$,　　$\cos(\theta + 2n\pi) = \cos\theta$,　　$\tan(\theta + 2n\pi) = \tan\theta$

n が (正負の) 奇数のとき,　　　　$n = 2m + 1$ (m は整数) とかけて,

$\sin(\theta + n\pi) = \sin(\theta + \pi + 2m\pi) = \sin(\theta + \pi) = -\sin\theta$　　　　[上記 (5)]

$\cos(\theta + n\pi) = \cos(\theta + \pi + 2m\pi) = \cos(\theta + \pi) = -\cos\theta$　　　　[　〃　]

$\tan(\theta + n\pi) = \tan(\theta + \pi + 2m\pi) = \tan(\theta + \pi) = \tan\theta$　　　　[　〃　]

従って, n が偶数のときと合わせて, tan については, $\tan(\theta + n\pi) = \tan\theta$

$\sin, \cos$ については,　　$\sin(\theta + n\pi) = (-1)^n \sin\theta$, $\cos(\theta + n\pi) = (-1)^n \cos\theta$

ここで,　$\theta = 0$ とすると,　最後の 3 式が導かれる。　　　　　　　　　■

証明 ($\boxed{3}$ 加法定理)

まず, (4) を証明する。それから (1)(2)(3) が得られ, (5)(6) が導かれる。

角 α, β の動径上にそれぞれ 点 A, B をとり,　　OA=OB=1　とすると,

A$(\cos\alpha, \sin\alpha)$,　　　B$(\cos\beta, \sin\beta)$　　　　　[定義 24 < 注 4 >]

これらを原点の周りに $-\beta$ 回転して, A,B がそれぞれ A′,B′ へ移ったとすると,

A′$(\cos(\alpha - \beta), \sin(\alpha - \beta))$,　　B′$(1, 0)$　　　[定義 24 < 注 4 >]

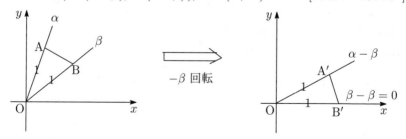

回転によって 線分の長さは変わらないから,　　BA^2 =B′A′^{2}　　定理 37 より,

$(\cos\alpha - \cos\beta)^2 + (\sin\alpha - \sin\beta)^2 = \big(\cos(\alpha - \beta) - 1\big)^2 + \sin^2(\alpha - \beta)$

$$\cos^2\alpha + \sin^2\alpha + \cos^2\beta + \sin^2\beta - 2(\cos\alpha\cos\beta + \sin\alpha\sin\beta)$$
$$= \cos^2(\alpha-\beta) + \sin^2(\alpha-\beta) + 1 - 2\cos(\alpha-\beta)$$
$$1 + 1 - 2(\cos\alpha\cos\beta + \sin\alpha\sin\beta) = 1 + 1 - 2\cos(\alpha-\beta) \quad [\boxed{1}\text{相互関係 (2)}]$$
$$\therefore \quad \cos(\alpha-\beta) = \cos\alpha\cos\beta + \sin\alpha\sin\beta \quad \cdots\cdots\cdots ① \quad ((4)\text{の証明終})$$

①で、 α を $\dfrac{\pi}{2}-\alpha$ とすると、

$$\cos(\frac{\pi}{2}-\alpha-\beta) = \cos(\frac{\pi}{2}-\alpha)\cos\beta + \sin(\frac{\pi}{2}-\alpha)\sin\beta \quad \text{余角の公式より、}$$
$$\sin(\alpha+\beta) = \sin\alpha\cos\beta + \cos\alpha\sin\beta \quad \cdots\cdots\cdots ② \quad ((1)\text{の証明終})$$

②①で、 β を $-\beta$ とすると、　　負角の公式より、

$$\sin(\alpha-\beta) = \sin\alpha\cos(-\beta) + \cos\alpha\sin(-\beta)$$
$$= \sin\alpha\cos\beta - \cos\alpha\sin\beta \quad \cdots\cdots\cdots ③ \quad ((2)\text{の証明終})$$
$$\cos(\alpha+\beta) = \cos\alpha\cos(-\beta) + \sin\alpha\sin(-\beta)$$
$$= \cos\alpha\cos\beta - \sin\alpha\sin\beta \quad \cdots\cdots\cdots ④ \quad ((3)\text{の証明終})$$

(5)　②④ を辺々 割って、　分母分子を $\cos\alpha\cos\beta$ で割ると、

$$\frac{\sin(\alpha+\beta)}{\cos(\alpha+\beta)} = \frac{\sin\alpha\cos\beta + \cos\alpha\sin\beta}{\cos\alpha\cos\beta - \sin\alpha\sin\beta} = \frac{\sin\alpha/\cos\alpha + \sin\beta/\cos\beta}{1 - (\sin\alpha/\cos\alpha)(\sin\beta/\cos\beta)}$$

相互関係 (1) より、　$\tan(\alpha+\beta) = \dfrac{\tan\alpha + \tan\beta}{1 - \tan\alpha\tan\beta}$ 　　　((5) の証明終)

(6)　①③ を辺々 割って、　分母分子を $\cos\alpha\cos\beta$ で割ると、

$$\frac{\sin(\alpha-\beta)}{\cos(\alpha-\beta)} = \frac{\sin\alpha\cos\beta - \cos\alpha\sin\beta}{\cos\alpha\cos\beta + \sin\alpha\sin\beta} = \frac{\sin\alpha/\cos\alpha - \sin\beta/\cos\beta}{1 + (\sin\alpha/\cos\alpha)(\sin\beta/\cos\beta)}$$

相互関係 (1) より、　$\tan(\alpha-\beta) = \dfrac{\tan\alpha - \tan\beta}{1 + \tan\alpha\tan\beta}$ 　　　((6) の証明終)

㊟　上記 (5) で、 β を $-\beta$ として、$\tan$ の負角の公式 でもよい。　■

< 注 >　加法定理 (4) から 加法定理 (1)(2)(3) を証明するのに 還元公式の余角の公式と負角の公式を使用した。が, 実は, これらも 加法定理 (4) ($\cdots$①) から証明されるのである。それを 以下に示す。

①で、 $\alpha = 0$ とすると、 $\cos(-\beta) = \cos 0\cos\beta + \sin 0\sin\beta$
$$= \cos\beta \cdots ⑤ \qquad [\cos 0 = 1,\ \sin 0 = 0]$$

①で、 $\alpha = \dfrac{\pi}{2}$ とすると、 $\cos(\dfrac{\pi}{2}-\beta) = \cos\dfrac{\pi}{2}\cos\beta + \sin\dfrac{\pi}{2}\sin\beta$
$$= \sin\beta \cdots ⑥ \qquad [\cos\frac{\pi}{2} = 0,\ \sin\frac{\pi}{2} = 1]$$

⑥で、 β を $\dfrac{\pi}{2}-\beta$ とすると、 $\sin(\dfrac{\pi}{2}-\beta) = \cos\beta \cdots ⑦$

⑥で、 β を $-\beta$ とすると、 $\sin(-\beta) = \cos(\dfrac{\pi}{2}+\beta) = \cos(-\dfrac{\pi}{2}-\beta)$ 　　$[⑤]$
$$= \cos(-\frac{\pi}{2})\cos\beta + \sin(-\frac{\pi}{2})\sin\beta \qquad [①]$$
$$= -\sin\beta \cdots ⑧ \qquad [\cos(-\frac{\pi}{2}) = 0, \sin(-\frac{\pi}{2}) = -1]$$

以上 ⑤〜⑧ で 負角の公式 と 余角の公式 は証明された。　　　　　　　　　■
即ち, 加法定理 は 相互関係 (2) と $0, \pm\pi/2$ の $\sin, \cos$ の値 から 証明される。
先に, 還元公式の証明を要しない。
なお, $\theta + \dfrac{\pi}{2}$ の公式 は 余角の公式 と 負角の公式 から 導かれ, $\theta + \pi$ の公式 は
$\theta + \dfrac{\pi}{2}$ の公式 を繰り返して得られ, 補角の公式 は $\theta + \pi$ の公式 と 負角の公式
から得られ, 周期性 と 公式 (7) は $\theta + \pi$ の公式 を繰り返して得られる。
即ち, 還元公式 は 加法定理 から 証明されるのであり, 特別な場合となっている。

証明 ($\boxed{4}$ 2 倍角の公式)

加法定理 (1)(3)(5) で, $\alpha = \beta\ (= \theta)$ とすると,

(1) $\sin 2\theta = 2\sin\theta\cos\theta = 2\dfrac{\sin\theta}{\cos\theta}\cos^2\theta = 2\tan\theta\dfrac{1}{1+\tan^2\theta} = \dfrac{2\tan\theta}{1+\tan^2\theta}$

(2) $\cos 2\theta = \cos^2\theta - \sin^2\theta\ = 2\cos^2\theta - 1\ = 1 - 2\sin^2\theta\ = \dfrac{1-\tan^2\theta}{1+\tan^2\theta}$

(3) $\tan 2\theta = \dfrac{2\tan\theta}{1-\tan^2\theta}$ 　　　　　　[(1)(2) では, 相互関係 (1)(2)(3) より] ■

証明 ($\boxed{5}$ 半角の公式)

2 倍角の公式 (2) より, $\quad \cos 2\theta = 2\cos^2\theta - 1, \quad \cos 2\theta = 1 - 2\sin^2\theta$

書き直すと, $\qquad\qquad \cos^2\theta = \dfrac{1+\cos 2\theta}{2}, \quad \sin^2\theta = \dfrac{1-\cos 2\theta}{2}$

θ を $\dfrac{\theta}{2}$ とすると, $\qquad \cos^2\dfrac{\theta}{2} = \dfrac{1+\cos\theta}{2}, \quad \sin^2\dfrac{\theta}{2} = \dfrac{1-\cos\theta}{2}\ \cdots$ ①

① を 辺々 割って, 相互関係 (1) より, $\qquad \tan^2\dfrac{\theta}{2} = \dfrac{1-\cos\theta}{1+\cos\theta}$

2 倍角の公式 (1) と ① と 相互関係 (1) より,

$$\frac{\sin\theta}{1+\cos\theta} = \frac{2\sin\frac{\theta}{2}\cos\frac{\theta}{2}}{2\cos^2\frac{\theta}{2}} = \frac{\sin\frac{\theta}{2}}{\cos\frac{\theta}{2}} = \tan\frac{\theta}{2}$$

$$\frac{1-\cos\theta}{\sin\theta} = \frac{2\sin^2\frac{\theta}{2}}{2\sin\frac{\theta}{2}\cos\frac{\theta}{2}} = \frac{\sin\frac{\theta}{2}}{\cos\frac{\theta}{2}} = \tan\frac{\theta}{2} \qquad\qquad ■$$

証明 ($\boxed{6}$ 3 倍角の公式)

加法定理 (1)(3) で, $\quad \alpha = 2\theta,\ \beta = \theta$ とすると,

(1) $\sin 3\theta = \sin(2\theta + \theta) = \sin 2\theta\cos\theta + \cos 2\theta\sin\theta$

$\qquad\qquad = 2\sin\theta\cos^2\theta + (1 - 2\sin^2\theta)\sin\theta \qquad$ [2 倍角の公式 (1)(2)]

$\qquad\qquad = 2\sin\theta(1 - \sin^2\theta) + \sin\theta - 2\sin^3\theta \qquad\qquad$ [相互関係 (2)]

$\qquad\qquad = 3\sin\theta - 4\sin^3\theta$

(2) $\cos 3\theta = \cos(2\theta + \theta) = \cos 2\theta \cos \theta - \sin 2\theta \sin \theta$

$\qquad = (2\cos^2 \theta - 1)\cos \theta - 2\sin^2 \theta \cos \theta$　　　[2 倍角の公式 (1)(2)]

$\qquad = 2\cos^3 \theta - \cos \theta - 2(1 - \cos^2 \theta)\cos \theta$　　　[相互関係 (2)]

$\qquad = -3\cos \theta + 4\cos^3 \theta$　　　　　　　　　　　　■

(3) 各自試みよ。(19-11 (6))

証明 ($\boxed{7}$ 積和公式, $\boxed{8}$ 和積公式)

加法定理 (1)〜(4) において,

(1) + (2)　　$\sin(\alpha + \beta) + \sin(\alpha - \beta) = 2\sin \alpha \cos \beta$　　　……… ①

(1) − (2)　　$\sin(\alpha + \beta) - \sin(\alpha - \beta) = 2\cos \alpha \sin \beta$　　　……… ②

(3) + (4)　　$\cos(\alpha + \beta) + \cos(\alpha - \beta) = 2\cos \alpha \cos \beta$　　　……… ③

(3) − (4)　　$\cos(\alpha + \beta) - \cos(\alpha - \beta) = -2\sin \alpha \sin \beta$　　　……… ④

①〜④ を　両辺 2 で割って, 左右入れ替えると,　$\boxed{7}$ 積和公式 が得られる。

　　　　　④ は −2 で割る。

①〜④ で, $\begin{cases} \alpha + \beta = A \\ \alpha - \beta = B \end{cases}$ 即ち $\begin{cases} \alpha = \dfrac{A+B}{2} \\ \beta = \dfrac{A-B}{2} \end{cases}$ とすると,　$\boxed{8}$ 和積公式

が得られる。(従って, 積和公式も和積公式も加法定理 (1)〜(4) と同値である)■

<注>　以上より, $\boxed{1}$〜$\boxed{8}$ は すべて 相互関係 (2) と加法定理 (4) と関数値

($\cos 0 = 1$, $\sin\left(\pm\dfrac{\pi}{2}\right) = \pm 1$ (複合同順)) から導かれる。

ただし, tan については 相互関係 (1) を要する。

なお, 相互関係 (2) は 加法定理 (4) の $\alpha = \beta$ の場合である。

証明 ($\boxed{9}$ 三角関数の合成)　　　　　　$(a, b) \neq (0, 0)$ とする。

　a, b に対して, P(a, b) として, OP$= r$, 動径 OP の表す角を α とすると,

定義 24 より,　$r = \sqrt{a^2 + b^2}\,(> 0)$, $\cos \alpha = \dfrac{a}{r}$, $\sin \alpha = \dfrac{b}{r}$　である。

従って,　$a\sin \theta + b\cos \theta = r\left(\sin \theta \cdot \dfrac{a}{r} + \cos \theta \cdot \dfrac{b}{r}\right)$

$\qquad\qquad\qquad\qquad = r(\sin \theta \cos \alpha + \cos \theta \sin \alpha)$

$\qquad\qquad\qquad\qquad = r\sin(\theta + \alpha)$　　　　　　[加法定理 (1)]

また, a, b に対して, P(b, a) として, OP$= r$, 動径 OP 表す角を β とすると,

定義 24 より,　$r = \sqrt{a^2 + b^2}\,(> 0)$, $\cos \beta = \dfrac{b}{r}$, $\sin \beta = \dfrac{a}{r}$　である。

従って,　$a\sin \theta + b\cos \theta = r\left(\cos \theta \cdot \dfrac{b}{r} + \sin \theta \cdot \dfrac{a}{r}\right)$

$\qquad\qquad\qquad\qquad = r(\cos \theta \cos \beta + \sin \theta \sin \beta)$

$\qquad\qquad\qquad\qquad = r\cos(\theta - \beta)$　　　　　　[加法定理 (4)] ■

基礎演習 19   —— 解答は 304 p

19-1 次の問いに答えよ。

(1) $\sin\theta = -\dfrac{3}{5}$ のとき， $\cos\theta, \tan\theta$ の値を求めよ。

(2) $\cos\theta = \dfrac{12}{13}$ のとき， $\sin\theta, \tan\theta$ の値を求めよ。

(3) $\tan\theta = -2$ のとき， $\sin\theta, \cos\theta$ の値を求めよ。

(4) $\sin\theta + \cos\theta = \dfrac{1}{2}$ のとき， $\sin\theta\cos\theta$ の値を求めよ。

19-2 次の式を簡単にせよ。

(1) $\sin\theta + \sin(\dfrac{\pi}{2} + \theta) + \sin(\pi + \theta) + \sin(\dfrac{3\pi}{2} + \theta)$

(2) $\cos(\dfrac{\pi}{2} - \theta) + \cos(-\theta) + \cos(\dfrac{\pi}{2} + \theta) + \cos(\pi + \theta)$

(3) $\tan\theta + \tan(\dfrac{\pi}{2} + \theta) + \tan(\pi - \theta) + \tan(\dfrac{\pi}{2} - \theta)$

(4) $\cos(-\theta)\cos(\theta + \pi) + \sin(\pi - \theta)\sin(-\theta)$

(5) $\sin(\theta + \pi)\cos(\theta + \dfrac{\pi}{2}) + \sin(\dfrac{\pi}{2} - \theta)\cos(-\theta)$

19-3 次の三角関数の値を，還元公式を利用して 求めよ。

(1) $\sin 330°$ (2) $\cos(-675°)$ (3) $\tan 930°$

(4) $\sin(-\dfrac{5\pi}{6})$ (5) $\cos\dfrac{5\pi}{4}$ (6) $\tan(-\dfrac{5\pi}{3})$

19-4 次の三角関数の値を，$0°$ から $45°$ まで（または，0 から $\dfrac{\pi}{4}$ まで）の角
  の三角関数で表せ。

(1) $\sin 920°$ (2) $\cos(-200°)$ (3) $\tan 505°$

(4) $\sin\dfrac{7\pi}{12}$ (5) $\cos\dfrac{19\pi}{12}$ (6) $\tan(-\dfrac{17\pi}{9})$

19-5 次の三角関数の値を，加法定理を用いて 求めよ。

(1) $\sin 75°$ (2) $\cos 105°$ (3) $\tan 15°$

19-6 次の三角関数の値を，半角の公式を用いて 求めよ。

(1) $\sin 15°$ (2) $\cos 22.5°$ (3) $\tan 67.5°$

19-7 $\sin 18°, \cos 36°$ の値を，次のようにして，求めよ。

(1) $\theta = 18°$ のとき，$\sin 2\theta = \cos 3\theta$ であることを示して，$\sin 18°$ の値。

(2) $\theta = 36°$ のとき，$\sin 2\theta = \sin 3\theta$ であることを示して，$\cos 36°$ の値。

19-8 次の問いに答えよ。

(1) α は第 1 象限の角, β は第 4 象限の角であり, $\sin\alpha = \dfrac{3}{5}$, $\cos\beta = \dfrac{5}{13}$

とする。 $\sin(\alpha+\beta)$ の値を求めよ。 また, $\alpha+\beta$ は第何象限の角 か。

(2) $\cos\theta = -\dfrac{1}{3}$ ($\dfrac{\pi}{2} < \theta < \pi$) のとき

$\sin 2\theta$, $\cos 2\theta$, $\tan 2\theta$, $\sin\dfrac{\theta}{2}$, $\cos\dfrac{\theta}{2}$, $\tan\dfrac{\theta}{2}$ の値を求めよ。

(3) $\tan\theta = 2$ のとき, $\sin 2\theta$, $\cos 2\theta$, $\tan 2\theta$ の値を求めよ。

(4) 2 直線 $y = m_1 x + n_1$, $y = m_2 x + n_2$ $(m_1 > m_2)$ のなす角を θ とすれば,

$\tan\theta = \dfrac{m_1 - m_2}{1 + m_1 m_2}$ であることを証明せよ。 (ただし, $m_1 m_2 \neq -1$)

(5) 2 直線 $3x - y - 2 = 0$, $x - 2y + 4 = 0$ のなす角 θ を求めよ。

19-9 次の式を $r\sin(\theta+\alpha)$ の形に 変形せよ。 ただし, $r > 0$, $-\pi < \alpha \leqq \pi$

(1) $\sqrt{3}\sin\theta + \cos\theta$

(2) $\sin\theta - \sqrt{3}\cos\theta$

(3) $\sin\theta - \cos\theta$

(4) $\dfrac{1}{2}\sin\theta + \dfrac{\sqrt{3}}{2}\cos\theta$

(5) $\sqrt{6}\sin\theta - \sqrt{2}\cos\theta$

(6) $\sqrt{3}\sin\theta + 3\cos(\theta + \dfrac{\pi}{3})$

19-10 次の式の値を求めよ。

(1) $\sin 75° \cos 15°$

(2) $\cos 105° \sin 15°$

(3) $\cos 165° \cos 15°$

(4) $\sin 105° \sin 75°$

(5) $\sin 75° + \sin 15°$

(6) $\sin 105° - \sin 15°$

(7) $\cos 105° + \cos 15°$

(8) $\cos 75° - \cos 15°$

(9) $\sin 20° + \sin 140° + \sin 260°$

(10) $\cos 20° \cos 40° \cos 80°$

(11) $\sqrt{3}\sin\dfrac{\pi}{12} + \cos\dfrac{\pi}{12}$

(12) $\sin\dfrac{5}{12}\pi - \cos\dfrac{5}{12}\pi$

19-11 次の等式を証明せよ。

(1) $\dfrac{\cos\theta}{1+\sin\theta} + \dfrac{\cos\theta}{1-\sin\theta} = \dfrac{2}{\cos\theta}$

(2) $\dfrac{1+\sin\theta}{\cos\theta} + \dfrac{\cos\theta}{1+\sin\theta} = \dfrac{2}{\cos\theta}$

(3) $\dfrac{1-\cos\theta}{\sin\theta} + \dfrac{\sin\theta}{1-\cos\theta} = \dfrac{2}{\sin\theta}$

(4) $\dfrac{\cos\theta}{1-\sin\theta} - \tan\theta = \dfrac{1}{\cos\theta}$

(5) $\tan^2\theta - \sin^2\theta = \tan^2\theta \sin^2\theta$

(6) $\tan 3\theta = \dfrac{3\tan\theta - \tan^3\theta}{1 - 3\tan^2\theta}$

(7) $\dfrac{\cos 2\theta}{\cos^2\theta} = \dfrac{2\tan\theta}{\tan 2\theta}$

(8) $\cos(\alpha+\beta)\sin(\alpha-\beta) = \sin\alpha\cos\alpha - \sin\beta\cos\beta$

§5 三角関数のグラフ

定義 24< 注 4 > を利用して，関数 $y = \sin\theta$, $y = \cos\theta$, $y = \tan\theta$ のグラフを下のように描くことができる。動径を回転して多くの点が打てる。

1 $y = \sin\theta$ のグラフ

(1) 周期 2π の周期関数であるから，θ 軸方向の $\pm 2\pi$ の平行移動で グラフは重なる。つまり，2π ごとに同じ形が繰り返される。 [後述 6 参照]

(2) 奇関数であるから，原点に関して対称である。 [後述 5 参照]

(3) 値域 は $-1 \leqq \sin\theta \leqq 1$ [158p 2]

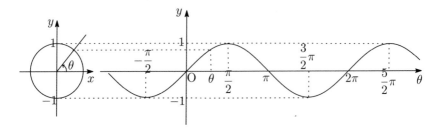

(4) $y = \sin\theta$ のグラフの形の曲線 を 正弦曲線 という。

2 $y = \cos\theta$ のグラフ

(1) 周期 2π の周期関数であるから，θ 軸方向の $\pm 2\pi$ の平行移動で グラフは重なる。つまり，2π ごとに同じ形が繰り返される。 [後述 6 参照]

(2) 偶関数であるから，y 軸に関して対称である。 [後述 5 参照]

(3) 値域 は $-1 \leqq \cos\theta \leqq 1$ [158p 2]

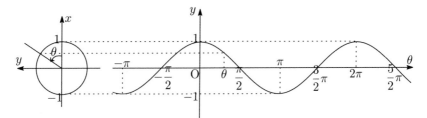

(4) 還元公式 (3) の $\cos\theta = \sin\left(\theta + \dfrac{\pi}{2}\right)$ より， $y = \cos\theta$ のグラフ は $y = \sin\theta$ のグラフを θ 軸方向に $-\dfrac{\pi}{2}$ だけ 平行移動したもの である。

[109 p 定理 38] 従って， $y = \cos\theta$ のグラフも 正弦曲線である。

3   $y = \tan\theta$ のグラフ

(1) 周期 π の周期関数であるから，θ 軸方向の $\pm\pi$ の平行移動で グラフは
   重なる。つまり，π ごとに同じ形が繰り返される。　　　[後述 6 参照]

(2) 奇関数であるから，原点に関して対称である。　　　　　[後述 5 参照]

(3) 値域 は　$-\infty < \tan\theta < \infty$　　　　　　　　　　　　[158p 2]

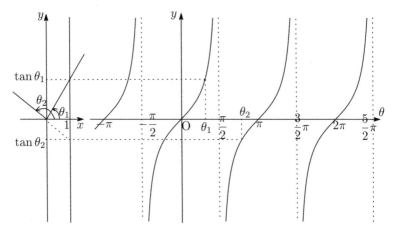

(4) $0 < \theta < \dfrac{\pi}{2}$ で考えると，θ が増加して $\dfrac{\pi}{2}$ に近づくに従って，グラフは
   直線 $\theta = \dfrac{\pi}{2}$ に限りなく近づいていく。このように，曲線が限りなく近づい
   ていく直線 を その曲線の漸近線 という。(正確な定義は 極限を学んだ後で.)
   直線 $\theta = \dfrac{\pi}{2} + n\pi$ （n は整数）は　$y = \tan\theta$ のグラフ の漸近線 である。

4   単調性

(1) $\sin\theta$ は $-\dfrac{\pi}{2} \leqq \theta \leqq \dfrac{\pi}{2}$ で 単調に増加する。　　[定義 24 <注 4 > より]
   （グラフが右上り）

   従って，この区間で，　$\alpha < \beta \iff \sin\alpha < \sin\beta$　[123p 定理 44]
   　　　　　　　　　　　$\alpha = \beta \iff \sin\alpha = \sin\beta$　[　　″　　]

   $\sin\theta$ は $\dfrac{\pi}{2} \leqq \theta \leqq \dfrac{3\pi}{2}$ で 単調に減少する。　[定義 24 <注 4 > より]
   （グラフが右下り）

   従って，この区間で，　$\alpha < \beta \iff \sin\alpha > \sin\beta$　[123p 定理 44]
   　　　　　　　　　　　$\alpha = \beta \iff \sin\alpha = \sin\beta$　[　　″　　]

(2)　$\cos\theta$ は $0 \leqq \theta \leqq \pi$ で 単調に減少する。　　　　[定義 24 < 注 4 > より]
　　　　　　　　　　（グラフが 右下り）

　　　従って，この区間で，　　$\alpha < \beta$　$\Longleftrightarrow$　$\cos\alpha > \cos\beta$　　　[123p 定理 44]

　　　　　　　　　　　　　　　$\alpha = \beta$　$\Longleftrightarrow$　$\cos\alpha = \cos\beta$　　　[　　〃　　]

　　　$\cos\theta$ は $\pi \leqq \theta \leqq 2\pi$ で 単調に増加する。　　　[定義 24 < 注 4 > より]
　　　　　　　　　　（グラフが 右上り）

　　　従って，この区間で，　　$\alpha < \beta$　$\Longleftrightarrow$　$\cos\alpha < \cos\beta$　　　[123p 定理 44]

　　　　　　　　　　　　　　　$\alpha = \beta$　$\Longleftrightarrow$　$\cos\alpha = \cos\beta$　　　[　　〃　　]

(3)　$\tan\theta$ は $-\dfrac{\pi}{2} < \theta < \dfrac{\pi}{2}$ で 単調に増加する。　　[定義 24 < 注 4 > より]
　　　　　　　　　　（グラフが 右上り）

　　　従って，この区間で，　　$\alpha < \beta$　$\Longleftrightarrow$　$\tan\alpha < \tan\beta$　　　[123p 定理 44]

　　　　　　　　　　　　　　　$\alpha = \beta$　$\Longleftrightarrow$　$\tan\alpha = \tan\beta$　　　[　　〃　　]

< 注 >　上記 (1)〜(3) において，　他の区間でも　同様。

5　偶関数・奇関数

定義 25　　　　　　　　　　関数 $f(x)$ において，

　　　　　$f(x)$ が偶関数である　$\Longleftrightarrow$　常に　$f(-x) = f(x)$

　　　　　$f(x)$ が奇関数である　$\Longleftrightarrow$　常に　$f(-x) = -f(x)$

性質 (定理)

　　　　　　偶関数のグラフは y 軸に関して対称である。　　　　[110p 定理 39]

　　　　　　奇関数のグラフは 原点に関して対称である。　　　[　　〃　　]

例　　負角の公式 $\sin(-\theta) = -\sin\theta$, $\cos(-\theta) = \cos\theta$, $\tan(-\theta) = -\tan\theta$ より
$y = \cos\theta$ は偶関数であり，そのグラフは y 軸に関して対称である。

　　$y = \sin\theta, y = \tan\theta$ は奇関数であり，そのグラフは 原点に関して対称である。

< 注 >　三角関数の変数も，普通は x だが，慣れるまで 本書では θ を使う。

6　周期関数

定義 26　　　　　　　　定数関数でない関数 $f(x)$ において，

　　$f(x)$ が周期関数である　$\Longleftrightarrow$　定数 $p (\neq 0)$ があって，常に $f(x+p) = f(x)$
　　　　　　　　　このとき，　p を $f(x)$ の周期 という。

性質 (定理)

　　p が周期なら，　$f(x + 2p) = f((x + p) + p) = f(x + p) = f(x)$　だから，
$2p$ も 周期である。　同様に，$3p$, $4p$, $-p$, $-2p$, $\cdots$ など も 周期であり，
周期関数の周期は 無数にある。　普通，正で最小のもの を 周期 という。

周期 p の 周期関数のグラフ は，x 軸方向の $\pm p$ の平行移動 によって 重なる。

[109p 定理 38]　　　つまり，周期ごとに 同じ形が 繰り返される。

例　　常に $\sin(\theta + p) = \sin\theta$ とすると，　$\theta = 0, \dfrac{\pi}{2}$ として，

$\sin p = \sin 0$, $\sin(\dfrac{\pi}{2} + p) = \sin\dfrac{\pi}{2}$　即ち　$(\cos p, \sin p) = (1, 0)$　従って，

p の動径は x 軸の正の部分であり，p の 正で最小のものは $p = 2\pi$ （必要）

また，　還元公式 (6) より，　常に $\sin(\theta + 2\pi) = \sin\theta$　（十分）

よって，　周期関数 $y = \sin\theta$ の周期は 2π である。

同様にして，　$y = \cos\theta$ は 2π を周期とする周期関数であり，

$y = \tan\theta$ は π を周期とする周期関数である。

7　図形の拡大縮小　　　　　——解析幾何学 (図形と方程式) の範囲——

定理 63 (図形の 拡大縮小)　　　　　　　　　$(k > 0, l > 0)$

曲線 $F(x, y) = 0$ を　x 軸方向に k 倍，y 軸方向に l 倍 した 曲線の方程式は

$F(\dfrac{x}{k}, \dfrac{y}{l}) = 0$　である。

特に，$k = l$ のときは，原点を中心とする 相似比 k の 相似変換 である。

証明　　　　　　　　　　　　　　　　　　　　(109p 定理 38, 39 参照)

曲線 $C : F(x, y) = 0$ 上の 点 $P(x, y)$ が x 軸方向に k 倍，y 軸方向に l 倍

移動して 点 $P'(x', y')$ になったとすると，　　$(x', y') = (kx, ly)$

即ち　$\begin{cases} x' = kx \\ y' = l y \end{cases}$　　　即ち　$\begin{cases} x = \dfrac{x'}{k} \\ y = \dfrac{y'}{l} \end{cases}$

ここで，　(x, y) は $F(x, y) = 0$ を満たす (定義 14) から，　$F(\dfrac{x'}{k}, \dfrac{y'}{l}) = 0$

これが $P'(x', y')$ の満たす方程式，　即ち，移動後の曲線 C' の方程式 である。

x', y' を x, y に書き直して　　　　$F(\dfrac{x}{k}, \dfrac{y}{l}) = 0$　　　　　■

注　$k, l > 1$ のとき　拡大　　　$0 < k, l < 1$ のとき　縮小

例

(1) $y = r\sin m\theta$, $y = r\sin(m\theta + \alpha)$　　　　　$r > 0, m > 0$

$y = r\sin m\theta$ のグラフは，$\dfrac{y}{r} = \sin\dfrac{\theta}{1/m}$ より，$y = \sin\theta$ のグラフを θ 軸方

向に $1/m$ 倍，y 軸方向に r 倍したものである。　従って，周期は $\dfrac{2\pi}{m}$ である。

$y = r\sin(m\theta + \alpha)$ のグラフ は，　$y = r\sin m(\theta + \alpha/m)$ より，

$y = r\sin m\theta$ のグラフを θ 軸方向に $-\alpha/m$ だけ 平行移動したものである。

従って，周期は 同じ $\dfrac{2\pi}{m}$ である。　　　　値域 は いずれも $-r \leqq y \leqq r$

(2) $y = r \cos m\theta$, $y = r \cos(m\theta + \alpha)$ $r > 0,\ m > 0$

  上記 (1) と同様。   周期は いずれも $\dfrac{2\pi}{m}$,   値域は いずれも $-r \leqq y \leqq r$

(3) $y = r \tan m\theta$, $y = r \tan(m\theta + \alpha)$ $r > 0,\ m > 0$

  $y = r \tan m\theta$ のグラフは, $\dfrac{y}{r} = \tan \dfrac{\theta}{1/m}$ より, $y = \tan \theta$ のグラフを θ 軸方

  向に $1/m$ 倍, y 軸方向に r 倍したものである。   従って, 周期は $\dfrac{\pi}{m}$ である。

  $y = r \tan(m\theta + \alpha)$ のグラフ は, $y = r \tan m(\theta + \alpha/m)$ より,

  $y = r \tan m\theta$ のグラフ を θ 軸方向に $-\alpha/m$ だけ 平行移動したものである。

  従って, 周期は 同じ $\dfrac{\pi}{m}$ である。   値域 は いずれも $-\infty < y < \infty$

基礎演習 20 ——— 解答は 311 p

20-1 次の ☐ にあてはまる数値をかき，その関数のグラフをかけ。

(1) 関数 $y = 3\sin x$ のグラフは，$y = \sin x$ のグラフを x 軸を基にして，y 軸方向に ☐ ア 倍に拡大したものであり，周期は ☐ イ である。

(2) 関数 $y = \sin 2x$ のグラフは，$y = \sin x$ のグラフを y 軸を基にして，x 軸方向に ☐ ウ 倍に縮小したものであり，周期は ☐ エ である。

(3) 関数 $y = 3\sin 2x$ のグラフは，$y = \sin x$ のグラフを y 軸を基にして，x 軸方向に ☐ オ 倍に縮小して，次に，x 軸を基にして，y 軸方向に ☐ カ 倍に拡大したものである。 この関数の周期 は ☐ キ である。

(4) 関数 $y = 3\sin(2x - \frac{\pi}{3})$ のグラフは，$y = \sin 2x$ のグラフを x 軸方向に ☐ ク だけ平行移動して，次に，x 軸を基にして，y 軸方向に ☐ ケ 倍に拡大したものである。 この関数の周期 は ☐ コ である。

20-2 次の関数のグラフをかけ。 また，その周期をいえ。

(1) $y = \sin(x - \frac{\pi}{3})$　　(2) $y = 2\sin(3x + \frac{3}{4}\pi)$　(3) $y = \cos\frac{1}{2}x$

(4) $y = \cos(x + \frac{\pi}{4}) + 2$　(5) $y = -\tan x$　　　(6) $y = \tan(x - \frac{\pi}{3})$

＜注＞ 関数の独立変数 は x にした。

§6　三角方程式・三角不等式

三角関数を含む方程式・不等式 を 三角方程式・三角不等式 という。
まず, 基本形の解法をしっかり習得して, 発展的なものは 基本形に帰着させる。

1　三角方程式 (基本形)

基本形[1] $\begin{cases} \sin\theta = p & \cdots\cdots \text{[解法1]}\quad 定義24<注4>より, \\ \cos\theta = q & \cdots\cdots\ \ 単位円 を 利用して, θ の動径を作図する。 \\ \tan\theta = r & \cdots\cdots\ \ 直線\,x=1\,を利用して, θ の動径を作図する。 \end{cases}$

基本形[2] $\begin{cases} \sin\theta = \sin\alpha & \Longleftrightarrow \quad \theta = \alpha + 2n\pi,\ \pi - \alpha + 2n\pi \quad (n\,は整数) \\ \cos\theta = \cos\alpha & \Longleftrightarrow \quad \theta = \pm\alpha + 2n\pi \qquad\qquad (n\,は整数) \\ \tan\theta = \tan\alpha & \Longleftrightarrow \quad \theta = \alpha + n\pi \qquad\qquad\quad\ (n\,は整数) \end{cases}$

解説 (1)　方程式　$\sin\theta = p$ $\cdots$ ① について。

①を満たす θ があったとする。その θ の動径上に, OP$=r=1$ として,
点 P をとると, その y 座標が $\sin\theta$ 即ち p である。y 座標が p である点の全体
は直線 $y=p$ であるから, 点 P は 直線 $y=p$ 上にあり, かつ円 $r=1$ 上にある。

従って, 解法は, ①に対して, 単位円 と 直線 $y=p$
の共有点として, 点 P (即ち, θ の動径 OP) を作図す
る。逆に, この動径の表す角はすべて①の解である。

$|p|<1$ のとき, (点 P が2個) θ の動径は2本
$|p|=1$ のとき, (点 P が1個) θ の動径は1本
$|p|>1$ のとき, (点 P が0個) θ の動径は0本
　このとき, θ の動径 は作図できず, ①は解なし。

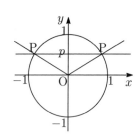

解説 (2)　方程式　$\cos\theta = q$ $\cdots$ ② について。

②を満たす θ があったとする。その θ の動径上に, OP$=r=1$ として,
点 P をとると, その x 座標が $\cos\theta$ 即ち q である。x 座標が q である点の全体
は直線 $x=q$ であるから, 点 P は 直線 $x=q$ 上にあり, かつ円 $r=1$ 上にある。

従って, 解法は, ②に対して, 単位円 と 直線 $x=q$
の共有点として, 点 P (即ち, θ の動径 OP) を作図す
る。逆に, この動径の表す角はすべて②の解である。

$|q|<1$ のとき, (点 P が2個) θ の動径は2本
$|q|=1$ のとき, (点 P が1個) θ の動径は1本
$|q|>1$ のとき, (点 P が0個) θ の動径は0本
　このとき, θ の動径 は作図できず, ②は解なし。

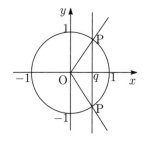

解説 (3)　方程式 $\tan\theta = r$ … ③ について。

③を満たす θ があったとする。その θ の動径を含む直線 ($\neq y$ 軸) と直線 $x = 1$ の交点を P とすると，P の y 座標が $\tan\theta$ 即ち r である。y 座標が r である点の全体は直線 $y = r$ であるから，点 P は直線 $y = r$ 上にあり，かつ直線 $x = 1$ 上にある。

従って，解法は，③ に対して，直線 $x = 1$ と　　　　　　　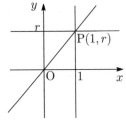
直線 $y = r$ の交点 として，点 P$(1, r)$ を得る。
θ の動径は半直線 OP とその逆向き半直線 である。
逆に，この動径の表す角はすべて ③ の解である。
r に拘らず，θ の動径は常に 2 本 (直線をなして)
存在する。

基本形 [2] は基本形 [1] の (解が 1 つわかっている) 特別な場合である。

解説 (4)　方程式 $\sin\theta = \sin\alpha$ … ④ について。

方程式④は方程式①の特別な場合である。①の動径は (あれば) 2 つで，それらは y 軸に関して対称である (重なれば 1 つ)。α は明らかに解であるから，1 つは α の動径である。定理 61 (155p) より，他方は $\pi - \alpha$ の動径である。よって，　$\theta = \alpha + 2n\pi,\ \pi - \alpha + 2n\pi$　(n は整数)

解説 (5)　方程式 $\cos\theta = \cos\alpha$ … ⑤ について。

方程式⑤は方程式②の特別な場合である。②の動径は (あれば) 2 つで，それらは x 軸に関して対称である (重なれば 1 つ)。α は明らかに解であるから，1 つは α の動径である。定理 61 (155p) より，他方は $-\alpha$ の動径である。よって，　$\theta = \pm\alpha + 2n\pi$　(n は整数)

解説 (6)　方程式 $\tan\theta = \tan\alpha$ … ⑥ について。

方程式⑥は方程式③の特別な場合である。③の動径は常に 2 つで，それらは直線をなしている。α は明らかに解であるから，1 つは α の動径である。他方は $\alpha + \pi$ の動径である。　よって，　$\theta = \alpha + n\pi$　(n は整数)

[解法 2]　　関数のグラフを利用して，方程式を解く。

方程式 $\sin\theta = p$ の解は，関数 $y = \sin\theta$ のグラフ と 直線 $y = p$ の共有点の θ 座標 である。　　$\cos\theta = q,\ \tan\theta = r$ についても，同様である。

<注>　基本形 [1] において，　θ を決めたときに，p, q, r がどうなるかは関数の定義であり，p, q, r を決めたときに，θ がどうなるかは 方程式を解く問題である。或いは，逆関数の問題ともいえる。上記 [解法 2] 参照。

2 三角不等式 (基本形)

基本形 $\begin{bmatrix} \sin\theta > p \\ \cos\theta > q \\ \tan\theta > r \end{bmatrix}$　　　（ > が <, $\geqq$, $\leqq$ のときも 同様 ）

[解法1]　単位円を利用する。　　以下は, 解法の順序。

1) 不等号を等号に置き換えた方程式の解の動径を作図する。(方程式を解く)

2) 不等号に戻って, 動径の存在範囲を求める。

　sin, cos では, 単位円上の点Pの範囲 (即ち弧) に注目するとよい。

　tan では, 直線 $x = 1$ 上の点Pの範囲に注目するが, それを 単位円上の弧 に変換して,　sin, cos のときと 同じように 扱うと 解り易い。

3) 動径の範囲を 角 に変換する。

例題1　　次の不等式を解け。

(1)　$\sin\theta \geqq -\dfrac{1}{2}$　　（ $0 \leqq \theta < 2\pi$ ）

(2)　$\cos\theta > \dfrac{1}{\sqrt{2}}$　　（ $-\pi < \theta \leqq 3\pi$ ）

(3)　$\tan\theta \leqq \sqrt{3}$　　（ $0 \leqq \theta < 2\pi$ ）

解答

(1)　$\sin\theta = -\dfrac{1}{2}$ を満たす θ の値は,

$0 \leqq \theta < 2\pi$ で,　$\theta = \dfrac{7}{6}\pi, \dfrac{11}{6}\pi$

不等号に戻って, 点Pの範囲 (解の動径の範囲) は,
右図の 優弧 QR である。

$0 \leqq \theta < 2\pi$ で 動径を回転して 適不適をみれば,
求める θ は, $0 \leqq \theta \leqq \dfrac{7}{6}\pi, \dfrac{11}{6}\pi \leqq \theta < 2\pi$ ･･･ (答)

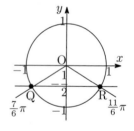

(2)　$\cos\theta = \dfrac{1}{\sqrt{2}}$ を満たす θ の値は,

$-\pi < \theta \leqq 3\pi$ で,　$\theta = \pm\dfrac{\pi}{4}, \dfrac{7}{4}\pi, \dfrac{9}{4}\pi$

不等号に戻って, 点Pの範囲 (解の動径の範囲) は,
右図の 劣弧 QR である。

$-\pi < \theta \leqq 3\pi$ で 動径を回転して 適不適をみれば,
求める θ は,

$-\dfrac{\pi}{4} < \theta < \dfrac{\pi}{4},$　$\dfrac{7}{4}\pi < \theta < \dfrac{9}{4}\pi$　　…… (答)

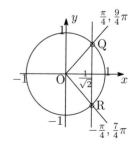

(3)　$\tan\theta = \sqrt{3}$ を満たす θ の値は,

$0 \le \theta < 2\pi$ で,　　$\theta = \dfrac{\pi}{3},\ \dfrac{4}{3}\pi$

不等号に戻って, 点 P の範囲 (解の動径の範囲) は,

右図の 半直線 QA であるが, それを単位円上に

変換して,　劣弧 Q′C, 劣弧 R′B である。

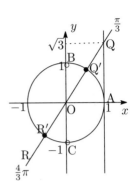

$0 \le \theta < 2\pi$ で 動径を回転して 適不適をみれば,

求める θ は,

$0 \le \theta \le \dfrac{\pi}{3},\ \dfrac{\pi}{2} < \theta \le \dfrac{4}{3}\pi,\ \dfrac{3}{2}\pi < \theta < 2\pi$ $\cdots$ (答)

[解法 2]　関数のグラフを利用する。　　($>$ が $<$, $\geqq$, $\leqq$ のときも 同様)

(1)　不等式　$\sin\theta > p$ の解は,

関数 $y = \sin\theta$ のグラフが 直線 $y = p$ より上側にある ような θ の範囲。

(2)　不等式　$\cos\theta > q$ の解は,

関数 $y = \cos\theta$ のグラフが 直線 $y = q$ より上側にある ような θ の範囲。

(3)　不等式　$\tan\theta > r$ の解は,

関数 $y = \tan\theta$ のグラフが 直線 $y = r$ より上側にある ような θ の範囲。

＜注＞ 普通は, [解法 1] に従えばよい。 が, このような 捉え方は 重要である。

★ 三角の式変形の方針：「角を揃える, 次に, 関数記号 」

3　三角方程式・三角不等式 (一般に)

一般に, 三角方程式・三角不等式 を解く には,

(1)　置き換え　　　　(2)　合成　　　　(3)　積の形 (右辺は 0) に変形する

などによって, 基本形 1 2 に 帰着させる。

例題 2　　$0 \le \theta < 2\pi$ のとき, 次の方程式, 不等式を解け。

(1)　$\cos 2\theta + 3\cos\theta = 1$ 　　　　　(2)　$\cos 2\theta + 3\cos\theta \le 1$

(3)　$\sin 2\theta = \sqrt{3}\cos\theta$ 　　　　　(4)　$\sin 2\theta > \sqrt{3}\cos\theta$

(5)　$\tan(2\theta + \dfrac{\pi}{6}) = -1$ 　　　　　(6)　$\tan(2\theta + \dfrac{\pi}{6}) > -1$

(7)　$\sqrt{3}\sin\theta - \cos\theta = \sqrt{2}$ 　　　　　(8)　$\sqrt{3}\sin\theta - \cos\theta < \sqrt{2}$

(9)　$\sin 2\theta + \sin 3\theta + \sin 4\theta = 0$ 　　　　(10)　$\cos 5\theta - \cos 3\theta = 0$

解答

(1)　与式より, 2 倍角の公式 を用いて,

$2\cos^2\theta - 1 + 3\cos\theta = 1$ 　　　[角を θ に揃える, 関数記号を cos に揃える]

$2\cos^2\theta + 3\cos\theta - 2 = 0$

$(\cos\theta + 2)(2\cos\theta - 1) = 0$ 　　　　　　　　　　　　　　[積の形 (右辺は 0)]

$\cos\theta + 2 > 0$　だから　$2\cos\theta - 1 = 0$　即ち　$\cos\theta = \dfrac{1}{2}$　$[$基本形に帰着$]$

単位円と 直線 $x = \dfrac{1}{2}$ の交点 A, B を求める。

動径 OA, OB の表す角は　$0 \leqq \theta < 2\pi$ の範囲で,　$\theta = \dfrac{\pi}{3},\ \dfrac{5}{3}\pi$　……(答)

(2)　与式より, 2 倍角の公式で, 角を θ に揃える, 関数記号を cos に揃える。

$2\cos^2\theta - 1 + 3\cos\theta \leqq 1$

$2\cos^2\theta + 3\cos\theta - 2 \leqq 0$

$(\cos\theta + 2)(2\cos\theta - 1) \leqq 0$　$[$積の形 (右辺 0)$]$

$2\cos\theta - 1 \leqq 0$　　　　　　　$[\because \cos\theta + 2 > 0]$

即ち　$\cos\theta \leqq \dfrac{1}{2}$　　　　　$[$基本形に帰着$]$

単位円と 直線 $x = \dfrac{1}{2}$ の交点 A, B を求める。

動径 OA, OB の表す角は

$0 \leqq \theta < 2\pi$ の範囲で,　$\theta = \dfrac{\pi}{3},\ \dfrac{5}{3}\pi$

従って, 不等式の解, 点 P の範囲 (解の動径の範囲) は, 上図の 優弧 AB である。　$0 \leqq \theta < 2\pi$ で 動径を回転して 適不適をみれば,

求める θ の範囲 は,　　　$\dfrac{\pi}{3} \leqq \theta \leqq \dfrac{5}{3}\pi$　…………(答)

(3)　与式より, 2 倍角の公式 を用いて, 角を θ に揃える。

$2\sin\theta\cos\theta = \sqrt{3}\cos\theta$

$(2\sin\theta - \sqrt{3})\cos\theta = 0$　　　　　　　$[$積の形 (右辺は 0)$]$

$2\sin\theta - \sqrt{3} = 0$　または　$\cos\theta = 0$

即ち　　$\sin\theta = \dfrac{\sqrt{3}}{2}$　または　$\cos\theta = 0$　　　　$[$基本形に帰着$]$

$\sin\theta = \dfrac{\sqrt{3}}{2}$ のとき,　単位円と直線 $y = \dfrac{\sqrt{3}}{2}$ の交点 A, B を求める。

$\cos\theta = 0$ のとき,　単位円と直線 $x = 0$ (y 軸) の交点 C, D を求める。

動径 OA, OC, OB, OD の表す角は

$0 \leqq \theta < 2\pi$ の範囲で,　$\theta = \dfrac{\pi}{3},\ \dfrac{\pi}{2},\ \dfrac{2}{3}\pi,\ \dfrac{3}{2}\pi$　…………(答)

(4)　与式より, 2 倍角の公式 を用いて, 角を θ に揃える。

$2\sin\theta\cos\theta > \sqrt{3}\cos\theta$

$(2\sin\theta - \sqrt{3})\cos\theta > 0$　　………①　　　$[$積の形 (右辺は 0)$]$

不等号を等号に置き換えた方程式 $(2\sin\theta - \sqrt{3})\cos\theta = 0$ を解く。

$2\sin\theta - \sqrt{3} = 0$　または　$\cos\theta = 0$

即ち　　$\sin\theta = \dfrac{\sqrt{3}}{2}$　または　$\cos\theta = 0$

$\sin\theta = \dfrac{\sqrt{3}}{2}$ のとき，　単位円と直線 $y = \dfrac{\sqrt{3}}{2}$ の交点 A, B を求める。

$\cos\theta = 0$ のとき，　単位円と直線 $x = 0$（y 軸）の交点 C, D を求める。

動径 OA, OC, OB, OD の表す角は，$0 \leqq \theta < 2\pi$ で，$\theta = \dfrac{\pi}{3}, \dfrac{\pi}{2}, \dfrac{2}{3}\pi, \dfrac{3}{2}\pi$

不等式 ① に戻って，　左辺が正となるのは，

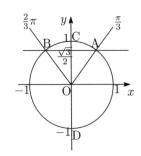

左辺 が 正・正　　　$\sin\theta > \dfrac{\sqrt{3}}{2}$，$\cos\theta > 0$

[基本形に帰着]

即ち　劣弧 AB　かつ　弧 CD 右側

即ち　劣弧 AC　　………②

左辺 が 負・負　　　$\sin\theta < \dfrac{\sqrt{3}}{2}$，$\cos\theta < 0$

[基本形に帰着]

即ち　優弧 AB　かつ　弧 CD 左側

即ち　劣弧 BD　　………③

従って，与不等式の解，点 P の範囲（解の動径の範囲）は，上図の 劣弧 AC，劣弧 BD である。　$0 \leqq \theta < 2\pi$ で 動径を回転して 適不適をみれば，

求める θ の範囲 は，　　　$\dfrac{\pi}{3} < \theta < \dfrac{\pi}{2}$，　$\dfrac{2}{3}\pi < \theta < \dfrac{3}{2}\pi$　　………（答）

(5)　$2\theta + \dfrac{\pi}{6} = \varphi$ と置き換えれば，与式は $\tan\varphi = -1$（基本形）となる。

また，　$0 \leqq \theta < 2\pi$　より，　　　$\dfrac{\pi}{6} \leqq \varphi < 4\pi + \dfrac{\pi}{6}$

直線 $x = 1$ と 直線 $y = -1$ の交点 として，点 Q$(1, -1)$ を得る。

φ の動径は半直線 OQ とその逆向き半直線 OR である。

$\dfrac{\pi}{6} \leqq \varphi < 4\pi + \dfrac{\pi}{6}$ の範囲で，　$\varphi = \dfrac{3}{4}\pi, \dfrac{7}{4}\pi, \dfrac{11}{4}\pi, \dfrac{15}{4}\pi$

よって，　　　$\theta = \dfrac{7}{24}\pi, \dfrac{19}{24}\pi, \dfrac{31}{24}\pi, \dfrac{43}{24}\pi$　　…………（答）

(6)　$2\theta + \dfrac{\pi}{6} = \varphi$ と置き換えれば，与式は $\tan\varphi > -1$（基本形）となる。

また，　$0 \leqq \theta < 2\pi$　より，　　　$\dfrac{\pi}{6} \leqq \varphi < 4\pi + \dfrac{\pi}{6}$

不等号を等号に置き換えた方程式 $\tan\varphi = -1$ を解く。

直線 $x = 1$ と 直線 $y = -1$ の交点 として，点 Q$(1, -1)$ を得る。

φ の動径は半直線 OQ とその逆向き半直線 OR である。

$\dfrac{\pi}{6} \leqq \varphi < 4\pi + \dfrac{\pi}{6}$ の範囲で，　$\varphi = \dfrac{3}{4}\pi, \dfrac{7}{4}\pi, \dfrac{11}{4}\pi, \dfrac{15}{4}\pi$

不等号に戻って，　点 P の範囲は，

右図の 半直線 QA であるが，それを単位円上に

変換して，　劣弧 Q′B，劣弧 R′C である。

$\dfrac{\pi}{6} \leqq \varphi < 4\pi + \dfrac{\pi}{6}$ で 動径を回転して

適不適をみれば，　　φ の範囲は，

$\dfrac{\pi}{6} \leqq \varphi < \dfrac{\pi}{2}, \quad \dfrac{3}{4}\pi < \varphi < \dfrac{3}{2}\pi, \quad \dfrac{7}{4}\pi < \varphi < \dfrac{5}{2}\pi,$

$\dfrac{11}{4}\pi < \varphi < \dfrac{7}{2}\pi, \quad \dfrac{15}{4}\pi < \varphi < 4\pi + \dfrac{\pi}{6}$

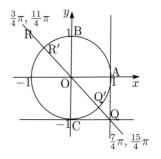

よって，　求める θ の範囲は，

$0 \leqq \theta < \dfrac{\pi}{6}, \quad \dfrac{7}{24}\pi < \theta < \dfrac{2}{3}\pi, \quad \dfrac{19}{24}\pi < \theta < \dfrac{7}{6}\pi, \quad \dfrac{31}{24}\pi < \theta < \dfrac{5}{3}\pi,$

$$\dfrac{43}{24}\pi < \theta < 2\pi \quad \cdots \text{(答)}$$

(7)　与式より，合成によって，(角は揃っているから) 関数記号を 1 つにする。

$$2\left(\sin\theta \cdot \dfrac{\sqrt{3}}{2} - \cos\theta \cdot \dfrac{1}{2}\right) = \sqrt{2}$$

$$2\left(\sin\theta \cos\dfrac{\pi}{6} - \cos\theta \sin\dfrac{\pi}{6}\right) = \sqrt{2}$$

$$\sin\left(\theta - \dfrac{\pi}{6}\right) = \dfrac{1}{\sqrt{2}}$$

$\theta - \dfrac{\pi}{6} = \varphi$ と置き換えれば，　　$\sin\varphi = \dfrac{1}{\sqrt{2}}$　　　　　　[基本形に帰着]

また，　$0 \leqq \theta < 2\pi$ より，　　$-\dfrac{\pi}{6} \leqq \varphi < 2\pi - \dfrac{\pi}{6}$

単位円と直線 $y = \dfrac{1}{\sqrt{2}}$ の交点 A, B を求める。

動径 OA, OB の表す角は　　$-\dfrac{\pi}{6} \leqq \varphi < 2\pi - \dfrac{\pi}{6}$ の範囲で，　$\varphi = \dfrac{\pi}{4}, \ \dfrac{3}{4}\pi$

よって，　　　　$\theta = \dfrac{5}{12}\pi, \ \dfrac{11}{12}\pi$　　　　$\cdots\cdots\cdots\cdots$ (答)

(8)　与式より，合成によって，(角は揃っているから) 関数記号を 1 つにする。

$$2\left(\sin\theta \cdot \dfrac{\sqrt{3}}{2} - \cos\theta \cdot \dfrac{1}{2}\right) < \sqrt{2}$$

$$2\left(\sin\theta \cos\dfrac{\pi}{6} - \cos\theta \sin\dfrac{\pi}{6}\right) < \sqrt{2}$$

$$\sin\left(\theta - \dfrac{\pi}{6}\right) < \dfrac{1}{\sqrt{2}}$$

$\theta - \dfrac{\pi}{6} = \varphi$ と置き換えれば，　$\sin\varphi < \dfrac{1}{\sqrt{2}}$　$\cdots$ ①　　[基本形に帰着]

また，　$0 \leqq \theta < 2\pi$ より，　　$-\dfrac{\pi}{6} \leqq \varphi < 2\pi - \dfrac{\pi}{6}$

単位円と直線 $y = \dfrac{1}{\sqrt{2}}$ の交点 A, B を求める。

動径 OA, OB の表す角は,

$-\dfrac{\pi}{6} \leqq \varphi < 2\pi - \dfrac{\pi}{6}$ で, $\varphi = \dfrac{\pi}{4}, \dfrac{3}{4}\pi$

従って, 不等式①の解, 点 P の範囲は,

右図の 優弧 AB である。

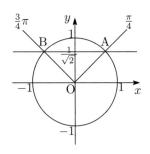

$-\dfrac{\pi}{6} \leqq \varphi < 2\pi - \dfrac{\pi}{6}$ で 動径を回転して

適不適をみれば, φ の範囲は,

$-\dfrac{\pi}{6} \leqq \varphi < \dfrac{\pi}{4}, \quad \dfrac{3}{4}\pi < \varphi < 2\pi - \dfrac{\pi}{6}$

よって, $\quad 0 \leqq \theta < \dfrac{5}{12}\pi, \quad \dfrac{11}{12}\pi < \theta < 2\pi$ ....(答)

(9) 与式より, 和積公式を用いて,

$\qquad 2\sin 3\theta \cos\theta + \sin 3\theta = 0$

$\qquad (2\cos\theta + 1)\sin 3\theta = 0$ 　　　　　　[積の形 (右辺は 0)]

$\qquad 2\cos\theta + 1 = 0$ または $\sin 3\theta = 0$

即ち $\qquad \cos\theta = -\dfrac{1}{2}$ または $\sin 3\theta = 0$ 　　　　[基本形に帰着]

$\cos\theta = -\dfrac{1}{2}$ のとき, 単位円と直線 $x = -\dfrac{1}{2}$ の交点 A, B を求める。

動径 OA, OB の表す角は $\quad 0 \leqq \theta < 2\pi$ の範囲で, $\quad \theta = \dfrac{2}{3}\pi, \dfrac{4}{3}\pi$ ......①

$\sin 3\theta = 0$ のとき, 単位円と直線 $y = 0 \, (x \text{軸})$ の交点 C, D を求める。

動径 OC, OD の表す角は, $3\theta = n\pi$ よって $\theta = \dfrac{n}{3}\pi$ (n は整数)

$0 \leqq \theta < 2\pi$ の範囲で, $\quad \theta = \dfrac{n}{3}\pi \quad (n = 0, 1, 2, 3, 4, 5)$ ....②

①②より, $\qquad \theta = \dfrac{n}{3}\pi \quad (n = 0, 1, 2, 3, 4, 5)$ ....(答)

(10) 与式より, $\cos 5\theta = \cos 3\theta$ 　　基本形 [2] とみる。 n を整数として,

$5\theta = \pm 3\theta + 2n\pi \qquad \theta = n\pi, \dfrac{n}{4}\pi \quad \therefore \quad \theta = \dfrac{n}{4}\pi \quad [n\pi$ は $\dfrac{n}{4}\pi$ に含まれる $]$

$0 \leqq \theta < 2\pi$ より, $\qquad \theta = \dfrac{n}{4}\pi \quad (0 \leqq n \leqq 7)$ ....(答)

＜注＞ 　(1)〜(8) では, 奇数番目は 方程式, 次の偶数番目は 不等式 とし, 等号, 不等号以外は 式 を同じくした。 両方の解答を比較して, 学ぶとよい。 奇数番目 (方程式) では, 解答でグラフを省略した。次の偶数番目 (不等式) の グラフを参照のこと。 (10) では, 和積公式により, 積＝0 の形 でもよい。

＜注＞ 　数学の用語として, $|a+b| \leqq |a| + |b|$ の形の不等式を 三角不等式 と いうことがある。

基礎演習 21 ——— 解答は 314 p

21−1　次の三角方程式を解け。(基本形)　　ただし，$0 \leqq \theta < 2\pi$ とする。

(1)　$\sin\theta = \dfrac{1}{2}$　　　　(2)　$\cos\theta = -\dfrac{1}{2}$　　　　(3)　$\tan\theta = \dfrac{1}{\sqrt{3}}$

(4)　$2\sin\theta + \sqrt{3} = 0$　　(5)　$\sqrt{2}\cos\theta + 1 = 0$　　(6)　$\sqrt{3}\tan\theta + 1 = 0$

(7)　$\sin(\theta - \dfrac{\pi}{3}) = \dfrac{1}{\sqrt{2}}$　(8)　$\cos(2\theta + \dfrac{\pi}{4}) = \dfrac{\sqrt{3}}{2}$　(9)　$\tan(2\theta - \dfrac{\pi}{6}) = -\sqrt{3}$

21−2　次の三角不等式を解け。(基本形)　　ただし，$0 \leqq \theta < 2\pi$ とする。

(1)　$\sin\theta \geqq \dfrac{1}{2}$　　　　(2)　$\cos\theta > -\dfrac{1}{2}$　　　　(3)　$\tan\theta \leqq \dfrac{1}{\sqrt{3}}$

(4)　$2\sin\theta + \sqrt{3} > 0$　　(5)　$\sqrt{2}\cos\theta + 1 \leqq 0$　　(6)　$\sqrt{3}\tan\theta + 1 \geqq 0$

(7)　$\sin(\theta - \dfrac{\pi}{3}) < \dfrac{1}{\sqrt{2}}$　(8)　$\cos(2\theta + \dfrac{\pi}{4}) \geqq \dfrac{\sqrt{3}}{2}$　(9)　$\tan(2\theta - \dfrac{\pi}{6}) < -\sqrt{3}$

21−3　次の三角方程式・三角不等式を解け。　　ただし，$0 \leqq \theta < 2\pi$ とする。

(1)　$\sin\theta + \cos\theta = \dfrac{1}{\sqrt{2}}$　　　　　(2)　$\sin\theta + \cos\theta \leqq \dfrac{1}{\sqrt{2}}$

(3)　$\sin\theta + \sqrt{3}\cos\theta = \sqrt{2}$　　　　(4)　$\sin\theta + \sqrt{3}\cos\theta > \sqrt{2}$

(5)　$\sqrt{3}\tan^2\theta - 2\tan\theta - \sqrt{3} = 0$　　(6)　$\sqrt{3}\tan^2\theta - 2\tan\theta - \sqrt{3} \leqq 0$

(7)　$2\cos^2\theta + 3\sin\theta - 3 = 0$　　　　(8)　$2\cos^2\theta + 3\sin\theta - 3 \geqq 0$

(9)　$\cos 2\theta - 5\cos\theta - 2 = 0$　　　　(10)　$\cos 2\theta - 5\cos\theta - 2 > 0$

(11)　$\cos 2\theta + 3\sin\theta + 1 = 0$　　　　(12)　$\cos 2\theta + 3\sin\theta + 1 \leqq 0$

(13)　$\sin 2\theta - \sin\theta - 2\cos\theta + 1 = 0$　(14)　$\sin 2\theta - \sin\theta - 2\cos\theta + 1 > 0$

(15)　$2\sin\theta\tan\theta = -3$　　　　　(16)　$2\sin\theta\tan\theta \leqq -3$

(17)　$\sin 2\theta = \sin\theta$　　　　　　(18)　$\sin 2\theta > \sin\theta$

(19)　$\sin 2\theta = -\cos\theta$　　　　　(20)　$\sin 2\theta > -\cos\theta$

(21)　$\cos 2\theta = \cos\theta$　　　　　　(22)　$\cos 2\theta < \cos\theta$

(23)　$\cos 2\theta = \sin\theta$　　　　　　(24)　$\cos 2\theta < \sin\theta$

(25)　$\sin 3\theta = \sin\theta$　　　　　　(26)　$\sin 3\theta < \sin\theta$

(27)　$\cos 3\theta = \cos\theta$　　　　　　(28)　$\cos 3\theta < \cos\theta$

(29)　$\tan 2\theta = \tan\theta$　　　　　　(30)　$\tan 2\theta \geqq \tan\theta$

(31)　$\cos\theta + \cos 2\theta + \cos 3\theta = 0$　(32)　$\cos\theta + \cos 2\theta + \cos 3\theta \leqq 0$

(33)　$\cos^2\theta + \sqrt{3}\sin\theta\cos\theta = 1$　(34)　$\cos^2\theta + \sqrt{3}\sin\theta\cos\theta > 1$

(35)　連立方程式 $\begin{cases} \cos x - \sin y = 1 \\ \sin x + \cos y = -\sqrt{3} \end{cases}$　$(\,0 \leqq x < 2\pi,\ 0 \leqq y < 2\pi\,)$

§7 三角関数の最大・最小

1 三角関数の最大・最小

(1) 置き換え   (2) 合成   などによって，簡単にする。

例題 次の関数の最大値と最小値を求めよ。また，そのときの θ の値を求めよ。
ただし，(3) では，そのときの θ の値を求めなくてもよい。

(1)　$y = \sin^2\theta + \sqrt{3}\cos\theta$　　　　　　$(\, 0 \leqq \theta < 2\pi \,)$

(2)　$y = 2\sin\theta - \cos 2\theta - 1$　　　　　$(\, 0 \leqq \theta < 2\pi \,)$

(3)　$y = \sin\theta + 2\cos\theta$

(4)　$y = 7\sin^2\theta + 4\sqrt{3}\sin\theta\cos\theta - 5\cos^2\theta$　　　$(\, 0 \leqq \theta \leqq \pi \,)$

(5)　$y = \sin\theta\cos\theta + \sin\theta + \cos\theta$　　$(\, 0 \leqq \theta < 2\pi \,)$

解答

(1)　$y = 1 - \cos^2\theta + \sqrt{3}\cos\theta$　　　　　[角を揃える, 関数記号を揃える]

　　　　$= -t^2 + \sqrt{3}\,t + 1$　　　　　　　　　[$\cos\theta = t$ とおく]

　　　　$= -\left(t - \dfrac{\sqrt{3}}{2}\right)^2 + \dfrac{7}{4}$　　　　　　　　[平方完成]

　　ここで，　$0 \leqq \theta < 2\pi$　より　　$-1 \leqq t \leqq 1$

　　よって，　$t = \dfrac{\sqrt{3}}{2}$　即ち　$\theta = \dfrac{\pi}{6},\ \dfrac{11}{6}\pi$　のとき　　$\max y = \dfrac{7}{4}$　（答）

　　　　　　　$t = -1$　　即ち　$\theta = \pi$　　のとき　　$\min y = -\sqrt{3}$　（答）

(2)　$y = 2\sin\theta - (1 - 2\sin^2\theta) - 1$　　　[角を揃える, 関数記号を揃える]

　　　　$= 2t^2 + 2t - 2$　　　　　　　　　　[$\sin\theta = t$ とおく]

　　　　$= 2\left(t + \dfrac{1}{2}\right)^2 - \dfrac{5}{2}$　　　　　　　　[平方完成]

　　ここで，　$0 \leqq \theta < 2\pi$　より　　$-1 \leqq t \leqq 1$

　　よって，　$t = 1$　即ち　$\theta = \dfrac{\pi}{2}$　　のとき　　　　$\max y = 2$　　（答）

　　　　　　$t = -\dfrac{1}{2}$　即ち　$\theta = \dfrac{7}{6}\pi,\ \dfrac{11}{6}\pi$　のとき　$\min y = -\dfrac{5}{2}$　（答）

(3)　$y = \sqrt{5}\left(\sin\theta \cdot \dfrac{1}{\sqrt{5}} + \cos\theta \cdot \dfrac{2}{\sqrt{5}}\right)$　　　$[\sqrt{1^2 + 2^2} = \sqrt{5}$ でくくる$]$

　　　　$= \sqrt{5}\,(\sin\theta\cos\alpha + \cos\theta\sin\alpha)$　　$[\exists\alpha\ \ \cos\alpha = \dfrac{1}{\sqrt{5}},\ \sin\alpha = \dfrac{2}{\sqrt{5}}\,]$

　　　　$= \sqrt{5}\,\sin(\theta + \alpha)$　　　　　　　[加法定理 (1) で 合成]

　　ここで，　$-1 \leqq \sin(\theta + \alpha) \leqq 1$　だから

　　　　　　$\max y = \sqrt{5}\,,$　　　$\min y = -\sqrt{5}$　　$\cdots\cdots\cdots$（答）

(4) 半角の公式, 2 倍角の公式 により, 次数を下げる。   角を 2θ に揃える。

$$y = 7 \cdot \frac{1 - \cos 2\theta}{2} + 2\sqrt{3} \sin 2\theta - 5 \cdot \frac{1 + \cos 2\theta}{2}$$

$$= 2\sqrt{3} \sin 2\theta - 6 \cos 2\theta + 1$$

$$= 4\sqrt{3} \left(\sin 2\theta \cdot \frac{1}{2} - \cos 2\theta \cdot \frac{\sqrt{3}}{2} \right) + 1 \qquad [\, \sqrt{(2\sqrt{3})^2 + (-6)^2} = 4\sqrt{3} \,]$$

$$= 4\sqrt{3} \left(\sin 2\theta \cos \frac{\pi}{3} - \cos 2\theta \sin \frac{\pi}{3} \right) + 1$$

$$= 4\sqrt{3} \sin \left(2\theta - \frac{\pi}{3} \right) + 1 \qquad\qquad [\text{加法定理 (2) で 合成}]$$

ここで, $0 \leqq \theta \leqq \pi$ より $-\dfrac{\pi}{3} \leqq 2\theta - \dfrac{\pi}{3} \leqq -\dfrac{\pi}{3} + 2\pi$

よって, $2\theta - \dfrac{\pi}{3} = \dfrac{\pi}{2}$ 即ち $\theta = \dfrac{5}{12}\pi$ のとき $\max y = 4\sqrt{3} + 1$ (答)

$\qquad\quad 2\theta - \dfrac{\pi}{3} = \dfrac{3}{2}\pi$ 即ち $\theta = \dfrac{11}{12}\pi$ のとき $\min y = -4\sqrt{3} + 1$ (答)

(5) $\sin \theta + \cos \theta = t$ とおくと,

$t^2 = \sin^2 \theta + 2 \sin \theta \cos \theta + \cos^2 \theta = 1 + 2 \sin \theta \cos \theta$ $\therefore$ $\sin \theta \cos \theta = \dfrac{1}{2}(t^2 - 1)$

従って, $y = \dfrac{1}{2}(t^2 - 1) + t = \dfrac{1}{2} t^2 + t - \dfrac{1}{2} = \dfrac{1}{2}(t + 1)^2 - 1$

ここで, $t = \sin \theta + \cos \theta = \sqrt{2} \sin \left(\theta + \dfrac{\pi}{4} \right)$ だから

$0 \leqq \theta < 2\pi$ より $\dfrac{\pi}{4} \leqq \theta + \dfrac{\pi}{4} < \dfrac{\pi}{4} + 2\pi$ で $-\sqrt{2} \leqq t \leqq \sqrt{2}$

よって, $t = \sqrt{2}$ 即ち $\sin \left(\theta + \dfrac{\pi}{4} \right) = 1$ 即ち $\theta + \dfrac{\pi}{4} = \dfrac{\pi}{2}$

$\qquad\qquad$ 即ち $\theta = \dfrac{\pi}{4}$ のとき $\max y = \dfrac{1}{2} + \sqrt{2}$ (答)

$\quad\; t = -1$ 即ち $\sin \left(\theta + \dfrac{\pi}{4} \right) = -\dfrac{1}{\sqrt{2}}$ 即ち $\theta + \dfrac{\pi}{4} = \dfrac{5}{4}\pi, \dfrac{7}{4}\pi$

$\qquad\qquad$ 即ち $\theta = \pi, \dfrac{3}{2}\pi$ のとき $\min y = -1$ (答)

2 逆三角関数

三角関数は 単射でないので, 全区間での逆関数は 存在しない。が, 定義域を制限すれば, 逆関数が 考えられる。ここでは, 独立変数を θ ではなく, x とする。

(1) $y = \sin x$ $\left(-\dfrac{\pi}{2} \leqq x \leqq \dfrac{\pi}{2} \right)$ は 単調に増加する (171p $\boxed{4}$ (1)) から,
     逆関数 (単調増加) が存在する (123p 定理 45)。それを 逆正弦関数 といい,
     $y = \arcsin x$ or $y = \sin^{-1} x$ $(-1 \leqq x \leqq 1)$ と書く。

(2) $y = \cos x$ $(0 \leqq x \leqq \pi)$ は 単調に減少する (172p $\boxed{4}$ (2)) から,
     逆関数 (単調減少) が存在する (123p 定理 45)。それを 逆余弦関数 といい,
     $y = \arccos x$ or $y = \cos^{-1} x$ $(-1 \leqq x \leqq 1)$ と書く。

(3) $y = \tan x$ $(-\dfrac{\pi}{2} < x < \dfrac{\pi}{2})$ は 単調に増加する (172p $\boxed{4}$ (3)) から,
逆関数 (単調増加) が存在する (123p 定理 45)。それを 逆正接関数 といい,
$y = \arctan x$ or $y = \tan^{-1} x$ $(-\infty < x < \infty)$ と書く。

<注> 逆正弦関数, 逆余弦関数, 逆正接関数 を総称して 逆三角関数 という。
$\arcsin$, $\sin^{-1}$ は アークサイン, $\arccos$, $\cos^{-1}$ は アークコサイン,
$\arctan$, $\tan^{-1}$ は アークタンジェント と読む。

(4) 枝・主値
$y = \sin x$ は $\dfrac{\pi}{2} \leqq x \leqq \dfrac{3}{2}\pi$ では 単調に減少する (171p $\boxed{4}$ (1)) から,
やはり, 逆関数が存在する (123p 定理 45)。このように, 定義域の制限の
仕方によって, 逆関数が無数に考えられるが, すべてをまとめて $\arcsin$, $\sin^{-1}$
で表すことがあり, (関数の定義には当てはまらないが) 多価関数 という。
個々の関数を $\arcsin$, $\sin^{-1}$ の 枝 という。特に, $-\dfrac{\pi}{2} \leqq y \leqq \dfrac{\pi}{2}$ における値
を $\arcsin$, $\sin^{-1}$ の 主値 といい, $\mathrm{Arcsin}\, x$, $\mathrm{Sin}^{-1}x$ と表すことがある。
$\cos$, $\tan$ についても同様である。 $\arccos$, $\cos^{-1}$ の 主値 は $0 \leqq y \leqq \pi$
における値で, $\mathrm{Arccos}\, x$, $\mathrm{Cos}^{-1}x$ と表し, $\arctan$, $\tan^{-1}$ の 主値 は
$-\dfrac{\pi}{2} < x < \dfrac{\pi}{2}$ における値で, $\mathrm{Arctan}\, x$, $\mathrm{Tan}^{-1}x$ と表すことがある。

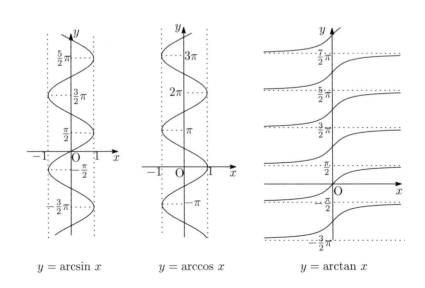

$y = \arcsin x$ $\qquad$ $y = \arccos x$ $\qquad$ $y = \arctan x$

基礎演習 22   ——— 解答は 331 p

22-1　次の関数の最大値と最小値を求めよ。また, (3) 以外では, そのときの
　　　x の値を求めよ。　　　ただし, (4) 以外は, $0 \leqq x < 2\pi$ とする。

(1)　$y = \sqrt{3} \sin x - 3 \cos x + 1$

(2)　$y = \cos x - \sin x + 2$

(3)　$y = 3 \sin x - 2 \cos x$

(4)　$y = 2 \tan^2 x + 4 \tan x - 1 \quad (-\dfrac{\pi}{3} \leqq x \leqq \dfrac{\pi}{3})$

(5)　$y = \cos^2 x - \sin x + 2$

(6)　$y = \cos 2x - 2 \cos x + 1$

(7)　$y = \cos 2x + 2\sqrt{2} \sin x + 3$

(8)　$y = \sin x + \sin(x + \dfrac{\pi}{3})$

(9)　$y = \sin x \sin(x + \dfrac{\pi}{3})$

(10)　$y = \sin^2 x + 2 \sin x \cos x + 3 \cos^2 x$

(11)　$y = 2 \cos x - \sin 2x - 2 \sin x - 1$

＜注＞　関数の独立変数 は x にした。

§8 三角関数の三角形への応用 (三角形の性質)

$\triangle ABC$ において,
$$\angle A = A, \quad \angle B = B, \quad \angle C = C$$
その対辺 $\quad BC = a, \quad CA = b, \quad AB = c$
と書くのが習慣である。

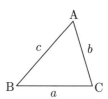

$\boxed{1}$ **三角形の辺と角** (初等幾何学の定理より)

(1) 三角形の角の関係

A, B, C を 3 内角の大きさとする三角形が存在する
$$\Longleftrightarrow \quad A + B + C = \pi, \quad A, B, C > 0$$
$$(\text{このとき}, \ A, \ B, \ C < \pi \ \text{は成立している})$$

(2) 三角形の辺と角の大小関係 —— 1 つの三角形 ABC において ——
$$\begin{cases} b < c & \Longleftrightarrow \quad B < C \\ b = c & \Longleftrightarrow \quad B = C \quad (\text{二等辺三角形の底角は等しいとその逆}) \\ b > c & \Longleftrightarrow \quad B > C \end{cases}$$

即ち, 三角形の 2 辺の大小はその対角の大小と一致する。

特に, 最大辺の対角が最大角であり, 最小辺の対角が最小角である。

(3) 三角形の辺の関係 (三角形の成立条件)

a, b, c を 3 辺の長さとする三角形が存在する
$$\Longleftrightarrow \quad \begin{cases} a < b + c \\ b < c + a \\ c < a + b \end{cases} \quad \Longleftrightarrow \quad |b - c| < a < b + c \quad (\text{三角不等式})$$
$$\Longleftrightarrow \quad a < b + c \quad (a \ \text{が最大のとき})$$
$$\Longleftrightarrow \quad |b - c| < a \quad (a \ \text{が最小のとき})$$
$$(\text{このとき}, \ a, \ b, \ c > 0 \ \text{は成立している})$$

三角形の 2 辺の和は他の 1 辺より大きく, 2 辺の差は他の 1 辺より小さい。

(4) 2 つの三角形の夾角と対辺の大小関係

$\triangle ABC, \triangle A'B'C'$ において, $\quad AB = A'B', \quad AC = A'C' \quad$ のとき,
$$\begin{cases} A < A' & \Longleftrightarrow \quad a < a' \\ A = A' & \Longleftrightarrow \quad a = a' \\ A > A' & \Longleftrightarrow \quad a > a' \end{cases}$$

(5) 三角形の鋭角, 直角, 鈍角と対辺 —— 1 つの三角形 ABC において ——
$$\begin{cases} A < 90° & \Longleftrightarrow \quad a^2 < b^2 + c^2 \\ A = 90° & \Longleftrightarrow \quad a^2 = b^2 + c^2 \quad (\text{三平方の定理とその逆}) \\ A > 90° & \Longleftrightarrow \quad a^2 > b^2 + c^2 \end{cases}$$

証明

(1) [$\Longrightarrow$ の証明]

A, B, C > 0 は明らか。

点 A を通り，BC に平行な直線 XY を引くと，

$\angle B = \angle BAX$，$\angle C = \angle CAY$ [錯角]   だから，

$\angle A + \angle B + \angle C = \angle A + \angle BAX + \angle CAY = (平角)$

よって $A + B + C = \pi$

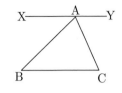

[$\Longleftarrow$ の証明]

A を最大とすると，$A + B + C = \pi$ より，$0 < B < \dfrac{\pi}{2}$, $0 < C < \dfrac{\pi}{2}$

従って，線分 QR を適当に書き，直線 QR の同じ側に 半直線 QS, RT を

$\angle RQS = B$, $\angle QRT = C$ となるように 引けば，交わる。交点を P とする。

前半の証明より，$\angle P + B + C = \pi$ だから $A + B + C = \pi$ より，$\angle P = A$

よって，この $\triangle PQR$ は 与えられた A, B, C を 3 内角とする三角形である。

B, C を最大としても，同様である。   ■

(2) [$\Longrightarrow$ の証明]

まず，$b = c$ ならば 二等辺三角形の底角は等しい (証明略) から，$B = C$

次に，$b < c$ のとき，半直線 AB 上に $AD = b$ となるように 点 D をとれば，

D は線分 AB (両端を除く) 上にある。

上記 (1) より，$\angle BDC + \angle B + \angle BCD = \pi$ だから

$\angle ADC = \angle B + \angle BCD$, また $\angle C = \angle ACD + \angle BCD$

辺々 加えると， $\angle ADC = \angle ACD$ より，

   $\angle C = \angle B + 2\angle BCD > \angle B$ ∴ $B < C$

$b > c$ のときも，   同様に $B > C$

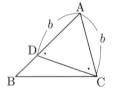

[$\Longleftarrow$ の証明]

上記の結果は，仮定がすべての場合を尽くし，結論がどの 2 つも両立しない

から，転換法により，逆がすべて成り立つ。   ■

(3) [最初の $\Longleftrightarrow$ の証明，まず $\Longrightarrow$ の証明]

a, b, c を 3 辺の長さとする $\triangle ABC$ で，辺 BA の延長上に $AD = b$ となる

ように 点 D をとる。

    $\angle BCD = \angle ACB + \angle ACD$

            $= \angle ACB + \angle D$ [∵ $AC = AD$]

            $> \angle D$

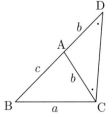

従って，$\triangle BCD$ で，$\angle D < \angle BCD$ より

上記 (2) から $BC < BD$ ∴ $a < b + c$

同様に，循環的に $b < c + a$, $c < a + b$

[次に ⟸ の証明]

2式ずつ 辺々 加えると，　$a > 0,\ b > 0,\ c > 0$　である。

a を最大として，線分 BC $(= a)$ を適当に書く。

点 C を中心とする半径 b の円 C と半直線 CB の交点を P とし，

点 B を中心とする半径 c の円 B と半直線 BC の交点を Q とする。

$b \le a < b + c$　より　$0 \le a - b < c$

$c \le a < b + c$　より　$0 \le a - c < b$

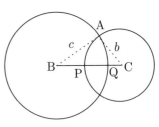

従って，点 P, Q は 線分 BC 上にあり，

B, P, Q, C の順に 並んでいる。　P ≠ Q

ゆえに，円 B と円 C は (直線 BC 上にない)

2 点で交わる。　(2 点は BC に関して対称)

交点の 1 つを A とすれば，△ABC は

与えられた $a,\ b,\ c$ を 3 辺とする三角形である。

$b,\ c$ を最大としても，　同様である。　　　　　　　　　■

[第2の ⟺ の証明]

$$\begin{cases} b < c + a \\ c < a + b \end{cases} \Longleftrightarrow \begin{cases} b - c < a \\ c - a < b \end{cases} \Longleftrightarrow \begin{cases} b - c < a \\ -a < b - c \end{cases} \qquad \text{[定理 7 (2)]}$$

$$\Longleftrightarrow \quad -a < b - c < a \quad \Longleftrightarrow \quad |b - c| < a \qquad \text{[定理 27 (2)]}$$

各辺に　$a < b + c$　を付加すれば 成立。　　　　　　　　　■

[第3の ⟺ の証明]　　　　a が最大 (即ち $b \le a,\ c \le a$) のとき。

　[⟹ の証明]　　明らか。

　[⟸ の証明]　　即ち　[$a < b + c \Longrightarrow |b - c| < a$ の証明]

　　　$2b \le 2a,\ a < b + c$ を 辺々 加えて　　$b < c + a$

　　　$2c \le 2a,\ a < b + c$ を 辺々 加えて　　$c < a + b$

　　　よって　　上記 より　　　　　$|b - c| < a$　　　　　　■

[第4の ⟺ の証明]　　　　a が最小 (即ち $a \le b,\ a \le c$) のとき。

　[⟹ の証明]　　明らか。

　[⟸ の証明]　　即ち　[$|b - c| < a \Longrightarrow a < b + c$ の証明]

　　　$0 \le |b - c| < a$　より　$0 < a$

　　　$0 < a,\ a \le b,\ a \le c$ を 辺々 加えて，　　$a < b + c$　　　■

(4)　[$\Longrightarrow$ の証明]

　まず，$A = A'$ ならば　2辺夾角の相等で $\triangle ABC \equiv \triangle A'B'C'$　$\therefore$　$a = a'$

　次に，$A < A'$ のとき。

　$\triangle ABC$ を移動して，辺 AB を辺 $A'B'$ に重ね，頂点
C が頂点 C' と同じ側に来るようにして，C'' とする。
半直線 $A'C''$ は $\angle A'$ 内にある。　従って，
$\angle C'A'C''$ の二等分線も $\angle A'$ 内にあり，辺 $B'C'$
(両端を除く) と交わる。交点を D とする。2辺夾角
の相等で $\triangle A'DC'' \equiv \triangle A'DC'$　$\therefore$　$DC'' = DC'$

　従って　　$B'D + DC'' = B'D + DC' = B'C' = a'$

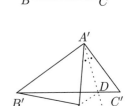

(i)　点 C'' が直線 $B'C'$ 上にあるときは，　辺 $B'C'$
　(両端を除く) 上にあり，$B'C'' < B'C'$ 即ち $a < a'$

(ii)　点 C'' が直線 $B'C'$ 上にないとき，　$\triangle B'DC''$
　ができる。　上記 (3) より，　$B'C'' < B'D + DC''$
　よって　　$a < a'$

　以上より，　$A < A'$ のとき　$a < a'$

　$A > A'$ のときも　　同様に　$a > a'$

[$\Longleftarrow$ の証明]

上記の結果は，仮定がすべての場合を尽くし，結論がどの2つも両立しない
から，転換法により，逆がすべて成り立つ。　■

(5)　$\triangle ABC$ に対して，　　$A'B' = AB = c$，　$A'C' = AC = b$，　$\angle A' = 90°$
となる直角三角形 $A'B'C'$ を考える。

三平方の定理(証明略) より　$(B'C')^2 = (A'B')^2 + (A'C')^2$　$\therefore$　$a'^2 = c^2 + b^2$

$\triangle ABC$，$\triangle A'B'C'$ において，　　上記 (4) より

$A < A'\,(90°)$　$\Longleftrightarrow$　$a < a'$　$\Longleftrightarrow$　$a^2 < a'^2$　$\Longleftrightarrow$　$a^2 < b^2 + c^2$

$A = A'\,(90°)$　$\Longleftrightarrow$　$a = a'$　$\Longleftrightarrow$　$a^2 = a'^2$　$\Longleftrightarrow$　$a^2 = b^2 + c^2$

$A > A'\,(90°)$　$\Longleftrightarrow$　$a > a'$　$\Longleftrightarrow$　$a^2 > a'^2$　$\Longleftrightarrow$　$a^2 > b^2 + c^2$　■

㊟　$\triangle ABC$ に対して，$\angle A' = 90°$ の $\triangle A'B'C'$ を作って考えるこの証明の
しかたに関連して，ここで，$12\text{p}\,\boxed{4}\,(2)(\text{iv})$ の 同一法 を学ぶとよいだろう。
三平方の定理の逆 の 証明 など，他書に譲る。

$\boxed{2}$ **準正弦定理** (本書においてのみ このように名付ける) $\triangle ABC$ において

$$\frac{a}{\sin A} = \frac{b}{\sin B} = \frac{c}{\sin C}$$

$\boxed{3}$ **第1余弦定理**　　　　$\triangle ABC$ において

$$\begin{cases} a = b\cos C + c\cos B \\ b = c\cos A + a\cos C \\ c = a\cos B + b\cos A \end{cases}$$

$\boxed{4}$ **第2余弦定理** (単に 余弦定理ということが多い)　　$\triangle ABC$ において

$$\begin{cases} a^2 = b^2 + c^2 - 2bc\cos A \\ b^2 = c^2 + a^2 - 2ca\cos B \\ c^2 = a^2 + b^2 - 2ab\cos C \end{cases} \iff \begin{cases} \cos A = \dfrac{b^2 + c^2 - a^2}{2bc} \\ \cos B = \dfrac{c^2 + a^2 - b^2}{2ca} \\ \cos C = \dfrac{a^2 + b^2 - c^2}{2ab} \end{cases}$$

第2余弦定理 は 直角三角形における三平方の定理 を 一般の三角形に拡張したものである。　　ここの $\iff$ の証明 は明らかだろう。

証明 ($\boxed{2}$ ～ $\boxed{4}$)

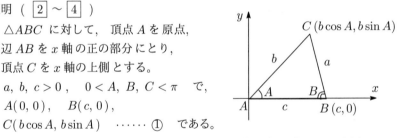

$\triangle ABC$ に対して,　頂点 A を原点,
辺 AB を x 軸の正の部分にとり,
頂点 C を x 軸の上側とする。
$a,\ b,\ c > 0$,　$0 < A,\ B,\ C < \pi$　で,
$A(0, 0),\quad B(c, 0),$
$C(b\cos A,\ b\sin A)$　……① である。

座標軸を $(c, 0)$ だけ平行移動して,　点 B を原点とすれば,　C の座標は
$$(a\cos(\pi - B),\ a\sin(\pi - B)) = (-a\cos B,\ a\sin B)$$
座標軸を平行移動で 元に戻せば,　　　　　$(-a\cos B,\ a\sin B) + (c, 0)$
よって　　　　　　$C(c - a\cos B,\ a\sin B)$　…………②

①② は一致するから　　　$(b\cos A,\ b\sin A) = (c - a\cos B,\ a\sin B)$

y 座標より,　　$b\sin A = a\sin B$　　　　$\therefore\ \dfrac{a}{\sin A} = \dfrac{b}{\sin B}$　……③

x 座標より,　　$b\cos A = c - a\cos B$　　$\therefore\ c = a\cos B + b\cos A$　…④

$(x\,\text{座標})^2 + (y\,\text{座標})^2$ より, $(b\cos A)^2 + (b\sin A)^2 = (c - a\cos B)^2 + (a\sin B)^2$

　　　　$b^2 = c^2 - 2ca\cos B + a^2$　　$\therefore\ b^2 = c^2 + a^2 - 2ca\cos B$　……⑤

(注　⑤は BC の長さを考えてもよい。定理37 (105p) それなら ② は不要。)

座標軸を取り直して，頂点 B を原点とすれば，　③④⑤ より 循環的に

$$\frac{b}{\sin B} = \frac{c}{\sin C}, \qquad a = b\cos C + c\cos B, \qquad c^2 = a^2 + b^2 - 2ab\cos C$$

が成立する。　　さらに，　頂点 C を原点とすれば，　同様に，

$$\frac{c}{\sin C} = \frac{a}{\sin A}, \qquad b = c\cos A + a\cos C, \qquad a^2 = b^2 + c^2 - 2bc\cos A$$

以上により，　準正弦定理，第1余弦定理，第2余弦定理　が証明された。■

5　準正弦定理, 第1余弦定理, 第2余弦定理 の 同値性

　　　$a, b, c > 0$,　　$0 < A, B, C < \pi$　　のとき，　　（三角形を仮定しない）

「 準正弦定理 」 $\wedge$　$A + B + C = \pi$　　$\Longleftrightarrow$　　「 第1余弦定理 」

　　　　　　　　　　　　　　　　　　　　$\Longleftrightarrow$　　「 第2余弦定理 」

　　　　$\Longleftrightarrow$　　a, b, c を3辺，A, B, C を3内角とする三角形が存在する

証明　　[最初の $\Longleftrightarrow$ の証明，　まず $\Longrightarrow$ の証明]

$$\frac{a}{\sin A} = \frac{b}{\sin B} = \frac{c}{\sin C} = k \quad \text{とすると,}$$

　　　　　　$a = k\sin A$,　$b = k\sin B$,　$c = k\sin C$　　　だから,

$$b\cos C + c\cos B = k\sin B\cos C + k\sin C\cos B$$
$$= k(\sin B\cos C + \cos B\sin C)$$
$$= k\sin(B + C) \quad = k\sin(\pi - A) \quad = k\sin A \quad = a$$

よって　　　$a = b\cos C + c\cos B$　　　　他の2式も 同様に 成立する。

[次に $\Longleftarrow$ の証明]

$$\begin{cases} a = b\cos C + c\cos B & \cdots\cdots ① \\ b = c\cos A + a\cos C & \cdots\cdots ② \\ c = a\cos B + b\cos A & \cdots\cdots ③ \end{cases}$$

③を①に代入

$$a = b\cos C + a\cos^2 B + b\cos A\cos B$$
$$\therefore \quad a\sin^2 B = b(\cos A\cos B + \cos C) \quad \cdots\cdots ④$$

③を②に代入

$$b = a\cos B\cos A + b\cos^2 A + a\cos C$$
$$\therefore \quad b\sin^2 A = a(\cos A\cos B + \cos C) \quad \cdots\cdots ⑤$$

④$\times a$,　⑤$\times b$　より

$$a^2\sin^2 B = b^2\sin^2 A$$

$a, b > 0$,　　$0 < A, B < \pi$　より　　$\sin A > 0, \sin B > 0$　　だから

$$a\sin B = b\sin A$$

よって　　　$\dfrac{a}{\sin A} = \dfrac{b}{\sin B}$　　　　　他も 同様に 成立する。

「準正弦定理」が証明されたから，比例式を k とおくと，　$k > 0$　で，

$$a = k \sin A, \quad b = k \sin B, \quad c = k \sin C \qquad \text{だから，}$$

① より，　　　　$k \sin A = k \sin B \cos C + k \sin C \cos B$

$$\sin A = \sin B \cos C + \cos B \sin C$$

$$\sin A = \sin(B + C)$$

$0 < A, B, C < \pi$　より　$0 < B + C < 2\pi$　だから　$B + C = A, \pi - A$

従って，　　　$A + B + C = \pi$　　or　　$B + C = A$

②③ より，同様にして，

$$A + B + C = \pi \quad \text{or} \quad C + A = B$$

$$A + B + C = \pi \quad \text{or} \quad A + B = C$$

故に，　　$A + B + C = \pi$　or　$\begin{cases} B + C = A \\ C + A = B \\ A + B = C \end{cases} \iff \begin{cases} A = 0 \\ B = 0 \quad \text{(不適)} \\ C = 0 \end{cases}$

よって，　　　$A + B + C = \pi$　　　　　　以上で，証明された。　　　■

[第2の $\iff$ の証明，　まず $\implies$ の証明]

「第1余弦定理」が成り立つとする。

③ より　　$\cos B = \dfrac{c - b \cos A}{a}$　　　　② より　　$\cos C = \dfrac{b - c \cos A}{a}$

① に代入すると，　　　$a = \dfrac{b^2 - bc \cos A}{a} + \dfrac{c^2 - cb \cos A}{a}$

よって　　　$a^2 = b^2 + c^2 - 2bc \cos A$　　　　他の2式も 同様に 成立する。

[次に $\impliedby$ の証明]

「第2余弦定理」が成り立つとする。

$$\cos B = \frac{c^2 + a^2 - b^2}{2ca}, \qquad \cos C = \frac{a^2 + b^2 - c^2}{2ab} \qquad \text{より}$$

$$b \cos C + c \cos B = b \frac{a^2 + b^2 - c^2}{2ab} + c \frac{c^2 + a^2 - b^2}{2ca}$$

$$= \frac{a^2 + b^2 - c^2}{2a} + \frac{c^2 + a^2 - b^2}{2a}$$

$$= a$$

よって，　　　$a = b \cos C + c \cos B$　　　　他の2式も 同様に 成立する。　　■

<注>　「第1余弦定理」を '角' について 解けば，「第2余弦定理」が得
　　　られ，'辺' について 解けば，「準正弦定理」が得られる のである。
　　　線形代数の行列表現によれば 見通しがよい。

[第3の $\iff$ の証明，　まず $\impliedby$ の証明]

　193p の 証明 ($\boxed{2}$ 〜 $\boxed{4}$) において 既に なされている。

[次に $\Longrightarrow$ の証明]

$0 < A < \pi$ より $-1 < \cos A < 1$ だから, 「第 2 余弦定理」より

$$-1 < \frac{b^2 + c^2 - a^2}{2bc} < 1 \qquad 2bc > 0 \quad \text{より} \quad -2bc < b^2 + c^2 - a^2 < 2bc$$

従って, $(b-c)^2 < a^2 < (b+c)^2$ $a, b, c > 0$ より $|b-c| < a < b+c$

189p $\boxed{1}$ (3) より a, b, c を 3 辺の長さとする三角形が存在する。

この三角形の 長さ a, b, c の辺の対角の大きさ を それぞれ A', B', C' とする。

第 2 余弦定理 より $\cos A' = \cos A$, $\cos B' = \cos B$, $\cos C' = \cos C$

$0 < A, B, C, A', B', C' < \pi$ であり, この区間で $\cos$ は 単調 だから,

$$A' = A, \qquad B' = B, \qquad C' = C$$

以上より, a, b, c を 3 辺, A, B, C を 3 内角とする三角形 が存在する。 ■

$\boxed{6}$ 第 2 余弦定理から初等幾何学の定理 $\boxed{1}$ (2)(4)(5) が証明される

証明 ($\boxed{1}$ (5) の証明) $\triangle ABC$ ($a, b, c > 0$, $0 < A, B, C < \pi$) において
$\cos$ は $[0, \pi]$ で 単調に減少するから,

$$A < 90° \quad \Longleftrightarrow \quad \cos A > \cos 90° \quad \Longleftrightarrow \quad \frac{b^2 + c^2 - a^2}{2bc} > 0$$
$$\Longleftrightarrow \quad b^2 + c^2 - a^2 > 0 \quad \Longleftrightarrow \quad a^2 < b^2 + c^2$$

他の 2 式も 同様に 成立する。 ■

証明 ($\boxed{1}$ (2) の証明) $\triangle ABC$ ($a, b, c > 0$, $0 < A, B, C < \pi$) において
$\cos$ は $[0, \pi]$ で 単調に減少するから,

$$B < C \quad \Longleftrightarrow \quad \cos B > \cos C \quad \Longleftrightarrow \quad \frac{c^2 + a^2 - b^2}{2ca} > \frac{a^2 + b^2 - c^2}{2ab}$$
$$\Longleftrightarrow \quad -(b-c)(a+b+c)(-a+b+c) > 0$$
$$\Longleftrightarrow \quad -(b-c) > 0 \qquad \text{[第 2 余弦定理 より } a < b+c \text{]}$$
$$\Longleftrightarrow \quad b < c$$

他の 2 式も 同様に 成立する。 ■

証明 ($\boxed{1}$ (4) の証明) $\triangle ABC$, $\triangle A'B'C'$ において,

($a, b, c > 0$, $0 < A, B, C < \pi$, $a', b', c' > 0$, $0 < A', B', C' < \pi$)

$AB = A'B'$ ($c = c'$), $AC = A'C'$ ($b = b'$) のとき,

$\cos$ は $[0, \pi]$ で 単調に減少するから,

$$A < A' \quad \Longleftrightarrow \quad \cos A > \cos A' \quad \Longleftrightarrow \quad \frac{b^2 + c^2 - a^2}{2bc} > \frac{b'^2 + c'^2 - a'^2}{2b'c'}$$
$$\Longleftrightarrow \quad \frac{b^2 + c^2 - a^2}{2bc} > \frac{b^2 + c^2 - a'^2}{2bc}$$
$$\Longleftrightarrow \quad -a^2 > -a'^2 \quad \Longleftrightarrow \quad a < a'$$

他の 2 式も 同様に 成立する。 ■

<注> ここでは，三角形の存在が仮定されている。 $\boxed{1}$(1)(3) については，$\Longleftrightarrow$ の右側の性質のみが 第2余弦定理 から証明されるだけである。[$\boxed{5}$]

$\boxed{7}$ **正弦定理** $\triangle ABC$ において

$$\frac{a}{\sin A} = \frac{b}{\sin B} = \frac{c}{\sin C} = 2R \qquad (\,R\ \text{は外接円の半径}\,)$$

証明

$\triangle ABC$ の外接円の中心を O とする。

(i) 中心 O が直線 BC 上にあるとき。

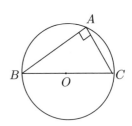

BC は外接円の直径であり，$a = BC = 2R$

直径に対する円周角 より $\angle A = 90°$

従って $\sin A = \sin 90° = 1 = \dfrac{a}{2R}$

$\therefore \quad a = 2R \sin A$

(ii) 中心 O が直線 BC に関して 頂点 A と同じ側にあるとき。

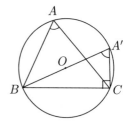

頂点 B を通る直径の他端を A' とすると，

$A'B$ は外接円の直径であり，$A'B = 2R$

直径に対する円周角 より $\angle A'CB = 90°$

点 A, A' はともに優弧 BC 上にあるから，

円周角の定理より， $\angle A = \angle A'$

従って $\sin A = \sin A' = \dfrac{BC}{A'B} = \dfrac{a}{2R}$

$\therefore \quad a = 2R \sin A$

(iii) 中心 O が直線 BC に関して 頂点 A と反対側にあるとき。

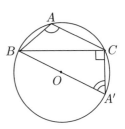

頂点 B を通る直径の他端を A' とすると，

$A'B$ は外接円の直径であり，$A'B = 2R$

直径に対する円周角 より $\angle A'CB = 90°$

点 A は劣弧 BC 上，点 A' は優弧 BC 上にあるから，

円に内接する四角形 $ABA'C$ より $\angle A + \angle A' = \pi$

従って $\sin A = \sin(\pi - A') = \sin A' = \dfrac{BC}{A'B} = \dfrac{a}{2R}$

$\therefore \quad a = 2R \sin A$

(i) ～ (iii) より いずれにしても $a = 2R \sin A$

同様にして， $b = 2R \sin B$ ， $c = 2R \sin C$

よって， $\dfrac{a}{\sin A} = \dfrac{b}{\sin B} = \dfrac{c}{\sin C} = 2R$ ∎

<注>　正弦定理には 外接円が 関わるので，証明に 円周角の定理 (証明略) のような円の性質を要する。 定理の間の論理的関係を明確にしたいために 準正弦定理を別けた。

8　**三角形の面積**　　　── △ABC の面積を S とする ──

$$S = \frac{1}{2} a h_1 \ = \frac{1}{2} b h_2 \ = \frac{1}{2} c h_3 \qquad (\text{底辺と高さ}\quad h_i \text{は高さ})$$

$$= \frac{1}{2} b c \sin A \ = \frac{1}{2} c a \sin B \ = \frac{1}{2} a b \sin C \qquad (\text{2辺と夾角})$$

$$= \frac{1}{2} (a + b + c) r \qquad (r \text{ は内接円の半径})$$

$$= \frac{a b c}{4R} \qquad (R \text{ は外接円の半径})$$

$$= \frac{1}{4} \sqrt{(a + b + c)(-a + b + c)(a - b + c)(a + b - c)} \qquad (\text{3辺})$$

$$= \sqrt{s(s - a)(s - b)(s - c)} \qquad (\text{これを ヘロンの公式 という})$$

$$\left(\text{ただし,} \ s = \frac{1}{2}(a + b + c) \ \text{とする}\right)$$

証明（1行目の等号）

　△ABC と合同な △A'B'C' を 辺 A'C' が辺 CA に 重なり，B, B' が反対側になるようにする。

　∠BCA = ∠B'AC　　より　　BC // AB'　　[錯角]

　∠BAC = ∠B'CA　　より　　AB // B'C　　[錯角]

　従って，　四角形 ABCB' は平行四辺形である。

　よって，　　▱ABCB' = ah₁

　また，　　▱ABCB' = △ABC + △A'B'C' = 2S

　よって，　　$2S = ah_1$　　∴　$S = \frac{1}{2}ah_1$

　他の 2 式も 同様。　　■

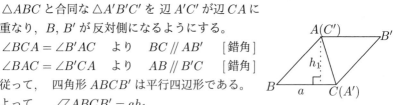

証明（2行目の等号）

　右図で　$h_2 = c \sin A$　だから　1 行目の等号より

$$S = \frac{1}{2}bh_2 = \frac{1}{2}bc\sin A \qquad \text{他の 2 式も 同様。} ■$$

㊟　2 行目の等式は 準正弦定理 を示している。

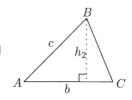

証明（3行目の等号）

　右図で，$S = △ABC = △IBC + △ICA + △IAB$

$$= \frac{1}{2}ar + \frac{1}{2}br + \frac{1}{2}cr \qquad (1 行目の等号)$$

$$= \frac{1}{2}(a + b + c)r \qquad\qquad ■$$

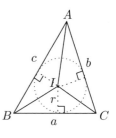

証明 (4行目の等号)

正弦定理 から $\dfrac{c}{\sin C} = 2R$, 2行目の等号 より

$$S = \frac{1}{2}\,a\,b\,\sin C = \frac{1}{2}\,a\,b\,\frac{c}{2R} = \frac{abc}{4R} \qquad \blacksquare$$

証明 (5行目の等号)

2行目の等号 より

$$S = \frac{1}{2}bc\sin A = \frac{1}{2}bc\sqrt{1 - \cos^2 A} \qquad [\,\sin A > 0\ \text{より}\,]$$

$$= \frac{1}{2}bc\sqrt{1 - \left(\frac{b^2 + c^2 - a^2}{2bc}\right)^2} \qquad [\text{第2余弦定理}]$$

$$= \frac{1}{4}\sqrt{(2bc)^2 - (b^2 + c^2 - a^2)^2}$$

$$= \frac{1}{4}\sqrt{(2bc + b^2 + c^2 - a^2)(2bc - b^2 - c^2 + a^2)}$$

$$= \frac{1}{4}\sqrt{\{(b+c)^2 - a^2\}\{a^2 - (b-c)^2\}}$$

$$= \frac{1}{4}\sqrt{(a+b+c)(-a+b+c)(a-b+c)(a+b-c)} \qquad \blacksquare$$

注 $(a+b+c)(-a+b+c)(a-b+c)(a+b-c)$ (因数分解形)

$$= -\{a^2 - (b+c)^2\}\{a^2 - (b-c)^2\}$$

$$= -a^4 + \{(b+c)^2 + (b-c)^2\}a^2 - (b^2 - c^2)^2$$

$$= -a^4 + 2(b^2 + c^2)a^2 - (b^4 - 2b^2c^2 + c^4)$$

$$= -a^4 - b^4 - c^4 + 2a^2b^2 + 2b^2c^2 + 2c^2a^2 \qquad (\text{展開形})$$

公式として, この展開形の方 が良いこともあろう。

証明 (6行目の等号)

5行目の等号 より $\quad S = \dfrac{1}{4}\sqrt{2s(2s-2a)(2s-2b)(2s-2c)}$

$$= \sqrt{s(s-a)(s-b)(s-c)} \qquad \blacksquare$$

9 四角形の面積

(1) 一般の四角形の面積 S

2つの対角線の長さを $l,\ m$ とし, そのなす角を θ とすると,

$$S = \frac{1}{2}\,l\,m\,\sin\theta$$

(2) 円に内接する四角形の面積 S

4辺の長さを a, b, c, d とすると,

$$S = \frac{1}{4}\sqrt{(-a+b+c+d)(a-b+c+d)(a+b-c+d)(a+b+c-d)}$$

$$= \sqrt{(s-a)(s-b)(s-c)(s-d)} \qquad (\text{ブラマグプタの公式})$$

$$\left(\text{ただし},\ s = \frac{1}{2}(a+b+c+d)\ \text{とする}\right)$$

(1) の証明

四角形 $ABCD$ の対角線の交点を O とし,
$$AC = l, \quad BD = m \qquad とする.$$
頂点 A, C を通り,対角線 BD に平行な直線を引く.頂点 B, D を通り,対角線 AC に平行な直線を引く.交点を図のように P, Q, R, S とすると,
$$PQ = SR = AC = l, \quad PS = QR = BD = m$$
であり,

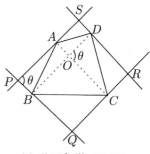

$$\triangle OAB = \frac{1}{2}(平行四辺形\ OAPB) \ \cdots \ ①$$
$$\triangle OBC = \frac{1}{2}(平行四辺形\ OBQC) \ \cdots \ ②$$
$$\triangle OCD = \frac{1}{2}(平行四辺形\ OCRD) \ \cdots \ ③$$
$$\triangle ODA = \frac{1}{2}(平行四辺形\ ODSA) \ \cdots \ ④$$

(i) 凸四角形 $ABCD$

(i) 凸四角形 では,①+②+③+④ $\cdots$ ㋐
(ii) 凹四角形 では,①+②-③-④ $\cdots$ ㋑
より,

$$(四角形\ ABCD) = \frac{1}{2}(平行四辺形\ PQRS)$$

よって,$\quad S = \dfrac{1}{2}PQ \cdot PS \sin\theta$

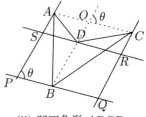

(ii) 凹四角形 $ABCD$

$$\qquad\qquad = \frac{1}{2}lm\sin\theta \qquad\qquad ■$$

㊟ 凹四角形では,点 O は対角線と対角線の延長の交点である.

凹四角形では,③④で図形表記が逆回りとなり,㋑で引き算となっている.

別証 ①〜④ で,$\quad \triangle OAB = \dfrac{1}{2}OA \cdot OB \sin\theta$

$$\triangle OBC = \frac{1}{2}OB \cdot OC \sin(\pi - \theta) = \frac{1}{2}OB \cdot OC \sin\theta$$
$$\triangle OCD = \frac{1}{2}OC \cdot OD \sin\theta$$
$$\triangle ODA = \frac{1}{2}OD \cdot OA \sin(\pi - \theta) = \frac{1}{2}OD \cdot OA \sin\theta$$

であるから,㋐㋑を実行して 因数分解すれば,結論が得られる. ■

これなら 直接的で,補助線は不要である.

(2) の証明

四角形 $ABCD$ の対角線 AC を引く.
$$AB = a, \quad BC = b, \quad CD = c, \quad DA = d \qquad とする.$$
$\angle B + \angle D = \pi$ より,$\qquad \cos D = -\cos B, \quad \sin D = \sin B \qquad \cdots\cdots ①$

$\triangle ABC$, $\triangle ACD$ で,   余弦定理 より,

$$AC^2 = a^2 + b^2 - 2ab\cos B$$

$$AC^2 = c^2 + d^2 - 2cd\cos D = c^2 + d^2 + 2cd\cos B \qquad [\because \text{①}]$$

だから, $a^2 + b^2 - 2ab\cos B = c^2 + d^2 + 2cd\cos B$

$$\therefore \quad \cos B = \frac{a^2 + b^2 - c^2 - d^2}{2(ab+cd)} \qquad \cdots\cdots \text{②}$$

$$S = \triangle ABC + \triangle ACD = \frac{1}{2}ab\sin B + \frac{1}{2}cd\sin D$$

$$= \frac{1}{2}(ab+cd)\sin B \qquad [\because \text{①}]$$

$$= \frac{1}{2}(ab+cd)\sqrt{1 - \cos^2 B} \qquad [\sin B > 0]$$

$$= \frac{1}{2}(ab+cd)\sqrt{1 - \left\{\frac{a^2+b^2-c^2-d^2}{2(ab+cd)}\right\}^2} \qquad [\because \text{②}]$$

$$= \frac{1}{4}\sqrt{\{2(ab+cd)\}^2 - (a^2+b^2-c^2-d^2)^2}$$

$$= \frac{1}{4}\sqrt{(2ab+2cd-a^2-b^2+c^2+d^2)(2ab+2cd+a^2+b^2-c^2-d^2)}$$

$$= \frac{1}{4}\sqrt{\{(c+d)^2-(a-b)^2\}\{(a+b)^2-(c-d)^2\}}$$

$$= \frac{1}{4}\sqrt{(-a+b+c+d)(a-b+c+d)(a+b-c+d)(a+b+c-d)}$$

$$= \frac{1}{4}\sqrt{(2s-2a)(2s-2b)(2s-2c)(2s-2d)}$$

$$= \sqrt{(s-a)(s-b)(s-c)(s-d)} \qquad \blacksquare$$

㊟ 円に内接する四角形は凸四角形である。 $d=0$ とすると, ヘロンの公式になる。

---

10 追記

(1) 三角形の6要素（3辺と3角）を求めることを 三角形を解く という。

(2) 三角形の形状決定 や 辺と角に関する等式の証明 など では,

　　　(i) 角を消去して辺だけにする。　　(ii) 辺を消去して角だけにする。

　なの方針が 有効であることが多い。

(3) 多角形は 三角形に分割して考えることができる (9 のように) から,

　　図形の基本は 三角形であると言える。

　　図形の問題では 線分や角は三角形の辺や角として 捉えるのが基本である。

23–1 次の $\triangle$ABC において，6 要素 (3 辺と 3 角) をすべて 求めよ． また，外接円の半径 R，内接円の半径 r，面積 S を求めよ．ただし，角が求まらないときは，その cos の値でよい． また，(8) では r は求めなくてよい．

(1) $a = 3$, $b = 7$, $c = 8$ (2) $a = 4$, $b = 5$, $c = 6$
                  (3 辺)

(3) $b = 7$, $c = 8$,   A $= 120°$ (4) $b = 3\sqrt{2}$, $c = 7$,   A $= 45°$
                 (2 辺と夾角)

(5) $a = 2$,   B $= 60°$,   C $= 75°$ (6) $a = \sqrt{6}$,   A $= 120°$,   B $= 45°$
               (1 辺と両端の角)

(7) $b = 2$, $c = \sqrt{2}$,   B $= 135°$ (8) $b = 2$, $c = \sqrt{6}$,   B $= 45°$
               (2 辺と 1 つの角)

23–2 $\triangle$ABC において， $\angle$A の二等分線と辺 BC の交点を D とするとき，次の値を求めよ．

(1) AB $= 4$,   AC $= 3$, $\angle$A $= 60°$ のとき，   線分 AD の長さ

(2) AB $= 4$,   BC $= 5$,   CA $= 6$ のとき，   線分 AD の長さ

(3) AD $= 3$,   BD $= 3$,   CD $= 2$ のとき，辺 AB の長さと $\triangle$ABC の面積

23–3 $\triangle$ABC において，辺 BC の中点を M とすると，
   $\mathrm{AB}^2 + \mathrm{AC}^2 = 2\,(\mathrm{AM}^2 + \mathrm{BM}^2)$ が成り立つ．   (中線定理)
このことを，余弦定理を用いて，証明せよ．

23–4 次のような 四角形 ABCD の面積 S を求めよ．

(1)   AB $= 3$,   BC $= 5$,   CD $= 6$,   DA $= 5$, $\angle$B $= 120°$

(2)   AB $= 6$,   BC $= 10$,   CD $= 5$, $\angle$B $= \angle$C $= 60°$

23–5 次のような 円に内接する四角形 ABCD において，

(1)   AB $= 4$,   BC $= 3\sqrt{2}$,   CD $= 2$, $\angle$B $= 45°$ のとき，
  対角線 AC ， 辺 AD ， 四角形 ABCD の面積 S を求めよ．

(2)   AB $= 2$,   BC $= 4$,   CD $= 3$,   DA $= 2$ のとき，
  対角線 AC ，   cos B ， 四角形 ABCD の面積 S を求めよ．

23–6 直方体 ABCD–EFGH において，AB $= 2$, AD $= 3$, AE $= 4$ であるとき， cos$\angle$CAF と $\triangle$AFC の面積 S を求めよ．

基礎演習の解答

基礎演習 1

1–1

(1) $0 + (-3.8) = -3.8$ 　　　　[公理 (3)]

(2) $\left(-\dfrac{2}{5}\right) + \dfrac{2}{5} = 0$ 　　　[公理 (4)]

(3) $0 - 7.2 = -7.2$ 　　　[定理 6(1)(i)]

(4) $(-5.6) - (-5.6) = 0$ 　[定理 6(1)(ii)]

(5) $(-4) - 0 = -4$ 　　　[定理 6(1)(iv)]

(6) $-(-8) = 8$ 　　　　　[定理 6(3)(i)]

(7) $0.8 + (-9.3) = 0.8 - 9.3$ [定義 1(1)]

　　　$= -(9.3 - 0.8)$ 　　　[定理 6(4)(ii)]

　　　$= -8.5$

(8) $(-9) + 1.7 = -9 + 1.7$ 　[定義 2(2)]

　　　$= -(9 - 1.7)$ 　　　[定理 6(4)(ii)]

　　　$= -7.3$

(9) $(-8.7) - (-12.4) = (-8.7) + 12.4$

　　　　　　[定義 1(1), 定理 6(3)(i)]

　　　$= 12.4 + (-8.7)$ 　　　[公理 (1)]

　　　$= 12.4 - 8.7$ 　　　[定義 1(1)]

　　　$= 3.7$

(10) $\left(-\dfrac{1}{6}\right) + \left(-\dfrac{1}{12}\right)$

　　　$= -\left(\dfrac{1}{6} + \dfrac{1}{12}\right)$ 　　　[定理 6(4)(i)]

　　　$= -\left(\dfrac{2}{12} + \dfrac{1}{12}\right)$ 　　　[定理 6(6)(v)]

　　　$= -\dfrac{3}{12}$ 　　　[定理 6(8)(i)]

　　　$= -\dfrac{1}{4}$ 　　　[定理 6(6)(v)]

(11) $\dfrac{3}{4} - \dfrac{4}{5} = \dfrac{15}{20} - \dfrac{16}{20}$ [定理 6(6)(v)]

　　　$= -\left(\dfrac{16}{20} - \dfrac{15}{20}\right)$ 　　　[定理 6(4)(ii)]

　　　$= -\dfrac{1}{20}$ 　　　[定理 6(8)(ii)]

(12) $(-1.8) - \dfrac{4}{3}$

　　　$= (-1.8) + \left(-\dfrac{4}{3}\right)$ 　　　[定義 1(1)]

　　　$= -\left(1.8 + \dfrac{4}{3}\right)$ 　　　[定理 6(4)(i)]

　　　$= -\left(\dfrac{18}{10} + \dfrac{4}{3}\right)$ 　　　[小数を分数へ]

　　　$= -\left(\dfrac{9}{5} + \dfrac{4}{3}\right)$ 　　　[定理 6(6)(v)]

　　　$= -\left(\dfrac{27}{15} + \dfrac{20}{15}\right)$ 　　　[定理 6(6)(v)]

　　　$= -\dfrac{47}{15}$ 　　　[定理 6(8)(i)]

1–2

(1) $1 \times \left(-\dfrac{4}{5}\right) = -\dfrac{4}{5}$ 　　　[公理 (7)]

(2) $\dfrac{-2.7}{-2.7} = 1$ 　　　[定理 6(1)(vi)]

(3) $\dfrac{8.4}{1} = 8.4$ 　　　[定理 6(1)(viii)]

(4) $0 \times (-5) = 0$ 　　　[定理 6(2)(i)]

(5) $0 \div (-5) = 0$ 　　　[定理 6(2)(ii)]

(6) $-\dfrac{3}{4}$ の逆数 $= \left(-\dfrac{3}{4}\right)^{-1}$

　　　$= -\left(\dfrac{3}{4}\right)^{-1}$ 　　　[定理 6(5)(iii)]

　　　$= -\dfrac{4}{3}$ 　　　[定理 6(4)(vi)]

(7) $(-3.6) \times 7.4$

　　　$= -(3.6 \times 7.4)$ 　　　[定理 6(5)(i)]

　　　$= -26.64$

(8) $6 \times \left(-\dfrac{7}{3}\right) = -\left(6 \times \dfrac{7}{3}\right)$ 　[　〃　]

　　　$= -\dfrac{6 \cdot 7}{3}$ 　　　[定理 6(8)(iii)]

　　　$= -14$ 　　　[定理 6(6)(vi)]

(9) $\left(-\dfrac{7}{5}\right) \times \left(-\dfrac{2}{3}\right)$

　　　$= \dfrac{7}{5} \times \dfrac{2}{3}$ 　　　[定理 6(5)(i)]

　　　$= \dfrac{14}{15}$ 　　　[定理 6(8)(iii)]

(10) $0.36 \div (-0.9) = \dfrac{0.36}{-0.9}$ [定義 1(2)]

$= -\dfrac{0.36}{0.9}$ [定理 6(5)(iv)]

$= -\dfrac{36}{90} = -\dfrac{2}{5}$ [定理 6(6)(v)]

(11) $\left(-\dfrac{18}{35}\right) \div \dfrac{9}{14}$

$= -\left(\dfrac{18}{35} \div \dfrac{9}{14}\right)$ [定理 6(5)(iv)]

$= -\dfrac{18 \cdot 14}{35 \cdot 9}$ [定理 6(8)(iv)]

$= -\dfrac{4}{5}$ [定理 6(6)(v)]

(12) $\left(-\dfrac{5}{3}\right) \div \left(-\dfrac{10}{7}\right)$

$= \dfrac{5}{3} \div \dfrac{10}{7}$ [定理 6(5)(iv)]

$= \dfrac{5 \cdot 7}{3 \cdot 10}$ [定理 6(8)(iv)]

$= \dfrac{7}{6}$ [定理 6(6)(v)]

1–3

(1) $-\dfrac{1}{2} + \dfrac{1}{3} - \dfrac{1}{6} = -\dfrac{3}{6} + \dfrac{2}{6} - \dfrac{1}{6}$ [定理 6(6)(v)] $= \dfrac{-3+2-1}{6}$ [定理 6(8)(i)(ii), 25p< 注 4 >] $= \dfrac{-2}{6}$ $= -\dfrac{2}{6}$ [定理 6(5)(iv)] $= -\dfrac{1}{3}$ [定理 6(6)(v)]

(2) $\dfrac{2}{3} + \left(-\dfrac{3}{2}\right) - \dfrac{1}{3} - \left(-\dfrac{5}{4}\right) = \dfrac{2}{3} - \dfrac{3}{2} - \dfrac{1}{3} + \dfrac{5}{4}$ [定義 2(1), 定理 6(3)(i)]

$= \dfrac{8}{12} - \dfrac{18}{12} - \dfrac{4}{12} + \dfrac{15}{12}$ [定理 6(6)(v)]

$= \dfrac{8 - 18 - 4 + 15}{12}$ [定理 6(8)(i)(ii), 25p< 注 4 >] $= \dfrac{1}{12}$

(3) $(-1) \div (-0.1) \div (-0.01) = -(1 \div 0.1 \div 0.01)$ [30p< 注 >]

$= -\left(1 \div \dfrac{1}{10} \div \dfrac{1}{100}\right)$ [小数を分数へ] $= -(1 \times 10 \times 100)$ [定義 1(2)] $= -1000$

(4) $\left(-\dfrac{3}{5}\right) \div \dfrac{6}{19} \times \left(-\dfrac{5}{19}\right) \div \left(-\dfrac{6}{19}\right) = -\left(\dfrac{3}{5} \div \dfrac{6}{19} \times \dfrac{5}{19} \div \dfrac{6}{19}\right)$ [30p< 注 >]

$= -\dfrac{3 \cdot 19 \cdot 5 \cdot 19}{5 \cdot 6 \cdot 19 \cdot 6}$ [定理 6(8)(iii)(iv), 25p< 注 4 >] $= -\dfrac{19}{12}$ [定理 6(6)(v)]

(5) $(-1.5) \times \dfrac{1}{3} + 0.9 \div \dfrac{3}{4} = -\left(1.5 \times \dfrac{1}{3}\right) + 0.9 \times \dfrac{4}{3}$ [定理 6(5)(i), 定理 6(4)(vi)]

$= -\dfrac{1.5 \times 1}{3} + \dfrac{0.9 \times 4}{3}$ [定理 6(8)(iii)] $= -0.5 + 1.2$ [定理 6(6)(vi)]

$= 1.2 - 0.5$ [公理 (1), 定義 1(1)] $= 0.7$

(6) $6 \times \left(-\dfrac{1}{2}\right) + 7 - 5 \div \left(-\dfrac{1}{3}\right) = -\left(6 \times \dfrac{1}{2}\right) + 7 - \left\{-\left(5 \div \dfrac{1}{3}\right)\right\}$ [定理 6(5)(i)(iv)]

$= -\dfrac{6}{2} + 7 + 5 \times 3$ [定義 1(1)(2), 定理 6(3)(i)(ii)] $= -3 + 7 + 15$ $= 19$

(7) $\dfrac{1}{3} - \left\{-\dfrac{3}{2} + \left(\dfrac{7}{3} - \dfrac{1}{4}\right)\right\} = \dfrac{1}{3} + \dfrac{3}{2} - \left(\dfrac{7}{3} - \dfrac{1}{4}\right)$ [定理 6(6)(iii)]

$= \dfrac{1}{3} + \dfrac{3}{2} - \dfrac{7}{3} + \dfrac{1}{4}$ [定理 6(6)(ii)] $= \dfrac{4}{12} + \dfrac{18}{12} - \dfrac{28}{12} + \dfrac{3}{12}$ [定理 6(6)(v)]

$= \dfrac{4 + 18 - 28 + 3}{12}$ [定理 6(8)(i)(ii)] $= \dfrac{-3}{12}$ $= -\dfrac{3}{12}$ [定理 6(5)(iv)] $= -\dfrac{1}{4}$

(8) $\dfrac{2}{1 - \dfrac{1}{3}} = \dfrac{3 \cdot 2}{3\left(1 - \dfrac{1}{3}\right)}$ [定理 6(6)(v)] $= \dfrac{6}{3 - 1}$ [定理 6(7)(i)] $= \dfrac{6}{2} = 3$

1−4

(1) $4(2x - 3y) - 3(x - 5y) = (8x - 12y) - (3x - 15y)$　[定理 6(7)(i)]

　　$= 8x - 12y - 3x + 15y$　[定理 6(6)(ii)]　$= 8x - 3x + 15y - 12y$　[定理 2]

　　$= (8x - 3x) + (15y - 12y)$　[定理 1]　$= (8 - 3)x + (15 - 12)y$　[定理 6(7)(ii)]

　　$= 5x + 3y$

(2) $5(x + y + z) - 3(-2x + y - 3z)$

　　$= (5x + 5y + 5z) - (-6x + 3y - 9z)$　　[25p<注 4>, 定理 24(1)]

　　$= 5x + 5y + 5z + 6x - 3y + 9z$　　[25p<注 4>, 定理 6(6)(ii)(iii)]

　　$= 5x + 6x + 5y - 3y + 5z + 9z$　　[定理 2]

　　$= (5x + 6x) + (5y - 3y) + (5z + 9z)$　　[定理 1]

　　$= (5 + 6)x + (5 - 3)y + (5 + 9)z$　[公理 (9), 定理 6(7)(ii)]　$= 11x + 2y + 14z$

(3) $\dfrac{2a - b}{3} + \dfrac{3a - 2b}{5} = \dfrac{5(2a - b)}{15} + \dfrac{3(3a - 2b)}{15}$　　[定理 6(6)(v)]

　　$= \dfrac{10a - 5b}{15} + \dfrac{9a - 6b}{15}$　　[定理 6(7)(i)]

　　$= \dfrac{(10a - 5b) + (9a - 6b)}{15}$　　[定理 6(8)(i)]

　　$= \dfrac{(10a + 9a) - 5b - 6b}{15}$　　[定理 1,2]

　　$= \dfrac{(10a + 9a) - (5b + 6b)}{15}$　　[定理 6(6)(i)]

　　$= \dfrac{(10 + 9)a - (5 + 6)b}{15}$　　[公理 (9)]　　$= \dfrac{19a - 11b}{15}$

(4) $\dfrac{2a - 3b}{9} - \dfrac{a + 2b}{6} - \dfrac{5a - 4b}{12}$

　　$= \dfrac{4(2a - 3b)}{36} - \dfrac{6(a + 2b)}{36} - \dfrac{3(5a - 4b)}{36}$　　[定理 6(6)(v)]

　　$= \dfrac{8a - 12b}{36} - \dfrac{6a + 12b}{36} - \dfrac{15a - 12b}{36}$　　[定理 6(7)(i), 公理 (9)]

　　$= \dfrac{(8a - 12b) - (6a + 12b) - (15a - 12b)}{36}$　　[定理 6(8)(ii), 25p<注 4>]

　　$= \dfrac{8a - 12b - 6a - 12b - 15a + 12b}{36}$　　[定理 6(6)(i)(ii), 25p<注 4>]

　　$= \dfrac{(8a - 6a - 15a) + (12b - 12b - 12b)}{36}$　　[定理 2,1]

　　$= \dfrac{(8 - 6 - 15)a + (12 - 12 - 12)b}{36}$　[25p<注 4>, 定理 24(1)]　$= \dfrac{-13a - 12b}{36}$

(5) $3b - 4\{a - 3(a - b)\} = 3b - \{4a - 12(a - b)\}$　　[定理 6(7)(i)]

　　$= 3b - 4a + 12(a - b)$　[定理 6(6)(ii)]　$= 3b - 4a + 12a - 12b$　[定理 6(7)(i)]

　　$= (12a - 4a) + (3b - 12b)$　[定理 2,1]　$= (12 - 4)a + (3 - 12)b$　[定理 6(7)(ii)]

　　$= 8a + (-9)b$　$= 8a + (-9b)$　[定理 6(5)(i)]　　$= 8a - 9b$　[定義 1(1)]

(6) $\dfrac{1}{3}(5x - 3y) - \dfrac{1}{2}\{x - 2(3x - y)\} = \dfrac{5x - 3y}{3} - \dfrac{x - 2(3x - y)}{2}$ 　[定義 1(2)]

$= \dfrac{2(5x - 3y)}{6} - \dfrac{3\{x - 2(3x - y)\}}{6}$ 　　[定理 6(6)(v)]

$= \dfrac{10x - 6y}{6} - \dfrac{3x - (18x - 6y)}{6}$ 　　[定理 6(7)(i)]

$= \dfrac{(10x - 6y) - \{3x - (18x - 6y)\}}{6}$ 　　[定理 6(8)(ii)]

$= \dfrac{(10x - 6y) - 3x + (18x - 6y)}{6}$ 　　[定理 6(6)(ii)]

$= \dfrac{(10x - 3x + 18x) - 6y - 6y}{6}$ 　　[定理 1,2]

$= \dfrac{(10x - 3x + 18x) - (6y + 6y)}{6}$ 　　[定理 6(6)(i)]

$= \dfrac{(10 - 3 + 18)x - (6 + 6)y}{6}$ 　　[定理 24(1), 公理 (9)] 　　　$= \dfrac{25x - 12y}{6}$

(7) $-\{-(-a + b - c)\} = -a + b - c$ 　　[定理 6(3)(i)]

(8) $11x - [\,4y - \{-3x - (3x - 2y - 5z) - 2z\}\,]$

$= 11x - 4y + \{-3x - (3x - 2y - 5z) - 2z\}$ 　　[定理 6(6)(ii)]

$= 11x - 4y - 3x - (3x - 2y - 5z) - 2z$ 　　[定理 1]

$= 11x - 4y - 3x - 3x + 2y + 5z - 2z$ 　　[定理 6(6)(ii), 25p< 注 4 >]

$= (11x - 3x - 3x) + (2y - 4y) + (5z - 2z)$ 　　[定理 2,1]

$= (11 - 3 - 3)x + (2 - 4)y + (5 - 2)z$ 　　[定理 24(1)] 　　$= 5x - 2y + 3z$

1−5

(1) 　　$\dfrac{3}{8} = 0.375$ 　　　　　　　　$\dfrac{7}{9} = 0.77777\cdots = 0.\dot{7}$

$\dfrac{5}{7} = 0.714285714285\cdots = 0.\dot{7}1428\dot{5}$ 　　　　　㊟ 割り算を実行して, 余りが

同じになれば, 後は繰り返す. また, 余りの可能な個数は割る数以下である.

(2) 　　$x = 0.181818\cdots$ 　　――― ① 　　　とおくと,

$100x = 18.181818\cdots$ 　　――― ②

②−① より　$99x = 18$ 　　$x = \dfrac{18}{99} = \dfrac{2}{11}$ 　　∴　$0.181818\cdots = \dfrac{2}{11}$ （答）

（別解）　$\dfrac{1}{99} = 0.01010101\cdots$ 　　だから,　　両辺に 18 をかけて,

$\dfrac{1}{99} \times 18 = 0.01010101\cdots \times 18$

$\dfrac{18}{99} = 0.181818\cdots$ 　　　　　∴　$0.181818\cdots = \dfrac{2}{11}$ （答）

㊟ このような計算については, 微分積分学・極限・無限級数 を参照.

基礎演習 2

2-1

(1) $x^2 \times x^3 = x^5$ 　　　　[定理 19(1)]

(2) $(a^2)^4 = a^8$ 　　　　[定理 19(2)]

(3) $(xy)^3 = x^3 y^3$ 　　　　[定理 19(3)]

(4) $(x^5 y^3)^2 = (x^5)^2 (y^3)^2$ 　　[定理 19(3)]

　　　　$= x^{10} y^6$ 　　　　[定理 19(2)]

(5) $(-3a^2 b)^3 = -(3a^2 b)^3$ 　[30p< 注 >]

　　　　$= -3^3 (a^2)^3 b^3$ 　　[定理 19(3)]

　　　　$= -27 a^6 b^3$ 　　[定理 19(2)]

(6) $(-x)(-x^2)(-x)^4$

　　　$= x \cdot x^2 \cdot x^4$ 　　　[30p< 注 >]

　　　$= x^7$ 　　　　[定理 19(1)]

(7) $4x^3 y^2 \times 7x^4 y^3$

　　　$= (4 \cdot 7)(x^3 x^4)(y^2 y^3)$ 　[定理 3,4]

　　　$= 28 x^7 y^5$ 　　　[定理 19(1)]

(8) $(a^2)^3 \times (3a)^2$

　　　$= a^6 \times (3^2 a^2)$ 　　[定理 19(2)(3)]

　　　$= 3^2 a^6 a^2$ 　　　　[定理 3,4]

　　　$= 9 a^8$ 　　　　[定理 19(1)]

(9) $(-3xy^2)^2 \times (-2x^2 y)^3$

　$= -(3xy^2)^2 \cdot (2x^2 y)^3$ 　[30p< 注 >]

　$= -3^2 x^2 (y^2)^2 \cdot 2^3 (x^2)^3 y^3$ [定理 19(3)]

　$= -9x^2 y^4 \cdot 8x^6 y^3$ 　　[定理 19(2)]

　$= -(9 \cdot 8)(x^2 x^6)(y^4 y^3)$ 　[定理 3,4]

　$= -72 x^8 y^7$ 　　　[定理 19(1)]

(10) $t^5 \div t^3 = \dfrac{t^5}{t^3}$ 　　[÷ を分数形へ]

　　　　$= t^2$ 　　　[定理 19(1)′]

(11) $a^5 \div a^5 = \dfrac{a^5}{a^5}$ 　　[÷ を分数形へ]

　　　　$= 1$ 　　　[定理 6(1)(vi)]

(12) $x^2 \div x^6 = \dfrac{x^2}{x^6}$ 　　[÷ を分数形へ]

　　　　$= \dfrac{1}{x^4}$ 　　　[定理 19(1)′]

(13) $\dfrac{12a^2 b^2}{28a^3 b} = \dfrac{3b}{7a}$ 　　[定理 6(6)(v)]

(14) $12x^3 y \div (-4xy^2)$

　　　$= \dfrac{12x^3 y}{-4xy^2}$ 　　[÷ を分数形へ]

　　　$= -\dfrac{12x^3 y}{4xy^2}$ 　　[定理 6(5)(iv)]

　　　$= -\dfrac{3x^2}{y}$ 　　　[定理 6(6)(v)]

(15) $\dfrac{9xy}{8ab} \times \dfrac{2a^2 b^3}{3x^3 y}$

　　　$= \dfrac{9xy \cdot 2a^2 b^3}{8ab \cdot 3x^3 y}$ 　[定理 6(8)(iii)]

　　　$= \dfrac{9 \cdot 2 \, a^2 b^3 xy}{8 \cdot 3 \, abx^3 y}$ 　　[定理 3,4]

　　　$= \dfrac{3ab^2}{4x^2}$ 　　[定理 6(6)(v)]

(16) $\left(-\dfrac{ab}{x^2 y}\right)^2 \times \dfrac{-3y}{ab^3} \div \left(\dfrac{y}{b^2}\right)^2 = \left(-\dfrac{ab}{x^2 y}\right)^2 \times \left(-\dfrac{3y}{ab^3}\right) \div \left(\dfrac{y}{b^2}\right)^2$ [定理 6(5)(iv)]

　　$= -\left\{ \left(\dfrac{ab}{x^2 y}\right)^2 \times \dfrac{3y}{ab^3} \div \left(\dfrac{y}{b^2}\right)^2 \right\}$ 　　　　　　　[30p< 注 >]

　　$= -\left\{ \dfrac{(ab)^2}{(x^2 y)^2} \times \dfrac{3y}{ab^3} \div \dfrac{y^2}{(b^2)^2} \right\}$ 　　　　　　　[定理 19(3)′]

　　$= -\left\{ \dfrac{a^2 b^2}{x^4 y^2} \times \dfrac{3y}{ab^3} \div \dfrac{y^2}{b^4} \right\}$ 　　　　　　　[定理 19(3)(2)]

　　$= -\dfrac{a^2 b^2 \cdot 3y \cdot b^4}{x^4 y^2 \cdot ab^3 \cdot y^2}$ 　　　　　　　[定理 6(8)(iii)(iv)]

$$= -\frac{3a^2b^2b^4y}{ab^3x^4y^2y^2} \quad [\text{定理 3,4}] \qquad = -\frac{3ab^3}{x^4y^3} \quad [\text{定理 19(1)(1)}', \text{定理 6(6)(v)}]$$

(17) $(-2m^3n^2) \div (-4mn^2) \div (-6m^3n^2)$

$$= \frac{-2m^3n^2}{(-4mn^2)(-6m^3n^2)} \quad [\div \text{ を分数形へ}] \qquad = -\frac{2m^3n^2}{4mn^2 \cdot 6m^3n^2} \quad [30\text{p}< \text{注} >]$$

$$= -\frac{2m^3n^2}{4 \cdot 6\,mm^3n^2n^2} \quad [\text{定理 3,4}] \qquad = -\frac{1}{12\,mn^2} \quad [\text{定理 6(6)(v)}]$$

(18) $a^5b^5 \div \left(2ab \times \dfrac{1}{4}xy^2\right) = \dfrac{a^5b^5}{2ab \times \frac{1}{4}xy^2}$ \qquad\qquad\qquad $[\div \text{ を分数形へ}]$

$$= \frac{a^5b^5}{2 \cdot \frac{1}{4}\,abxy^2} \quad [\text{定理 3,4}] \qquad = \frac{2a^4b^4}{xy^2} \qquad [\text{定理 6(6)(v)}]$$

(19) $10^{11} \times (-0.1)^5 \times 100^3 = -\left(10^{11} \times 0.1^5 \times 100^3\right)$ \qquad $[30\text{p}< \text{注} >]$

$$= -\left\{ 10^{11} \times (10^{-1})^5 \times (10^2)^3 \right\} \qquad [\text{小数を分数へ, 定理 6(1)(v)}]$$

$$= -\left(10^{11} \times 10^{-5} \times 10^6\right) \qquad [\text{定理 19}'(2),\ 61\text{p}< \text{注} >]$$

$$= -10^{12} \qquad [\text{定理 19}'(1),\ 61\text{p}< \text{注} >]$$

(20) $\dfrac{(-3)^7}{2^{10}} \times \dfrac{8^5}{-6^6} = \dfrac{(-3)^7 \cdot 8^5}{2^{10} \cdot (-6^6)}$ \quad $[\text{定理 6(8)(iii)}]$ \qquad $= \dfrac{3^7 \cdot 8^5}{2^{10} \cdot 6^6}$ \quad $[30\text{p}< \text{注} >]$

$$= \frac{3^7 \cdot (2^3)^5}{2^{10} \cdot (2 \cdot 3)^6} = \frac{3^7 \cdot 2^{15}}{2^{10} \cdot 2^6 \cdot 3^6} \quad [\text{定理 19(2)(3)}] \qquad = \frac{3}{2} \quad [\text{定理 6(6)(v)}]$$

(21) $36 \times 10^8 \div (12 \times 10^6) + 2 \times 10^2 = \dfrac{36 \times 10^8}{12 \times 10^6} + 2 \times 10^2$ \quad $[\div \text{ を分数形へ}]$

$$= 3 \times 10^2 + 2 \times 10^2 \quad [\text{定理 6(6)(vi)}] \qquad = (3+2) \times 10^2 \quad [\text{公理 (9)}] \qquad = 500$$

2−2

(1) $|\pi - 4| = -(\pi - 4)$ \quad $[\because \pi - 4 < 0,\ \text{定義 10}]$ \qquad $= 4 - \pi$ \quad $[\text{定理 6(4)(ii)}]$

(2) $4 \times |3 - 7| - |-7 + 9| = 4 \times |-4| - |2| = 4 \times 4 - 2$ \quad $[\text{定義 10}]$ \qquad $= 14$

(3) $|2 - 1.5 \times 2 - 1| + |5 - 7| = |2 - 3 - 1| + |5 - 7| = |-2| + |-2|$

$$= 2 + 2 \quad [\text{定義 10}] \qquad = 4$$

2−3

(1) $(\sqrt{7})^2 = 7$ \qquad $[\text{定理 22(1)}]$

(2) $(-\sqrt{7})^2 = (\sqrt{7})^2$ \quad $[\text{定理 6(5)(i)}]$

\qquad $= 7$ \qquad $[\text{定理 22(1)}]$

(3) $\sqrt{7^2} = |7|$ \qquad $[\text{定理 22(1)}']$

\qquad $= 7$ \qquad $[\text{定義 10}]$

(4) $\sqrt{(-7)^2} = |-7|$ \quad $[\text{定理 22(1)}']$

\qquad $= 7$ \qquad $[\text{定義 10}]$

(5) $\sqrt{(\sqrt{3} - 2)^2} = |\sqrt{3} - 2|$ \quad $[\text{定理 22(1)}']$

\qquad $= -(\sqrt{3} - 2)$ \qquad $[\text{定義 10}]$

\qquad $= 2 - \sqrt{3}$ \qquad $[\text{定理 6(4)(ii)}]$

(6) $\sqrt{(-8)(-2)} = \sqrt{8 \cdot 2}$ \quad $[\text{定理 6(5)(i)}]$

\qquad $= \sqrt{4^2} = |4|$ \quad $[\text{定理 22(1)}']$ \qquad $= 4$

(7) $\sqrt{72} = \sqrt{6^2 \cdot 2} = |6|\sqrt{2}$ \quad $[\text{定理 22(2)}']$

\qquad $= 6\sqrt{2}$

(8) $\sqrt{12}\sqrt{18} = \sqrt{12 \cdot 18}$ 　　　[定理 22(2)]
$= \sqrt{6^2 \cdot 6} = |6|\sqrt{6}$ 　[定理 22(2)′]
$= 6\sqrt{6}$

(9) $\sqrt{3}\sqrt{48} = \sqrt{3 \cdot 48}$ 　　　　[定理 22(2)]
$= \sqrt{12^2} = |12|$ 　　　[定理 22(1)′]
$= 12$

(10) $\sqrt{\dfrac{75}{16}} = \dfrac{\sqrt{75}}{\sqrt{16}}$ 　　　　　[定理 22(3)]
$= \dfrac{\sqrt{5^2 \cdot 3}}{\sqrt{4^2}} = \dfrac{|5|\sqrt{3}}{|4|}$ 　[定理 22(1)′(2)′]
$= \dfrac{5\sqrt{3}}{4}$

(11) $\dfrac{\sqrt{108}}{\sqrt{6}} = \sqrt{\dfrac{108}{6}}$ 　　　　　[定理 22(3)]
$= \sqrt{18} = \sqrt{3^2 \cdot 2}$
$= |3|\sqrt{2}$ 　[定理 22(2)′] 　　$= 3\sqrt{2}$

(12) $\dfrac{\sqrt{50}}{\sqrt{8}} = \sqrt{\dfrac{50}{8}}$ 　　　　　[定理 22(3)]
$= \sqrt{\dfrac{25}{4}} = \sqrt{\left(\dfrac{5}{2}\right)^2}$
$= \left|\dfrac{5}{2}\right|$ 　[定理 22(1)′] 　　$= \dfrac{5}{2}$

(13) $5\sqrt{2} \times 3\sqrt{6}$
$= 5\sqrt{2} \times 3\sqrt{2}\sqrt{3}$ 　　　[定理 22(2)]
$= 5 \cdot 3\,(\sqrt{2})^2\sqrt{3}$ 　　　　[定理 3,4]
$= 5 \cdot 3 \cdot 2\,\sqrt{3}$ 　　　　　[定理 22(1)]
$= 30\,\sqrt{3}$

(14) $3\sqrt{2} \times (-\sqrt{6})$
$= -(3\sqrt{2} \times \sqrt{6})$ 　　　[定理 6(5)(i)]
$= -(3\sqrt{2} \times \sqrt{2}\sqrt{3})$ 　[定理 22(2)]
$= -3\,(\sqrt{2})^2\sqrt{3}$ 　　　　　[定理 3]
$= -3 \cdot 2\sqrt{3}$ 　[定理 22(1)] 　$= -6\sqrt{3}$

(15) $\sqrt{6} \div \sqrt{8} \times \sqrt{3}$
$= \dfrac{\sqrt{6}\sqrt{3}}{\sqrt{8}}$ 　　　　　　[÷ を分数形へ]
$= \sqrt{\dfrac{6 \cdot 3}{8}}$ 　　　　　[定理 22(2)(3)]

$= \sqrt{\left(\dfrac{3}{2}\right)^2} = \left|\dfrac{3}{2}\right|$ 　[定理 22(1)′]
$= \dfrac{3}{2}$

(16) $\sqrt{8} \times 3\sqrt{63} \div 2\sqrt{18}$
$= \dfrac{\sqrt{8} \cdot 3\sqrt{63}}{2\sqrt{18}}$ 　　　[÷ を分数形へ]
$= \dfrac{\sqrt{4}\sqrt{2} \cdot 3\sqrt{9}\sqrt{7}}{2\sqrt{9}\sqrt{2}}$ 　[定理 22(2)]
$= \dfrac{\sqrt{4} \cdot 3\sqrt{7}}{2}$ 　　　　[定理 6(6)(v)]
$= 3\sqrt{7}$ 　　　　　　　　[　　〃　　]

(17) $\sqrt{\dfrac{5}{7}} \div \sqrt{\dfrac{5}{6}} \times \sqrt{\dfrac{7}{10}}$
$= \dfrac{\sqrt{5}}{\sqrt{7}} \div \dfrac{\sqrt{5}}{\sqrt{6}} \times \dfrac{\sqrt{7}}{\sqrt{10}}$ 　[定理 22(3)]
$= \dfrac{\sqrt{5}\sqrt{6}\sqrt{7}}{\sqrt{7}\sqrt{5}\sqrt{10}}$ 　[定理 6(8)(iii)(iv)]
$= \dfrac{\sqrt{6}}{\sqrt{10}}$ 　　　　　　　[定理 6(6)(v)]
$= \dfrac{\sqrt{2}\sqrt{3}}{\sqrt{2}\sqrt{5}}$ 　[定理 22(2)] 　$= \dfrac{\sqrt{3}}{\sqrt{5}}$
$= \dfrac{\sqrt{3}\sqrt{5}}{(\sqrt{5})^2}$ 　　　　　　[定理 6(6)(v)]
$= \dfrac{\sqrt{15}}{5}$ 　　　　　　　[定理 22(1)(2)]

(18) $\dfrac{\sqrt{45}}{7} \times \sqrt{\dfrac{7}{10}} \div \sqrt{\dfrac{14}{3}}$
$= \dfrac{\sqrt{45}}{7} \times \dfrac{\sqrt{7}}{\sqrt{10}} \div \dfrac{\sqrt{14}}{\sqrt{3}}$ 　[定理 22(3)]
$= \dfrac{\sqrt{45}\sqrt{7}\sqrt{3}}{7\sqrt{10}\sqrt{14}}$ 　　[定理 6(8)(iii)(iv)]
$= \dfrac{\sqrt{9}\sqrt{5}\sqrt{7}\sqrt{3}}{7\sqrt{5}\sqrt{2}\sqrt{2}\sqrt{7}}$ 　　[定理 22(2)]
$= \dfrac{\sqrt{9}\sqrt{3}}{7(\sqrt{2})^2}$ 　　　　　[定理 6(6)(v)]
$= \dfrac{\sqrt{3^2}\sqrt{3}}{7 \cdot 2}$ 　　　　　　[定理 22(1)]
$= \dfrac{3\sqrt{3}}{14}$ 　　　　　　　[定理 22(1)′]

2–4

(1) $\sqrt{27} - 3\sqrt{48} + \sqrt{75}$

$= \sqrt{3^2 \cdot 3} - 3\sqrt{4^2 \cdot 3} + \sqrt{5^2 \cdot 3}$

$= 3\sqrt{3} - 3 \cdot 4\sqrt{3} + 5\sqrt{3}$　　[定理 22(2)′]

$= (3 - 12 + 5)\sqrt{3}$　　　　　[定理 24(1)]

$= (-4)\sqrt{3}\ \ = -4\sqrt{3}$　　[定理 6(5)(i)]

(2) $\sqrt{3}(\sqrt{6} - \sqrt{3}) - \sqrt{8}$

$= \sqrt{3}\sqrt{6} - (\sqrt{3})^2 - \sqrt{8}$　[定理 6(7)(i)]

$= \sqrt{3}\sqrt{3}\sqrt{2} - (\sqrt{3})^2 - \sqrt{2^2 \cdot 2}$

　　　　　　　　　　　　　　[定理 22(2)]

$= 3\sqrt{2} - 3 - 2\sqrt{2}$　　　[定理 22(1)(2)′]

$= (3\sqrt{2} - 2\sqrt{2}) - 3$　　　　[定理 2,1]

$= (3 - 2)\sqrt{2} - 3$　　　　　[定理 6(7)(ii)]

$= \sqrt{2} - 3$

(3) $\sqrt{32} + (\sqrt{2} - 3) \times \sqrt{2} =$

$\sqrt{4^2 \cdot 2} + (\sqrt{2})^2 - 3\sqrt{2}$　[定理 6(7)(ii)]

$= 4\sqrt{2} + 2 - 3\sqrt{2}$　　[定理 22(2)′(1)]

$= (4\sqrt{2} - 3\sqrt{2}) + 2$　　　　[定理 2,1]

$= (4 - 3)\sqrt{2} + 2$　　　　　[定理 6(7)(ii)]

$= \sqrt{2} + 2$

(4) $5\sqrt{12} - \dfrac{24}{\sqrt{3}}$

$= 5\sqrt{2^2 \cdot 3} - \dfrac{24\sqrt{3}}{(\sqrt{3})^2}$　　[定理 6(6)(v)]

$= 5 \cdot 2\sqrt{3} - \dfrac{24\sqrt{3}}{3}$　[定理 22(2)′(1)]

$= 10\sqrt{3} - 8\sqrt{3}$　　　[定理 6(6)(vi)]

$= (10 - 8)\sqrt{3}$　　　　　[定理 6(7)(ii)]

$= 2\sqrt{3}$

(5) $\sqrt{\dfrac{5}{4}} - \dfrac{1}{\sqrt{5}}$

$= \sqrt{\dfrac{5}{2^2}} - \dfrac{\sqrt{5}}{(\sqrt{5})^2}$　　　[定理 6(6)(v)]

$= \dfrac{\sqrt{5}}{2} - \dfrac{\sqrt{5}}{5}$　　　[定理 22(3)′(1)]

$= \dfrac{5\sqrt{5}}{10} - \dfrac{2\sqrt{5}}{10}$　　　[定理 6(6)(v)]

$= \dfrac{5\sqrt{5} - 2\sqrt{5}}{10}$　　　[定理 6(8)(ii)]

$= \dfrac{(5 - 2)\sqrt{5}}{10}$　[定理 6(7)(ii)] $= \dfrac{3\sqrt{5}}{10}$

(6) $\dfrac{\sqrt{45} - \sqrt{20}}{\sqrt{5}}$

$= \dfrac{\sqrt{45}}{\sqrt{5}} - \dfrac{\sqrt{20}}{\sqrt{5}}$　　　[定理 6(8)(ii)]

$= \sqrt{\dfrac{45}{5}} - \sqrt{\dfrac{20}{5}}$　　　[定理 22(3)]

$= \sqrt{9} - \sqrt{4}\ \ = \sqrt{3^2} - \sqrt{2^2}$

$= 3 - 2$　[定理 22(1)′]　　　$= 1$

(7) $\sqrt{50} - \dfrac{20}{\sqrt{2}} + 3\sqrt{8}$

$= \sqrt{5^2 \cdot 2} - \dfrac{20\sqrt{2}}{(\sqrt{2})^2} + 3\sqrt{2^2 \cdot 2}$

　　　　　　　　　　　　　[定理 6(6)(v)]

$= 5\sqrt{2} - \dfrac{20\sqrt{2}}{2} + 3 \cdot 2\sqrt{2}$

　　　　　　　　　　　　　[定理 22(2)′(1)]

$= 5\sqrt{2} - 10\sqrt{2} + 6\sqrt{2}$

$= (5 - 10 + 6)\sqrt{2}$　[定理 24(1)] $= \sqrt{2}$

(8) $\dfrac{1}{\sqrt{6}} - \dfrac{\sqrt{3}}{\sqrt{2}} + \dfrac{\sqrt{2}}{\sqrt{3}}$

$= \dfrac{1}{\sqrt{6}} - \dfrac{(\sqrt{3})^2}{\sqrt{2}\sqrt{3}} + \dfrac{(\sqrt{2})^2}{\sqrt{2}\sqrt{3}}$

　　　　　　　　　　　　　[定理 6(6)(v)]

$= \dfrac{1}{\sqrt{6}} - \dfrac{3}{\sqrt{6}} + \dfrac{2}{\sqrt{6}}$　[定理 22(1)(2)]

$= \dfrac{1 - 3 + 2}{\sqrt{6}}$　[定理 6(8)(ii)(i)] $= \dfrac{0}{\sqrt{6}}$

$= 0$　　　[定理 6(2)(ii)]

2−5

(1)　　　　定理 22(2)′ より,

① $4\sqrt{3} = \sqrt{4^2 \cdot 3} = \sqrt{48}$　　　② $6\sqrt{2} = \sqrt{6^2 \cdot 2} = \sqrt{72}$

③ $3\sqrt{5} = \sqrt{3^2 \cdot 5} = \sqrt{45}$　　　⑤ $5\sqrt{3} = \sqrt{5^2 \cdot 3} = \sqrt{75}$

　　　　定理 22(1)′ より,

④ $7 = \sqrt{7^2} = \sqrt{49}$

　　$45 < 48 < 49 < 72 < 75$　　だから　　定理 23(2) より,

　$\sqrt{45} < \sqrt{48} < \sqrt{49} < \sqrt{72} < \sqrt{75}$　　即ち

　$3\sqrt{5} < 4\sqrt{3} < 7 < 6\sqrt{2} < 5\sqrt{3}$　　よって,　③, ①, ④, ②, ⑤　(答)

(2)　正負に分けて, 考える。

① $\sqrt{\dfrac{1}{2}}$　　④ $\sqrt{\dfrac{1}{3}}$　　について。

$$2 < 3 \quad\Longleftrightarrow\quad \frac{2}{6} < \frac{3}{6} \qquad\qquad [\,定理\,7(4)(\mathrm{i})\,]$$

$$\Longleftrightarrow\quad \frac{1}{3} < \frac{1}{2} \qquad\qquad [\,定理\,6(6)(\mathrm{v})\,]$$

$$\Longleftrightarrow\quad \sqrt{\frac{1}{3}} < \sqrt{\frac{1}{2}} \qquad\qquad [\,定理\,23(2)\,]$$

　従って　　　　$0 < \sqrt{\dfrac{1}{3}} < \sqrt{\dfrac{1}{2}}$　　——— ⑦

② $-\sqrt{\dfrac{2}{3}}$　　③ $-\sqrt{\dfrac{1}{2}}$　　⑤ $-\sqrt{\dfrac{3}{4}}$　　について。

$$6 < 8 < 9 \quad\Longleftrightarrow\quad \frac{6}{12} < \frac{8}{12} < \frac{9}{12} \qquad [\,定理\,7(4)(\mathrm{i})\,]$$

$$\Longleftrightarrow\quad \frac{1}{2} < \frac{2}{3} < \frac{3}{4} \qquad\qquad [\,定理\,6(6)(\mathrm{v})\,]$$

$$\Longleftrightarrow\quad \sqrt{\frac{1}{2}} < \sqrt{\frac{2}{3}} < \sqrt{\frac{3}{4}} \qquad [\,定理\,23(2)\,]$$

$$\Longleftrightarrow\quad -\sqrt{\frac{1}{2}} > -\sqrt{\frac{2}{3}} > -\sqrt{\frac{3}{4}} \qquad [\,定理\,7(6)\,]$$

　従って　　$-\sqrt{\dfrac{3}{4}} < -\sqrt{\dfrac{2}{3}} < -\sqrt{\dfrac{1}{2}} < 0$　　——— ⑦

⑦⑦ より

$$-\sqrt{\frac{3}{4}} < -\sqrt{\frac{2}{3}} < -\sqrt{\frac{1}{2}} < 0 < \sqrt{\frac{1}{3}} < \sqrt{\frac{1}{2}}$$

　　　　　　　　　　　　　　　よって,　⑤, ②, ③, ④, ①　(答)

基礎演習 3

3-1

(1) $-2x^3 + 7 + 8x^2 - 9x - 3 - x^2 + 4x + 2x^3 - 3x$

$\quad = -2x^3 + 2x^3 + 8x^2 - x^2 + 4x - 9x - 3x + 7 - 3$　　　　　　　　[定理 2]

$\quad = (-2x^3 + 2x^3) + (8x^2 - x^2) + (4x - 9x - 3x) + (7 - 3)$　　　　[定理 1]

$\quad = 0 + (8-1)x^2 + (4-9-3)x + (7-3)$　　　　　[公理 (4), 定理 24(1)]

$\quad = 7x^2 + (-8)x + 4$　　　　　　　　　　　　　　　　　　　　[公理 (3)]

$\quad = 7x^2 - 8x + 4$　　　　　　　　　　　　　　[定理 6(5)(i), 定義 2]

$7x^2$ は　次数 2,　係数は 7　　　　　　$-8x$ は　次数 1,　係数は -8

4 は　次数 0,　係数は 4

定数項 は　　4　　　　　　　1 元 2 次 3 項式

(2) $3a^2 - a^2b - 2b^2 + 6c + 5a^2b - 3b^2 - a^2$

$\quad = 5a^2b - a^2b + 3a^2 - a^2 - 2b^2 - 3b^2 + 6c$　　　　　　　　　[定理 2]

$\quad = (5a^2b - a^2b) + (3a^2 - a^2) - (2b^2 + 3b^2) + 6c$　　[定理 1, 定理 6(6)(i)]

$\quad = (5-1)a^2b + (3-1)a^2 - (2+3)b^2 + 6c$　　[定理 6(7)(ii), 公理 (9)]

$\quad = 4a^2b + 2a^2 - 5b^2 + 6c$

$4a^2b$ は　次数 3,　係数は 4　　　　　　$2a^2$ は　次数 2,　係数は 2

$-5b^2$ は　次数 2,　係数は -5　　　　　　$6c$ は　次数 1,　係数は 6

定数項 は　ない。　　　　　　3 元 3 次 4 項式

3-2

(1) $[x]$　　　$x^2 + 2x^2y - 3x + 4 + 6x^3 - 5y + 3y^2$

$\quad\quad = 6x^3 + 2x^2y + x^2 - 3x + 3y^2 - 5y + 4$　　　　　　　　　[定理 2]

$\quad\quad = 6x^3 + (2yx^2 + x^2) - 3x + (3y^2 - 5y + 4)$　　　　　　[定理 1,4]

$\quad\quad = 6x^3 + (2y+1)x^2 - 3x + (3y^2 - 5y + 4)$　　　　　　　[公理 (9)]

$6x^3$ は　次数 3,　係数は 6　　　　　$(2y+1)x^2$ は　次数 2,　係数は $2y+1$

$-3x$ は　次数 1,　係数は -3　　　　$3y^2-5y+4$ は　次数 0, 係数は $3y^2-5y+4$

定数項 は　　$3y^2 - 5y + 4$　　　　　　　(1 元) 3 次 4 項式

(2) $[y]$　　　$x^2 + 2x^2y - 3x + 4 + 6x^3 - 5y + 3y^2$

$\quad\quad = 3y^2 + 2x^2y - 5y + 6x^3 + x^2 - 3x + 4$　　　　　　　　[定理 2]

$\quad\quad = 3y^2 + (2x^2y - 5y) + (6x^3 + x^2 - 3x + 4)$　　　　　　[定理 1]

$\quad\quad = 3y^2 + (2x^2 - 5)y + (6x^3 + x^2 - 3x + 4)$　　　　　[定理 6(7)(ii)]

$3y^2$ は　次数 2,　係数は 3　　　　　$(2x^2-5)y$ は　次数 1,　係数は $2x^2-5$

$6x^3 + x^2 - 3x + 4$ は　次数 0,　係数は $6x^3 + x^2 - 3x + 4$

定数項 は　　$6x^3 + x^2 - 3x + 4$　　　　　(1 元) 2 次 3 項式

(3) $[\,x\,と\,y\,]$　　　$x^2 + 2x^2y - 3x \mid 4 + 6x^3 - 5y + 3y^2$

　　　　　　　　$= 6x^3 + 2x^2y + x^2 + 3y^2 - 3x - 5y + 4$　　　　　　　[定理 2]

　$6x^3$ は　次数 3,　係数は 6　　　　　$2x^2y$ は　次数 3,　係数は 2

　x^2 は　次数 2,　係数は 1　　　　　$3y^2$ は　次数 2,　係数は 3

　$-3x$ は　次数 1,　係数は -3　　　　$-5y$ は　次数 1,　係数は -5

　4　は　次数 0,　係数は 4

　定数項 は　4　　　　　　　　(2 元) 3 次 7 項式

3-3

(1) $2x^3(2x^2 - x + 4) =$
$2x^3 \cdot 2x^2 - 2x^3 \cdot x + 2x^3 \cdot 4$ [定理 24(1)]
$= 2 \cdot 2x^3x^2 - 2x^3x + 2 \cdot 4x^3$　[定理 3,4]
$= 4x^5 - 2x^4 + 8x^3$　　　　[定理 19(1)]

(2) $(3a + 5b)(3a - 5b)$
　　$= (3a)^2 - (5b)^2$　　　[定理 25(1)]
　　$= 3^2a^2 - 5^2b^2$　　　[定理 19(3)]
　　$= 9a^2 - 25b^2$

(3) $(2x + 5)^2$
　$= (2x)^2 + 2(2x)5 + 5^2$　　[定理 25(2)]
　$= 2^2x^2 + 2 \cdot 2 \cdot 5\,x + 5^2$
　　　　　　[定理 19(3), 定理 3,4]
　$= 4x^2 + 20x + 25$

(4) $(4x - y)^2$
　$= (4x)^2 - 2(4x)y + y^2$　　[定理 25(3)]
　$= 4^2x^2 - 2 \cdot 4\,xy + y^2$
　　　　　　　　[定理 19(3), 定理 3]
　$= 16x^2 - 8xy + y^2$

(5) $(x - 5)(x + 3) = \{x + (-5)\}(x + 3)$
$= x^2 + (-5 + 3)x + (-5)3$ [定理 25(4)]
$= x^2 + (-2)x + (-5)3$
$= x^2 + (-2x) + (-15)$　　[定理 6(5)(i)]
$= x^2 - 2x - 15$　　　　[定義 2(1)]

(6) $(x + 2y)(x - 4y)$
　$= (x + 2y)\{x + (-4)y\}$
　　　　　[定義 1(1), 定理 6(5)(i)]
　$= x^2 + \{2 + (-4)\}xy + 2(-4)y^2$
　　　　　　　　　　[定理 25(4)′]
　$= x^2 + (-2)xy + (-8)y^2$
　$= x^2 - 2xy - 8y^2$
　　　　　　[定理 6(5)(i), 定義 2(1)]

(7) $(2a - 3)(5a + 4)$
　$= \{2a + (-3)\}(5a + 4)$　　[定義 1(1)]
　$= 2 \cdot 5a^2 + \{2 \cdot 4 + (-3)5\}a + (-3)4$
　　　　　　　　　　[定理 25(5)]
　$= 10a^2 + (-7)a + (-12)$
　$= 10a^2 - 7a - 12$
　　　　　　[定理 6(5)(i), 定義 2(1)]

(8) $(2a + 3b)(3a - 4b)$
　$= (2a + 3b)\{3a + (-4)b\}$
　　　　　[定義 1(1), 定理 6(5)(i)]
　$= 2 \cdot 3a^2 + \{2(-4) + 3 \cdot 3\}ab + 3(-4)b^2$
　　　　　　　　　　[定理 25(5)′]
　$= 6a^2 + ab + (-12)b^2$
　$= 6a^2 + ab - 12b^2$
　　　　　　[定理 6(5)(i), 定義 2(1)]

(9) $(x + 2)^3$　$= x^3 + 3x^2 \cdot 2 + 3x \cdot 2^2 + 2^3$　　　　　　　　　　[定理 25(8)]
　　　　　　　$= x^3 + 6x^2 + 12x + 8$　　　　　　　　　　　　　　　　[定理 3,4]

(10) $(3x - 2y)^3\ = (3x)^3 - 3(3x)^2(2y) + 3(3x)(2y)^2 - (2y)^3$　　　[定理 25(9)]

$\qquad\qquad = 3^3x^3 - 3(3^2x^2)(2y) + 3(3x)(2^2y^2) - (2^3y^3)$　　　[定理 19(3)]

$\qquad\qquad = 27x^3 - 54x^2y + 36xy^2 - 8y^3$　　　　　　　　[定理 3,4]

(11) $(x + 2y - 3z)^2\ = \{x + 2y + (-3z)\}^2$　　　　　　　　　　[定義 2(1)]

$\quad = x^2 + (2y)^2 + (-3z)^2 + 2x(2y) + 2(2y)(-3z) + 2(-3z)x$　　[定理 25(10)]

$\quad = x^2 + (2y)^2 + (3z)^2 + 2x(2y) + \{-2(2y)(3z)\} + \{-2(3z)x\}$　[定理 6(5)(i)]

$\quad = x^2 + 4y^2 + 9z^2 + 4xy + (-12yz) + (-6zx)$　　　　[定理 19(3),定理 3,4]

$\quad = x^2 + 4y^2 + 9z^2 + 4xy - 12yz - 6zx$　　　　　　　[定義 2(1)]

(12) $(x + 4)(x - 3)(x + 5) = (x + 4)\{x + (-3)\}(x + 5)$　　　　[定義 1(1)]

$\quad = x^3 + \{4 + (-3) + 5\}x^2 + \{4(-3) + (-3)5 + 5 \cdot 4\}x + 4(-3)5$　[定理 25(12)]

$\quad = x^3 + 6x^2 + (-7)x + (-60)$

$\quad = x^3 + 6x^2 - 7x - 60$　　　　　　　　　　[定理 6(5)(i), 定義 2(1)]

(13) $(2x^2 - 3x + 1)(x^3 + 3x^2 - 4)\quad = 2x^5 + 3x^4 - 8x^3 - 5x^2 + 12x - 4$

$\qquad$縦書きで 係数のみで$\qquad 1 + 3 + 0 - 4$

$\qquad\qquad\qquad\qquad\qquad \times)\ \ \underline{2 - 3 + 1}$

$\qquad\qquad\qquad\qquad\qquad\quad 2 + 6 + 0 - 8$

$\qquad\qquad\qquad\qquad\qquad\qquad -3 - 9 + 0 + 12$

$\qquad\qquad\qquad\qquad\qquad\qquad\qquad \underline{1 + 3 + 0 - 4}$

$\qquad\qquad\qquad\qquad\qquad\quad 2 + 3 - 8 - 5 + 12 - 4$

(14) $(a^3 - 2a^2b + b^3)(2a^2 + 3ab - b^2)\ = 2a^5 - a^4b - 7a^3b^2 + 4a^2b^3 + 3ab^4 - b^5$

$\qquad$縦書きで 係数のみで$\qquad 1 - 2 + 0 + 1$

$\qquad\qquad\qquad\qquad\qquad \times)\ \ \underline{2 + 3 - 1}$

$\qquad\qquad\qquad\qquad\qquad\quad 2 - 4 + 0 + 2$

$\qquad\qquad\qquad\qquad\qquad\quad\ \ 3 - 6 + 0 + 3$

$\qquad\qquad\qquad\qquad\qquad\qquad\ \ \underline{-1 + 2 + 0 - 1}$

$\qquad\qquad\qquad\qquad\qquad\quad 2 - 1 - 7 + 4 + 3 - 1$

(15) $(x + y - 2)(2x - y + 3)\ = \{(x + y) - 2\}\{(2x - y) + 3\}$　　　[降べきの順]

$\quad = (x + y)(2x - y) + 3(x + y) - 2(2x - y) - 2 \cdot 3$　　　　[定理 24(2)]

$\quad = (2x^2 + xy - y^2) + (3x + 3y) - (4x - 2y) - 6$

$\qquad\qquad\qquad\qquad\qquad$[定理 25(5)′, 公理 (9), 定理 6(7)(i)]

$\quad = (2x^2 + xy - y^2) + 3x + 3y - 4x + 2y - 6$　　　　　[定理 6(6)(ii)]

$\quad = (2x^2 + xy - y^2) + (3x - 4x) + (3y + 2y) - 6$　　　[定理 1,2]

$\quad = (2x^2 + xy - y^2) + (3 - 4)x + (3 + 2)y - 6$　　　[定理 6(7)(ii), 公理 (9)]

$\quad = 2x^2 + xy - y^2 - x + 5y - 6$　　　　　　　　[定理 6(5)(ii),定義 2(1)]

(16) $(2x + 3y - z)(2x - 3y - z) = \{(2x - z) + 3y\}\{(2x - z) - 3y\}$ [組み合わせ]

$= (2x - z)^2 - (3y)^2$ 　　　　　　　　　　　[定理 25(1)]

$= (2x)^2 - 2(2x)z + z^2 - (3y)^2$ 　　　　　[定理 25(3)]

$= 4x^2 - 4xz + z^2 - 9y^2$ 　　　　　　[定理 19(3), 定理 3]

$= 4x^2 - 9y^2 + z^2 - 4zx$ 　　　　　　　　[定理 2,4]

3−4

(1) $4x^2 - 8x = 4x(x - 2)$ 　　[80p $\boxed{6}$ (0)]

(2) $a^3 b - ab^3 - a^2 b^2$

　$= ab(a^2 - b^2 - ab)$ 　　　[80p $\boxed{6}$ (0)]

　$= ab(a^2 - ab - b^2)$ [アルファベット順]

(3) $4x^2 - 25 = (2x)^2 - 5^2$

　$= (2x + 5)(2x - 5)$ 　　　[80p $\boxed{6}$ (1)]

(4) $a^2 x^2 - b^2 y^2 = (ax)^2 - (by)^2$

　$= (ax + by)(ax - by)$ 　　[80p $\boxed{6}$ (1)]

(5) $x^2 + 20x + 100 = x^2 + 2 \cdot x \cdot 10 + 10^2$

　$= (x + 10)^2$ 　　　　　　[80p $\boxed{6}$ (2)]

(6) $16a^2 + 1 - 8a = (4a)^2 - 2 \cdot 4a \cdot 1 + 1^2$

　$= (4a - 1)^2$ 　　　　　　[80p $\boxed{6}$ (3)]

(7) $x^2 - 3x - 10 = x^2 + (-3)x + (-10)$

　$= (x + 2)\{x + (-5)\}$ 　　[80p $\boxed{6}$ (4)]

　$= (x + 2)(x - 5)$

(8) $x^2 + 4xy - 32y^2 = x^2 + 4xy + (-32)y^2$

　$= (x + 8y)\{x + (-4)y\}$ 　[80p $\boxed{6}$ (4)']

　$= (x + 8y)(x - 4y)$

(9) $3x^2 - 26x + 35$ 　　　[たすき掛け]

$$
\begin{array}{ccc}
1 & -7 & \longrightarrow & -21 \\
3 & -5 & \longrightarrow & -5 \\
\hline
 & & & -26
\end{array}
$$

$= \{1x + (-7)\}\{3x + (-5)\}$

$= (x - 7)(3x - 5)$

(10) $6x^2 - 5xy - 4y^2$ 　　　[たすき掛け]

$$
\begin{array}{ccc}
2 & 1 & \longrightarrow & 3 \\
3 & -4 & \longrightarrow & -8 \\
\hline
 & & & -5
\end{array}
$$

$= (2x + 1y)\{3x + (-4)y\}$

$= (2x + y)(3x - 4y)$

(11) $a^3 + 8 = a^3 + 2^3$

$= (a + 2)(a^2 - a \cdot 2 + 2^2)$ [80p $\boxed{6}$ (6)]

$= (a + 2)(a^2 - 2a + 4)$

(12) $27x^3 - y^3 = (3x)^3 - y^3$

$= (3x - y)\{(3x)^2 + (3x)y + y^2\}$

[80p $\boxed{6}$ (7)]

$= (3x - y)(9x^2 + 3xy + y^2)$

(13) $a^2 b - ab - a + 1$ 　　　　　　　　　　　[最低次の文字は b]

　　$= (a^2 - a)b - (a - 1)$ 　　　　　　　　[b で降べきの順に整理]

　　$= a(a - 1)b - (a - 1)$ 　　　　　　　　[$a - 1$ が共通因数]

　　$= (a - 1)(ab - 1)$ 　　　　　　　　　　[$a - 1$ でくくる]

(14) $x^3 + x^2 y - 4x - 4y = x^3 - 4x + x^2 y - 4y$ 　　　　　[最低次の文字は y]

　　$= (x^3 - 4x) + (x^2 - 4)y$ 　　　　　　[y で昇べきの順に整理]

　　$= (x^2 - 4)x + (x^2 - 4)y$ 　　　　　　[$x^2 - 4$ が共通因数]

　　$= (x^2 - 4)(x + y)$ 　　　　　　　　　[$x^2 - 4$ でくくる]

　　$= (x + 2)(x - 2)(x + y)$ 　　　　　　[更に, $x^2 - 4$ を因数分解]

(15) $a^2 + b^2 + bc - ca - 2ab = a^2 - 2ab + b^2 + bc - ca$ 　　　[最低次の文字は c]

$\qquad = (a^2 - 2ab + b^2) - (a - b)c$ 　　　　　　[c で昇べきの順に整理]

$\qquad = (a - b)^2 - (a - b)c$ 　　　　　　　　　[$a - b$ が共通因数]

$\qquad = (a - b)(a - b - c)$ 　　　　　　　　　　[$a - b$ でくくる]

(16) $xy - yz + xz - y^2 = xy - y^2 + xz - yz$ 　　　　　[最低次の文字は x, z]

$\qquad = (xy - y^2) + (x - y)z$ 　　　　　　[z で昇べきの順に整理, x でも可]

$\qquad = (x - y)y + (x - y)z$ 　　　　　　　　[$x - y$ が共通因数]

$\qquad = (x - y)(y + z)$ 　　　　　　　　　　[$x - y$ でくくる]

(17) $x^2 + 3xy + 2y^2 + x + 3y - 2$ 　　　　　　　　[最低次の文字は x, y]

$\qquad = x^2 + (3xy + x) + (2y^2 + 3y - 2)$ 　　　[x で降べきの順に整理]

$\qquad = x^2 + (3y + 1)x + (y + 2)(2y - 1)$ 　　　[2 次 3 項式]

$\qquad = \{x + (y + 2)\}\{x + (2y - 1)\}$ 　　　　　[80p $\boxed{6}$ (4)]

$\qquad = (x + y + 2)(x + 2y - 1)$

(別解) 　　$x^2 + 3xy + 2y^2 = (x + y)(x + 2y)$ 　　　　　[2 次部分の因数分解]

　　与式が 　　$(x + y + a)(x + 2y + b)$ 　　　と因数分解できたとすると,

　　(与式)$= (x + y)(x + 2y) + a(x + 2y) + b(x + y) + ab$ 　　　　[上式の展開]

$= x^2 + 3xy + 2y^2 + (a + b)x + (2a + b)y + ab$ 　　　だから, 係数を比較して,

　　$a + b = 1, \quad 2a + b = 3, \quad ab = -2$ 　　　　$\therefore \quad a = 2, \quad b = -1$

　　　　よって, 　　　　(与式)$= (x + y + 2)(x + 2y - 1)$

(18) $2x^2 - 5xy - 3y^2 + x + 11y - 6$ 　　　　　　　[最低次の文字は x, y]

$\qquad = 2x^2 + (-5xy + x) - (3y^2 - 11y + 6)$ 　　　[x で降べきの順に整理]

$\qquad = 2x^2 + (-5y + 1)x - (y - 3)(3y - 2)$ 　　　[2 次 3 項式]

$\qquad = \{2x + (y - 3)\}\{x - (3y - 2)\}$ 　　　　　[たすき掛け]

$\qquad = (2x + y - 3)(x - 3y + 2)$

(別解) 　　$2x^2 - 5xy - 3y^2 = (2x + y)(x - 3y)$ 　　　　　[2 次部分の因数分解]

　　与式が 　　$(2x + y + a)(x - 3y + b)$ 　　　と因数分解できたとすると,

　　(与式)$= (2x + y)(x - 3y) + a(x - 3y) + b(2x + y) + ab$ 　　　[上式の展開]

$= 2x^2 - 5xy - 3y^2 + (a + 2b)x + (-3a + b)y + ab$ 　　　だから, 係数を比較して,

　　$a + 2b = 1, \quad -3a + b = 11, \quad ab = -6$ 　　　　$\therefore \quad a = -3, \quad b = 2$

　　　　よって, 　　　　(与式)$= (2x + y - 3)(x - 3y + 2)$

＜注＞ 因数分解は展開の逆方向の変形なので, 各ステップの根拠 (定理, 公理) は逆方向に見たときの展開のときの根拠と同じである。 展開については, 既に, 学んでいるので, 根拠の代わりに '方針' を示した。

3–5

(1) $(2\sqrt{3} - 3\sqrt{2})^2 \quad = (2\sqrt{3})^2 - 2(2\sqrt{3})(3\sqrt{2}) + (3\sqrt{2})^2$ 　　　　　[定理 25(3)]

$\qquad = 2^2(\sqrt{3})^2 - 2 \cdot 2 \cdot 3\sqrt{3}\sqrt{2} + 3^2(\sqrt{2})^2$ 　　　[定理 19(3), 定理 3,4]

$\qquad = 4 \cdot 3 - 12\sqrt{3 \cdot 2} + 9 \cdot 2$ 　[定理 22(1)(2)] 　　$= 30 - 12\sqrt{6}$

(2) $(2\sqrt{3} - \sqrt{5})(\sqrt{3} + 2\sqrt{5}) \quad = 2(\sqrt{3})^2 + 3\sqrt{3}\sqrt{5} - 2(\sqrt{5})^2$ 　　[定理 25(5)′]

$\qquad = 2 \cdot 3 + 3\sqrt{3 \cdot 5} - 2 \cdot 5$ 　[定理 22(1)(2)] 　　$= -4 + 3\sqrt{15}$

(3) $\dfrac{\sqrt{5} + 2}{\sqrt{5} - 2} \quad = \dfrac{(\sqrt{5} + 2)^2}{(\sqrt{5} + 2)(\sqrt{5} - 2)}$ 　　　　　　　　[定理 6(6)(v)]

$\qquad = \dfrac{(\sqrt{5})^2 + 2\sqrt{5} \cdot 2 + 2^2}{(\sqrt{5})^2 - 2^2}$ 　　　　　　　　[定理 25(1)(2)]

$\qquad = \dfrac{5 + 4\sqrt{5} + 4}{5 - 4}$ 　[定理 22(1)] 　　　$= 9 + 4\sqrt{5}$ 　　[定理 6(1)(viii)]

(4) $\dfrac{4}{1 + \sqrt{2} + \sqrt{3}} \quad = \dfrac{4(1 + \sqrt{2} - \sqrt{3})}{(1 + \sqrt{2} + \sqrt{3})(1 + \sqrt{2} - \sqrt{3})}$ 　　　　[定理 6(6)(v)]

$= \dfrac{4(1 + \sqrt{2} - \sqrt{3})}{(1 + \sqrt{2})^2 - (\sqrt{3})^2}$ [定理 25(1)] $= \dfrac{4(1 + \sqrt{2} - \sqrt{3})}{1 + 2\sqrt{2} + (\sqrt{2})^2 - (\sqrt{3})^2}$ [定理 25(2)]

$= \dfrac{4(1 + \sqrt{2} - \sqrt{3})}{1 + 2\sqrt{2} + 2 - 3}$ [定理 22(1)] $\qquad = \dfrac{2(\sqrt{2})^2(1 + \sqrt{2} - \sqrt{3})}{2\sqrt{2}}$ [定理 22(1)]

$= \sqrt{2}(1 + \sqrt{2} - \sqrt{3})$ [定理 6(6)(vi)] $= \sqrt{2} \cdot 1 + (\sqrt{2})^2 - \sqrt{2}\sqrt{3})$ [定理 24(1)]

$= \sqrt{2} + 2 - \sqrt{2 \cdot 3}$ [定理 22(1)(2)] $\qquad = 2 + \sqrt{2} - \sqrt{6}$

(5) $\sqrt{5 + 2\sqrt{6}} = \sqrt{3 + 2 + 2\sqrt{3 \cdot 2}}$

$\qquad = \sqrt{(\sqrt{3})^2 + (\sqrt{2})^2 + 2\sqrt{3}\sqrt{2}}$ 　　　　　　[定理 22(1)(2)]

$\qquad = \sqrt{(\sqrt{3} + \sqrt{2})^2}$ 　[定理 25(2)] 　　$= \sqrt{3} + \sqrt{2}$ 　　[定理 22(1)′]

(6) $\sqrt{5 - \sqrt{21}} \quad = \dfrac{\sqrt{2}\sqrt{5 - \sqrt{21}}}{\sqrt{2}}$ 　　　　　　　　　　[定理 6(6)(vi)]

$= \dfrac{\sqrt{10 - 2\sqrt{21}}}{\sqrt{2}}$ 　[定理 22(2)] 　　$= \dfrac{\sqrt{7 + 3 - 2\sqrt{7 \cdot 3}}}{\sqrt{2}}$

$= \dfrac{\sqrt{(\sqrt{7})^2 + (\sqrt{3})^2 - 2\sqrt{7}\sqrt{3}}}{\sqrt{2}}$ 　　　　　　　[定理 22(1)(2)]

$= \dfrac{\sqrt{(\sqrt{7} - \sqrt{3})^2}}{\sqrt{2}}$ 　[定理 25(3)] 　　$= \dfrac{\sqrt{7} - \sqrt{3}}{\sqrt{2}}$ 　　[定理 22(1)′]

$= \dfrac{\sqrt{2}(\sqrt{7} - \sqrt{3})}{(\sqrt{2})^2}$ 　[定理 6(6)(v)]

$= \dfrac{\sqrt{2}\sqrt{7} - \sqrt{2}\sqrt{3}}{2}$ [定理 22(1), 定理 6(7)(i)] $= \dfrac{\sqrt{14} - \sqrt{6}}{2}$ [定理 22(2)]

基礎演習 4

4-1

(1)　$3(2x-1)-4x = 5x+6$　　　以下は 同値変形である。

$$6x-3-4x = 5x+6 \qquad\qquad\qquad\qquad \text{[定理 6(7)(i)]}$$
$$-3x-3 = 6 \qquad\qquad \text{[両辺から } 5x \text{ を引く. 定理 5 (2)]}$$
$$-3x = 9 \qquad\qquad \text{[両辺に 3 を足す. 定理 5 (1)]}$$
$$x = -3 \quad \cdots \text{(答)} \qquad\qquad \text{[両辺を } -3 \text{ で割る. 定理 5 (4)]}$$

(2)　$\dfrac{x+1}{25} = \dfrac{x-8}{2} - \dfrac{47}{10}$　　　以下は 同値変形である。

$$2x+2 = 25x-200-235 \qquad \text{[両辺に 50 を掛ける. 定理 5 (3)]}$$
$$2x = 25x-437 \qquad\qquad \text{[両辺から 2 を引く. 定理 5 (2)]}$$
$$-23x = -437 \qquad\qquad \text{[両辺から } 25x \text{ を引く. 定理 5 (2)]}$$
$$x = 19 \quad \cdots \text{(答)} \qquad \text{[両辺を } -23 \text{ で割る. 定理 5 (4)]}$$

(3)　$\dfrac{2a-x}{3} + \dfrac{a-1}{6} = \dfrac{x-2}{2}$　　　以下は 同値変形である。

$$4a-2x+a-1 = 3x-6 \qquad \text{[両辺に 6 を掛ける. 定理 5 (3)]}$$
$$-5x+5a-1 = -6 \qquad\qquad \text{[両辺から } 3x \text{ を引く. 定理 5 (2)]}$$
$$-5x = -5a-5 \qquad \text{[両辺から } 5a-1 \text{ を引く. 定理 5 (2)]}$$
$$x = a+1 \ \cdots \text{(答)} \qquad \text{[両辺を } -5 \text{ で割る. 定理 5 (4)]}$$

(4)　$x = ab+bc+ca$　　　以下は 同値変形である。

$$x-bc = ab+ca \qquad\qquad \text{[両辺から } bc \text{ を引く. 定理 5 (2)]}$$
$$(b+c)a = x-bc \qquad\qquad\qquad \text{[} a \text{ について整理した.]}$$
$$a = \dfrac{x-bc}{b+c} \quad \cdots \text{(答)} \qquad \text{[両辺を } b+c \ (\neq 0) \text{ で割る. 定理 5 (4)]}$$

4-2

(1)　$\begin{cases} 3x+2y = -7 & \cdots\cdots\cdots ① \\ 2x+y = 3 & \cdots\cdots\cdots ② \end{cases}$

$② \times 2 - ①$　　　定理 5 (3)(6)　より

$2(2x+y)-(3x+2y) = 6-(-7)$　　即ち　$x = 13$

$②$ に代入して　$26+y = 3$　　従って　$y = -23$

逆に，これらは ①② を満たす。　　よって　$\begin{cases} x = 13 \\ y = -23 \end{cases}$　　$\cdots$（答）

(2) $\begin{cases} 2(2x+3y) = 3(2x-3y)+10 \\ 4x-3y = 4(6y-2x)+3 \end{cases}$ 即ち $\begin{cases} -2x+15y = 10 & \cdots\cdots ① \\ 4x-9y = 1 & \cdots\cdots ② \end{cases}$

① × 2 + ②   定理 5 (3)(5) より

$2(-2x+15y)+(4x-9y) = 20+1$ 即ち $21y = 21$ $\therefore$ $y = 1$

② に代入して $4x-9 = 1$ $\therefore$ $x = 5/2$

逆に,これらは ① ②(従って,与式)を満たす. よって $\begin{cases} x = \dfrac{5}{2} & \cdots \text{(答)} \\ y = 1 \end{cases}$

(3) $\dfrac{4x+y-2}{3} = \dfrac{x-3y}{5} = -x-y$ $[\,13\text{p}\,\boxed{2}\,(4)'(2)',\,\text{定理}\,5\,(1)\sim(4)\,]$

$\Leftrightarrow \begin{cases} \dfrac{4x+y-2}{3} = -x-y \\ \dfrac{x-3y}{5} = -x-y \end{cases}$ $\Leftrightarrow \begin{cases} 7x+4y = 2 \\ 3x+y = 0 \end{cases}$

$\Leftrightarrow \begin{cases} 7x+4(-3x) = 2 \\ y = -3x \end{cases}$ $\Leftrightarrow \begin{cases} x = -\dfrac{2}{5} \\ y = -3x \end{cases}$ $\Leftrightarrow \begin{cases} x = -\dfrac{2}{5} \\ y = \dfrac{6}{5} \end{cases}$ $\cdots \text{(答)}$

(4) $\begin{cases} \dfrac{4}{x} - \dfrac{3}{y} = 1 \\ \dfrac{8}{x} + \dfrac{9}{y} = 7 \end{cases}$ $\dfrac{4}{x} = s,\ \dfrac{3}{y} = t$ とおくと $\begin{cases} s-t = 1 & \cdots ① \\ 2s+3t = 7 & \cdots ② \end{cases}$

① × 3 + ②   定理 5 (3)(5) より

$3(s-t)+(2s+3t) = 3+7$ 即ち $5s = 10$ $\therefore$ $s = 2$

① に代入して $2-t = 1$ $\therefore$ $t = 1$ 逆に,これらは ① ② を満たす.

従って, $\dfrac{4}{x} = 2,\ \dfrac{3}{y} = 1$ よって $\begin{cases} x = 2 \\ y = 3 \end{cases}$ $\cdots \text{(答)}$

4−3

(1) $2x+6 < 16-3x$ 以下は 同値変形である.

$5x+6 < 16$ [両辺に $3x$ を足す. 定理 7 (1)]

$5x < 10$ [両辺から 6 を引く. 定理 7 (2)]

$x < 2$ $\cdots$ (答)   [両辺を 5 で割る. 定理 7 (4)(i)]

(2) $2(3x-1)-4x \geqq 7x-5$ 以下は 同値変形である.

$6x-2-4x \geqq 7x-5$ [定理 6(7)(i)]

$-5x-2 \geqq -5$ [両辺から $7x$ を引く. 定理 7 (2)]

$-5x \geqq -3$ [両辺に 2 を足す. 定理 7 (1)]

$x \leqq \dfrac{3}{5}$ $\cdots$ (答)   [両辺を -5 で割る. 定理 7 (4)(ii)]

(3) $\quad x + 3a + 2 < -a^2 x + 5a - 1$　　　以下は 同値変形である。

$\quad\quad a^2 x + x + 3a + 2 < +5a - 1$　　　　　[両辺に $a^2 x$ を足す. 定理 7 (1)]

$\quad\quad\quad a^2 x + x < 5a - 1 - (3a + 2)$　　　[両辺から $3a + 2$ を引く. 定理 7 (2)]

$\quad\quad\quad (a^2 + 1)x < 2a - 3$　　　　　　　　[x について整理した.]

$\quad\quad\quad x < \dfrac{2a - 3}{a^2 + 1}$　　$\cdots$ (答)　　　[両辺を $a^2 + 1 (> 0)$ で割る. 定理 7 (4)(i)]

(4) $\quad 2x - 1 > m(x - 2)$　　　　以下は 同値変形である。

$\quad\quad m(x - 2) < 2x - 1$　　　　　　　　　　　　[定義 3 (1)]

$\quad\quad mx - 2m < 2x - 1$　　　　　　　　　　　　[定理 6 (7)(i)]

$\quad\quad mx - 2x - 2m < -1$　　　　　　　　[両辺から $2x$ を引く. 定理 7 (2)]

$\quad\quad mx - 2x < 2m - 1$　　　　　　　　　[両辺に $2m$ を足す. 定理 7 (1)]

$\quad\quad (m - 2)x < 2m - 1$　　　　　　　　　　[x について整理した.]

$m - 2 > 0$ のとき　$x < \dfrac{2m - 1}{m - 2}$ [両辺を $m - 2 (> 0)$ で割る. 定理 7 (4)(i)]

$m - 2 < 0$ のとき　$x > \dfrac{2m - 1}{m - 2}$ [両辺を $m - 2 (< 0)$ で割る. 定理 7 (4)(ii)]

$\therefore\quad m > 2$ のとき $x < \dfrac{2m - 1}{m - 2}$,　$m < 2$ のとき $x > \dfrac{2m - 1}{m - 2}$　$\cdots$ (答)

4-4

(1) $\quad\begin{cases} 0.3x + 1 \leqq 1.6 & \cdots\cdots\cdots ① \\ x - 2.4 < 1.2x + 1 & \cdots\cdots\cdots ② \end{cases}$

1 次不等式 ① を解いて　　　$x \leqq 2$　　　$\cdots\cdots\cdots$ ③

1 次不等式 ② を解いて　　　$-17 < x$　　　$\cdots\cdots\cdots$ ④

③ かつ ④　より　　　　　　　　　$-17 < x \leqq 2$　　$\cdots\cdots$ (答)

(2) $\quad\begin{cases} \dfrac{x + 1}{2} - \dfrac{3 - 2x}{3} + 4 \geqq 0 & \cdots\cdots\cdots ① \\ 1 - 2\{1 - (2 - 3x)\} > 0 & \cdots\cdots\cdots ② \end{cases}$

1 次不等式 ① を解いて　　　$x \geqq -3$　　　$\cdots\cdots\cdots$ ③

1 次不等式 ② を解いて　　　$x < \dfrac{1}{2}$　　　$\cdots\cdots\cdots$ ④

③ かつ ④　より　　　　　　　　　$-3 \leqq x < \dfrac{1}{2}$　　$\cdots\cdots$ (答)

(3) $\quad x - 4 < -3x + 2 < x + 6$　　　即ち

$\quad\quad\begin{cases} x - 4 < -3x + 2 & \cdots\cdots\cdots ① \\ -3x + 2 < x + 6 & \cdots\cdots\cdots ② \end{cases}$

1 次不等式 ① を解いて　　　$x < \dfrac{3}{2}$　　　$\cdots\cdots\cdots$ ③

1 次不等式 ② を解いて　　　$-1 < x$　　　$\cdots\cdots\cdots$ ④

③ かつ ④　より　　　　　　　　　$-1 < x < \dfrac{3}{2}$　　$\cdots\cdots$ (答)

4−5

(1) $|x-4|=3x$ 以下は 同値変形である。

$x-4=\pm 3x, \quad 3x \geqq 0$ [定理 27 (1)]

          ($x-4=3x$ より $x=-2$, $x-4=-3x$ より $x=1$)

$x=-2,1 \quad \wedge \quad x \geqq 0$ [2つの1次方程式を解いて]

         $x=1 \quad$ ‥‥‥ (答)   [$x \geqq 0$ を満たすもの]

(2) $x+1=|2x-1|$ 以下は 同値変形である。

        $|2x-1|=x+1$

$2x-1=\pm(x+1), \quad x+1 \geqq 0$ [定理 27 (1)]

          ($2x-1=x+1$ より $x=2$, $2x-1=-x-1$ より $x=0$)

$x=2,0 \quad \wedge \quad x \geqq -1$ [2つの1次方程式を解いて]

       $x=0,2 \quad$ ‥‥‥ (答)   [$x \geqq -1$ を満たすもの]

(3) $|2x-1|=-2x+3$ 以下は 同値変形である。

$2x-1=\pm(-2x+3), \quad -2x+3 \geqq 0$ [定理 27 (1)]

          ($2x-1=-2x+3$ より $x=1$, $2x-1=2x-3$ より 解なし)

$x=1 \quad \wedge \quad -2x+3 \geqq 0$ [2つの1次方程式を解いて]

         $x=1 \quad$ ‥‥‥ (答)   [$-2x+3 \geqq 0$ を満たすもの]

(4) $|2x-1|=x-1$ 以下は 同値変形である。

$2x-1=\pm(x-1), \quad x-1 \geqq 0$ [定理 27 (1)]

          ($2x-1=x-1$ より $x=0$, $2x-1=-x+1$ より $x=2/3$)

$x=0,2/3 \quad \wedge \quad x \geqq 1$ [2つの1次方程式を解いて]

        解なし   ‥‥‥ (答)   [$x \geqq 1$ を満たすもの]

(5) $|x+1|+|x-3|=4x$ [定義 10 により, 場合分け. 定理 27 < 注 >]

(i) $3 \leqq x$ のとき,

     $(x+1)+(x-3)=4x \qquad 2x-2=4x \qquad \therefore \quad x=-1$ (不適)

(ii) $-1 \leqq x < 3$ のとき,

     $(x+1)-(x-3)=4x \qquad 4=4x \qquad \therefore \quad x=1$ (適)

(iii) $x < -1$ のとき,

     $-(x+1)-(x-3)=4x \qquad -2x+2=4x \qquad \therefore \quad x=1/3$ (不適)

(i)〜(iii) より $x=1 \quad$ ‥‥‥ (答)

(6) $|x| + 2|x-2| = x+2$ [上記 (5) と同様]

 (i) $2 \leqq x$ のとき,
$$x + 2(x-2) = x+2 \qquad 3x-4 = x+2 \qquad \therefore \quad x = 3 \ (\text{適})$$

 (ii) $0 \leqq x < 2$ のとき,
$$x - 2(x-2) = x+2 \qquad -x+4 = x+2 \qquad \therefore \quad x = 1 \ (\text{適})$$

 (iii) $x < 0$ のとき,
$$-x - 2(x-2) = x+2 \qquad -3x+4 = x+2 \qquad \therefore \quad x = 1/2 \ (\text{不適})$$

 (i)〜(iii) より $x = 1, 3$ ……(答)

(7) $2|x+1| - |x-3| = 2x$ [上記 (5) と同様]

 (i) $3 \leqq x$ のとき,
$$2(x+1) - (x-3) = 2x \qquad x+5 = 2x \qquad \therefore \quad x = 5 \ (\text{適})$$

 (ii) $-1 \leqq x < 3$ のとき,
$$2(x+1) + (x-3) = 2x \qquad 3x-1 = 2x \qquad \therefore \quad x = 1 \ (\text{適})$$

 (iii) $x < -1$ のとき,
$$-2(x+1) + (x-3) = 2x \qquad -x-5 = 2x \qquad \therefore \quad x = -5/3 \ (\text{適})$$

 (i)〜(iii) より $x = 1, 5, -\dfrac{5}{3}$ ……(答)

(8) $|2x-1| = \left|\dfrac{x}{2}\right| - \dfrac{1}{4}$ [上記 (5) と同様]

 (i) $1/2 \leqq x$ のとき,
$$2x - 1 = \dfrac{x}{2} - \dfrac{1}{4} \qquad 8x-4 = 2x-1 \qquad \therefore \quad x = 1/2 \ (\text{適})$$

 (ii) $0 \leqq x < 1/2$ のとき,
$$-(2x-1) = \dfrac{x}{2} - \dfrac{1}{4} \qquad -8x+4 = 2x-1 \qquad \therefore \quad x = 1/2 \ (\text{不適})$$

 (iii) $x < 0$ のとき,
$$-(2x-1) = -\dfrac{x}{2} - \dfrac{1}{4} \qquad -8x+4 = -2x-1 \quad \therefore \quad x = 5/6 \ (\text{不適})$$

 (i)〜(iii) より $x = \dfrac{1}{2}$ ……(答)

4−6
(1) $|x-4| < 3x$ 以下は 同値変形である。
$$-3x < x-4 < 3x$$ [定理 27 (2)]
$$-3x < x-4 \quad \wedge \quad x-4 < 3x$$
$$1 < x \quad \wedge \quad -2 < x$$ [2つの 1次不等式を解いて]
$$1 < x \qquad ……(答)$$

(2)　　　$3|x+1| \leqq x+5$　　　　　以下は 同値変形である。

　　$-(x+5) \leqq 3(x+1) \leqq x+5$　　　　　　　　　　　[定理 27 (2)′]

　$-(x+5) \leqq 3(x+1)$　$\land$　$3(x+1) \leqq x+5$

　　　$-2 \leqq x$　$\land$　$x \leqq 1$　　　　　　[2つの1次不等式を解いて]

　　　　　$-2 \leqq x \leqq 1$　　$\cdots\cdots$ (答)

(3)　　　$|x-4| \geqq 3x$　　　　　以下は 同値変形である。

　　$x-4 \leqq -3x$　$\lor$　$3x \leqq x-4$　　　　　　　　[定理 27 (3)′]

　　　$x \leqq 1$　$\lor$　$x \leqq -2$　　　　　[2つの1次不等式を解いて]

　　　　$x \leqq 1$　$\cdots\cdots$ (答)

(4)　　　$|3x-2| > -2x+3$　　　　　　以下は 同値変形である。

　　$3x-2 < -(-2x+3)$　$\lor$　$-2x+3 < 3x-2$　　　　[定理 27 (3)]

　　$x < -1,\ 1 < x$　$\cdots\cdots$ (答)　　　　[2つの1次不等式を解いて]

(5)　　　$x+|x+2| \leqq 4$　　　　　以下は 同値変形である。

　　　$|x+2| \leqq 4-x$　　　　　　　　[両辺から x を引く. 定理 7 (2)]

　　$-(4-x) \leqq x+2 \leqq 4-x$　　　　　　　　[定理 27 (2)′]

　　$-(4-x) \leqq x+2$　$\land$　$x+2 \leqq 4-x$

　　　Y　$\land$　$x \leqq 1$　　　　　[2つの1次不等式を解いて]

　　　　$x \leqq 1$　　　　$\cdots\cdots$ (答)　　　　　　[6p $\boxed{4}$ ②]

(6)　　　$1 < |2-x| \leqq 3$

$\Leftrightarrow \begin{cases} 1 < |2-x| \\ |2-x| \leqq 3 \end{cases} \Leftrightarrow \begin{cases} 2-x < -1 \ \lor \ 1 < 2-x & \text{[定理 27(3)]} \\ \quad\quad -3 \leqq 2-x \leqq 3 & \text{[定理 27(2)']} \end{cases}$

$\Leftrightarrow \begin{cases} 3 < x \ \lor \ x < 1 & \text{[定理 7(2)(6)]} \\ -1 \leqq x \leqq 5 & \text{[定理 7(2)(6)]} \end{cases} \Leftrightarrow \ -1 \leqq x < 1 \ \lor \ 3 < x \leqq 5$

[6p $\boxed{4}$ ⑧ ⑦]　　　　　　よって，　　$-1 \leqq x < 1$, $3 < x \leqq 5$　$\cdots\cdots$ (答)

(別解)

(i)　$x \leqq 2$ のとき，

　　与式は　　$1 < 2-x \leqq 3$　　　　　　　　　[$2-x \geqq 0$ より, 定義 10]

　　　　　$-1 < -x \leqq 1$　　　　　　　[3辺から 2 を引く. 定理 7 (2)]

　　　　　$-1 \leqq x < 1$　　　[定理 7 (6)]　　(適)

(ii)　$2 < x$ のとき，

　　与式は　　$1 < -(2-x) \leqq 3$　　　　　　　　[$2-x < 0$ より, 定義 10]

　　　　　$1 < x-2 \leqq 3$　　　　　　　　[定理 6(4)(ii)]

　　　　　$3 < x \leqq 5$　　[3辺に 2 を足す. 定理 7 (1)]　　(適)

(i)～(ii)　より　　$-1 \leqq x < 1$, $3 < x \leqq 5$　$\cdots\cdots$ (答)

(7)　　　$|x+1|+|x+3| < 4$　　　[定義 10 により, 場合分け. 定理 27 ＜注＞]

(i)　$-1 \leqq x$ のとき,

　　　$(x+1)+(x+3) < 4$　　　$2x+4 < 4$　　　$x < 0$　　　$\therefore$　$-1 \leqq x < 0$

(ii)　$-3 \leqq x < -1$ のとき,

　　　$-(x+1)+(x+3) < 4$　　　$2 < 4$　　　Y　　　$\therefore$　$-3 \leqq x < -1$

(iii)　$x < -3$ のとき,

　　　$-(x+1)-(x+3) < 4$　　　$-2x-4 < 4$　　　$-4 < x$　　　$\therefore$　$-4 < x < -3$

(i)〜(iii)　より　　　　　$-4 < x < 0$　$\cdots\cdots$(答)

(8)　　　$|x-3|+3|x+1| \geqq 12$　　　　　　　　　　[上記 (7) と同様]

(i)　$3 \leqq x$ のとき,

　　　$(x-3)+3(x+1) \geqq 12$　　　$4x \geqq 12$　　　$x \geqq 3$　　　　$\therefore$　$3 \leqq x$

(ii)　$-1 \leqq x < 3$ のとき,

　　　$-(x-3)+3(x+1) \geqq 12$　　　$2x+6 \geqq 12$　　　$x \geqq 3$　　　$\therefore$　解なし.

(iii)　$x < -1$ のとき,

　　　$-(x-3)-3(x+1) \geqq 12$　　　$-4x \geqq 12$　　　$x \leqq -3$　　　　$\therefore$　$x \leqq -3$

(i)〜(iii)　より　　　　　$x \leqq -3,\ 3 \leqq x$　$\cdots\cdots$(答)

(9)　　　$|x-5| - \dfrac{2}{3}|x| \leqq 1$　　　　　　　　[上記 (7) と同様, その前に]

　　　$3|x-5| - 2|x| \leqq 3$　　　　　　　　　[両辺に 3 を掛ける. 定理 7 (3)(i)]

(i)　$5 \leqq x$ のとき,

　　　$3(x-5)-2x \leqq 3$　　　$x-15 \leqq 3$　　　$x \leqq 18$　　　$\therefore$　$5 \leqq x \leqq 18$

(ii)　$0 \leqq x < 5$ のとき,

　　　$-3(x-5)-2x \leqq 3$　　　$-5x+15 \leqq 3$　　　$12/5 \leqq x$　　　$\therefore$　$12/5 \leqq x < 5$

(iii)　$x < 0$ のとき,

　　　$-3(x-5)+2x \leqq 3$　　　$-x+15 \leqq 3$　　　$12 \leqq x$　　　$\therefore$　解なし.

(i)〜(iii)　より　　　　　$\dfrac{12}{5} \leqq x \leqq 18$　$\cdots\cdots$(答)

(10)　　　$3|x| - |x+2| > 5$　　　　　　　　　　　[上記 (7) と同様]

(i)　$0 \leqq x$ のとき,

　　　$3x-(x+2) > 5$　　　$2x-2 > 5$　　　$x > 7/2$　　　$\therefore$　$7/2 < x$

(ii)　$-2 \leqq x < 0$ のとき,

　　　$-3x-(x+2) > 5$　　　$-4x-2 > 5$　　　$x < -7/4$　　　$\therefore$　$-2 \leqq x < -7/4$

(iii)　$x < -2$ のとき,

　　　$-3x+(x+2) > 5$　　　$-2x+2 > 5$　　　$x < -3/2$　　　$\therefore$　$x < -2$

(i)〜(iii)　より　　　　　$x < -\dfrac{7}{4},\ \dfrac{7}{2} < x$　$\cdots\cdots$(答)

基礎演習 5

5－1

(1)　$x^2 - 4x + 4 = -5x + 16$　　　以下は 同値変形である.

$\quad\quad x^2 + x - 12 = 0$　　　　　　　　　　　　[左辺に移項する. 定理 5 (1)(2)]

$\quad\quad (x + 4)(x - 3) = 0$　　　　　　　　　[左辺の因数分解. 80p $\boxed{6}$ (4)]

$\quad\quad x + 4 = 0 \quad \vee \quad x - 3 = 0$　　　　　　　　　[定理 6 (2)(iv)]

$\quad\quad x = -4 \quad \vee \quad x = 3$　　　　　　　[1 次方程式を解く. 定理 5 (2)(1)]

$\quad\quad x = -4,\ 3$　　　$\cdots\cdots$ (答)

(2)　$6x^2 + 7x + 1 = -4x - 3$　　　　以下は 同値変形である.

$\quad\quad 6x^2 + 11x + 4 = 0$　　　　　　　　　　　[左辺に移項する. 定理 5 (1)]

$\quad\quad (2x + 1)(3x + 4) = 0$　　　　　　　[左辺の因数分解・たすき掛けの方法]

$\quad\quad 2x + 1 = 0 \quad \vee \quad 3x + 4 = 0$　　　　　　　[定理 6 (2)(iv)]

$\quad\quad x = -\dfrac{1}{2} \quad \vee \quad x = -\dfrac{4}{3}$　　　　　[1 次方程式を解く. 定理 5 (2)(4)]

$\quad\quad x = -\dfrac{1}{2},\ -\dfrac{4}{3}$　　　$\cdots\cdots$ (答)

(3)　$12x - 4 = 4x^2 + 5$　　　　以下は 同値変形である.

$\quad\quad 0 = 4x^2 - 12x + 9$　　　　　　　　　[右辺に移項する. 定理 5 (1)(2)]

$\quad\quad 4x^2 - 12x + 9 = 0$　　　　　　　　　　　[13p $\boxed{2}$ (3)′]

$\quad\quad (2x - 3)^2 = 0$　　　　　　　　　[左辺の因数分解. 80p $\boxed{6}$ (3)]

$\quad\quad 2x - 3 = 0$　　　　　　　　　[定理 6 (2)(iv), 6p $\boxed{4}$ ⑤]

$\quad\quad x = \dfrac{3}{2}$　　　$\cdots\cdots$ (答)　　　[1 次方程式を解く. 定理 5 (1)(4)]

(4)　$x^2 - 5 = 0$　　　　　以下は 同値変形である.

$\quad\quad x^2 - (\sqrt{5})^2 = 0$　　　　　　　　　　　　[定理 22 (1)]

$\quad\quad (x + \sqrt{5})(x - \sqrt{5}) = 0$　　　　　　[左辺の因数分解. 80p $\boxed{6}$ (1)]

$\quad\quad x + \sqrt{5} = 0 \quad \vee \quad x - \sqrt{5} = 0$　　　　[定理 6 (2)(iv)]

$\quad\quad x = -\sqrt{5} \quad \vee \quad x = \sqrt{5}$　　　[1 次方程式を解く. 定理 5 (2)(1)]

$\quad\quad x = \pm\sqrt{5}$　　　$\cdots\cdots$ (答)

(5)　$2x^2 + 9x + 1 = 0$　　　　解の公式 (同値変形の結果) より

$\quad\quad x = \dfrac{-9 \pm \sqrt{73}}{4}$　　　$\cdots\cdots$ (答)

(6)　$3x^2 - 4x - 1 = 0$　　　　解の公式 (b' 形) (同値変形の結果) より

$\quad\quad x = \dfrac{2 \pm \sqrt{7}}{3}$　　　$\cdots\cdots$ (答)

(7)　$\dfrac{3}{2}x^2 + 3x - \dfrac{1}{3} = 0$　　　　　以下は 同値変形である.

$$3x^2 + 6x - \dfrac{2}{3} = 0$$　　　　　　　　　　　　　　[両辺に 2 を掛ける. 定理 5(3)]

$$x = \dfrac{-3 \pm \sqrt{11}}{3}$$　　……(答)　　　　　　　[解の公式 (b' 形)]

(8)　$x^2 - 3\sqrt{3}\,x + 6 = 0$　　　　　以下は 同値変形である.

$$x^2 - 3\sqrt{3}\,x + 2(\sqrt{3})^2 = 0$$　　　　　　　　[定理 22(1)]

$$(x - \sqrt{3})(x - 2\sqrt{3}) = 0$$　　　　　　[左辺の因数分解. 80p $\boxed{6}$ (4)]

$$x - \sqrt{3} = 0 \quad \vee \quad x - 2\sqrt{3} = 0$$　　　　[定理 6(2)(iv)]

$$x = \sqrt{3} \quad \vee \quad x = 2\sqrt{3}$$　　　　[1 次方程式を解く. 定理 5(1)]

$$x = \sqrt{3},\ 2\sqrt{3}$$　　……(答)

(9)　$x^2 - (p+1)x + p = 0$　　　　　以下は 同値変形である.

$$(x - 1)(x - p) = 0$$　　　　　　　　　[左辺の因数分解. 80p $\boxed{6}$ (4)]

$$x - 1 = 0 \quad \vee \quad x - p = 0$$　　　　　　[定理 6(2)(iv)]

$$x = 1 \quad \vee \quad x = p$$　　　　　　[1 次方程式を解く. 定理 5(1)]

$$x = 1,\ p$$　　……(答)

(10)　$x^2 - 2ax + a^2 - 4 = 0$　　　　　以下は 同値変形である.

$$(x - a)^2 - 2^2 = 0$$　　　　　　　　　[80p $\boxed{6}$ (3)]

$$(x - a + 2)(x - a - 2) = 0$$　　　　　[左辺の因数分解. 80p $\boxed{6}$ (1)]

$$x - a + 2 = 0 \quad \vee \quad x - a - 2 = 0$$　　　　[定理 6(2)(iv)]

$$x = a - 2 \quad \vee \quad x = a + 2$$　　[1 次方程式を解く. 定理 5(1)(2)]

$$x = a \pm 2$$　　……(答)

5-2

(1)　$x^2 - 2(a-2)x + a = 0$ が重解をもつ

　⇔　$D/4 = (a-2)^2 - a = 0$　　　　　　　　　　　　[定理 28]

　⇔　$a^2 - 5a + 4 = 0$

　⇔　$(a-1)(a-4) = 0$　　　　　　　　　[左辺の因数分解. 80p $\boxed{6}$ (4)]

　⇔　$a - 1 = 0 \quad \vee \quad a - 4 = 0$　　　　　　　[定理 6(2)(iv)]

　⇔　$a = 1 \quad \vee \quad a = 4$　　　　　　[1 次方程式を解く. 定理 5(1)]

　⇔　$a = 1,\ 4$　　……(答)

　この 2 次方程式の 2 つの解を α, β とすると，解と係数の関係 (定理 29) より，
$\alpha + \beta = 2(a-2)$　　　重解だから，　$\alpha = \beta = a - 2$　　　よって，
重解は，　$a = 1$ のとき　-1，　　$a = 4$ のとき　2　……(答)

(2) 題意より， $x^2+(a-1)x-a=0$ の2つの解は $\alpha,\ 3\alpha$ と書ける。
解と係数の関係(定理29)より，

$$\begin{cases} \alpha+3\alpha=-(a-1) \\ \alpha\cdot 3\alpha=-a \end{cases} \quad 即ち \quad \begin{cases} 4\alpha=-a+1 & \cdots\cdots\cdots ① \\ 3\alpha^2=-a & \cdots\cdots\cdots ② \end{cases}$$

②$-$① より　$3\alpha^2-4\alpha+1=0$　$(\alpha-1)(3\alpha-1)=0$　$\therefore$　$\alpha=1,\ 1/3$

$\alpha=1$ のとき　① より　$a=-3$　　$\alpha=1/3$ のとき　① より　$a=-1/3$

よって，　　$a=-3,\ -\dfrac{1}{3}$ $\cdots\cdots$ (答)

$$\left.\begin{array}{l} a=-3\ \text{のとき，}\quad 2\text{つの解は}\quad 1,\ 3 \\[2mm] a=-\dfrac{1}{3}\ \text{のとき，}\quad 2\text{つの解は}\quad \dfrac{1}{3},\ 1 \end{array}\right\} \cdots\cdots \text{(答)}$$

5-3

(1)　$x^2-x-6<0$　　以下は 同値変形である。

$\quad(x+2)(x-3)<0$ 　　　　　　　　　　[左辺の因数分解.80p $\boxed{6}$ (4)]

$\quad-2<x<3$　$\cdots\cdots$ (答)　　　　　　　　　　　[定理7 (9)(ii)]

(2)　$-x^2-3x+4\leqq 0$　　以下は 同値変形である。

$\quad x^2+3x-4\geqq 0$ 　　　　　　　[2次の項の係数を正にする. 定理6 (9)(i)]

$\quad(x+4)(x-1)\geqq 0$ 　　　　　　　　　[左辺の因数分解.80p $\boxed{6}$ (4)]

$\quad x\leqq -4,\ 1\leqq x$　$\cdots\cdots$ (答)　　　　　　　　[定理7 (9)(ii)]

(3)　$2x^2+9x+9\leqq 0$　　以下は 同値変形である。

$\quad(x+3)(2x+3)\leqq 0$ 　　　　　　[左辺の因数分解・たすき掛けの方法]

$\quad-3\leqq x\leqq -\dfrac{3}{2}$　$\cdots\cdots$ (答)　　　　　　　[定理7 (9)(ii)]

(4)　$3x^2-10x+8>0$　　以下は 同値変形である。

$\quad(x-2)(3x-4)>0$ 　　　　　　　[左辺の因数分解・たすき掛けの方法]

$\quad x<\dfrac{4}{3},\ 2<x$　$\cdots\cdots$ (答)　　　　　　　[定理7 (9)(ii)]

(5)　$2x^2-x-4<0$　　以下は 同値変形である。　　　　　[90p $\boxed{1}$]

$\quad 2(x-\alpha)(x-\beta)<0$　$(\alpha,\beta=\dfrac{1\pm\sqrt{33}}{4})$ [解の公式は因数分解の公式]

$\quad\dfrac{1-\sqrt{33}}{4}<x<\dfrac{1+\sqrt{33}}{4}$　$\cdots\cdots$ (答)　　　　　[定理7 (9)(ii)]

(6)　$\sqrt{2}x^2-4x+\sqrt{2}\geqq 0$　　以下は 同値変形である。　　[90p $\boxed{1}$]

$\quad\sqrt{2}\,(x-\alpha)(x-\beta)\geqq 0$　$(\alpha,\beta=\sqrt{2}\pm 1)$ [解の公式は因数分解の公式]

$\quad x\leqq \sqrt{2}-1,\ \sqrt{2}+1\leqq x$　$\cdots\cdots$ (答)　　　　[定理7 (9)(ii)]

(7)　$x^2 - 6x + 11 \geqq 0$　　　以下は 同値変形である。　　　　　　$[\,90\text{p}\,\boxed{1}\,]$

　　　$(x-3)^2 + 2 \geqq 0$　　　　$[\,D < 0\,$より 2次式の平方完成. $92\text{p}\,\boxed{6}<$注$>]$

　　　解は すべての実数　$\cdots\cdots$ (答)　　　$[\,(x-3)^2 \geqq 0,\,$定理 $6\,(12)(\text{ii})\,]$

(8)　$-3x^2 + 8x - 6 > 0$　　　以下は 同値変形である。

　　　$3x^2 - 8x + 6 < 0$　　　　　　$[\,$2次の項の係数を正にする. 定理 $6\,(9)(\text{i})\,]$

　　　$3(x - \dfrac{4}{3})^2 + \dfrac{2}{3} < 0$　　$[\,D < 0\,$より 2次式の平方完成. $92\text{p}\,\boxed{6}<$注$>]$

　　　解は ない.　$\cdots\cdots$ (答)　　　　$[\,3(x-4/3)^2 \geqq 0,\,$定理 $6\,(12)(\text{ii})\,]$

(9)　$x - 4 < x^2 + 5x$　　　以下は 同値変形である。

　　　$0 < x^2 + 4x + 4$　　　　　　　　　$[\,$右辺に移項する. 定理 $7\,(1)(2)\,]$

　　　$x^2 + 4x + 4 > 0$　　　　　　　　　　　　　　$[\,$定義 $3\,(1)\,]$

　　　$(x+2)^2 > 0$　　　　　　　　　　$[\,$左辺の因数分解. $80\text{p}\,\boxed{6}\,(2)\,]$

　　　$x + 2 \neq 0$　　　　　　　　　　　　　　$[\,$定理 $6\,(12)(\text{i})\,]$

　　　解は $x \neq -2$ なる すべての実数　$\cdots\cdots$ (答)

(10)　$4x \geqq 4x^2 + 1$　　　以下は 同値変形である。

　　　$0 \geqq 4x^2 - 4x + 1$　　　　　　　　　$[\,$右辺に移項する. 定理 $7\,(2)\,]$

　　　$4x^2 - 4x + 1 \leqq 0$　　　　　　　　　　　$[\,$定義 $4\,(2)\,]$

　　　$(2x-1)^2 \leqq 0$　　　　　　　　　$[\,$左辺の因数分解. $80\text{p}\,\boxed{6}\,(3)\,]$

　　　$2x - 1 = 0$　　　　　　　　　　　$[\,$定理 $6\,(12)(\text{i})\,$ の対偶 $]$

　　　$x = \dfrac{1}{2}$　$\cdots\cdots$ (答)　　　　　　　　$[\,$定理 $5\,(1)(4)\,]$

5$-$4

(1)　$\begin{cases} x^2 - x - 6 < 0 & \cdots\cdots\cdots ① \\ x^2 - x \geqq 0 & \cdots\cdots\cdots ② \end{cases}$

　　　2次不等式 ① を解いて　　$-2 < x < 3$　　　$\cdots\cdots\cdots ③$

　　　2次不等式 ② を解いて　　$x \leqq 0,\ 1 \leqq x$　　　$\cdots\cdots\cdots ④$

　　　③ かつ ④　より　　　$-2 < x \leqq 0,\ 1 \leqq x < 3$　$\cdots\cdots$ (答)

(2)　$\begin{cases} x^2 - 3x + 2 \leqq 0 & \cdots\cdots\cdots ① \\ x^2 - x - 12 < 0 & \cdots\cdots\cdots ② \end{cases}$

　　　2次不等式 ① を解いて　　$1 \leqq x \leqq 2$　　　$\cdots\cdots\cdots ③$

　　　2次不等式 ② を解いて　　$-3 < x < 4$　　　$\cdots\cdots\cdots ④$

　　　③ かつ ④　より　　　$1 \leqq x \leqq 2$　$\cdots\cdots$ (答)

(3) $\begin{cases} 2x^2 + 5x < 3 \\ 3x^2 + 11x < 4 \end{cases}$ 　即ち　$\begin{cases} 2x^2 + 5x - 3 < 0 & \cdots\cdots\cdots ① \\ 3x^2 + 11x - 4 < 0 & \cdots\cdots\cdots ② \end{cases}$

2次不等式 ① を解いて　　　　$-3 < x < 1/2$　　　　$\cdots\cdots\cdots$ ③

2次不等式 ② を解いて　　　　$-4 < x < 1/3$　　　　$\cdots\cdots\cdots$ ④

③ かつ ④ より　　　　　　　$-3 < x < \dfrac{1}{3}$　$\cdots\cdots$ (答)

(4)　$x^2 + 6x < 7x + 1 \leqq 10x^2 - 11$　　　即ち

$\begin{cases} x^2 + 6x < 7x + 1 \\ 7x + 1 \leqq 10x^2 - 11 \end{cases}$ 　即ち　$\begin{cases} x^2 - x - 1 < 0 & \cdots\cdots\cdots ① \\ 10x^2 - 7x - 12 \geqq 0 & \cdots\cdots\cdots ② \end{cases}$

2次不等式 ① を解いて　　　　$\dfrac{1 - \sqrt{5}}{2} < x < \dfrac{1 + \sqrt{5}}{2}$　　　$\cdots\cdots\cdots$ ③

2次不等式 ② を解いて　　　　$x \leqq -\dfrac{4}{5}, \quad \dfrac{3}{2} \leqq x$　　　$\cdots\cdots\cdots$ ④

③ かつ ④ より　　　　　　　$\dfrac{3}{2} \leqq x < \dfrac{1 + \sqrt{5}}{2}$　$\cdots\cdots$ (答)

5−5

(1)　　　$|x^2 - 8x - 3| = 2x + 8$　　　以下は 同値変形である。

$x^2 - 8x - 3 = \pm(2x + 8), \quad 2x + 8 \geqq 0$　　　　　　[定理 27 (1)]

$\begin{pmatrix} x^2 - 8x - 3 = 2x + 8, & x^2 - 10x - 11 = 0 & より & x = -1, 11 \\ x^2 - 8x - 3 = -2x - 8, & x^2 - 6x + 5 = 0 & より & x = 1, 5 \end{pmatrix}$

$x = \pm 1, 5, 11 \quad \wedge \quad 2x + 8 \geqq 0$　　　　[2つの2次方程式を解いて]

$x = \pm 1, 5, 11$　　　$\cdots\cdots$ (答)　　　　[$2x + 8 \geqq 0$ を満たすもの]

(2)　　　$|x^2 - 5| = 1 - x$　　　以下は 同値変形である。

$x^2 - 5 = \pm(1 - x), \quad 1 - x \geqq 0$　　　　　　　　　[定理 27 (1)]

$\begin{pmatrix} x^2 - 5 = 1 - x, & x^2 + x - 6 = 0 & より & x = -3, 2 \\ x^2 - 5 = -1 + x, & x^2 - x - 4 = 0 & より & x = \dfrac{1 \pm \sqrt{17}}{2} \end{pmatrix}$

$x = -3, 2, \dfrac{1 \pm \sqrt{17}}{2} \quad \wedge \quad x \leqq 1$　　　[2つの2次方程式を解いて]

$x = -3, \dfrac{1 - \sqrt{17}}{2}$　　　$\cdots\cdots$ (答)　　　　[$x \leqq 1$ を満たすもの]

(3)　　　$|2x - 3| = -x^2 + 4x + 5$　　　以下は 同値変形である。

$2x - 3 = \pm(-x^2 + 4x + 5), \quad -x^2 + 4x + 5 \geqq 0$　　　[定理 27 (1)]

$\begin{pmatrix} 2x - 3 = -x^2 + 4x + 5, & x^2 - 2x - 8 = 0 & より & x = -2, 4 \\ 2x - 3 = x^2 - 4x - 5, & x^2 - 6x - 2 = 0 & より & x = 3 \pm \sqrt{11} \end{pmatrix}$

$x = -2, 4, 3 \pm \sqrt{11} \quad \wedge \quad -1 \leqq x \leqq 5$　　[2つの2次方程式を解いて]

$x = 4, \ 3 - \sqrt{11}$　　　$\cdots\cdots$ (答)　　　　[$-1 \leqq x \leqq 5$ を満たすもの]

(4)　　　$2x^2 - 5|x| - 3 = 0$　　　　　以下は 同値変形である。

$\quad\quad 2|x|^2 - 5|x| - 3 = 0$　　　　　　　　　　　　　　　　[定理 21 (4)]

$\quad\quad (2|x| + 1)(|x| - 3) = 0$　　　　　[左辺の因数分解・たすき掛けの方法]

$\quad\quad |x| - 3 = 0$　　　　　　[定理 21 (1) より　$2|x| + 1 > 0$，定理 5 (4)]

$\quad\quad |x| = 3$　　　　　　　　　　　　　　　　　　[定理 5 (1)]

$\quad\quad x = \pm 3$　　　$\cdots\cdots$ (答)　　　　　　　　　[定理 27 (1)]

(5)　　　$|2x^2 - 3x - 5| \leqq x + 1$　　　　　以下は 同値変形である。

$\quad -(x + 1) \leqq 2x^2 - 3x - 5 \leqq x + 1$　　　　　　　　[定理 27 (2)′]

$\quad -(x + 1) \leqq 2x^2 - 3x - 5 \quad \wedge \quad 2x^2 - 3x - 5 \leqq x + 1$

$\quad x^2 - x - 2 \geqq 0 \quad \wedge \quad x^2 - 2x - 3 \leqq 0$

$\quad\quad x \leqq -1,\ 2 \leqq x \quad \wedge \quad -1 \leqq x \leqq 3$　　　[2 つの 2 次不等式を解いて]

$\quad\quad x = -1,\ \ 2 \leqq x \leqq 3$　　　　$\cdots\cdots$ (答)

(6)　　　$|x^2 - 4x + 3| > x - 1$　　　　　以下は 同値変形である。

$\quad x^2 - 4x + 3 < -(x - 1) \quad \vee \quad x - 1 < x^2 - 4x + 3$　　　　[定理 27 (3)]

$\quad x^2 - 3x + 2 < 0 \quad \vee \quad x^2 - 5x + 4 > 0$

$\quad\quad 1 < x < 2 \quad \vee \quad x < 1,\ 4 < x$　　　[2 つの 2 次不等式を解いて]

$\quad\quad x < 1,\ \ 1 < x < 2,\ \ 4 < x \quad \cdots\cdots$ (答)

(7)　　　$|x^2 - 4| \geqq 2x + 3$　　　　　以下は 同値変形である。

$\quad x^2 - 4 \leqq -(2x + 3) \quad \vee \quad 2x + 3 \leqq x^2 - 4$　　　　[定理 27 (3)′]

$\quad x^2 + 2x - 1 \leqq 0 \quad \vee \quad x^2 - 2x - 7 \geqq 0$

$\quad -1 - \sqrt{2} \leqq x \leqq -1 + \sqrt{2} \quad \vee \quad x \leqq 1 - 2\sqrt{2},\ 1 + 2\sqrt{2} \leqq x$

　　　　　　　　　　　　　　　　　　[2 つの 2 次不等式を解いて]

$\quad\quad x \leqq -1 + \sqrt{2},\ \ 1 + 2\sqrt{2} \leqq x \quad \cdots\cdots$ (答)

(8)　　　$|2x - 3| \leqq |3x + 2|$　　　　　以下は 同値変形である。

$\quad\quad |2x - 3|^2 \leqq |3x + 2|^2$　　　　　[定理 21 (1)，定理 20 (3)(i)(ii) $n = 2$]

$\quad\quad (2x - 3)^2 \leqq (3x + 2)^2$　　　　　　　　　　　　[定理 21 (4)]

$\quad\quad (3x + 2)^2 - (2x - 3)^2 \geqq 0$　　　　　　　[定理 5 (2)，定義 4 (2)]

$\quad\quad (5x - 1)(x + 5) \geqq 0$　　　　　　　　　　　[80p $\boxed{6}$ (1)]

$\quad\quad x \leqq -5,\ \ \dfrac{1}{5} \leqq x \quad \cdots\cdots$ (答)　　　　　　[定理 7 (9)(ii)]

基礎演習 6

6-1

(1) $A = 2x^3 + 9x^2 + 13x + 10$, $B = 2x + 3$
降べきの順を確かめて，係数のみで

$$\begin{array}{r} 1 + 3 + 2 \\ 2 + 3 \ \overline{) \ 2 + 9 + 13 + 10} \\ 2 + 3 \\ \hline 6 + 13 \\ 6 + 9 \\ \hline 4 + 10 \\ 4 + 6 \\ \hline 4 \end{array}$$

商は $x^2 + 3x + 2$ ，
余りは 4 ……(答)

∴ $2x^3 + 9x^2 + 13x + 10 = (2x + 3)(x^2 + 3x + 2) + 4$ ……(答)

(2) $A = 2x^3 - 7x^2 + 3x + 8$ ， $B = x^2 - x - 3$
降べきの順を確かめて，係数のみで

$$\begin{array}{r} 2 - 5 \\ 1 - 1 - 3 \ \overline{) \ 2 - 7 + 3 + 8} \\ 2 - 2 - 6 \\ \hline -5 + 9 + 8 \\ -5 + 5 + 15 \\ \hline 4 - 7 \end{array}$$

商は $2x - 5$ ，
余りは $4x - 7$ …(答)

∴ $2x^3 - 7x^2 + 3x + 8 = (x^2 - x - 3)(2x - 5) + (4x - 7)$ ……(答)

(3) $A = 1 + 2x^3 - x$ ， $B = 2x + x^2 - 1$
       $= 2x^3 - x + 1$ $= x^2 + 2x - 1$
降べきの順に整理して，係数のみで

$$\begin{array}{r} 2 - 4 \\ 1 + 2 - 1 \ \overline{) \ 2 + 0 - 1 + 1} \\ 2 + 4 - 2 \\ \hline -4 + 1 + 1 \\ -4 - 8 + 4 \\ \hline 9 - 3 \end{array}$$

商は $2x - 4$ ，
余りは $9x - 3$ …(答)

∴ $1 + 2x^3 - x = (2x + x^2 - 1)(2x - 4) + (9x - 3)$ ……(答)

(4)　$A = 2x^3 + 4x^2 + 7$,　　　　$B = 2x^2 - 3$

降べきの順を確かめて，　係数のみで

$$
\begin{array}{r}
1+2 \\
2+0-3 \enclose{longdiv}{2+4+0+7} \\
\underline{2+0-3} \\
4+3+7 \\
\underline{4+0-6} \\
3+13
\end{array}
$$

商は　$x+2$ ，

余りは　$3x+13$　　$\cdots$ (答)

$\therefore$　$2x^3 + 4x^2 + 7 = (2x^2 - 3)(x + 2) + (3x + 13)$　$\cdots\cdots$ (答)

(5)　$A = x^4 + x^2 + 3$,　　　　$B = x^2 - x - 2$

降べきの順を確かめて，　係数のみで

$$
\begin{array}{r}
1+1+4 \\
1-1-2 \enclose{longdiv}{1+0+1+0+3} \\
\underline{1-1-2} \\
1+3+0 \\
\underline{1-1-2} \\
4+2+3 \\
\underline{4-4-8} \\
6+11
\end{array}
$$

商は　$x^2 + x + 4$ ，

余りは　$6x + 11$　　$\cdots$ (答)

$\therefore$　$x^4 + x^2 + 3 = (x^2 - x - 2)(x^2 + x + 4) + (6x + 11)$　$\cdots\cdots$ (答)

(6)　$A = 3x^4 - 2x^3 + 1$,　　　　$B = 2 - x - x^2$

　　　　　　　　　　　　　　　　$= -x^2 - x + 2$

降べきの順に整理して，　係数のみで

$$
\begin{array}{r}
-3+5-11 \\
-1-1+2 \enclose{longdiv}{3-2+0+0+1} \\
\underline{3+3-6} \\
-5+6+0 \\
\underline{-5-5+10} \\
11-10+1 \\
\underline{11+11-22} \\
-21+23
\end{array}
$$

商は　$-3x^2 + 5x - 11$ ，

余りは　$-21x + 23$　$\cdots$ (答)

$\therefore$　$3x^4 - 2x^3 + 1 = (2 - x - x^2)(-3x^2 + 5x - 11) + (-21x + 23)$　$\cdots$ (答)

(7)　　$A = 3x^3 - 2x^2 - 6x - 9$,　　$B = x - 2$

降べきの順を確かめて，　組立除法 で

$$\begin{array}{r|rrrr} & 3 & -2 & -6 & -9 \\ 2 & & 6 & 8 & 4 \\ \hline & 3 & 4 & 2 & -5 \end{array}$$

商は　$3x^2 + 4x + 2$,
余りは　-5　…(答)

∴　　$3x^3 - 2x^2 - 6x - 9 = (x-2)(3x^2 + 4x + 2) + (-5)$　……(答)

(8)　　$A = 2x^4 + 8 - 7x^2$,　　　　$B = x + 2$
　　　　　$= 2x^4 - 7x^2 + 8$

降べきの順に整理して，　組立除法 で

$$\begin{array}{r|rrrrr} & 2 & 0 & -7 & 0 & 8 \\ -2 & & -4 & 8 & -2 & 4 \\ \hline & 2 & -4 & 1 & -2 & 12 \end{array}$$

商は　$2x^3 - 4x^2 + x - 2$,
余りは　12　　…(答)

∴　　$2x^4 + 8 - 7x^2 = (x+2)(2x^3 - 4x^2 + x - 2) + 12$　……(答)

6−2

(1)　定理 30 (除法定理) より，　　$A = (3x^2 - x + 2)(2x - 1) + (3x + 4)$
　　よって，　　　　　$A = 6x^3 - 5x^2 + 8x + 2$　……(答)

(2)　定理 30 (除法定理) より，　$6x^3 - x^2 + 3x + 5 = B(3x + 1) + (-2x + 3)$
　　両辺から $-2x + 3$ を引いて　　　$B(3x + 1) = 6x^3 - x^2 + 5x + 2$
　　右辺を $3x + 1$ で割って　　　　$(3x + 1)B = (3x + 1)(2x^2 - x + 2)$
　　商の一意性 より　　　　　　　　　　　　$B = 2x^2 - x + 2$　……(答)

(3)　$A(x) = x^3 + x^2 - 2x - 1$　とおくと，
　　　　　$A(-3) = (-3)^3 + (-3)^2 - 2(-3) - 1　= -13$
　　定理 31 (剰余定理) より，　　　　余りは　-13　……(答)

(4)　$A(x) = 2x^3 - 3x^2 - 2x + 5$　とおくと，
　　　　　$A(\frac{1}{2}) = 2(\frac{1}{2})^3 - 3(\frac{1}{2})^2 - 2(\frac{1}{2}) + 5　= \frac{7}{2}$
　　定理 31 (剰余定理) の 系 より，　　　　余りは　$\frac{7}{2}$　……(答)

(5)　商を $Q(x)$，　余りを $R(x)$　とおくと，　　定理 30 (除法定理) より，

$$2x^{100} + x^3 + 4 = (x^2 - 1)Q(x) + R(x)　　　\cdots\cdots ①$$
$$R(x) = 0　\lor　\deg R(x) < \deg (x^2 - 1) = 2　\cdots\cdots ②$$

② より　　$R(x) = 0　\lor　\deg R(x) = 0, 1$

即ち　$R(x) = ax + b$ （a, b は定数）　と書ける。

従って，　①② は　　　$2x^{100} + x^3 + 4 = (x+1)(x-1)Q(x) + ax + b$

$x = 1$　とすると　　　$7 = a + b$　　$\cdots\cdots ③$

$x = -1$　とすると　　$5 = -a + b$　　$\cdots\cdots ④$

③ $-$ ④ より　$a = 1$　　　　③ $+$ ④ より　$b = 6$

よって，　　　求める余りは　　$x + 6$　　$\cdots\cdots\cdots\cdots$ (答)

6-3

(1)　$A(x) = x^3 - 6x^2 + 11x - 6$　　とおく。

定数項 -6 の正負の約数 ($\pm 1, \pm 2, \pm 3, \pm 6$) を この順に $A(x)$ に 代入して 値 が 0 となるものを 見つける。　　$A(1) = 0$　　最初に 見つかる。

定理 32 (因数定理)　より

$A(x)$ は $x - 1$ で割り切れる。　即ち　$A(x)$ は $x - 1$ を因数にもつ。

組立除法 で，　$A(x)$ を $x - 1$ で割ると，　　$A(x) = (x-1)(x^2 - 5x + 6)$

更に，　商を因数分解して，　$A(x) = (x-1)(x-2)(x-3)$　　$\cdots\cdots$ (答)

(2)　$A(x) = x^3 - x^2 - 8x + 12$　　とおく。

定数項 12 の正負の約数 ($\pm 1, \pm 2, \pm 3, \pm 6, \pm 12$) を この順に $A(x)$ に 代入 して 値 が 0 となるものを 見つける。　　$A(2) = 0$

定理 32 (因数定理)　より

$A(x)$ は $x - 2$ で割り切れる。　即ち　$A(x)$ は $x - 2$ を因数にもつ。

組立除法 で，　$A(x)$ を $x - 2$ で割ると，　　$A(x) = (x-2)(x^2 + x - 6)$

更に，　商を因数分解して，　$A(x) = (x-2)^2 (x+3)$　　$\cdots\cdots$ (答)

6-4　　左辺 を 因数定理 を用いて，前問 6-3 のように，因数分解する。

(1)　　　$x^3 - 7x + 6 = 0$　　　　　　以下は 同値変形である。

　　　$(x-1)(x-2)(x+3) = 0$　　　　　　　[因数定理で, 左辺の因数分解]

　　$x - 1 = 0　\lor　x - 2 = 0　\lor　x + 3 = 0$　　　　　　[定理 6 (2)(iv)]

　　　　$x = 1　\lor　x = 2　\lor　x = -3$　　　　　　[1 次方程式を解く.]

　　　　　$x = 1, 2, -3$　　　$\cdots\cdots$ (答)

(2) $x^3 + 4x^2 + 3x - 2 = 0$ 以下は 同値変形である。

  $(x + 2)(x^2 + 2x - 1) = 0$ [因数定理で, 左辺の因数分解]

  $x + 2 = 0 \quad \vee \quad x^2 + 2x - 1 = 0$ [定理 6 (2)(iv)]

  $x = -2 \quad \vee \quad x = -1 \pm \sqrt{2}$ [1次, 2次方程式を解く. 解の公式 b' 形]

  $x = -2, \; -1 \pm \sqrt{2}$ $\cdots\cdots$ (答)

(3) $x^4 + 3x^3 - 5x^2 - 3x + 4 = 0$ 以下は 同値変形である。

  $(x - 1)^2(x + 1)(x + 4) = 0$ [因数定理を繰り返し, 左辺の因数分解]

  $x - 1 = 0 \quad \vee \quad x + 1 = 0 \quad \vee \quad x + 4 = 0$ [定理 6 (2)(iv), 6p $\boxed{4}$ ⑤]

  $x = 1 \quad \vee \quad x = -1 \quad \vee \quad x = -4$ [1次方程式を解く.]

  $x = \pm 1, \; -4$ $\cdots\cdots$ (答)

(4) $x^3 - 4x^2 + x + 6 > 0$ 以下は 同値変形である。

  $(x + 1)(x - 2)(x - 3) > 0$ [因数定理で, 左辺の因数分解]

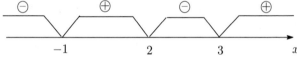

$\left[\begin{array}{l} \text{数直線に 不等式の左辺の零点を記し, その区間ごとに, 左辺の正負を} \\ \text{定理 7 (9)(ii) によって 調べる。 この場合は 正の区間を選ぶ。} \end{array}\right]$

  $-1 < x < 2, \; 3 < x$ $\cdots\cdots\cdots$ (答)

(5) $2x^3 - 7x^2 + 2x + 3 \leqq 0$ 以下は 同値変形である。

  $(x - 1)(x - 3)(2x + 1) \leqq 0$ [因数定理で, 左辺の因数分解]

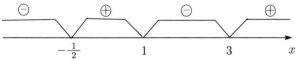

$\left[\begin{array}{l} \text{数直線に 不等式の左辺の零点を記し, その区間ごとに, 左辺の正負を} \\ \text{定理 7 (9)(ii) によって 調べる。 この場合は 負の区間と零点を選ぶ。} \end{array}\right]$

  $x \leqq -\dfrac{1}{2}, \; 1 \leqq x \leqq 3$ $\cdots\cdots\cdots$ (答)

(6) $x^4 - 2x^3 - 5x^2 + 4x + 6 > 0$ 以下は 同値変形である。

$(x+1)(x-3)(x^2-2) > 0$ [因数定理で, 左辺の因数分解]

$(x+1)(x-3)(x+\sqrt{2})(x-\sqrt{2}) > 0$ [更に, 因数分解]

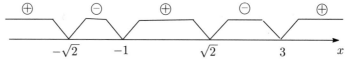

$\begin{bmatrix} 数直線に\ 不等式の左辺の零点を記し,\ その区間ごとに,\ 左辺の正負を \\ 定理\ 7(9)(ii)\ によって\ 調べる。\ この場合は\ 正の区間を選ぶ。 \end{bmatrix}$

$x < -\sqrt{2}, \quad -1 < x < \sqrt{2}, \quad 3 < x$ ………(答)

6-5

(1)   整式 $P(x)$ を $x^2 + 3x - 10$ で割った商を $Q(x)$ とすると,

定理 30 (除法定理)   より, $P(x) = (x^2 + 3x - 10)Q(x) + (3x + 4)$
$= (x-2)(x+5)Q(x) + (3x+4)$

定理 31 (剰余定理)   より, $P(x)$ を $x-2$ で割った余りは,

$P(2) = 0 \cdot Q(2) + (3 \cdot 2 + 4) = 10$ ……(答)

(2) $P(x)$ を $x^2 + x - 6$ で割ったときの商を $Q(x)$, 余りを $R(x)$ とすると,

定理 30 (除法定理)   より, $P(x) = (x^2 + x - 6)Q(x) + R(x)$ ……①
$R(x) = 0 \quad \vee \quad \deg R(x) < \deg(x^2 + x - 6) = 2$ ……②

②より $R(x) = 0 \quad \vee \quad \deg R(x) = 0, 1$

即ち $R(x) = ax + b$ (a, b は定数)   と書ける。

従って,   ①② は $P(x) = (x-2)(x+3)Q(x) + ax + b$

題意より, 定理 31 (剰余定理)   から,

$P(2) = \quad 2a + b = -2$ ……③
$P(-3) = -3a + b = 8$ ……④

③-④ より $a = -2$ ③に代入して $b = 2$

よって,   求める余りは $-2x + 2$ …………(答)

基礎演習 7

7−1

(1) $\dfrac{15a^2b^4c^2}{20a^3bc^4} = \dfrac{3b^3}{4ac^2}$　　　　　　　　[$5a^2bc^2$ で約分. 定理 6(6)(v)]

(2) $\dfrac{2x^2 - 5x + 2}{x^2 - x - 2} = \dfrac{(2x-1)(x-2)}{(x+1)(x-2)}$　　　　[分母分子の因数分解]

　　　　$= \dfrac{2x-1}{x+1}$　　　　　　　[$x-2$ で約分. 定理 6(6)(v)]

(3) $\dfrac{a^3 + 3a^2b - 4ab^2}{2a^2 - 4ab + 2b^2} = \dfrac{a(a+4b)(a-b)}{2(a-b)^2}$　　　[分母分子の因数分解]

　　$= \dfrac{a(a+4b)}{2(a-b)}$　[$a-b$ で約分. 定理 6(6)(v)]　　　$= \dfrac{a^2 + 4ab}{2a - 2b}$

7−2

(1) $\dfrac{27x^3z}{4bc^3} \times \dfrac{8abc}{9xyz^2} = \dfrac{27x^3z \cdot 8abc}{4bc^3 \cdot 9xyz^2}$　　　　　[定理 6(8)(iii)]

　　$= \dfrac{8 \cdot 27abcx^3z}{4 \cdot 9bc^3xyz^2}$　[定理 4]　　$= \dfrac{6ax^2}{c^2yz}$　[$36bcxz$ で約分. 定理 6(6)(v)]

(2) $\dfrac{3axy^3}{5b^2} \div \dfrac{6ay^3}{10b^2x} = \dfrac{3axy^3 \cdot 10b^2x}{5b^2 \cdot 6ay^3}$　　　[定理 6(8)(iv)]

　　$= \dfrac{3 \cdot 10ab^2x^2y^3}{6 \cdot 5ab^2y^3}$　[定理 4]　　$= x^2$　[$30ab^2y^3$ で約分. 定理 6(6)(vi)]

(3) $\dfrac{x^2 - 2x - 3}{x^2 - 3x + 2} \times \dfrac{x^2 - x}{x^2 - x - 6} = \dfrac{(x^2 - 2x - 3)(x^2 - x)}{(x^2 - 3x + 2)(x^2 - x - 6)}$ [定理 6(8)(iii)]

　　$= \dfrac{(x+1)(x-3)(x-1)x}{(x-2)(x-1)(x-3)(x+2)}$　　　　[分母分子の因数分解]

　　$= \dfrac{(x+1)x}{(x-2)(x+2)}$　[$(x-1)(x-3)$ で約分. 定理 6(6)(v)]　　$= \dfrac{x^2 + x}{x^2 - 4}$

(4) $\dfrac{a^2 - 11a + 24}{a^2 - 6a - 16} \times \dfrac{a^2 + 2a}{a^2 - 6a + 9} = \dfrac{(a^2 - 11a + 24)(a^2 + 2a)}{(a^2 - 6a - 16)(a^2 - 6a + 9)}$

　　[定理 6(8)(iii)]　　$= \dfrac{(a-3)(a-8)(a+2)a}{(a+2)(a-8)(a-3)^2}$　[分母分子の因数分解]

　　　　$= \dfrac{a}{a-3}$　　　[$(a+2)(a-3)(a-8)$ で約分. 定理 6(6)(v)]

(5) $\dfrac{x^2 - 9}{x^2 - 6x + 9} \div \dfrac{x^2 + 3x}{x - 3} = \dfrac{(x^2 - 9)(x - 3)}{(x^2 - 6x + 9)(x^2 + 3x)}$　[定理 6(8)(iv)]

　　$= \dfrac{(x+3)(x-3)^2}{(x-3)^2(x+3)x}$　　　　　[分母分子の因数分解]

　　$= \dfrac{1}{x}$　　　　　[$(x+3)(x-3)^2$ で約分. 定理 6(6)(vii)]

(6) $\dfrac{x^2-9}{x+2} \div (x^2-x-6) = \dfrac{x^2-9}{(x+2)(x^2-x-6)}$　　　　[定理 6(8)(iv)]

$\qquad = \dfrac{(x+3)(x-3)}{(x+2)^2(x-3)}$　　　　[分母分子の因数分解]

$\qquad = \dfrac{x+3}{(x+2)^2}$　　　　[$x-3$ で約分. 定理 6(6)(v)]

(7) $\dfrac{x^2+2x}{x^2+4x+3} \times \dfrac{x+3}{x^2+x-2} \div \dfrac{x+1}{x-1}$

$\qquad = \dfrac{(x^2+2x)(x+3)(x-1)}{(x^2+4x+3)(x^2+x-2)(x+1)}$　　　　[定理 6(8)(iii)(iv)]

$\qquad = \dfrac{x(x+2)(x+3)(x-1)}{(x+1)(x+3)(x+2)(x-1)(x+1)}$　　　　[分母分子の因数分解]

$\qquad = \dfrac{x}{(x+1)^2}$　　　　[$(x+2)(x+3)(x-1)$ で約分. 定理 6(6)(v)]

7−3

(1) $\dfrac{x^2+4}{x-2} - \dfrac{4x}{x-2} = \dfrac{(x^2+4)-4x}{x-2}$　[定理 6(8)(ii)]　$= \dfrac{x^2-4x+4}{x-2}$

$= \dfrac{(x-2)^2}{x-2}$　[分子の因数分解]　　$= x-2$　[$x-2$ で約分. 定理 6(6)(vi)]

(2) $\dfrac{x}{x+1} + \dfrac{1}{x+2} = \dfrac{x(x+2)}{(x+1)(x+2)} + \dfrac{(x+1)\cdot 1}{(x+1)(x+2)}$　[通分. 定理 6(6)(v)]

$= \dfrac{x(x+2)+(x+1)\cdot 1}{(x+1)(x+2)}$　[定理 6(8)(i)]　$= \dfrac{x^2+3x+1}{(x+1)(x+2)} = \dfrac{x^2+3x+1}{x^2+3x+2}$

(3) $\dfrac{5x+1}{x^2-4x+3} + \dfrac{x+2}{x^2-x} = \dfrac{5x+1}{(x-1)(x-3)} + \dfrac{x+2}{x(x-1)}$　[分母の因数分解]

$= \dfrac{x(5x+1)}{x(x-1)(x-3)} + \dfrac{(x+2)(x-3)}{x(x-1)(x-3)}$　　　　[通分. 定理 6(6)(v)]

$= \dfrac{x(5x+1)+(x+2)(x-3)}{x(x-1)(x-3)}$　[定理 6(8)(i)]　$= \dfrac{6x^2-6}{x(x-1)(x-3)}$

$= \dfrac{6(x+1)(x-1)}{x(x-1)(x-3)}$　　[分子の因数分解]

$= \dfrac{6(x+1)}{x(x-3)}$　[$x-1$ で約分. 定理 6(6)(v)]　　$= \dfrac{6x+6}{x^2-3x}$

(4) $x+2 - \dfrac{x^2}{x-2} = \dfrac{(x+2)(x-2)}{x-2} - \dfrac{x^2}{x-2}$　　　　[通分. 定理 6(6)(vi)]

$= \dfrac{(x+2)(x-2)-x^2}{x-2}$　[定理 6(8)(ii)]　$= \dfrac{-4}{x-2} = -\dfrac{4}{x-2}$　[定理 6(5)(iv)]

(5) $\dfrac{x+2}{x^2+7x-8} - \dfrac{x}{2x^2-x-1}$

$= \dfrac{x+2}{(x+8)(x-1)} - \dfrac{x}{(x-1)(2x+1)}$ 　　　[分母の因数分解]

$= \dfrac{(x+2)(2x+1)}{(x+8)(x-1)(2x+1)} - \dfrac{(x+8)x}{(x+8)(x-1)(2x+1)}$ [通分. 定理 6(6)(v)]

$= \dfrac{(x+2)(2x+1)-(x+8)x}{(x+8)(x-1)(2x+1)}$ [定理 6(8)(ii)] $= \dfrac{x^2-3x+2}{(x+8)(x-1)(2x+1)}$

$= \dfrac{(x-1)(x-2)}{(x+8)(x-1)(2x+1)}$ 　[分子の因数分解]

$= \dfrac{x-2}{(x+8)(2x+1)}$ 　[$x-1$ で約分. 定理 6(6)(v)] 　　$= \dfrac{x-2}{2x^2+17x+8}$

(6) $\dfrac{2x}{x+y} + \dfrac{2y}{x-y} - \dfrac{4y^2}{x^2-y^2}$

$= \dfrac{2x(x-y)}{(x+y)(x-y)} + \dfrac{2y(x+y)}{(x-y)(x+y)} - \dfrac{4y^2}{(x+y)(x-y)}$ [通分. 定理 6(6)(v)]

$= \dfrac{2x(x-y)+2y(x+y)-4y^2}{(x+y)(x-y)}$ [定理 6(8)(i)(ii)] 　　$= \dfrac{2x^2-2y^2}{(x+y)(x-y)}$

$= \dfrac{2(x^2-y^2)}{x^2-y^2}$ [分子の因数分解] 　　$= 2$ 　[x^2-y^2 で約分. 定理 6(6)(vi)]

(7) $\dfrac{1}{(x-1)x} + \dfrac{1}{x(x+1)} + \dfrac{1}{(x+1)(x+2)}$

$= \Big(\dfrac{1}{x-1} - \dfrac{1}{x}\Big) + \Big(\dfrac{1}{x} - \dfrac{1}{x+1}\Big) + \Big(\dfrac{1}{x+1} - \dfrac{1}{x+2}\Big)$ 　[部分分数分解]

$= \dfrac{1}{x-1} - \dfrac{1}{x} + \dfrac{1}{x} - \dfrac{1}{x+1} + \dfrac{1}{x+1} - \dfrac{1}{x+2}$ 　　　　　[定理1]

$= \dfrac{1}{x-1} - \dfrac{1}{x+2} = \dfrac{x+2}{(x-1)(x+2)} - \dfrac{x-1}{(x-1)(x+2)}$ [通分. 定理 6(6)(vii)]

$= \dfrac{(x+2)-(x-1)}{(x-1)(x+2)}$ 　[定理 6(8)(ii)] 　　$= \dfrac{3}{(x-1)(x+2)}$

(8) $\dfrac{x+2}{x} - \dfrac{x+3}{x+1} - \dfrac{x-5}{x-3} + \dfrac{x-6}{x-4}$

$= \Big(1+\dfrac{2}{x}\Big) - \Big(1+\dfrac{2}{x+1}\Big) - \Big(1-\dfrac{2}{x-3}\Big) + \Big(1-\dfrac{2}{x-4}\Big)$ 　　[真分数式]

$= 1 + \dfrac{2}{x} - 1 - \dfrac{2}{x+1} - 1 + \dfrac{2}{x-3} + 1 - \dfrac{2}{x-4}$ [定理1, 定理 6(6)(i)(ii)]

$= \dfrac{2}{x} - \dfrac{2}{x+1} + \dfrac{2}{x-3} - \dfrac{2}{x-4}$ 　　　$\cdots\cdots$ ㋐

$= \Big(\dfrac{2}{x} - \dfrac{2}{x+1}\Big) + \Big(\dfrac{2}{x-3} - \dfrac{2}{x-4}\Big)$ 　　$= \dfrac{2}{x(x+1)} + \dfrac{-2}{(x-3)(x-4)}$

$$= \frac{2(x-3)(x-4) - 2x(x+1)}{x(x+1)(x-3)(x-4)} = \frac{-8(2x-3)}{x(x+1)(x-3)(x-4)}$$

$$[\text{⑦ でよいこともあろう.}]$$

(9) $\dfrac{x + \dfrac{6}{x} - 5}{1 - \dfrac{2}{x}} = \dfrac{\left(x + \dfrac{6}{x} - 5\right)x}{\left(1 - \dfrac{2}{x}\right)x}$ [定理 6(6)(v)] $= \dfrac{x^2 - 5x + 6}{x - 2}$

$$= \frac{(x-3)(x-2)}{x-2} \ [\text{分子の因数分解}] \quad = x - 3 \ [x-2\text{ で約分. 定理 }6(6)(\text{vi})]$$

(10) $\dfrac{x - 1 + \dfrac{2}{x+2}}{x + 1 - \dfrac{2}{x+2}} = \dfrac{\left(x - 1 + \dfrac{2}{x+2}\right)(x+2)}{\left(x + 1 - \dfrac{2}{x+2}\right)(x+2)}$ [定理 6(6)(v)]

$$= \frac{(x-1)(x+2) + 2}{(x+1)(x+2) - 2} = \frac{x^2 + x}{x^2 + 3x}$$

$$= \frac{x(x+1)}{x(x+3)} \ [\text{分母分子の因数分解}] \quad = \frac{x+1}{x+3} \ [x\text{ で約分. 定理 }6(6)(\text{v})]$$

(11) $1 - \dfrac{1}{1 - \dfrac{1}{1-x}} = 1 - \dfrac{1 \cdot (1-x)}{\left(1 - \dfrac{1}{1-x}\right)(1-x)}$ [定理 6(6)(v)]

$$= 1 - \frac{1-x}{(1-x) - 1} = 1 - \frac{x-1}{x} = 1 - \left(1 - \frac{1}{x}\right) = \frac{1}{x}$$

7-4

(1)　解 1 (係数比較法)

$$a(x+2) + b(x-1) = 2x + 7$$
$$ax + 2a + bx - b = 2x + 7$$
$$(a+b)x + (2a - b) = 2x + 7$$

定理 35(2) より $a + b = 2$, $2a - b = 7$
これを解いて $a = 3$, $b = -1$ … (答)

解 2 (数値代入法)

$x = 1$ とすると, $\qquad 3a = 9$
$x = -2$ とすると, $\qquad -3b = 3$
両辺, 高々 1 次, 2 値を代入したから
定理 35(3) より 同値.
よって, $\qquad a = 3$, $b = -1$ … (答)

(2)　解 1 (係数比較法)

$$ax^2 + b(x-3) = c(x-2)^2 + 16$$
$$ax^2 + bx - 3b = cx^2 - 4cx + (4c + 16)$$

定理 35(2) より

$$a = c, \quad b = -4c, \quad -3b = 4c + 16$$

これを解いて,

$$a = 2, \quad b = -8, \quad c = 2 \quad \cdots \text{(答)}$$

解 2 (数値代入法)

$x = 0$ とすると, $\qquad -3b = 4c + 16$
$x = 2$ とすると, $\qquad 4a - b = 16$
$x = 3$ とすると, $\qquad 9a = c + 16$
両辺, 高々 2 次, 3 値を代入したから,
定理 35(3) より 同値. これらを解いて,

$$a = 2, \quad b = -8, \quad c = 2 \quad \cdots \text{(答)}$$

(3) 解1(係数比較法)

$$x^2 + 1 = a(x-1)(x-3) + bx(x-1) + cx(x-3)$$
$$x^2 + 1 = ax^2 - 4ax + 3a + bx^2 - bx + cx^2 - 3cx$$
$$x^2 + 1 = (a+b+c)x^2 - (4a+b+3c)x + 3a$$

定理35(2) より $1 = a+b+c, \quad 0 = 4a+b+3c, \quad 1 = 3a$

これを解いて, $a = \dfrac{1}{3}, \quad b = \dfrac{5}{3}, \quad c = -1$ $\cdots\cdots$ (答)

　　解2(数値代入法)

$x = 0$ とすると, $1 = 3a$

$x = 1$ とすると, $2 = -2c$

$x = 3$ とすると, $10 = 6b$

両辺, 高々2次, 3値を代入したから, 定理35(3) より 同値。

よって, $a = \dfrac{1}{3}, \quad b = \dfrac{5}{3}, \quad c = -1$ $\cdots\cdots$ (答)

(4) $a(x-1)^3 + b(x-1)^2 + c(x-1) + d = x^3 + x^2 + x + 1$

　　　　$x - 1 = t$　 とおくと,

(左辺)$= at^3 + bt^2 + ct + d$

(右辺)$= (t+1)^3 + (t+1)^2 + (t+1) + 1 = t^3 + 4t^2 + 6t + 4$

従って, 与式 は $at^3 + bt^2 + ct + d = t^3 + 4t^2 + 6t + 4$

これも t についての恒等式であるから, 定理35(2) より,

　　　　　$a = 1, \quad b = 4, \quad c = 6, \quad d = 4$ $\cdots\cdots$ (答)

(別解)

両辺を $x-1$ で割ると, 定理30(除法定理) の一意性より 商と余りが等しい。その両辺の商を 更に, $x-1$ で割ると, また, 商と余りが等しい。これを繰り返す。　左辺の商と余りは明らか。下記は 右辺の繰り返しの除法を 組立除法 で示す。

$$
\begin{array}{r|rrrr}
 & 1 & 1 & 1 & 1 \\
1 & & 1 & 2 & 3 \\
\hline
 & 1 & 2 & 3 & \underline{\,4\,} \quad \cdots\cdots\ d \\
1 & & 1 & 3 & \\
\hline
 & 1 & 3 & \underline{\,6\,} \quad \cdots\cdots\ c & \\
1 & & 1 & & \\
\hline
 & 1 & \underline{\,4\,} \quad \cdots\cdots\ b & & \\
 & \vdots & & & \\
 & a & & &
\end{array}
$$

　　　　　　　　　　　$\therefore\ a = 1,\ b = 4,\ c = 6,\ d = 4$ $\cdots$ (答)

(5) $\dfrac{3x-8}{2x^2+x-6} = \dfrac{a}{2x-3} + \dfrac{b}{x+2}$ $\cdots\cdots$ ①

$\qquad \dfrac{3x-8}{(2x-3)(x+2)} = \dfrac{a(x+2)+b(2x-3)}{(2x-3)(x+2)}$

$\qquad\quad 3x-8 = a(x+2)+b(2x-3)$ $\cdots\cdots$ ②   ($x \neq -2, \dfrac{3}{2}$)

$x \neq -2, \dfrac{3}{2}$ なるすべての x (2 値以上) について ②が成り立つことは,

定理 35 (3) より, ②が恒等式である ($x=-2, \dfrac{3}{2}$ も含めて) ことである。

即ち, ①が恒等式であることと ②が恒等式であることは 同値である。

② で, $x=-2$ とすると, $-14 = -7b$

$\qquad\quad x=\dfrac{3}{2}$ とすると, $-\dfrac{7}{2} = \dfrac{7}{2}a$

②の両辺は, 高々 1 次, 2 値を代入したから, 定理 35 (3) より 同値。

よって, $\qquad\qquad a=-1 , \ b=2$ $\cdots\cdots$ (答)

㊟ 有理分数式が恒等式であることは 分母を払った整式が恒等式であること
と同値なのである。 後半は 係数比較法でもよい。

基礎演習 8

8-1　1次関数のグラフは直線である。(106p $\boxed{6}$ (2)) 直線は 2 点で決定する。
従って，関数の式を満たす 2 点の座標を見つけて，その 2 点を通る直線を引く。
座標軸との交点を明記したい。　定義域に制限があれば，端点を示す。

(1) $y = \dfrac{1}{2}x + 2$

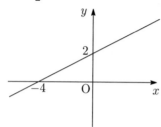

(2) $y = -\dfrac{3}{2}x + 3$

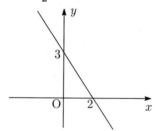

(3) $y = x + 2$ $(-3 \leqq x < 2)$

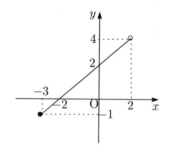

(4) $y = -\dfrac{2}{3}x - 4$ $(x < 3)$

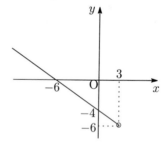

8-2

　グラフが直線であるから，関数は 高々 1 次関数であり，$y = ax + b$ と書ける。
グラフが 点 $(6, 0)$ を通るから，定義 14 より　　$0 = 6a + b$
グラフが 点 $(0, -4)$ を通るから，定義 14 より　　$-4 = b$
これを解いて，　$a = \dfrac{2}{3}$，$b = -4$　　よって，　$y = \dfrac{2}{3}x - 4$　……(答)

(別解)　傾き，y 切片 より 求めてもよい。

8-3　　　　　　　　　グラフを描いて 考えると 解り易いだろう。

(1) $y = 2x + 1$ $(-2 \leqq x \leqq 3)$

　$x = -2$ のとき　　$y = -3$，　　　　　$x = 3$ のとき　　$y = 7$
　これより，　関数の値域 は　$-3 \leqq y \leqq 7$　……(答)
　従って，　$\max y = 7 \ (x = 3)$，　　$\min y = -3 \ (x = -2)$　……(答)

(2) $y = \dfrac{1}{2}x - 1 \quad (1 < x < 4)$

$x = 1$ のとき $\quad y = -\dfrac{1}{2}$, $\qquad\qquad x = 4$ のとき $\qquad y = 1$

これより, 関数の値域 は $\quad -\dfrac{1}{2} < y < 1 \quad$ ······ (答)

従って, 最大値も 最小値も ない。 $\quad$ ······ (答)

(3) $y = -x + 2 \quad (-3 < x \leqq 1)$

$x = -3$ のとき $\quad y = 5$, $\qquad\qquad x = 1$ のとき $\qquad y = 1$

これより, 関数の値域 は $\quad 1 \leqq y < 5 \quad$ ······ (答)

従って, 最大値は ない. $\quad \min y = 1 \ (x = 1) \qquad$ ······ (答)

(4) $y = -\dfrac{4}{5}x + 8 \quad (x \geqq 5)$

$x = 5$ のとき $\quad y = 4$, $\qquad\qquad x \to \infty$ のとき $\qquad y \to -\infty$

これより, 関数の値域 は $\qquad y \leqq 4 \quad$ ······ (答)

従って, $\quad \max y = 4 \ (x = 5)$, $\qquad$ 最小値は ない. $\qquad$ ······ (答)

8-4

(1) 関数 $y = ax + b \quad (-1 \leqq x \leqq 3)$ において,

$x = -1$ のとき $\quad y = -a + b$, $\qquad\qquad x = 3$ のとき $\qquad y = 3a + b$

だから, 値域 は $\quad -a + b \leqq y \leqq 3a + b \quad$ or $\quad 3a + b \leqq y \leqq -a + b$

従って, $\quad -a + b = -2, \ 3a + b = 10 \quad$ or $\quad 3a + b = -2, \ -a + b = 10$

これらを解いて, $\quad (a, b) = (3, 1) \qquad$ or $\qquad (a, b) = (-3, 7)$

よって, $\quad y = 3x + 1 \quad$ または $\quad y = -3x + 7 \quad$ ······ (答)

(2) 関数 $y = ax + b \quad (1 \leqq x \leqq 3)$ において,

$x = 1$ のとき $\quad y = a + b$, $\qquad\qquad x = 3$ のとき $\qquad y = 3a + b$

だから, 値域 は $\quad a + b \leqq y \leqq 3a + b \quad$ or $\quad 3a + b \leqq y \leqq a + b$

従って, $\qquad \max y = 3a + b = 1$, $\qquad \min y = a + b = 0$

$\qquad\qquad$ or $\qquad \max y = a + b = 1$, $\qquad \min y = 3a + b = 0$

これらを解いて, $\quad (a, b) = (\dfrac{1}{2}, -\dfrac{1}{2}) \qquad$ or $\qquad (a, b) = (-\dfrac{1}{2}, \dfrac{3}{2})$

よって, $\quad y = \dfrac{1}{2}x - \dfrac{1}{2} \quad$ または $\quad y = -\dfrac{1}{2}x + \dfrac{3}{2} \quad$ ······ (答)

(3) y が $x + 5$ に比例するから, $\quad y = a(x + 5)$ と書ける。

$x = 1$ のとき, $y = 6a \qquad$ 従って $\quad 6a = 18 \quad \therefore \ a = 3$

よって, $\qquad\qquad y = 3(x + 5) \quad$ ········· (答)

(4) y が x に反比例するから, $\quad y = \dfrac{a}{x}$ と書ける。

$x = 3$ のとき, $y = \dfrac{a}{3} \qquad$ 従って $\quad \dfrac{a}{3} = -4 \quad \therefore \ a = -12$

よって, $\qquad\qquad y = -\dfrac{12}{x} \quad$ ········· (答)

8-5

(1)　$y = |2x - 3|$

$$= \begin{cases} 2x - 3 & (x \geqq \dfrac{3}{2}) \\ -2x + 3 & (x < \dfrac{3}{2}) \end{cases}$$

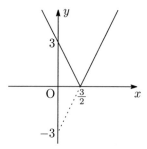

(2)　$y = |x + 2| - 2$

$$= \begin{cases} x & (x \geqq -2) \\ -x - 4 & (x < -2) \end{cases}$$

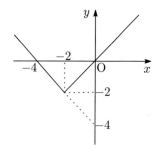

(3)　$y = -|x + 1|$

$$= \begin{cases} -x - 1 & (x \geqq -1) \\ x + 1 & (x < -1) \end{cases}$$

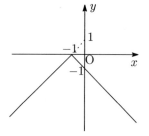

(4)　$y = |x - 2| + x$

$$= \begin{cases} 2x - 2 & (x \geqq 2) \\ 2 & (x < 2) \end{cases}$$

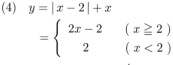

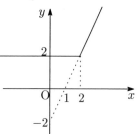

(5)　$y = |x + 1| + |x - 2|$

$$= \begin{cases} 2x - 1 & (x \geqq 2) \\ 3 & (-1 \leqq x < 2) \\ -2x + 1 & (x < -1) \end{cases}$$

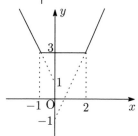

8-6　　省略.　　106p $\boxed{6}$ (3) $y = ax^2$ のグラフ　を見よ.

a が -3 から 3 へ増えるに従って, 下開き (上に凸) から上開き (下に凸) へ次第に 移ってゆく様子を理解したい.　　$a = 0$ のときは　x 軸である.

基礎演習 9

9-1

(1) $y = x^2 + 2$

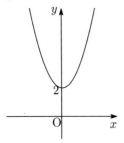

軸 : $x = 0$　頂点 $(0, 2)$

(2) $y = (x - 2)^2$

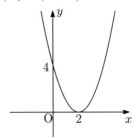

軸 : $x = 2$　頂点 $(2, 0)$

(3) $y = x^2 - 4x + 3$
    $= (x - 2)^2 - 1$

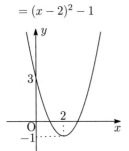

軸 : $x = 2$　頂点 $(2, -1)$

(4) $y = 2x^2 + 8x + 4$
    $= 2(x + 2)^2 - 4$

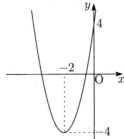

軸 : $x = -2$　頂点 $(-2, -4)$

(5) $y = -2x^2 + 4x + 1$
    $= -2(x - 1)^2 + 3$

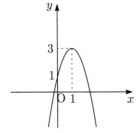

軸 : $x = 1$　頂点 $(1, 3)$

(6) $y = -\dfrac{1}{2}x^2 - 2x + 1$
    $= -\dfrac{1}{2}(x + 2)^2 + 3$

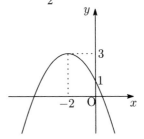

軸 : $x = -2$　頂点 $(-2, 3)$

(7) $y = -\dfrac{2}{3}x^2 + 4x - 5$

$\quad = -\dfrac{2}{3}(x-3)^2 + 1$

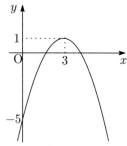

軸：$x = 3$　　頂点 $(3, 1)$

(8) $y = 3x^2 + 8x + 3$

$\quad = 3(x + \dfrac{4}{3})^2 - \dfrac{7}{3}$

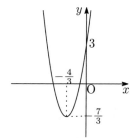

軸：$x = -\dfrac{4}{3}$　　頂点 $(-\dfrac{4}{3}, -\dfrac{7}{3})$

9−2

(1) 頂点の座標が $(2, 1)$ だから，　　　$y = a(x-2)^2 + 1$　　と書ける。

　このグラフ が 点 $(1, -1)$ を通るから，　　　$-1 = a + 1$　　∴ $a = -2$

　従って，　$y = -2(x-2)^2 + 1$　　　よって，　$y = -2x^2 + 8x - 7$ $\cdots\cdots$ (答)

(2) 軸が 直線 $x = 3$ だから，　　　$y = a(x-3)^2 + q$　　と書ける。

　このグラフ が 点 $(2, -2)$, $(5, 4)$ を通るから，　$-2 = a + q$, $4 = 4a + q$

　これを解いて，　$a = 2$, $q = -4$

　従って，　$y = 2(x-3)^2 - 4$　　　よって，　$y = 2x^2 - 12x + 14$ $\cdots\cdots$ (答)

(3) $y = ax^2 + bx + c$　とする。

　このグラフ が 点 $(-1, -3)$, $(1, 5)$, $(2, 3)$ を通るから，

　　　$-3 = a - b + c$,　$5 = a + b + c$,　$3 = 4a + 2b + c$

　これを解いて，$a = -2$, $b = 4$, $c = 3$　　∴ $y = -2x^2 + 4x + 3$ $\cdots$ (答)

(4) x 軸と $(-2, 0)$, $(3, 0)$ で交わるから，　$y = a(x+2)(x-3)$　と書ける。

　このグラフ が 点 $(1, 6)$ を通るから，　　　$6 = -6a$　　∴ $a = -1$

　従って，　$y = -(x+2)(x-3)$　　　よって，　$y = -x^2 + x + 6$ $\cdots\cdots$ (答)

9−3　　　110p $\boxed{3}$ 例題 のように グラフを描いて 考えよ。

　区間の端 および 軸の位置 に注目する。　以下は, グラフを省略している。

(1)　$y = x^2 + 2x - 3 = (x+1)^2 - 4$　　$(1 \leqq x \leqq 3)$　　　[平方完成]

　区間の端 $x = 1$ のとき　　$y = 0$,　　　　$x = 3$ のとき　　$y = 12$

　軸の位置 $x = -1$ は 定義域区間の外である。

　これより，　　　関数の値域 は　$0 \leqq y \leqq 12$

　従って，　$\max y = 12$ $(x = 3)$,　　　$\min y = 0$ $(x = 1)$　　　$\cdots\cdots$ (答)

(2) $y = x^2 - 2x + 2 = (x-1)^2 + 1$ ($0 \leqq x < 4$)   [平方完成]

区間の端 $x = 0$ のとき $y = 2$, $x = 4$ のとき $y = 10$

軸の位置 $x = 1$ のとき $y = 1$

これより,   関数の値域 は $1 \leqq y < 10$

従って,   最大値は ない. $\min y = 1$ ($x = 1$)   …… (答)

(3) $y = -2x^2 - 4x + 1 = -2(x+1)^2 + 3$ ($x \geqq -2$)   [平方完成]

区間の端 $x = -2$ のとき $y = 1$, $x \to \infty$ のとき $y \to -\infty$

軸の位置 $x = -1$ のとき $y = 3$

これより,   関数の値域 は $y \leqq 3$

従って, $\max y = 3$ ($x = -1$) ,   最小値は ない.   …… (答)

(4) $y = -3x^2 - 2x + 4 = -3(x + \dfrac{1}{3})^2 + \dfrac{13}{3}$ ($-1 < x \leqq 2$)   [平方完成]

区間の端 $x = -1$ のとき $y = 3$, $x = 2$ のとき $y = -12$

軸の位置 $x = -\dfrac{1}{3}$ のとき $y = \dfrac{13}{3}$

これより,   関数の値域 は $-12 \leqq y \leqq \dfrac{13}{3}$

従って, $\max y = \dfrac{13}{3}$ ($x = -\dfrac{1}{3}$) , $\min y = -12$ ($x = 2$)   … (答)

9-4   前問と同様, 110p $\boxed{3}$ 例題 のように グラフを描いて 考える とよい。
区間の端 および 軸の位置 に注目する。文字定数 a を含むので, a が変わる
と, 区間やグラフ (軸の位置) が変わり, a による 場合分け が必要である。
以下, $y = f(x)$ とおく。

(1) $y = x^2 - 2x - 1 = (x-1)^2 - 2$ ($0 \leqq x \leqq a$)   [平方完成]

(i) 最大値 $M(a)$ について。 $M(a) = \max \{ f(0), f(a) \}$ [下に凸より]

$f(0)$ と $f(a)$ の大小比較 即ち 区間の中央と軸の位置の大小比較 で場合分け。

$0 < a \leqq 2$ のとき, $x = 0$ で $M(a) = -1$ $\Big\}$ … (答)
$2 < a$ のとき, $x = a$ で $M(a) = a^2 - 2a - 1$

(ii) 最小値 $m(a)$ について。 $x = 1$ が区間に入っていれば $m(a) = f(1)$

軸の位置が定義区間に入っているか否 (左右) かで場合分け。

$0 < a < 1$ のとき, $x = a$ で $m(a) = a^2 - 2a - 1$ $\Big\}$ … (答)
$1 \leqq a$ のとき, $x = 1$ で $m(a) = -2$

🌐   110p $\boxed{3}$ 定理 を見よ。

(2)　　$y = x^2 - 2ax + 1 = (x - a)^2 - a^2 + 1$　　$(0 \leqq x \leqq 2)$　　[平方完成]

(i) 最大値 $M(a)$ について。　　$M(a) = \max \{ f(0) , f(2) \}$　　[下に凸より]
$f(0)$ と $f(2)$ の大小比較 即ち 区間の中央と軸の位置の大小比較 で場合分け。

$\left. \begin{array}{lll} a < 1 & \text{のとき,} & x = 2 \text{ で} & M(a) = -4a + 5 \\ 1 \leqq a & \text{のとき,} & x = 0 \text{ で} & M(a) = 1 \end{array} \right\}$ … (答)

(ii) 最小値 $m(a)$ について。　　$x = a$ が区間に入っていれば　$m(a) = f(a)$
軸の位置が定義区間に入っているか否 (左右) かで場合分け。

$\left. \begin{array}{lll} a < 0 & \text{のとき,} & x = 0 \text{ で} & m(a) = 1 \\ 0 \leqq a \leqq 2 & \text{のとき,} & x = a \text{ で} & m(a) = -a^2 + 1 \\ 2 < a & \text{のとき,} & x = 2 \text{ で} & m(a) = -4a + 5 \end{array} \right\}$ … (答)

(3)　　$y = -x^2 + 2x + 2 = -(x - 1)^2 + 3$　　$(a \leqq x \leqq a + 1)$　　[平方完成]

(i) 最大値 $M(a)$ について。　　$x = 1$ が区間に入っていれば　$M(a) = f(1)$
軸の位置が定義区間に入っているか否 (左右) かで場合分け。

$\left. \begin{array}{lll} a < 0 & \text{のとき,} & x = a + 1 \text{ で} & M(a) = -a^2 + 3 \\ 0 \leqq a \leqq 1 & \text{のとき,} & x = 1 \text{ で} & M(a) = 3 \\ 1 < a & \text{のとき,} & x = a \text{ で} & M(a) = -a^2 + 2a + 2 \end{array} \right\}$ … (答)

(ii) 最小値 $m(a)$ について。　$m(a) = \min \{ f(a) , f(a + 1) \}$　　[上に凸より]
$f(a)$ と $f(a+1)$ の大小比較 即ち 区間の中央と軸の位置の比較 で場合分け。

$\left. \begin{array}{lll} a < \dfrac{1}{2} & \text{のとき,} & x = a \text{ で} & m(a) = -a^2 + 2a + 2 \\ \dfrac{1}{2} \leqq a & \text{のとき,} & x = a + 1 \text{ で} & m(a) = -a^2 + 3 \end{array} \right\}$ … (答)

㊟ 前問 (1)(2) と比べて グラフの凹凸が逆で, 最大値 最小値の場合分けが ちょうど反対になっている。

(4)　　$y = -x^2 + 4ax - a = -(x - 2a)^2 + 4a^2 - a$　　$(x \geqq 2)$　　[平方完成]

(i) 最大値 $M(a)$ について。　　$x = 2a$ が区間に入っていれば　$M(a) = f(2a)$
軸の位置が定義区間に入っているか否 (左右) かで場合分け。

$\left. \begin{array}{lll} a < 1 & \text{のとき,} & x = 2 \text{ で} & M(a) = 7a - 4 \\ 1 \leqq a & \text{のとき,} & x = 2a \text{ で} & M(a) = 4a^2 - a \end{array} \right\}$ … (答)

(ii) 最小値 $m(a)$ について。
$f(2)$ と $f(\infty)$ の大小比較　　　　$x \to \infty$ のとき　$f(x) \to -\infty$
よって,　　　　最小値 $m(a)$ はない.　………… (答)

㊟ (1)〜(4) の場合分けにおいて, 等号つき不等号の等号はどちらに付けて もよい。

9−5   111p $\boxed{4}$ を参照。

(1) 2次関数 $y = 2x^2 - 5x - 3$ のグラフと x 軸 $(y = 0)$ の共有点の x 座標 は,
2次方程式 $2x^2 - 5x - 3 = 0$ の実数解 である。

$$(2x + 1)(x - 3) = 0 \qquad [\text{左辺の因数分解・たすき掛けの方法}]$$

$$2x + 1 = 0 \quad \vee \quad x - 3 = 0 \qquad [\text{定理} 6 (2)(\text{iv})]$$

$$x = -\frac{1}{2} \quad \vee \quad x = 3$$

$$x = -\frac{1}{2}, \ 3 \qquad \cdots\cdots\cdots\cdots \text{(答)}$$

(2) 2次関数 $y = -x^2 + 6x - 9$ のグラフと x 軸 $(y = 0)$ の共有点の x 座標 は,
2次方程式 $-x^2 + 6x - 9 = 0$ の実数解 である。

$$x^2 - 6x + 9 = 0 \qquad [\text{両辺に} -1 \text{を掛ける.}]$$

$$(x - 3)^2 = 0 \qquad [\text{左辺の因数分解.80p} \boxed{6} (3)]$$

$$x - 3 = 0 \qquad [\text{定理} 6 (2)(\text{iv}), 6\text{p} \boxed{4} ⑤]$$

$$x = 3 \qquad \cdots\cdots\cdots\cdots \text{(答)}$$

(3) 2次関数 $y = 2x^2 - 2x - 1$ のグラフと x 軸 $(y = 0)$ の共有点の x 座標 は,
2次方程式 $2x^2 - 2x - 1 = 0$ の実数解 である。

解の公式 $(b'$ 形$)$ より $\qquad x = \dfrac{1 \pm \sqrt{3}}{2} \qquad \cdots\cdots \text{(答)}$

9−6

$f(x) = 2kx^2 - (k + 2)x - 5$ とする。   2次関数 $y = f(x)$ のグラフ が
2つの区間 $(-1, 0)$ および $(2, 3)$ で x 軸 と それぞれ 1点で交わる条件は

$$f(-1)f(0) < 0 \quad \text{かつ} \quad f(2)f(3) < 0$$

即ち $\qquad (3k - 3)(-5) < 0 \quad \text{かつ} \quad (6k - 9)(15k - 11) < 0$

即ち $\qquad k > 1 \quad \text{かつ} \quad \dfrac{11}{15} < k < \dfrac{3}{2} \qquad \therefore \quad 1 < k < \dfrac{3}{2} \quad \cdots \text{(答)}$

9−7   2次関数 $y = x^2 - 4x + 3$ のグラフ は 右下図のようであり,
x 軸と異なる2点で交わる。   9−1 (3) 参照。

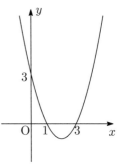

$y = 0$ となる x の値 (2交点の x 座標) は 2次方程式
$x^2 - 4x + 3 = 0$ の実数解 で, $x = 1, 3$ 右図から,
$y > 0$ となる (グラフが x 軸より上側にある)
  x の値の範囲は $\quad x < 1, \ 3 < x$
$y < 0$ となる (グラフが x 軸より下側にある)
  x の値の範囲は $\quad 1 < x < 3$ よって,
(1) $x^2 - 4x + 3 > 0$ の解は $\quad x < 1, \ 3 < x \ \cdots \text{(答)}$
(2) $x^2 - 4x + 3 < 0$ の解は $\quad 1 < x < 3 \ \cdots \text{(答)}$

基礎演習 10

10-1

(1) $y = \dfrac{2}{x} + 1$

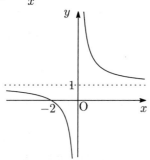

漸近線 : $x = 0$, $y = 1$

(2) $y = \dfrac{2}{x-1}$

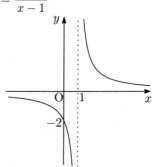

漸近線 : $x = 1$, $y = 0$

(3) $y = \dfrac{2x+2}{x-1} = \dfrac{4}{x-1} + 2$

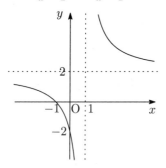

漸近線 : $x = 1$, $y = 2$

(4) $y = \dfrac{-x-4}{x+2} = \dfrac{-2}{x+2} - 1$

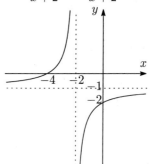

漸近線 : $x = -2$, $y = -1$

(5) $y = \dfrac{2x+5}{x+1} = \dfrac{3}{x+1} + 2$

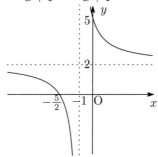

漸近線 : $x = -1$, $y = 2$

(6) $y = \dfrac{-4x+3}{2x-3} = \dfrac{-3}{2x-3} - 2$

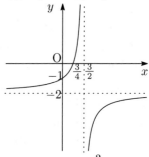

漸近線 : $x = \dfrac{3}{2}$, $y = -2$

10-2　　以下, 左欄は 114p $\boxed{2}$（解法 1）であり, 右欄は（解法 2）である.

(1)　$\dfrac{4x+2}{x-1} = x+4$　　　以下は同値変形

　　$x+4 - \dfrac{4x+2}{x-1} = 0$　　[左辺へ移項]

　　$\dfrac{x^2-x-6}{x-1} = 0$　　[左辺を $\dfrac{A}{B}$ の形へ]

　　$\dfrac{(x+2)(x-3)}{x-1} = 0$　　[A, B を因数分解]

　　$(x+2)(x-3) = 0,\ \ x-1 \neq 0$

　　$\therefore\quad x = -2,\ 3$　　$\cdots\cdots$（答）

(2)　$\dfrac{4x+2}{x-1} \leqq x+4$　　　以下は同値変形

　　$x+4 - \dfrac{4x+2}{x-1} \geqq 0$　　[左辺へ移項]

　　$\dfrac{x^2-x-6}{x-1} \geqq 0$　　[左辺を $\dfrac{A}{B}$ の形へ]

　　$\dfrac{(x+2)(x-3)}{x-1} \geqq 0$　　[A, B を因数分解]

数直線に, 分母分子の零点を記し, 区間ごとに,
左辺の正負を, 定理 7 (9)(ii) によって 調べる.

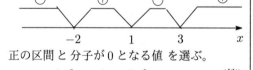

正の区間と分子が 0 となる値 を選ぶ.

　　　$-2 \leqq x < 1,\ \ 3 \leqq x$　　$\cdots\cdots$（答）

（解法 2）

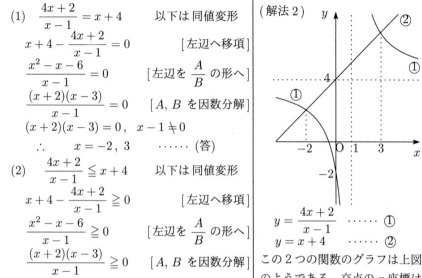

　　$y = \dfrac{4x+2}{x-1}$　$\cdots\cdots$ ①
　　$y = x+4$　　$\cdots\cdots$ ②

この 2 つの関数のグラフは上図
のようである. 交点の x 座標は
方程式 (1) の解　$x = -2,\ 3$
である.　　　不等式 (2) の解は,
① のグラフが ② のグラフの
下側にある x の範囲で, 図より
（与式は 等号つきだから）
$-2 \leqq x < 1,\ \ 3 \leqq x$　$\cdots$（答）

(3)　$\dfrac{3x+1}{x+2} = x-1$　　　以下は同値変形

　　$x-1 - \dfrac{3x+1}{x+2} = 0$　　[左辺へ移項]

　　$\dfrac{x^2-2x-3}{x+2} = 0$　　[左辺を $\dfrac{A}{B}$ の形へ]

　　$\dfrac{(x+1)(x-3)}{x+2} = 0$　　[A, B を因数分解]

　　$(x+1)(x-3) = 0,\ \ x+2 \neq 0$

　　$\therefore\quad x = -1,\ 3$　　$\cdots\cdots$（答）

（解法 2）

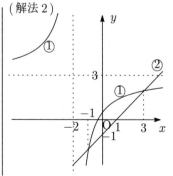

(4) $\dfrac{3x+1}{x+2} > x-1$ 　　以下は同値変形

$x-1-\dfrac{3x+1}{x+2} < 0$ 　　[左辺へ移項]

$\dfrac{x^2-2x-3}{x+2} < 0$ 　　[左辺を $\dfrac{A}{B}$ の形へ]

$\dfrac{(x+1)(x-3)}{x+2} < 0$ 　　[$A,\ B$ を因数分解]

数直線に, 分母分子の零点を記し, 区間ごとに, 左辺の正負を, 定理 7(9)(ii) によって 調べる.

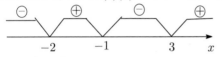

負の区間 を選ぶ.

$x<-2,\quad -1<x<3$ 　　……(答)

(5) $\dfrac{2x+1}{x+1} = -x+5$ 　　以下は同値変形

$\dfrac{2x+1}{x+1} + x-5 = 0$ 　　[左辺へ移項]

$\dfrac{x^2-2x-4}{x+1} = 0$ 　　[左辺を $\dfrac{A}{B}$ の形へ]

$\dfrac{(x-1-\sqrt5)(x-1+\sqrt5)}{x+1} = 0$

$(x-1-\sqrt5)(x-1+\sqrt5) = 0,\ x+1 \neq 0$

$\therefore \qquad x = 1 \pm \sqrt5$ 　　……(答)

(6) $\dfrac{2x+1}{x+1} < -x+5$ 　　以下は同値変形

$\dfrac{2x+1}{x+1} + x-5 < 0$ 　　[左辺へ移項]

$\dfrac{x^2-2x-4}{x+1} < 0$ 　　[左辺を $\dfrac{A}{B}$ の形へ]

$\dfrac{(x-1-\sqrt5)(x-1+\sqrt5)}{x+1} < 0$

数直線に, 分母分子の零点を記し, 区間ごとに, 左辺の正負を, 定理 7(9)(ii) によって 調べる.

負の区間 を選ぶ.

$x<1-\sqrt5,\quad -1<x<1+\sqrt5$ 　…(答)

$y = \dfrac{3x+1}{x+2}$ 　……①
$y = x-1$ 　……②

この 2 つの関数のグラフは上図のようである. 交点の x 座標は方程式 (3) の解 $x=-1,\ 3$ である. 　　不等式 (4) の解は, ① のグラフが ② のグラフの上側にある x の範囲で, 図より $x<-2,\ -1<x<3$ …(答)

(解法 2)

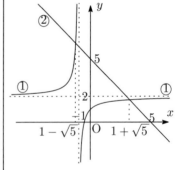

$y = \dfrac{2x+1}{x+1}$ 　……①
$y = -x+5$ 　……②

この 2 つの関数のグラフは上図のようである. 交点の x 座標は方程式 (5) の解 $x=1\pm\sqrt5$ である. 　　不等式 (6) の解は, ① のグラフが ② のグラフの下側にある x の範囲で, 図より $x<1-\sqrt5$,
　　$-1<x<1+\sqrt5$ …(答)

(7) $\dfrac{-2x+10}{x-1} = x^2+3x-4$ 以下,同値変形

$x^2+3x-4-\dfrac{-2x+10}{x-1}=0$ [左辺へ移項]

$\dfrac{x^3+2x^2-5x-6}{x-1}=0$ [左辺を $\dfrac{A}{B}$ の形へ]

$\dfrac{(x+3)(x+1)(x-2)}{x-1}=0$ [因数分解]

$(x+3)(x+1)(x-2)=0,\ x-1 \neq 0$

$\therefore\quad x=-3,\ -1,\ 2$ $\cdots\cdots$(答)

(8) $\dfrac{-2x+10}{x-1} \leqq x^2+3x-4$ 以下,同値変形

$x^2+3x-4-\dfrac{-2x+10}{x-1}\geqq 0$ [左辺へ移項]

$\dfrac{x^3+2x^2-5x-6}{x-1}\geqq 0$ [左辺を $\dfrac{A}{B}$ の形へ]

$\dfrac{(x+3)(x+1)(x-2)}{x-1}\geqq 0$ [因数分解]

数直線に,分母分子の零点 を記し,区間ごとに,左辺の正負を,定理 7 (9)(ii) によって 調べる。

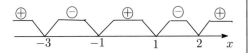

正の区間 と 分子が 0 となる値 を選ぶ。

$x \leqq -3,\ -1 \leqq x < 1,\ 2 \leqq x$ $\cdots$(答)

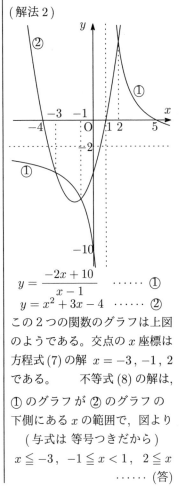

(解法 2)

$y = \dfrac{-2x+10}{x-1}$ $\cdots\cdots$ ①

$y = x^2+3x-4$ $\cdots\cdots$ ②

この 2 つの関数のグラフは上図のようである。交点の x 座標は方程式 (7) の解 $x=-3,\ -1,\ 2$ である。   不等式 (8) の解は,① のグラフが ② のグラフの下側にある x の範囲で,図より（与式は 等号つきだから）

$x \leqq -3,\ -1 \leqq x < 1,\ 2 \leqq x$

          $\cdots\cdots$(答)

10−3

(1) $y = \sqrt{2x}$

(2) $y = -\sqrt{2x}$

(3) $y = \sqrt{-2x}$

(4) $y = -\sqrt{-2x}$

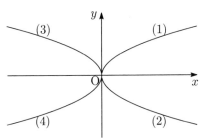

(5) $y - \sqrt{2x-4}$

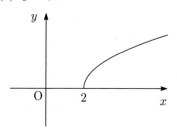

(6) $y = 2\sqrt{3-x}$

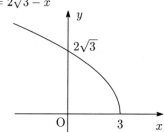

(7) $y = -\sqrt{6-2x}$

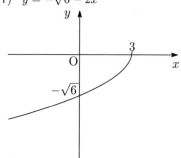

(8) $y = \sqrt{3x+5} + 2$

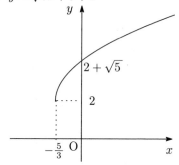

(9) $y = -\sqrt{x+4} + 1$

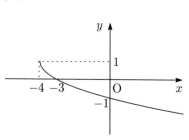

(10) $y = \sqrt{2-x} - 1$

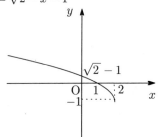

10−4

(1) $\sqrt{x+2} = -x+4$ 以下は 同値変形 である。

$x + 2 = (-x+4)^2, \quad -x+4 \geqq 0$ [定理 40 (1)]

$x^2 - 9x + 14 = 0, \quad x \leqq 4$ [第 1 式 (2 次方程式) を解く.]

$(x-2)(x-7) = 0, \quad x \leqq 4$

$(\quad x = 2 \quad \vee \quad x = 7 \quad) \quad \wedge \quad x \leqq 4$

$\qquad\qquad x = 2$ ⋯⋯⋯⋯⋯ (答)

(2)　　$\sqrt{2x+3} = 2x-3$　　　　　　　　　以下は 同値変形 である。

　　　　$2x+3 = (2x-3)^2, \quad 2x-3 \geqq 0$　　　　　　　　　［定理 40 (1)］

　　　　$2x^2 - 7x + 3 = 0, \qquad x \geqq 3/2$　　　［第 1 式 (2 次方程式) を解く.］

　　　　$(2x-1)(x-3) = 0, \quad x \geqq 3/2$

　　　　$(\quad x = 1/2 \quad \vee \quad x = 3 \quad) \quad \wedge \quad x \geqq 3/2$

　　　　　　　　$x = 3$　　　　　　$\cdots\cdots\cdots\cdots$ (答)

(3)　　$\sqrt{3-x} = x+3$　　　　　　　　　　以下は 同値変形 である。

　　　　$3-x = (x+3)^2, \quad x+3 \geqq 0$　　　　　　　　　［定理 40 (1)］

　　　　$x^2 + 7x + 6 = 0, \qquad x \geqq -3$　　　［第 1 式 (2 次方程式) を解く.］

　　　　$(x+6)(x+1) = 0, \quad x \geqq -3$

　　　　$(\quad x = -6 \quad \vee \quad x = -1 \quad) \quad \wedge \quad x \geqq -3$

　　　　　　　　$x = -1$　　　　　　$\cdots\cdots\cdots\cdots$ (答)

(4)　(解法 1)　　$\sqrt{x-1} < -x+3$　　　　　　　　　以下は 同値変形 である。

　　　　$x-1 < (-x+3)^2, \quad x-1 \geqq 0, \quad -x+3 \geqq 0$　　　［定理 40 (2)］

　　　　$x^2 - 7x + 10 > 0, \quad 1 \leqq x \leqq 3$　　　［第 1 式 (2 次不等式) を解く.］

　　　　$(x-2)(x-5) > 0, \quad 1 \leqq x \leqq 3$

　　　　$(\quad x < 2 \quad \vee \quad 5 < x \quad) \quad \wedge \quad 1 \leqq x \leqq 3$

　　　　　　　　$1 \leqq x < 2$　　　　　　$\cdots\cdots\cdots\cdots$ (答)

　　(解法 2)

　　　　　　　$y = \sqrt{x-1}$　$\cdots\cdots$ ①

　　　　　　　$y = -x+3$　$\cdots\cdots$ ②

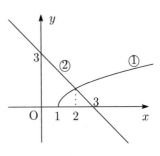

この 2 つの関数のグラフは右図のようである。
交点の x 座標は 方程式 $\sqrt{x-1} = -x+3$
の解 $x = 2$ である。　不等式 (4) の解は ① の
グラフが ② のグラフの下側にある x の範囲で，
図より　　$1 \leqq x < 2$　$\cdots\cdots$ (答)

　　　　　(① より $x < 1$ は考えない.)

(5) (解法 1)　　$\sqrt{6-5x} \leqq -x+2$　　　　　　　　　　　　以下は 同値変形 である。

$\qquad 6-5x \leqq (-x+2)^2$,　$6-5x \geqq 0$,　$-x+2 \geqq 0$　　　[定理 40 (2)′]

$\qquad x^2+x-2 \geqq 0$,　$x \leqq 6/5$,　$x \leqq 2$　　[第 1 式 (2 次不等式) を解く.]

$\qquad (x+2)(x-1) \geqq 0$,　　$x \leqq 6/5$

$\qquad (\ x \leqq -2\ \ \vee\ \ 1 \leqq x\ )\ \ \wedge\ \ x \leqq 6/5$

$\qquad\qquad x \leqq -2$,　　$1 \leqq x \leqq \dfrac{6}{5}$　　　$\cdots\cdots\cdots\cdots$ (答)

(解法 2)

$\qquad\qquad y = \sqrt{6-5x}$　$\cdots\cdots$ ①

$\qquad\qquad y = -x+2$　　$\cdots\cdots$ ②

この 2 つの関数のグラフは右図のようである。
交点の x 座標は 方程式 $\sqrt{6-5x} = -x+2$ の
解 $x = -2, 1$ である。不等式 (5) の解は ① の
グラフが ② のグラフの下側にある x の範囲で，
図より　$x \leqq -2$,　　$1 \leqq x \leqq \dfrac{6}{5}$　$\cdots\cdots$ (答)

(与式は 等号つき, また, ① より $x > \dfrac{6}{5}$ は考えない.)

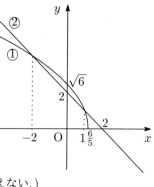

(6) (解法 1)　　$\sqrt{x+1} > x-1$　　　　　　　　　　　以下は 同値変形 である。

$\qquad x+1 > (x-1)^2$　$\vee$　$(\ x+1 \geqq 0,\ x-1 < 0\ )$　　　[定理 40 (3)]

$\qquad x^2-3x < 0$　　$\vee$　$-1 \leqq x < 1$　　　[第 1 式 (2 次不等式) を解く.]

$\qquad (x-3)x < 0$　　$\vee$　$-1 \leqq x < 1$

$\qquad 0 < x < 3$　　$\vee$　$-1 \leqq x < 1$

$\qquad\qquad\qquad -1 \leqq x < 3$　　　$\cdots\cdots\cdots\cdots$ (答)

(解法 2)

$\qquad\qquad y = \sqrt{x+1}$　$\cdots\cdots$ ①

$\qquad\qquad y = x-1$　　$\cdots\cdots$ ②

この 2 つの関数のグラフは右図のようである。
交点の x 座標は　方程式 $\sqrt{x+1} = x-1$
の解 $x = 3$ である。不等式 (6) の解は ① の
グラフが ② のグラフの上側にある x の範囲で，
図より　　$-1 \leqq x < 3$　　$\cdots\cdots$ (答)

$\qquad\qquad$ (① より $x < -1$ は考えない.)

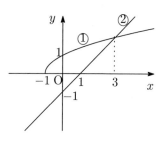

(7) (解法 1) $\sqrt{3x-2} \geqq -x+4$ 以下は 同値変形 である。

$\qquad 3x-2 \geqq (-x+4)^2 \quad \lor \quad (\ 3x-2 \geqq 0,\ -x+4 < 0\ ) \quad$ [定理 40 (3)′]

$\qquad x^2-11x+18 \leqq 0 \quad \lor \quad 4 < x \qquad$ [第 1 式 (2 次不等式) を解く.]

$\qquad (x-2)(x-9) \leqq 0 \quad \lor \quad 4 < x$

$\qquad\qquad 2 \leqq x \leqq 9 \quad \lor \quad 4 < x$

$\qquad\qquad\qquad 2 \leqq x \qquad \cdots\cdots\cdots\cdots$ (答)

(解法 2)

$\qquad\qquad y = \sqrt{3x-2} \quad \cdots\cdots ①$

$\qquad\qquad y = -x+4 \quad \cdots\cdots ②$

この 2 つの関数のグラフは右図のようである。
交点の x 座標は 方程式 $\sqrt{3x-2} = -x+4$
の解 $x=2$ である。 不等式 (7) の解は ① の
グラフが ② のグラフの上側にある x の範囲で,
図より　　　$2 \leqq x$　　$\cdots\cdots$ (答)
　　(与式は 等号つきである.)

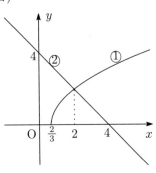

(8) (解法 1) $4\sqrt{x-1} \geqq x+2$ 以下は 同値変形 である。

$\qquad 16(x-1) \geqq (x+2)^2 \quad \lor \quad (\ x-1 \geqq 0,\ x+2 < 0\ ) \quad$ [定理 40 (3)′]

$\qquad x^2-12x+20 \leqq 0 \quad \lor \quad$ 人 $\qquad$ [第 1 式 (2 次不等式) を解く.]

$\qquad\qquad x^2-12x+20 \leqq 0 \qquad\qquad$ [7p $\boxed{4}$ ②]

$\qquad\qquad (x-2)(x-10) \leqq 0$

$\qquad\qquad\qquad 2 \leqq x \leqq 10 \qquad \cdots\cdots\cdots$ (答)

(解法 2)

$\qquad\qquad y = 4\sqrt{x-1} \quad \cdots\cdots ①$

$\qquad\qquad y = x+2 \quad \cdots\cdots ②$

この 2 つの関数のグラフは右図のようである。
交点の x 座標は 方程式 $4\sqrt{x-1} = x+2$
の解 $x=2, 10$ である。不等式 (8) の解は ① の
グラフが ② のグラフの上側にある x の範囲で,
図より　　　$2 \leqq x \leqq 10$　　$\cdots\cdots$ (答)
　　(与式は 等号つきである.)

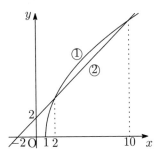

10-5 （解法 1）　　　$\sqrt{2x+1} = x+k$ … ①

$\Leftrightarrow$　　$2x+1 = (x+k)^2$,　　$x+k \geqq 0$　　　　　　　　　　[定理 40 (1)]

$\Leftrightarrow$　　$x^2 + 2(k-1)x + (k^2-1) = 0$ … ②,　　$x \geqq -k$ … ③

②の実数解のうち　③を満たすものが　①の実数解である。

②の解について。　　　左辺を $f(x)$, 判別式を D とする。　　$D/4 = -2(k-1)$

　$k > 1$ のとき,　　$D < 0$ で　実数解 0 個　　　　　　　　　[91p 定理 28]

　$k = 1$ のとき,　　$D = 0$ で　実数解 1 個（③を満たす.）　　　　　[〃]

　$k < 1$ のとき,　　$D > 0$ で　実数解 2 個　$\alpha, \beta\ (\alpha < \beta)$ とする。[〃]

　$\beta > \dfrac{\alpha + \beta}{2} = -k+1 > -k$　[＝ は定理 29]　　　$\therefore$ β は③を満たす。

　$f(-k) = (-k-\alpha)(-k-\beta) = (k+\alpha)(k+\beta)$　　　$k+\beta > 0$　　　より

　$\alpha \geqq -k$　$\Leftrightarrow$　$f(-k) = 2k-1 \geqq 0$　$\Leftrightarrow$　$k \geqq \dfrac{1}{2}$ （$\Leftrightarrow$ α が③を満たす）

以上より, 方程式 ① の実数解の個数は,

$\left.\begin{array}{ll} k > 1 & \text{のとき,}\qquad 0\ \text{個} \\[2pt] k = 1 & \text{のとき,}\qquad 1\ \text{個} \\[2pt] \dfrac{1}{2} \leqq k < 1 & \text{のとき,}\qquad 2\ \text{個} \\[2pt] k < \dfrac{1}{2} & \text{のとき,}\qquad 1\ \text{個} \end{array}\right\}$ …… (答)

　（解法 2）

　　　　$y = \sqrt{2x+1}$　……　①

　　　　$y = x+k$　　　……　②

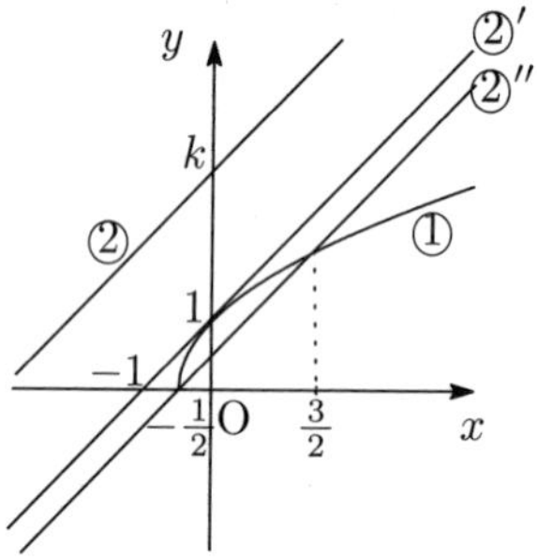

この 2 つの関数のグラフは右図のようである。

与方程式の実数解は ① のグラフと②のグラフの共有点の x 座標である。

②が ① と接するとき（②′）

　$2x+1 = (x+k)^2$

　$x^2 + 2(k-1)x + (k^2-1) = 0$

　$D/4 = -2(k-1) = 0$　　　$\therefore$　$k = 1$　　　このとき　$x = 0$

②が ①の頂点 $\left(-\dfrac{1}{2}, 0\right)$ を通るとき（②″）

　$0 = -\dfrac{1}{2} + k$　　$\therefore$　$k = \dfrac{1}{2}$　　　このとき　$x = -\dfrac{1}{2},\ \dfrac{3}{2}$

②は 傾き 1（一定）の直線である。

k が増加すると 直線②は上方へ,

k が減少すると 直線②は下方へ,

平行移動する。　右上図より,

① と②の共有点の個数を調べて,

与方程式 の 実数解の個数は,

$\left.\begin{array}{ll} k > 1 & \text{のとき,}\qquad 0\ \text{個} \\[2pt] k = 1 & \text{のとき,}\qquad 1\ \text{個} \\[2pt] \dfrac{1}{2} \leqq k < 1 & \text{のとき,}\qquad 2\ \text{個} \\[2pt] k < \dfrac{1}{2} & \text{のとき,}\qquad 1\ \text{個} \end{array}\right\}$ … (答)

10−6

(1) $\sqrt{a} = b \iff a = b^2 ,\ b \geqq 0$　の 証明

$\sqrt{a}$ から $a \geqq 0$ である。　定理 22 (1) より $\sqrt{a} \geqq 0$　　従って,

$a \geqq 0,\ b \geqq 0$ のとき,　$\sqrt{a} \geqq 0,\ b \geqq 0$ で,　定理 20 (3)(i) ($n = 2$)　より

$$\sqrt{a} = b \iff (\sqrt{a})^2 = b^2 \iff a = b^2 \qquad [\text{定理 22 (1)}]$$

$\sqrt{a} = b\ \wedge\ a \geqq 0,\ b \geqq 0 \iff a = b^2\ \wedge\ a \geqq 0,\ b \geqq 0$　　[前提の付加]

$\sqrt{a} = b\ \wedge\ a \geqq 0,\ \sqrt{a} \geqq 0 \iff a = b^2\ \wedge\ b^2 \geqq 0,\ b \geqq 0$　[13p $\boxed{2}$ (2)′]

$\sqrt{a} = b\ \wedge\ a \geqq 0,\ \curlyvee \iff a = b^2\ \wedge\ \curlyvee,\ b \geqq 0$　　[定理 6(12)(ii)]

$\sqrt{a} = b\ \wedge\ a \geqq 0 \iff a = b^2\ \wedge\ b \geqq 0$　　　　[6p $\boxed{4}$ ②]

$\therefore\quad \sqrt{a} = b \iff a = b^2 ,\ b \geqq 0$　[$\sqrt{a}$ には $a \geqq 0$ が含まれる.] ■

(2) $\sqrt{a} < b \iff a < b^2 ,\ a \geqq 0 ,\ b \geqq 0$　の 証明

$\sqrt{a}$ から $a \geqq 0$ である。　定理 22 (1) より $\sqrt{a} \geqq 0$　　従って,

$a \geqq 0,\ b \geqq 0$ のとき,　$\sqrt{a} \geqq 0,\ b \geqq 0$ で,　定理 20 (3)(ii) ($n = 2$)　より

$$\sqrt{a} < b \iff (\sqrt{a})^2 < b^2 \iff a < b^2 \qquad [\text{定理 22 (1)}]$$

$\sqrt{a} < b\ \wedge\ a \geqq 0,\ b \geqq 0 \iff a < b^2\ \wedge\ a \geqq 0,\ b \geqq 0$　　[前提の付加]

$\sqrt{a} < b\ \wedge\ a \geqq 0 \iff a < b^2\ \wedge\ a \geqq 0,\ b \geqq 0$ [$\sqrt{a} < b$ なら $b \geqq 0$ 成立]

$\therefore\ \sqrt{a} < b \iff a < b^2,\ a \geqq 0,\ b \geqq 0$　　[$\sqrt{a}$ には $a \geqq 0$ が含まれる.] ■

(2)′ $\sqrt{a} \leqq b \iff a \leqq b^2 ,\ a \geqq 0 ,\ b \geqq 0$　の 証明　　上記 (2) と同様。

(3) $\sqrt{a} > b \iff a > b^2\ \vee\ a \geqq 0 ,\ b < 0$　の 証明

$a \geqq 0$ のとき,　　公理 (10) と 否定の定義 より

$\sqrt{a} > b \iff \overline{\sqrt{a} \leqq b} \iff \overline{a \leqq b^2 ,\ a \geqq 0 ,\ b \geqq 0}$　　　[上記 (2)′]

$\qquad\quad \iff \overline{a \leqq b^2 ,\ b \geqq 0}$　　　　　　　　[$a \geqq 0$ は前提]

$\qquad\quad \iff \overline{a \leqq b^2}\ \vee\ \overline{b \geqq 0}$　　　　　[6p $\boxed{4}$ ⑩ ド・モルガンの法則]

$\qquad\quad \iff a > b^2\ \vee\ b < 0$

$\sqrt{a} > b\ \wedge\ a \geqq 0 \iff (a > b^2\ \vee\ b < 0)\ \wedge\ a \geqq 0$　　[前提の付加]

$\qquad\quad \iff a > b^2,\ a \geqq 0\ \vee\ b < 0,\ a \geqq 0$　　[6p $\boxed{4}$ ⑧ 分配律]

$\qquad\quad \iff a > b^2\ \vee\ b < 0,\ a \geqq 0$　　[$a > b^2$ なら $a \geqq 0$ は成立]

$\therefore\ \sqrt{a} > b \iff a > b^2\ \vee\ a \geqq 0,\ b < 0$ [$\sqrt{a}$ には $a \geqq 0$ が含まれる.] ■

(3)′ $\sqrt{a} \geqq b \iff a \geqq b^2\ \vee\ a \geqq 0 ,\ b < 0$　の 証明　　上記 (3) と同様。

＜注 1＞　　6, 15, 25 行目の '前提の付加' は　49p の量化領域の拡大 に同じ。

＜注 2＞　　グラフでも考えてみるとよい。

基礎演習 11

11−1

(1) $f(x) = x + 2$, $g(x) = 2x - 1$

$(g \circ f)(x) = g(f(x)) = 2f(x) - 1 = 2(x + 2) - 1 = 2x + 3$

$(f \circ g)(x) = f(g(x)) = g(x) + 2 = (2x - 1) + 2 = 2x + 1$

(2) $f(x) = 3x + 2$, $g(x) = x^2 + 1$

$(g \circ f)(x) = g(f(x)) = f(x)^2 + 1 = (3x + 2)^2 + 1 = 9x^2 + 12x + 5$

$(f \circ g)(x) = f(g(x)) = 3g(x) + 2 = 3(x^2 + 1) + 2 = 3x^2 + 5$

(3) $f(x) = x^2 - 2x$, $g(x) = -x^2 + 4x$

$(g \circ f)(x) = g(f(x)) = -f(x)^2 + 4f(x) = -(x^2 - 2x)^2 + 4(x^2 - 2x)$
$$= -x^4 + 4x^3 - 8x$$

$(f \circ g)(x) = f(g(x)) = g(x)^2 - 2g(x) = (-x^2 + 4x)^2 - 2(-x^2 + 4x)$
$$= x^4 - 8x^3 + 18x^2 - 8x$$

(4) $f(x) = \dfrac{2x + 3}{x + 1}$, $g(x) = x + 2$

$(g \circ f)(x) = g(f(x)) = f(x) + 2 = \dfrac{2x + 3}{x + 1} + 2 = \dfrac{4x + 5}{x + 1}$

$(f \circ g)(x) = f(g(x)) = \dfrac{2g(x) + 3}{g(x) + 1} = \dfrac{2(x + 2) + 3}{(x + 2) + 1} = \dfrac{2x + 7}{x + 3}$

(5) $f(x) = \dfrac{2}{x}$, $g(x) = 2x^2 + 1$

$(g \circ f)(x) = g(f(x)) = 2f(x)^2 + 1 = 2\left(\dfrac{2}{x}\right)^2 + 1 = \dfrac{8}{x^2} + 1$

$(f \circ g)(x) = f(g(x)) = \dfrac{2}{g(x)} = \dfrac{2}{2x^2 + 1}$

(6) $f(x) = \sqrt{x + 1}$, $g(x) = x^2 - 1$　　　　　（下の第 1 式では $x \geqq -1$）

$(g \circ f)(x) = g(f(x)) = f(x)^2 - 1 = (\sqrt{x + 1})^2 - 1 = x$

$(f \circ g)(x) = f(g(x)) = \sqrt{g(x) + 1} = \sqrt{(x^2 - 1) + 1} = \sqrt{x^2} = |x|$

(7) $f(x) = -x + 2$, $g(x) = \sqrt{2x + 4}$

$(g \circ f)(x) = g(f(x)) = \sqrt{2f(x) + 4} = \sqrt{2(-x + 2) + 4} = \sqrt{-2x + 8}$

$(f \circ g)(x) = f(g(x)) = -g(x) + 2 = -\sqrt{2x + 4} + 2$

(8) $f(x) = \dfrac{x - 1}{x}$, $g(x) = \dfrac{2x - 3}{x - 2}$　（下の第 1 式では $x \neq 0$, 第 2 式では $x \neq 2$）

$(g \circ f)(x) = g(f(x)) = \dfrac{2f(x) - 3}{f(x) - 2} = \dfrac{2\dfrac{x - 1}{x} - 3}{\dfrac{x - 1}{x} - 2} = \dfrac{2(x - 1) - 3x}{(x - 1) - 2x} = \dfrac{x + 2}{x + 1}$

$(f \circ g)(x) = f(g(x)) = \dfrac{g(x) - 1}{g(x)} = \dfrac{\dfrac{2x - 3}{x - 2} - 1}{\dfrac{2x - 3}{x - 2}} = \dfrac{2x - 3 - (x - 2)}{2x - 3} = \dfrac{x - 1}{2x - 3}$

11–2

$f(x) = 2x + 1 = y$ とおくと, $x = \dfrac{y-1}{2}$

$g(f(x)) = 6x + 5$ より, $g(y) = 6\dfrac{y-1}{2} + 5 = 3y + 2$

y を x に変えて, $g(x) = 3x + 2$ ……… (答)

11–3 以下, (i) の逆関数のグラフは $(i)'$ である。

(1) $y = 4x + 6$

$4x = y - 6$

$x = \dfrac{1}{4}(y - 6)$

x と y を入れ替えて,

$y = \dfrac{1}{4}(x - 6)$ …… (答)

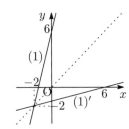

(2) $y = -2x + 1 \quad (-2 \leqq x \leqq 2)$

$2x = -y + 1 \quad (-2 \leqq x \leqq 2)$

$x = \dfrac{1}{2}(-y + 1) \quad \left(-2 \leqq \dfrac{1}{2}(-y + 1) \leqq 2\right)$

$x = \dfrac{1}{2}(-y + 1) \quad (-3 \leqq y \leqq 5)$

x と y を入れ替えて,

$y = \dfrac{1}{2}(-x + 1) \quad (-3 \leqq x \leqq 5)$ … (答)

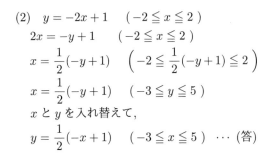
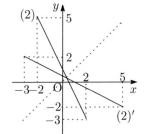

(3) $y = x^2 + 1 \quad (x \geqq 0)$

$x^2 = y - 1 \quad (x \geqq 0)$

$x = \sqrt{y - 1}$ [定理 40 (1)]

x と y を入れ替えて,

$y = \sqrt{x - 1}$ …… (答)

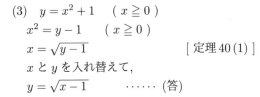
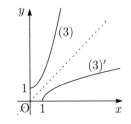

(4) $y = -\dfrac{1}{2}(x^2 - 1) \quad (x \geqq 0)$

$x^2 = -2y + 1 \quad (x \geqq 0)$

$x = \sqrt{-2y + 1}$ [定理 40 (1)]

x と y を入れ替えて,

$y = \sqrt{-2x + 1}$ …… (答)

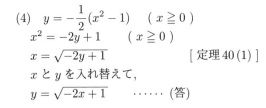
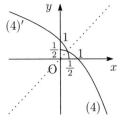

(5)　$y = \dfrac{x-1}{x} = \dfrac{-1}{x} + 1$

　　　$\dfrac{-1}{x} = y - 1$

　　　$x = \dfrac{-1}{y-1}$

　　　x と y を入れ替えて，

　　　$y = \dfrac{-1}{x-1} = -\dfrac{1}{x-1}$　……（答）

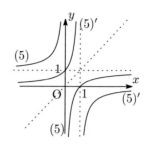

(6)　$y = \dfrac{2x-3}{x+1} = \dfrac{-5}{x+1} + 2$

　　　$\dfrac{-5}{x+1} = y - 2$

　　　$x = \dfrac{-5}{y-2} - 1$

　　　x と y を入れ替えて，

　　　$y = \dfrac{-5}{x-2} - 1 = -\dfrac{x+3}{x-2}$　……（答）

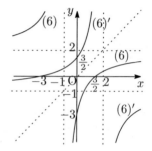

(7)　$y = \dfrac{x+3}{x+1} = \dfrac{2}{x+1} + 1$　（ $x > 0$ ）

　　　$\dfrac{2}{x+1} = y - 1$　　　　　（ $x > 0$ ）

　　　$x = \dfrac{2}{y-1} - 1 = \dfrac{-y+3}{y-1}$

　　　$\left(\dfrac{-y+3}{y-1} > 0 \ \ 即ち \ \ 1 < y < 3 \right)$

　　　x と y を入れ替えて，

　　　$y = \dfrac{2}{x-1} - 1 = \dfrac{-x+3}{x-1}$　（ $1 < x < 3$ ）

　　　　　　　　　　　　　　　　……（答）

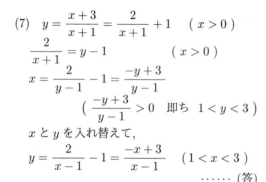

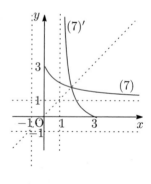

(8)　$y = \sqrt{x-2}$

　　　$x - 2 = y^2$　（ $y \geqq 0$ ）　　　　［ 定理 40 (1) ］

　　　$x = y^2 + 2$　（ $y \geqq 0$ ）

　　　x と y を入れ替えて，

　　　$y = x^2 + 2$　（ $x \geqq 0$ ）　　　……（答）

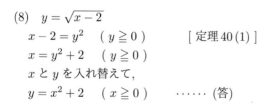

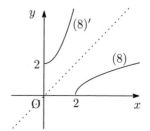

(9)　$y = \sqrt{-2x + 4}$

　　$-2x + 4 = y^2$　　（ $y \geqq 0$ ）　　［ 定理 40 (1) ］

　　$x = -\dfrac{1}{2}y^2 + 2$　　（ $y \geqq 0$ ）

　　x と y を入れ替えて，

　　$y = -\dfrac{1}{2}x^2 + 2$　　（ $x \geqq 0$ ）　$\cdots\cdots$ （答）

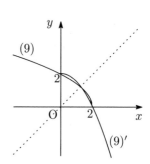

(10)　$y = -\sqrt{2x - 5}$

　　$\sqrt{2x - 5} = -y$

　　$2x - 5 = (-y)^2$　　（ $-y \geqq 0$ ）　　［ 定理 40 (1) ］

　　$x = \dfrac{1}{2}y^2 + \dfrac{5}{2}$　　（ $y \leqq 0$ ）

　　x と y を入れ替えて，

　　$y = \dfrac{1}{2}x^2 + \dfrac{5}{2}$　　（ $x \leqq 0$ ）　$\cdots\cdots$ （答）

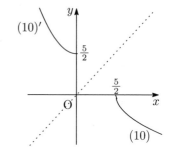

11-4　　　　$f : A \longrightarrow B,\ g : B \longrightarrow C$　　とする。

(1)　$f,\ g$ がともに全射であるとする。

　　$\forall z \in C$　　　　　　$\exists y \in B$　　　$g(y) = z$　　　［ g が全射，定義 15 (1) ］

　　この y に対して　　$\exists x \in A$　　　$f(x) = y$　　　［ f が全射，定義 15 (1) ］

　　従って，　　　$g(f(x)) = z$　　即ち　　$(g \circ f)(x) = z$

　　よって，　　$g \circ f$ は全射である。　　　　　　　　　［定義 15 (1)］　■

(2)　$f,\ g$ がともに単射であるとする。

　　任意の $x_1,\ x_2 \in A$ に対して　　$(g \circ f)(x_1) = (g \circ f)(x_2)$　　とすると，

　　　　　　$g(f(x_1)) = g(f(x_2))$　　　$f(x_1) \in B$　　$f(x_2) \in B$

　　　　　　　　$f(x_1) = f(x_2)$　　　　　　　　［ g が単射，定義 15 (2) ］

　　　　　　　　　$x_1 = x_2$　　　　　　　　　　　［ f が単射，定義 15 (2) ］

　　よって，　　$g \circ f$ は単射である。　　　　　　　［定義 15 (2)］　■

(3)　$g \circ f$ が全射である とすると，　　定義 15 (1) より，

　　$\forall z \in C$　　　$\exists x \in A$　　　$(g \circ f)(x) = z$　　即ち　　$g(f(x)) = z$

　　$f(x) = y$ とすると　　　$y \in B$　　　$g(y) = z$

　　よって　　定義 15 (1) より　　　g は全射である。　　　　　　　　　■

(4)　$g \circ f$ が単射である から，　　定義 15 (2) より，

任意の $x_1 , x_2 \in A$ に対して　$x_1 \neq x_2$ とすると，　$(g \circ f)(x_1) \neq (g \circ f)(x_2)$

即ち　　$g(f(x_1)) \neq g(f(x_2))$　　　従って　　$f(x_1) \neq f(x_2)$　　　[対偶]

よって，　　定義 15 (2) より　　f は単射である。　　　　　■

11–5　　　$f : A \longrightarrow B,\ g, g' : B \longrightarrow A$　　　とする。

　　　　$g \circ f = I_A ,\ f \circ g' = I_B$　　　であるとすれば，

　　$g \circ f\ (= I_A)$ は 全単射だから　単射であり，　上記 11–4 (4) より

　　　　　　　f は 単射 である。　…………… ①

　　$f \circ g'\ (= I_B)$　は 全単射だから　全射であり，　上記 11–4 (3) より

　　　　　　　f は 全射 である。　…………… ②

　①② より f は 全単射である。　 従って，　$f^{-1} : B \longrightarrow A$ が存在する。

$(g \circ f) \circ f^{-1} = I_A \circ f^{-1}$　　　$g \circ (f \circ f^{-1}) = I_A \circ f^{-1}$　　　　[定理 41 (3)]

$$g \circ I_B = I_A \circ f^{-1} \qquad \text{[定理 43 (4)]}$$

$$g = f^{-1} \qquad \text{[定理 41 (1)]}$$

$f^{-1} \circ (f \circ g') = f^{-1} \circ I_B$　　　$(f^{-1} \circ f) \circ g' = f^{-1} \circ I_B$　　　[定理 41 (3)]

$$I_A \circ g' = f^{-1} \circ I_B \qquad \text{[定理 43 (4)]}$$

$$g' = f^{-1} \qquad \text{[定理 41 (1)]}$$

以上より，　　f は 全単射で，　　$g = g' = f^{-1}$　　　　　■

11–6　　　$f : A \longrightarrow B,\ g : B \longrightarrow C$　　　とする。

　　f, g がともに 全単射ならば，　　$f^{-1},\ g^{-1}$ が 存在する。

　　$g \circ f : A \longrightarrow C,\ f^{-1} \circ g^{-1} : C \longrightarrow A$　　　において，

$$(f^{-1} \circ g^{-1}) \circ (g \circ f) = f^{-1} \circ (g^{-1} \circ g) \circ f \qquad \text{[定理 41 (3)]}$$

$$= f^{-1} \circ I_B \circ f \qquad \text{[定理 43 (4)]}$$

$$= f^{-1} \circ (I_B \circ f) \qquad \text{[定理 41 (3)]}$$

$$= f^{-1} \circ f \qquad \text{[定理 41 (1)]}$$

$$= I_A \qquad \text{[定理 43 (4)]}$$

$$(g \circ f) \circ (f^{-1} \circ g^{-1}) = g \circ (f \circ f^{-1}) \circ g^{-1} \qquad \text{[定理 41 (3)]}$$

$$= g \circ I_B \circ g^{-1} \qquad \text{[定理 43 (4)]}$$

$$= (g \circ I_B) \circ g^{-1} \qquad \text{[定理 41 (3)]}$$

$$= g \circ g^{-1} \qquad \text{[定理 41 (1)]}$$

$$= I_C \qquad \text{[定理 43 (4)]}$$

上記 11–5 ($g = g'$) より　$g \circ f$ も全単射であり，$(g \circ f)^{-1} = f^{-1} \circ g^{-1}$ ■

㊟　$g \circ f$ が全単射であることは　11–4 (1)(2) からも 明らか。

基礎演習 12　累乗根の計算は 指数形に直して (定義 19), 指数法則 (定理 49) を利用するとよい。が, 累乗根の定理 (定理 47) を使う方が簡単なときもある。

12−1

(1) $(-3)^0 = 1$ 　　　　　$[61\text{p} <注>]$

(2) $(-4)^{-3} = \dfrac{1}{(-4)^3}$ 　　$[61\text{p} <注>]$

$= \dfrac{1}{-64} = -\dfrac{1}{64}$ $[定理 6(5)(\text{i})(\text{iv})]$

(3) $\left(\dfrac{1}{3}\right)^{-1} = \dfrac{3}{1}$ 　　$[定理 6(4)(\text{vi})]$

$= 3$ 　　　$[定理 6(1)(\text{viii})]$

(4) $(\sqrt[3]{7})^6 = (7^{\frac{1}{3}})^6$ 　　　$[定義 19]$

$= 7^2$ 　$[定理 49(2)]$ 　$= 49$

(5) $\sqrt[3]{\dfrac{8}{27}} = \sqrt[3]{\left(\dfrac{2}{3}\right)^3}$

$= \dfrac{2}{3}$ 　　$[定理 47(4)(1)]$

(6) $-\sqrt[8]{81} = -\sqrt[8]{3^4} = -3^{\frac{4}{8}}$ $[定義 19]$

$= -3^{\frac{1}{2}} = -\sqrt{3}$ 　$[定義 19]$

(7) $\sqrt[3]{-125} = -\sqrt[3]{125}$ $[定義 18(1) 定理]$

$= -\sqrt[3]{5^3} = -5$ 　$[定理 47(4)(1)]$

(8) $\sqrt[3]{-\dfrac{1}{64}} = -\sqrt[3]{\dfrac{1}{64}}$ $[定義 18(1) 定理]$

$= -\sqrt[3]{\left(\dfrac{1}{2}\right)^6} = -\left(\dfrac{1}{2}\right)^{\frac{6}{3}}$ $[定義 19]$

$= -\left(\dfrac{1}{2}\right)^2 = -\dfrac{1}{4}$

(9) $0.04^{1.5} = \{(0.2)^2\}^{1.5}$

$= (0.2)^3$ $[定理 49(2)]$ 　$= 0.008$

(10) $\left(\dfrac{125}{64}\right)^{-\frac{2}{3}} = \left\{\left(\dfrac{5}{4}\right)^3\right\}^{-\frac{2}{3}}$

$= \left(\dfrac{5}{4}\right)^{-2} = \left\{\left(\dfrac{5}{4}\right)^{-1}\right\}^2$ $[定理 49(2)]$

$= \left(\dfrac{4}{5}\right)^2$ 　$[定理 6(4)(\text{vi})]$ 　$= \dfrac{16}{25}$

(11) $\sqrt{\sqrt[3]{64}} = \sqrt{\sqrt[3]{2^6}}$

$= (2^{\frac{6}{3}})^{\frac{1}{2}}$ 　　　　$[定義 19]$

$= 2^1$ $[定理 49(2)]$ 　$= 2$ $[定義 9①]$

(別解) $\sqrt{\sqrt[3]{64}} = \sqrt[6]{64}$ 　$[定理 47(5)]$

$= \sqrt[6]{2^6} = (\sqrt[6]{2})^6$ 　　$[定理 47(4)]$

$= 2$ 　　　　　　$[定理 47(1)]$

(12) $\sqrt[5]{\sqrt{1024}} = \sqrt[5]{\sqrt{2^{10}}}$

$= (2^{\frac{10}{2}})^{\frac{1}{5}}$ 　　　　$[定義 19]$

$= 2^1$ $[定理 49(2)]$ 　$= 2$ $[定義 9①]$

(別解) $\sqrt[5]{\sqrt{1024}} = \sqrt[10]{1024}$ $[定理 47(5)]$

$= \sqrt[10]{2^{10}} = (\sqrt[10]{2})^{10}$ 　$[定理 47(4)]$

$= 2$ 　　　　　　$[定理 47(1)]$

12−2　　　　　　　　　ただし, $a \neq 0$, $b \neq 0$ とする。

(1) $a^5 a^{-3} = a^{5+(-3)}$ $[定理 19'(1)]$ 　$= a^2$

(2) $a^5 a^{-5} = a^{5+(-5)}$ $[定理 19'(1)]$ 　$= a^0$ 　$= 1$ 　$[61\text{p} <注>]$

(3) $a^2 \div a^7 = \dfrac{a^2}{a^7}$ $[定義 1(2)]$ 　$= \dfrac{1}{a^5}$ 　$[定理 19(1)']$

(4) $(a^{-2})^{-5} = a^{(-2)(-5)}$ $[定理 19'(2)]$ 　$= a^{10}$

(5) $(a^2)^3 \times a^{-2} = a^6 \times a^{-2}$ $[定理 19(2)]$ 　$= a^{6+(-2)}$ $[定理 19'(1)]$ 　$= a^4$

(6) $(a^{-2})^3 \div a^{-5} = a^{-6} \div a^{-5}$ $[定理 19'(2)]$ 　$= \dfrac{a^{-6}}{a^{-5}}$

$= a^{-6-(-5)}$ $[定理 19'(1)']$ 　$= a^{-1}$ 　$= \dfrac{1}{a}$ 　$[定理 6(1)(\text{v})]$

(7) $(a^2 b^{-1})^3 = (a^2)^3 (b^{-1})^3$ $[定理 19(3)]$ 　$= a^6 b^{-3}$ $[定理 19'(2)]$

(8)　$(a^{-1}b^2)^2 \times (ab^{-2})^3 = (a^{-1})^2(b^2)^2 a^3(b^{-2})^3$　[定理 19(3)]

$\qquad = a^{-2}b^4 a^3 b^{-6}$　[定理 19′(2)]　　$= (a^{-2}a^3)(b^4 b^{-6})$　[定理 4,3]

$\qquad = ab^{-2}$　[定理 19′(1)]

(9)　$\left(\dfrac{a}{b^2}\right)^2 \div \left(\dfrac{a}{b}\right)^3 = \dfrac{a^2}{(b^2)^2} \div \dfrac{a^3}{b^3}$　[定理 19(3)′]　　$= \dfrac{a^2}{b^4} \div \dfrac{a^3}{b^3}$　[定理 19(2)]

$\qquad = \dfrac{a^2 b^3}{b^4 a^3}$　[定理 6(8)(iv)]　　$= \dfrac{1}{ab}$　[定理 6(6)(v)]

(10)　$a^{-5} \div \{(a^2)^{-3} \times a\} = a^{-5} \div \{a^{-6} \times a\}$　[定理 19′(2)]

$\qquad = a^{-5} \div a^{-5}$　[定理 19′(1)]　　$= \dfrac{a^{-5}}{a^{-5}}$　$= 1$　[定理 6(1)(vi)]

(11)　$a^4 \div (a^{-3})^{-2} \times \left(\dfrac{1}{a}\right)^4 = a^4 \div a^6 \times (a^{-1})^4$　[定理 19′(2), 定理 6(1)(v)]

$\qquad = a^4 \times (a^6)^{-1} \times (a^{-1})^4$　[定義 1(2)]

$\qquad = a^4 \times a^{-6} \times a^{-4}$　[定理 19′(2)]

$\qquad = a^{4+(-6)+(-4)}$　[定理 19′(1)]　　$= a^{-6}$　$= \dfrac{1}{a^6}$　[61p< 注 >]

12−3　　　　　　　　ただし，$a > 0,\ b > 0$　とする。

(1)　$\sqrt[3]{a^2} \times \sqrt[4]{a^3} = a^{\frac{2}{3}} a^{\frac{3}{4}}$　[定義 19]　　$= a^{\frac{2}{3}+\frac{3}{4}}$　[定理 49(1)]　　$= a^{\frac{17}{12}}$

$\qquad = a^{1+\frac{5}{12}} = a^1 a^{\frac{5}{12}}$　[定理 49(1)]　　$= a \sqrt[12]{a^5}$　[定義 19]

(2)　$a\sqrt{a} \div \sqrt[3]{a} = \dfrac{a\sqrt{a}}{\sqrt[3]{a}} = \dfrac{a^1 a^{\frac{1}{2}}}{a^{\frac{1}{3}}}$　[定義 19]　　$= a^{1+\frac{1}{2}-\frac{1}{3}}$　[定理 49(1)(1)′]

$\qquad = a^{1+\frac{1}{6}} = a^1 a^{\frac{1}{6}}$　[定理 49(1)]　　$= a\sqrt[6]{a}$　[定義 19]

(3)　$\sqrt[4]{a^3} \times \sqrt{a} \div \sqrt[6]{a^5} = \dfrac{\sqrt[4]{a^3}\sqrt{a}}{\sqrt[6]{a^5}} = \dfrac{a^{\frac{3}{4}} a^{\frac{1}{2}}}{a^{\frac{5}{6}}}$　[定義 19]

$\qquad = a^{\frac{3}{4}+\frac{1}{2}-\frac{5}{6}}$　[定理 49(1)(1)′]　　$= a^{\frac{5}{12}}$　$= \sqrt[12]{a^5}$　[定義 19]

(4)　$\left(\dfrac{a}{\sqrt[3]{a^2}}\right)^3 = \dfrac{a^3}{(\sqrt[3]{a^2})^3}$　[定理 19(3)′]　　$= \dfrac{a^3}{a^2}$　[定理 47(1)]

$\qquad = a$　[定理 19(1)′]

(5)　$\sqrt{\sqrt{a} \times \dfrac{a}{\sqrt[3]{a}}} = \sqrt{\dfrac{\sqrt{a}\,a}{\sqrt[3]{a}}}$　[定理 6(8)(iii)]　　$= \left(\dfrac{a^{\frac{1}{2}} a^1}{a^{\frac{1}{3}}}\right)^{\frac{1}{2}}$　[定義 19]

$\qquad = (a^{\frac{1}{2}+1-\frac{1}{3}})^{\frac{1}{2}}$　[定理 49(1)(1)′]

$\qquad = (a^{\frac{7}{6}})^{\frac{1}{2}}$　$= a^{\frac{7}{12}}$　[定理 49(2)]　　$= \sqrt[12]{a^7}$　[定義 19]

(6)　$\sqrt{a\sqrt{a\sqrt{a}}} = \{a(a\,a^{\frac{1}{2}})^{\frac{1}{2}}\}^{\frac{1}{2}}$　[定義 19]　　$= a^{\frac{7}{8}}$　[定理 49(1)(2)]

$\qquad\qquad\qquad\qquad\qquad\qquad = \sqrt[8]{a^7}$　[定義 19]

(7)　$\left(a^{\frac{1}{2}} b^{-\frac{3}{2}}\right)^{\frac{1}{2}} \times a^{\frac{3}{4}} \div b^{-\frac{3}{4}} = a^{\frac{1}{4}} b^{-\frac{3}{4}} \times a^{\frac{3}{4}} \div b^{-\frac{3}{4}}$　[定理 49(3)(2)]

$\qquad = \dfrac{a^{\frac{1}{4}} b^{-\frac{3}{4}} a^{\frac{3}{4}}}{b^{-\frac{3}{4}}} = a^{\frac{1}{4}} a^{\frac{3}{4}}$　[定理 6(6)(vi)]　　$= a^{\frac{1}{4}+\frac{3}{4}}$　[定理 49(1)]　　$= a$

(8) $\sqrt{a^3} \div \sqrt[3]{b^2} \times \sqrt[6]{\dfrac{b^2}{a}} \div \sqrt[3]{\dfrac{a}{b^4}}$

$\quad = a^{\frac{3}{2}} \div b^{\frac{2}{3}} \times (b^2 a^{-1})^{\frac{1}{6}} \div (ab^{-4})^{\frac{1}{3}}$ 　　　　　[定義 19, 定義 1(2)]

$\quad = a^{\frac{3}{2}} \times b^{-\frac{2}{3}} \times (b^2 a^{-1})^{\frac{1}{6}} \times (ab^{-4})^{-\frac{1}{3}}$ 　　　　　[定義 1(2)]

$\quad = a^{\frac{3}{2}} \times b^{-\frac{2}{3}} \times (b^{\frac{1}{3}} a^{-\frac{1}{6}}) \times (a^{-\frac{1}{3}} b^{\frac{4}{3}})$ 　　　　[定理 49(3)(2)]

$\quad = a^{\frac{3}{2}} a^{-\frac{1}{6}} a^{-\frac{1}{3}} \cdot b^{-\frac{2}{3}} b^{\frac{1}{3}} b^{\frac{4}{3}}$ 　　　　　　　[定理 3,4]

$\quad = a^{\frac{3}{2}-\frac{1}{6}-\frac{1}{3}}\, b^{-\frac{2}{3}+\frac{1}{3}+\frac{4}{3}}$ 　　　　　　　　　[定理 49(1)]

$\quad = a^1 b^1$　　　　　$= ab$　　　　　　　　　　[定義 9①]

12-4 　　　　　　　　指数形では，底を揃える。

(1) $9^3 \times 81^{-2} = 9^3 \times (9^2)^{-2} = 9^3 \times 9^{-4}$ 　[定理 19′(2)]

$\quad = 9^{3+(-4)}$ 　[定理 19′(1)] 　　$= 9^{-1}$ 　$= \dfrac{1}{9}$ 　[定理 6(1)(v)]

(2) $5^3 \times (5^{-1})^2 \div 5 = 5^3 \times 5^{-2} \times 5^{-1}$ 　[定理 19′(2), 定義 1(2)]

$\quad = 5^{3+(-2)+(-1)}$ 　[定理 19′(1)] 　　$= 5^0 = 1$ 　[61p< 注 >]

(3) $6^3 \div (-3)^{-2} \times (-18)^{-3} = 6^3 \times (-3)^2 \times \dfrac{1}{(-18)^3}$ 　[61p< 注 >, 定義 1(2)]

$\quad = \dfrac{6^3 \cdot (-3)^2}{(-18)^3} = -\dfrac{6^3 \cdot 3^2}{18^3}$ 　[30p < 注 >] 　　$= -\dfrac{6^3 \cdot 3^2}{(6 \cdot 3)^3}$

$\quad = -\dfrac{6^3 \cdot 3^2}{6^3 \cdot 3^3}$ 　[定理 19(3)] 　　$= -\dfrac{1}{3}$ 　[定理 6(6)(vii)]

(4) $4^{\frac{1}{4}} \times 4^{\frac{1}{3}} \div 4^{\frac{1}{12}} = \dfrac{4^{\frac{1}{4}} \cdot 4^{\frac{1}{3}}}{4^{\frac{1}{12}}}$ 　[定義 1(2)] 　　$= 4^{\frac{1}{4}+\frac{1}{3}-\frac{1}{12}}$ 　[定理 49(1)(1)′]

$\quad = 4^{\frac{1}{2}}$ 　$= (2^2)^{\frac{1}{2}} = 2^1$ 　[定理 49(2)] 　　$= 2$ 　[定義 9①]

(5) $(8^{\frac{1}{2}} \times 4^{\frac{1}{4}})^{\frac{1}{2}} \div (4^{-\frac{3}{4}})^{\frac{2}{3}} = 8^{\frac{1}{4}} \times 4^{\frac{1}{8}} \div 4^{-\frac{1}{2}}$ 　[定理 49(3)(2)]

$\quad = (2^3)^{\frac{1}{4}} \times (2^2)^{\frac{1}{8}} \div (2^2)^{-\frac{1}{2}} = 2^{\frac{3}{4}} \times 2^{\frac{1}{4}} \div 2^{-1}$ 　[定理 49(2)]

$\quad = 2^{\frac{3}{4}} \times 2^{\frac{1}{4}} \times 2^1$ 　[定義 1(2)] 　$= 2^{\frac{3}{4}+\frac{1}{4}+1}$ 　[定理 49(1)] 　$= 2^2$ 　$= 4$

(6) $\left\{ \left(\dfrac{27}{64}\right)^{-\frac{5}{6}} \right\}^{\frac{2}{5}} = \left(\dfrac{27}{64}\right)^{-\frac{1}{3}}$ 　[定理 49(2)] 　　$= \left\{ \left(\dfrac{3}{4}\right)^3 \right\}^{-\frac{1}{3}}$

$\quad = \left(\dfrac{3}{4}\right)^{-1}$ 　[定理 49(2)] 　　$= \dfrac{4}{3}$ 　[定理 6(4)(vi)]

(7) $9^{1.5} \times 32^{-0.4} = (3^2)^{1.5} \times (2^5)^{-0.4} = 3^3 \times 2^{-2}$ 　[定理 49(2)]

$\quad = 3^3 \times \dfrac{1}{2^2}$ 　[61p< 注 >] 　$= 27 \times \dfrac{1}{4}$ 　$= \dfrac{27}{4}$ 　[定理 6(8)(iii)]

(8) $4^{\frac{2}{3}} \div 24^{\frac{1}{3}} \times 18^{\frac{2}{3}} = 4^{\frac{2}{3}} \times 24^{-\frac{1}{3}} \times 18^{\frac{2}{3}}$ 　[定義 1(2)]

$\quad = (2^2)^{\frac{2}{3}} \times (2^3 \cdot 3)^{-\frac{1}{3}} \times (2 \cdot 3^2)^{\frac{2}{3}}$

$\quad = 2^{\frac{4}{3}} \times (2^{-1} \cdot 3^{-\frac{1}{3}}) \times (2^{\frac{2}{3}} \cdot 3^{\frac{4}{3}})$ 　[定理 49(2)(3)]

$\quad = (2^{\frac{4}{3}} \cdot 2^{-1} \cdot 2^{\frac{2}{3}}) \cdot (3^{-\frac{1}{3}} \cdot 3^{\frac{4}{3}})$ 　　[定理 3,4]

$\quad = 2^{\frac{4}{3}-1+\frac{2}{3}} \cdot 3^{-\frac{1}{3}+\frac{4}{3}}$ 　　　　[定理 49(1)]

$\quad = 2^1 \cdot 3^1$ 　　　　　$= 2 \cdot 3$ 　[定義 9①] 　　　　$= 6$

(9) $4^{\frac{2}{3}} \div 18^{\frac{1}{3}} \times 72^{\frac{1}{3}} = 4^{\frac{2}{3}} \times 18^{-\frac{1}{3}} \times 72^{\frac{1}{3}}$　　[定義 1(2)]

$\qquad = (2^2)^{\frac{2}{3}} \times (2 \cdot 3^2)^{-\frac{1}{3}} \times (2^3 \cdot 3^2)^{\frac{1}{3}}$

$\qquad = 2^{\frac{4}{3}} \times (2^{-\frac{1}{3}} \cdot 3^{-\frac{2}{3}}) \times (2^1 \cdot 3^{\frac{2}{3}})$　　[定理 49(2)(3)]

$\qquad = (2^{\frac{4}{3}} \cdot 2^{-\frac{1}{3}} \cdot 2^1) \cdot (3^{-\frac{2}{3}} \cdot 3^{\frac{2}{3}})$　　[定理 3,4]

$\qquad = 2^{\frac{4}{3}-\frac{1}{3}+1} \cdot 3^{-\frac{2}{3}+\frac{2}{3}}$　　　[定理 49(1)]

$\qquad = 2^2 \cdot 3^0 \qquad = 4 \cdot 1$　　[61p<注>]　　$= 4$

12-5

(1) $\sqrt[5]{9}\sqrt[5]{27} = \sqrt[5]{9 \cdot 27}$　[定理 47(2)]　　$= \sqrt[5]{3^2 \cdot 3^3}$

$\qquad = \sqrt[5]{3^5}$　[定理 19(1)]　　$= 5$　[定理 47(4)(1)]

(2) $\dfrac{\sqrt[4]{48}}{\sqrt[4]{12}} = \sqrt[4]{\dfrac{48}{12}}$　[定理 47(3)]　　$= \sqrt[4]{4}$　　$= \sqrt[4]{2^2}$　　$= 2^{\frac{2}{4}}$　[定義 19]

$\qquad = 2^{\frac{1}{2}}$　　$= \sqrt{2}$　[定義 19]

(3) $\sqrt[3]{2} \times \sqrt[3]{6} \times \sqrt[3]{18} = \sqrt[3]{2 \cdot 6 \cdot 18}$　　[定理 47(2)]

$\qquad = \sqrt[3]{6^3}$　　$= 6$　[定理 47(4)(1)]

(4) $(\sqrt[3]{4})^2 \times \sqrt[6]{16} = \sqrt[3]{4^2} \times \sqrt[6]{4^2}$　[定理 47(4)]　　$= 4^{\frac{2}{3}} \times 4^{\frac{2}{6}}$　[定義 19]

$\qquad = 4^{\frac{2}{3}+\frac{2}{6}}$　[定理 49(1)]　　$= 4^1$　　$= 4$　[定義 9①]

(5) $\sqrt[3]{3} \times \sqrt[6]{3} \div \sqrt{3} = 3^{\frac{1}{3}} \times 3^{\frac{1}{6}} \div 3^{\frac{1}{2}}$　[定義 19]

$\qquad = 3^{\frac{1}{3}} \times 3^{\frac{1}{6}} \times (3^{\frac{1}{2}})^{-1}$　[定義 1(2)]

$\qquad = 3^{\frac{1}{3}+\frac{1}{6}+(-\frac{1}{2})}$　[定理 49(2)(1)]　　$= 3^0$　　$= 1$　[61p<注>]

(6) $\sqrt[4]{6} \times \sqrt{6} \times \sqrt[4]{12} = \sqrt{6} \times (\sqrt[4]{6} \times \sqrt[4]{12})$　　[公理 (5)(6)]

$\qquad = \sqrt{6} \times \sqrt[4]{6 \cdot 12}$　　[定理 47(2)]　　$= \sqrt{6} \times \sqrt[4]{6^2 \cdot 2}$

$\qquad = \sqrt{6} \times \sqrt[4]{6^2}\sqrt[4]{2}$　　[定理 47(2)]

$\qquad = \sqrt{6} \times \sqrt{6}\sqrt[4]{2}$　　[定理 47(6)]　　$= (\sqrt{6})^2\sqrt[4]{2}$

$\qquad = 6\sqrt[4]{2}$　　　　[定理 22(1)]

(7) $\sqrt{6} \times \sqrt[4]{54} \div \sqrt[4]{6} = \sqrt{6} \times \dfrac{\sqrt[4]{54}}{\sqrt[4]{6}}$　　[定義 1(2), 公理 (6)]

$\qquad = \sqrt{6} \times \sqrt[4]{\dfrac{54}{6}}$　　[定理 47(3)]　　$= \sqrt{6} \times \sqrt[4]{9}$　　$= \sqrt{6} \times \sqrt[4]{3^2}$

$\qquad = \sqrt{6} \times \sqrt{3}$　　　[定理 47(6)]　　$= \sqrt{2 \cdot 3} \times \sqrt{3}$

$\qquad = \sqrt{2}\sqrt{3} \times \sqrt{3}$　　[定理 22(2)]

$\qquad = \sqrt{2}(\sqrt{3})^2$　　$= 3\sqrt{2}$　　[定理 22(1)]

(8) $(\sqrt[3]{2} \times 2 \div \sqrt{8})^{-6} = \left(\dfrac{\sqrt[3]{2} \cdot 2}{\sqrt{2^3}}\right)^{-6}$ ［定義 1(2)］

$\qquad = \left(\dfrac{2^{\frac{1}{3}} \cdot 2^1}{2^{\frac{3}{2}}}\right)^{-6}$ ［定義 19］ $\quad = \left(2^{\frac{1}{3}+1-\frac{3}{2}}\right)^{-6}$ ［定理 49(1)(1)′］

$\qquad = \left(2^{-\frac{1}{6}}\right)^{-6} \quad = 2^1$ ［定理 49(2)］ $\qquad = 2$ ［定義 9①］

(9) $\sqrt{6} \div \sqrt[3]{486} \times \sqrt[6]{\dfrac{3}{2}} = 6^{\frac{1}{2}} \div 486^{\frac{1}{3}} \times \left(\dfrac{3}{2}\right)^{\frac{1}{6}}$ ［定義 19］

$\qquad = 6^{\frac{1}{2}} \times (486^{\frac{1}{3}})^{-1} \times (3 \cdot 2^{-1})^{\frac{1}{6}}$ ［定義 1(2)］

$\qquad = (2 \cdot 3)^{\frac{1}{2}} \times (2 \cdot 3^5)^{-\frac{1}{3}} \times (3 \cdot 2^{-1})^{\frac{1}{6}}$ ［定理 49(2)］

$\qquad = (2^{\frac{1}{2}} \cdot 3^{\frac{1}{2}}) \times (2^{-\frac{1}{3}} \cdot 3^{-\frac{5}{3}}) \times (3^{\frac{1}{6}} \cdot 2^{-\frac{1}{6}})$ ［定理 49(3)(2)］

$\qquad = (2^{\frac{1}{2}} \cdot 2^{-\frac{1}{3}} \cdot 2^{-\frac{1}{6}}) \cdot (3^{\frac{1}{2}} \cdot 3^{-\frac{5}{3}} \cdot 3^{\frac{1}{6}})$ ［定理 3,4］

$\qquad = 2^{\frac{1}{2}-\frac{1}{3}-\frac{1}{6}} \cdot 3^{\frac{1}{2}-\frac{5}{3}+\frac{1}{6}}$ ［定理 49(1)］

$\qquad = 2^0 \cdot 3^{-1} \qquad = \dfrac{1}{3}$ ［61p< 注 >］

(10) $\sqrt[3]{81} - \sqrt[3]{24} = \sqrt[3]{3^3 \cdot 3} - \sqrt[3]{2^3 \cdot 3}$

$\qquad = \sqrt[3]{3^3}\sqrt[3]{3} - \sqrt[3]{2^3}\sqrt[3]{3}$ ［定理 47(2)］

$\qquad = 3\sqrt[3]{3} - 2\sqrt[3]{3}$ ［定理 47(4)(1)］

$\qquad = (3-2)\sqrt[3]{3}$ ［定理 6(7)(i)］ $\qquad = \sqrt[3]{3}$

(11) $\sqrt[3]{24} - \sqrt[3]{3} + \sqrt[3]{-81} = \sqrt[3]{24} - \sqrt[3]{3} - \sqrt[3]{81}$ ［定義 18(1) 定理］

$\qquad = \sqrt[3]{2^3 \cdot 3} - \sqrt[3]{3} - \sqrt[3]{3^3 \cdot 3}$

$\qquad = \sqrt[3]{2^3}\sqrt[3]{3} - \sqrt[3]{3} - \sqrt[3]{3^3}\sqrt[3]{3}$ ［定理 47(2)］

$\qquad = 2\sqrt[3]{3} - \sqrt[3]{3} - 3\sqrt[3]{3}$ ［定理 47(4)(1)］

$\qquad = (2-1-3)\sqrt[3]{3}$ ［定理 24(1)］ $\qquad = -2\sqrt[3]{3}$

(12) $\sqrt[3]{54} + \dfrac{3}{2}\sqrt[6]{4} + \sqrt[3]{-\dfrac{1}{4}} = \sqrt[3]{54} + \dfrac{3}{2}\sqrt[6]{4} - \sqrt[3]{\dfrac{1}{4}}$ ［定義 18(1) 定理］

$\qquad = \sqrt[3]{3^3 \cdot 2} + \dfrac{3}{2}\sqrt[6]{2^2} - \sqrt[3]{\dfrac{2}{2^3}}$

$\qquad = \sqrt[3]{3^3}\sqrt[3]{2} + \dfrac{3}{2}\sqrt[3]{2^1} - \dfrac{\sqrt[3]{2}}{\sqrt[3]{2^3}}$ ［定理 47(2)(6)(3)］

$\qquad = 3\sqrt[3]{2} + \dfrac{3}{2}\sqrt[3]{2} - \dfrac{\sqrt[3]{2}}{2}$ ［定理 47(4)(1)］

$\qquad = (3 + \dfrac{3}{2} - \dfrac{1}{2})\sqrt[3]{2}$ ［定理 24(1)］ $\qquad = 4\sqrt[3]{2}$

基礎演習 13

13−1

① $\quad y = 2^x$

② $\quad y = -2^x$

③ $\quad y = 2^{-x}$

④ $\quad y = -2^{-x}$

⑤ $\quad y = \left(\dfrac{1}{2}\right)^x$

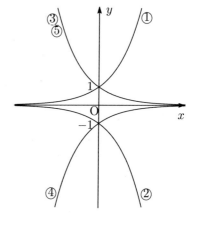

注　③のグラフと⑤のグラフは同じ。

⑥ $\quad y = 2^{x-3} - 4$

⑦ $\quad y = -2^{-x+3} + 4$

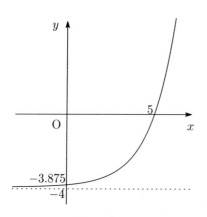

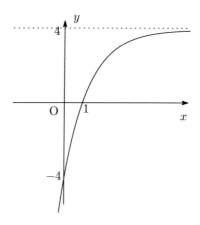

13−2　累乗根は指数形に直す。指数の式変形の方針：「底を揃える，次に，指数」
　　　しかし，巾関数型では，逆になる。(138p 注)

(1)　底を 3 に揃える。　　　$\sqrt{27} = 3^{\frac{3}{2}}$,　　$\sqrt[3]{81} = 3^{\frac{4}{3}}$,　　$\sqrt[4]{243} = 3^{\frac{5}{4}}$

　　　次に，指数 を比べる。　　$\dfrac{5}{4} < \dfrac{4}{3} < \dfrac{3}{2}$　　　　定理 52 (1) より，

　　　$3^{\frac{5}{4}} < 3^{\frac{4}{3}} < 3^{\frac{3}{2}}$　　即ち　　$\sqrt[4]{243} < \sqrt[3]{81} < \sqrt{27}$　　$\cdots\cdots\cdots$ (答)

(2)　底を 2 に揃える。　$\sqrt{2} = 2^{\frac{1}{2}}$,　$\sqrt[5]{4} = 2^{\frac{2}{5}}$,　$\sqrt[8]{8} = 2^{\frac{3}{8}}$,　$\sqrt[9]{16} = 2^{\frac{4}{9}}$

　　　次に，指数 を比べる。　　$\dfrac{3}{8} < \dfrac{2}{5} < \dfrac{4}{9} < \dfrac{1}{2}$　　　　定理 52 (1) より，

　　　$2^{\frac{3}{8}} < 2^{\frac{2}{5}} < 2^{\frac{4}{9}} < 2^{\frac{1}{2}}$　　即ち　　$\sqrt[8]{8} < \sqrt[5]{4} < \sqrt[9]{16} < \sqrt{2}$　$\cdots\cdots$ (答)

(3) 底を 2 に揃える。 $\sqrt[3]{\dfrac{1}{4}} = 2^{-\frac{2}{3}}$, $\dfrac{1}{\sqrt[5]{16}} = 2^{-\frac{4}{5}}$, $\sqrt[7]{\dfrac{1}{32}} = 2^{-\frac{5}{7}}$

次に，指数 を比べる。 $-\dfrac{4}{5} < -\dfrac{5}{7} < -\dfrac{2}{3}$ 定理 52 (1) より，

$2^{-\frac{4}{5}} < 2^{-\frac{5}{7}} < 2^{-\frac{2}{3}}$ 即ち $\dfrac{1}{\sqrt[5]{16}} < \sqrt[7]{\dfrac{1}{32}} < \sqrt[3]{\dfrac{1}{4}}$ ……(答)

(4) 底を 0.2 に揃える。

$\sqrt{(0.2)^3} = (0.2)^{\frac{3}{2}}$, $\sqrt[3]{(0.2)^4} = (0.2)^{\frac{4}{3}}$, $\sqrt[4]{(0.2)^5} = (0.2)^{\frac{5}{4}}$

次に，指数 を比べる。 $\dfrac{5}{4} < \dfrac{4}{3} < \dfrac{3}{2}$ 定理 52 (2) より，

$(0.2)^{\frac{5}{4}} > (0.2)^{\frac{4}{3}} > (0.2)^{\frac{3}{2}}$ 即ち $\sqrt{(0.2)^3} < \sqrt[3]{(0.2)^4} < \sqrt[4]{(0.2)^5}$ …(答)

(5) 指数を 10 に揃える。

$2^{30} = (2^3)^{10} = 8^{10}$, $3^{20} = (3^2)^{10} = 9^{10}$, 7^{10}

次に，底 を比べる。 $7 < 8 < 9$ 定理 20 (3)(ii) より，

$7^{10} < 8^{10} < 9^{10}$ 即ち $7^{10} < 2^{30} < 3^{20}$ ………(答)

(6) 指数を $\dfrac{1}{12}$ に揃える。 $\sqrt[3]{2} = 2^{\frac{1}{3}} = (2^4)^{\frac{1}{12}} = 16^{\frac{1}{12}}$

$\sqrt[4]{3} = 3^{\frac{1}{4}} = (3^3)^{\frac{1}{12}} = 27^{\frac{1}{12}}$

$\sqrt[6]{5} = 5^{\frac{1}{6}} = (5^2)^{\frac{1}{12}} = 25^{\frac{1}{12}}$

次に，底 を比べる。 $16 < 25 < 27$ 定理 53 (1) より，

$16^{\frac{1}{12}} < 25^{\frac{1}{12}} < 27^{\frac{1}{12}}$ 即ち $\sqrt[3]{2} < \sqrt[6]{5} < \sqrt[4]{3}$ ……(答)

(7) $\sqrt[3]{\dfrac{4}{9}}$ ……① $\sqrt[4]{\dfrac{8}{27}}$ ……② $\sqrt[3]{\dfrac{9}{16}}$ ……③

①②で 底を $\dfrac{2}{3}$ に揃える。 $\sqrt[3]{\dfrac{4}{9}} = \left(\dfrac{2}{3}\right)^{\frac{2}{3}}$, $\sqrt[4]{\dfrac{8}{27}} = \left(\dfrac{2}{3}\right)^{\frac{3}{4}}$

指数 を比べると， $\dfrac{2}{3} < \dfrac{3}{4}$ 定理 52 (2) より，

$\left(\dfrac{2}{3}\right)^{\frac{2}{3}} > \left(\dfrac{2}{3}\right)^{\frac{3}{4}}$ 即ち $\sqrt[4]{\dfrac{8}{27}} < \sqrt[3]{\dfrac{4}{9}}$ ……④

①③で 指数を $\dfrac{2}{3}$ に揃える。 $\sqrt[3]{\dfrac{4}{9}} = \left(\dfrac{2}{3}\right)^{\frac{2}{3}}$, $\sqrt[3]{\dfrac{9}{16}} = \left(\dfrac{3}{4}\right)^{\frac{2}{3}}$

底 を比べると， $\dfrac{2}{3} < \dfrac{3}{4}$ 定理 53 (1) より，

$\left(\dfrac{2}{3}\right)^{\frac{2}{3}} < \left(\dfrac{3}{4}\right)^{\frac{2}{3}}$ 即ち $\sqrt[3]{\dfrac{4}{9}} < \sqrt[3]{\dfrac{9}{16}}$ ……⑤

④⑤より $\sqrt[4]{\dfrac{8}{27}} < \sqrt[3]{\dfrac{4}{9}} < \sqrt[3]{\dfrac{9}{16}}$ …………(答)

13-3　　　指数の式変形の方針：「底を揃える, 次に, 指数」 に従う。

　奇数番目は 方程式, 次の 偶数番目は 不等式 とし, 等号, 不等号以外は 式を
同じくしてある。(8) は 少し異なる。　両方の解答を 比較して, 学ぶとよい。

(1)（2項の場合）　　　　$5^{2x-1} - \dfrac{1}{125} = 0$　　　以下は 同値変形である。

底を揃える。　　　　　　$5^{2x-1} - 5^{-3} = 0$

　　　　　　　　　　　　$5^{2x-1} = 5^{-3}$

　指数 を比べる。　　　　$2x - 1 = -3$　　　　　　　　［定理 52 の系 (3)］

　よって,　　　　　　　　$x = -1$　　　………… (答)

(2)（2項の場合）　　　　$5^{2x-1} - \dfrac{1}{125} > 0$　　　以下は 同値変形である。

底を揃える。　　　　　　$5^{2x-1} - 5^{-3} > 0$

　　　　　　　　　　　　$5^{2x-1} > 5^{-3}$

　指数 を比べる。　　　　$2x - 1 > -3$　　　　　　　　［定理 52 の系 (1)］

　よって,　　　　　　　　$x > -1$　　　………… (答)

(3)（2項の場合）　　　　$4^{3-x} - 8\sqrt{2} = 0$　　　以下は 同値変形である。

底を揃える。　　　　　　$2^{2(3-x)} - 2^{\frac{7}{2}} = 0$

　　　　　　　　　　　　$2^{6-2x} = 2^{\frac{7}{2}}$

　指数 を比べる。　　　　$6 - 2x = \dfrac{7}{2}$　　　　　　［定理 52 の系 (3)］

　よって,　　　　　　　　$x = \dfrac{5}{4}$　　　………… (答)

(4)（2項の場合）　　　　$4^{3-x} - 8\sqrt{2} \leqq 0$　　　以下は 同値変形である。

底を揃える。　　　　　　$2^{2(3-x)} - 2^{\frac{7}{2}} \leqq 0$

　　　　　　　　　　　　$2^{6-2x} \leqq 2^{\frac{7}{2}}$

　指数 を比べる。　　　　$6 - 2x \leqq \dfrac{7}{2}$　　　　　　［定理 52 の系 (1)(3)］

　よって,　　　　　　　　$x \geqq \dfrac{5}{4}$　　　………… (答)

(5)（2項の場合）　　　　$9^{x-1} - 3^{5x+4} = 0$　　　以下は 同値変形である。

底を揃える。　　　　　　$3^{2(x-1)} - 3^{5x+4} = 0$

　　　　　　　　　　　　$3^{2x-2} = 3^{5x+4}$

　指数 を比べる。　　　　$2x - 2 = 5x + 4$　　　　　　　［定理 52 の系 (3)］

　よって,　　　　　　　　$x = -2$　　　………… (答)

(6)（2項の場合）　　　　$9^{x-1} - 3^{5x+4} > 0$　　　以下は 同値変形である。

底を揃える。　　　　　　$3^{2(x-1)} - 3^{5x+4} > 0$

　　　　　　　　　　　　$3^{2x-2} > 3^{5x+4}$

　指数 を比べる。　　　　$2x - 2 > 5x + 4$　　　　　　　［定理 52 の系 (1)］

　よって,　　　　　　　　$x < -2$　　　………… (答)

(7) (2項の場合)　　　　$\left(\dfrac{1}{4}\right)^x = 16$　　　　　　以下は 同値変形である。

　底を揃える。　　　　　$2^{-2x} = 2^4$

　指数 を比べる。　　　　$-2x = 4$　　　　　　　　　　[定理 52 の系 (3)]

　よって，　　　　　　　$x = -2$　　　……… (答)

(8) (2項の場合)　　　　$\dfrac{1}{2} \leqq \left(\dfrac{1}{4}\right)^x < 16$　　　以下は 同値変形である。

　底を揃える。　　　　　$2^{-1} \leqq 2^{-2x} < 2^4$

　指数 を比べる。　　　　$-1 \leqq -2x < 4$　　　　　　[定理 52 の系 (1)(3)]

　よって，　　　　　　　$-2 < x \leqq \dfrac{1}{2}$　　　……… (答)

(9) (3項以上の場合)　　$9^x - 2 \cdot 3^{x+1} - 27 = 0$　　　以下は 同値変形である。

　底を揃える。　　　　　$3^{2x} - 2 \cdot 3^{x+1} - 27 = 0$　　　[指数法則 定理 51]

　指数を揃える。　　　　$(3^x)^2 - 2 \cdot 3^1 \cdot 3^x - 27 = 0$　　　　　　　[〃]

　$3^x = X$　とおく。　　$X^2 - 6X - 27 = 0$

　因数分解して，　　　　$(X + 3)(X - 9) = 0$

　$X > 0$　より　　　　　$X = 9$　　即ち　　$3^x = 9$

　再び，底を揃える。　　　　　　　　$3^x = 3^2$

　指数を比べる。 定理 52 の系 (3) より　　$x = 2$　　……… (答)

(10) (3項以上の場合)　　$9^x - 2 \cdot 3^{x+1} - 27 \geqq 0$　　　以下は 同値変形である。

　底を揃える。　　　　　$3^{2x} - 2 \cdot 3^{x+1} - 27 \geqq 0$　　　[指数法則 定理 51]

　指数を揃える。　　　　$(3^x)^2 - 2 \cdot 3^1 \cdot 3^x - 27 \geqq 0$　　　　　　　[〃]

　$3^x = X$　とおく。　　$X^2 - 6X - 27 \geqq 0$

　因数分解して，　　　　$(X + 3)(X - 9) \geqq 0$

　$X > 0$　より　　　　　$X \geqq 9$　　即ち　　$3^x \geqq 9$

　再び，底を揃える。　　　　　　　　$3^x \geqq 3^2$

　指数を比べる。 定理 52 の系 (1)(3) より　　$x \geqq 2$　　……… (答)

(11) (3項以上の場合)　　$\dfrac{1}{4^x} - 3\left(\dfrac{1}{2}\right)^x - 4 = 0$　　　以下は 同値変形である。

　底を揃える。　　　　　$\left(\dfrac{1}{2}\right)^{2x} - 3\left(\dfrac{1}{2}\right)^x - 4 = 0$　　　[指数法則 定理 51]

　指数を揃える。　　　　$\left\{\left(\dfrac{1}{2}\right)^x\right\}^2 - 3\left(\dfrac{1}{2}\right)^x - 4 = 0$　　　　　　[〃]

　$\left(\dfrac{1}{2}\right)^x = X$　とおく。　　$X^2 - 3X - 4 = 0$

　因数分解して，　　　　$(X + 1)(X - 4) = 0$

　$X > 0$　より　　　　　$X = 4$　　即ち　　$\left(\dfrac{1}{2}\right)^x = 4$

　再び，底を揃える。　　　　　　　　$2^{-x} = 2^2$

　指数を比べる。 定理 52 の系 (3) より　　$-x = 2$　　即ち　　$x = -2$　　… (答)

(12) （3項以上の場合）　$\dfrac{1}{4^x} - 3\left(\dfrac{1}{2}\right)^x - 4 < 0$　　　以下は 同値変形である。

底を揃える。　　　$\left(\dfrac{1}{2}\right)^{2x} - 3\left(\dfrac{1}{2}\right)^x - 4 < 0$　　　　[指数法則 定理51]

指数を揃える。　　$\left\{\left(\dfrac{1}{2}\right)^x\right\}^2 - 3\left(\dfrac{1}{2}\right)^x - 4 < 0$　　　　　　[　〃　]

$\left(\dfrac{1}{2}\right)^x = X$　とおく。　　　$X^2 - 3X - 4 < 0$

因数分解して，　　　　$(X+1)(X-4) < 0$

$X > 0$　より　　　　$X < 4$　　即ち　$\left(\dfrac{1}{2}\right)^x < 4$

再び，底を揃える。　　　$2^{-x} < 2^2$

指数を比べる。定理52の系(1)より　$-x < 2$　即ち　$-2 < x$　…(答)

(13) （3項以上の場合）　$8 \cdot 4^x - 3 \cdot 2^{x+1} + 1 = 0$　　　以下は 同値変形である。

底を揃える。　　　$8 \cdot 2^{2x} - 3 \cdot 2^{x+1} + 1 = 0$　　　[指数法則 定理51]

指数を揃える。　　$8\left(2^x\right)^2 - 3 \cdot 2^1 \cdot 2^x + 1 = 0$　　　[　〃　]

$2^x = X$　とおく。　　　$8X^2 - 6X + 1 = 0$

因数分解して，　　　$(4X-1)(2X-1) = 0$

$X > 0$　より　　　$X = \dfrac{1}{4}, \dfrac{1}{2}$　　即ち　$2^x = \dfrac{1}{4}, \dfrac{1}{2}$

再び，底を揃える。　　　$2^x = 2^{-2}, 2^{-1}$

指数を比べる。定理52の系(3)より　$x = -2, -1$　………(答)

(14) （3項以上の場合）　$8 \cdot 4^x - 3 \cdot 2^{x+1} + 1 \leqq 0$　　　以下は 同値変形である。

底を揃える。　　　$8 \cdot 2^{2x} - 3 \cdot 2^{x+1} + 1 \leqq 0$　　　[指数法則 定理51]

指数を揃える。　　$8\left(2^x\right)^2 - 3 \cdot 2^1 \cdot 2^x + 1 \leqq 0$　　　[　〃　]

$2^x = X$　とおく。　　　$8X^2 - 6X + 1 \leqq 0$

因数分解して，　　　$(4X-1)(2X-1) \leqq 0$

$$\dfrac{1}{4} \leqq X \leqq \dfrac{1}{2}　　即ち　\dfrac{1}{4} \leqq 2^x \leqq \dfrac{1}{2}$$

再び，底を揃える。　　　$2^{-2} \leqq 2^x \leqq 2^{-1}$

指数を比べる。定理52の系(1)(3)より　$-2 \leqq x \leqq -1$　………(答)

(15) （3項以上の場合）　　　$2^x + 2^{2-x} = 5$　　　以下は 同値変形である。

底は 揃っているから，指数を揃える。　$2^x + \dfrac{2^2}{2^x} = 5$　[指数法則 定理51]

$2^x = X$　とおく。　　$X + \dfrac{4}{X} = 5$　即ち　$X + \dfrac{4}{X} - 5 = 0$

通分し，因数分解して，　$\dfrac{(X-1)(X-4)}{X} = 0$

$X > 0$　より　　　$X = 1, 4$　即ち　$2^x = 1, 4$

再び，底を揃える。　　　$2^x = 2^0, 2^2$

指数を比べる。定理52の系(3)より　$x = 0, 2$　………(答)

(16) （3項以上の場合）　　　　　　　$2^x + 2^{2-x} > 5$　　　以下は 同値変形である。

底は 揃っているから, 指数を揃える。　　$2^x + \dfrac{2^2}{2^x} > 5$　　［指数法則 定理 51］

$2^x = X$　とおく。　　　　$X + \dfrac{4}{X} > 5$　即ち　$X + \dfrac{4}{X} - 5 > 0$

通分し, 因数分解して,　　　$\dfrac{(X-1)(X-4)}{X} > 0$

$X > 0$　より　　　　　$(0 <)\ X < 1,\ 4 < X$　　即ち　　$2^x < 1,\ 4 < 2^x$

再び, 底を揃える。　　　　　　　$2^x < 2^0,\ 2^2 < 2^x$

指数を比べる。　定理 52 の系 (1) より　　　$x < 0,\ 2 < x$　$\cdots\cdots\cdots$ (答)

(17) （3項以上の場合）　　$8^x - 13 \cdot 4^x + 11 \cdot 2^{x+2} - 32 = 0$　　以下は 同値変形。

底を揃える。　　　$2^{3x} - 13 \cdot 2^{2x} + 11 \cdot 2^{x+2} - 32 = 0$　　［指数法則 定理 51］

指数を揃える。　　$(2^x)^3 - 13 (2^x)^2 + 11 \cdot 2^2 \cdot 2^x - 32 = 0$　　　　［　〃　］

$2^x = X$　とおく。　　　$X^3 - 13X^2 + 44X - 32 = 0$

因数分解して,　　　　$(X-1)(X-4)(X-8) = 0$　　　［因数定理, 組立除法］

$X > 0$　より　　　$X = 1,\ 4,\ 8$　　即ち　　$2^x = 1,\ 4,\ 8$

再び, 底を揃える。　　　　　　　$2^x = 2^0,\ 2^2,\ 2^3$

指数を比べる。　定理 52 の系 (3) より　　　$x = 0,\ 2,\ 3$　$\cdots\cdots\cdots$ (答)

(18) （3項以上の場合）　　$8^x - 13 \cdot 4^x + 11 \cdot 2^{x+2} - 32 < 0$　　以下は 同値変形。

底を揃える。　　　$2^{3x} - 13 \cdot 2^{2x} + 11 \cdot 2^{x+2} - 32 < 0$　　［指数法則 定理 51］

指数を揃える。　　$(2^x)^3 - 13 (2^x)^2 + 11 \cdot 2^2 \cdot 2^x - 32 < 0$　　　　［　〃　］

$2^x = X$　とおく。　$X^3 - 13X^2 + 44X - 32 < 0$

因数分解して,　　　　$(X-1)(X-4)(X-8) < 0$　　　［因数定理, 組立除法］

　　　　　　$X < 1,\ 4 < X < 8$　　即ち　　$2^x < 1,\ 4 < 2^x < 8$

再び, 底を揃える。　　　　　　　$2^x < 2^0,\ 2^2 < 2^x < 2^3$

指数を比べる。　定理 52 の系 (1) より　　　$x < 0,\ 2 < x < 3$　$\cdots\cdots$ (答)

＜注＞　（3項以上の場合）(9)〜(14) で,（また (15)〜(18) でも）$a^x = X$ と X に置き換えているが, 慣れてきたら 置き換えずに 直接 a^x のままで 変形してもよい。

13-4　　　　　指数の式変形の方針：「底を揃える, 次に, 指数」も揃える。

$a^x = t$ と置き換えて, $x \longrightarrow t \longrightarrow y$　と, 合成関数として 考える。

(1)　　$y = 9^x - 2 \cdot 3^x + 2$ 　　　　　　　　（ $x \leqq 1$ ）

　　　　$= 3^{2x} - 2 \cdot 3^x + 2$ 　　　　　　　　　　　　　［底を揃える］

　　　　$= (3^x)^2 - 2 \cdot 3^x + 2$ 　　　　　　　　　　　［指数も揃える］

　　　　$= t^2 - 2t + 2$ 　　　　　　　　　　　　　　　［ $3^x = t$ とおく ］

　　　　$= (t-1)^2 + 1$ 　　　　　　　　　　　　　　　［ 2次式の平方完成 ］

ここで，　$x \leqq 1$　　より　　$3^x \leqq 3^1$ 　　　　　　［定理 52 の系 (1)(3)］

即ち $0 < t \leqq 3$　従って，　$t = 3$ 即ち $x = 1$ で，$\max y = 5$ $\left.\vphantom{\begin{matrix}a\\b\end{matrix}}\right\}$ … (答)
　　　　　　　　　　　　　　$t = 1$ 即ち $x = 0$ で，$\min y = 1$

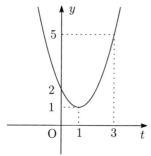
　　関数 $y = t^2 - 2t + 2$ のグラフ

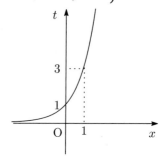
　　関数 $t = 3^x$ のグラフ

(2)　　$y = 4^x - 2^{x+2}$ 　　　　　　　　（ $2 \leqq x \leqq 3$ ）

　　　　$= 2^{2x} - 2^{x+2}$ 　　　　　　　　　　　　　　［底を揃える］

　　　　$= (2^x)^2 - 2^2 \cdot 2^x$ 　　　　　　　　　　　［指数も揃える］

　　　　$= t^2 - 4t$ 　　　　　　　　　　　　　　　　　［ $2^x = t$ とおく ］

　　　　$= (t-2)^2 - 4$ 　　　　　　　　　　　　　　　［ 2次式の平方完成 ］

ここで，　$2 \leqq x \leqq 3$　　より　　$2^2 \leqq 2^x \leqq 2^3$ 　　［定理 52 の系 (1)(3)］

即ち $4 \leqq t \leqq 8$　従って，　$t = 8$ 即ち $x = 3$ で，$\max y = 32$ $\left.\vphantom{\begin{matrix}a\\b\end{matrix}}\right\}$ … (答)
　　　　　　　　　　　　　　$t = 4$ 即ち $x = 2$ で，$\min y = 0$

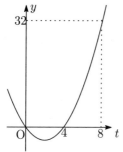
　　関数 $y = t^2 - 4t$ のグラフ

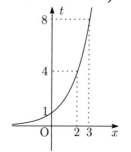
　　関数 $t = 2^x$ のグラフ

(3)　　　$y = -4^x + 2^x + 2$　　　　　　　　$(-2 \leqq x \leqq 2)$

　　　　　$= -2^{2x} + 2^x + 2$　　　　　　　　　　　　[底を揃える]

　　　　　$= -(2^x)^2 + 2^x + 2$　　　　　　　　　　[指数も揃える]

　　　　　$= -t^2 + t + 2$　　　　　　　　　　　　　[$2^x = t$ とおく]

　　　　　$= -(t - \dfrac{1}{2})^2 + \dfrac{9}{4}$　　　　　　　　[2次式の平方完成]

ここで，　　$-2 \leqq x \leqq 2$　　より　　$2^{-2} \leqq 2^x \leqq 2^2$　　[定理 52 の系 (1)(3)]

　　　　　　即ち　　　　$\dfrac{1}{4} \leqq t \leqq 4$

従って，　　　$t = \dfrac{1}{2}$　即ち　$x = -1$ で，　$\max y = \dfrac{9}{4}$　　$\Bigg\}$ $\cdots$ (答)

　　　　　　　$t = 4$　即ち　$x = 2$ で，　$\min y = -10$

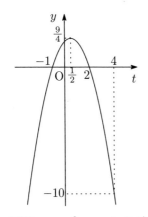

関数 $y = -t^2 + t + 2$ のグラフ

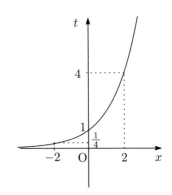

関数 $t = 2^x$ のグラフ

＜注＞　　与えられた関数を，置き換えによって　$x \longrightarrow t \longrightarrow y$　と，
2つの関数の合成関数として 考えている。　　(1)〜(3) において，
(右図) x 軸から t 軸への対応，　続けて，(左図) t 軸から y 軸への対応。
このとき，t の変域 に注意しよう。

基礎演習 14

14-1   140p 定理 54 の系 による。   どちらの形でも, 底は 変わらない。

(1) $3^4 = 81$ $\Longleftrightarrow$ $\log_3 81 = 4$

(2) $10^{-2} = 0.01$ $\Longleftrightarrow$ $\log_{10} 0.01 = -2$

(3) $8^{\frac{2}{3}} = 4$ $\Longleftrightarrow$ $\log_8 4 = \dfrac{2}{3}$

(4) $4^{-\frac{1}{2}} = \dfrac{1}{2}$ $\Longleftrightarrow$ $\log_4 \dfrac{1}{2} = -\dfrac{1}{2}$

(5) $\log_{10} 1000 = 3$ $\Longleftrightarrow$ $10^3 = 1000$

(6) $\log_{\sqrt{2}} 32 = 10$ $\Longleftrightarrow$ $(\sqrt{2})^{10} = 32$

(7) $\log_{10} 0.1 = -1$ $\Longleftrightarrow$ $10^{-1} = 0.1$

(8) $\log_{25} \dfrac{1}{5} = -\dfrac{1}{2}$ $\Longleftrightarrow$ $25^{-\frac{1}{2}} = \dfrac{1}{5}$

14-2   累乗根 は 指数形 に直す。   定理 51 (指数法則), 定理 55 (対数の性質)
   を利用する。   指数形の底 と 対数形の底 を揃える。

(1) $\log_2 32$ $= \log_2 2^5$ $= 5$ $[$定理 $55\,(0)(\mathrm{iii})\,]$

(2) $\log_3 \dfrac{1}{27}$ $= \log_3 3^{-3}$ $= -3$ $[$定理 $55\,(0)(\mathrm{iii})\,]$

(3) $\log_{10} 0.001$ $= \log_{10} 10^{-3}$ $= -3$ $[$定理 $55\,(0)(\mathrm{iii})\,]$

(4) $\log_5 \sqrt[3]{25}$ $= \log_5 5^{\frac{2}{3}}$ $= \dfrac{2}{3}$ $[$定理 $55\,(0)(\mathrm{iii})\,]$

(5) $\log_4 32$ $= \dfrac{\log_2 32}{\log_2 4}$ $[$定理 $55\,(4)\,]$

          $= \dfrac{\log_2 2^5}{\log_2 2^2}$ $= \dfrac{5}{2}$ $[$定理 $55\,(0)(\mathrm{iii})\,]$

(6) $\log_9 \dfrac{1}{\sqrt{27}}$ $= \dfrac{\log_3 \frac{1}{\sqrt{27}}}{\log_3 9}$ $[$定理 $55\,(4)\,]$

          $= \dfrac{\log_3 3^{-\frac{3}{2}}}{\log_3 3^2}$ $= \dfrac{-\frac{3}{2}}{2}$ $[$定理 $55\,(0)(\mathrm{iii})\,]$ $= -\dfrac{3}{4}$

(7) $\log_{0.2} 125$ $= \dfrac{\log_5 125}{\log_5 0.2}$ $[$定理 $55\,(4)\,]$

          $= \dfrac{\log_5 5^3}{\log_5 5^{-1}}$ $= \dfrac{3}{-1}$ $[$定理 $55\,(0)(\mathrm{iii})\,]$ $= -3$

(8) $\log_{\sqrt{2}} 8$ $= \dfrac{\log_2 8}{\log_2 \sqrt{2}}$ $[$定理 $55\,(4)\,]$

          $= \dfrac{\log_2 2^3}{\log_2 2^{\frac{1}{2}}}$ $= \dfrac{3}{\frac{1}{2}}$ $[$定理 $55\,(0)(\mathrm{iii})\,]$ $= 6$

(9) $8^{\log_2 3}$ $= (2^3)^{\log_2 3}$ $= 2^{3\log_2 3}$ $[$定理 $51\,(2)\,]$
          $= 2^{\log_2 3^3}$ $[$定理 $55\,(3)\,]$ $= 3^3$ $[$定理 $55\,(0)(\mathrm{iv})\,]$ $= 27$

(10) $10^{1+\log_{10} 3} = 10^1 \cdot 10^{\log_{10} 3}$ [定理 51 (1)]
$$= 10^1 \cdot 3 \quad [\text{定理 } 55\,(0)(iv)] \qquad = 30$$

(11) $2^{\log_4 7}$ において。   指数形の底 2, 対数形の底 4 より 2 に揃える。

$\log_4 7 = \dfrac{\log_2 7}{\log_2 4}$ [定理 55 (4)] $= \dfrac{\log_2 7}{\log_2 2^2} = \dfrac{\log_2 7}{2}$ [定理 55 (0)(iii)]

$$= \frac{1}{2}\log_2 7 = \log_2 7^{\frac{1}{2}} \quad [\text{定理 } 55\,(3)] \qquad = \log_2 \sqrt{7}$$

従って, $2^{\log_4 7} = 2^{\log_2 \sqrt{7}} = \sqrt{7}$ [定理 55 (0)(iv)]

14 – 3

(1) $\log_4 128 + \log_4 8 \qquad = \log_4 (128 \cdot 8)$ [定理 55 (1)]
$$= \log_4 4^5 \qquad = 5 \qquad\qquad [\text{定理 } 55\,(0)(iii)]$$

(2) $\log_5 \sqrt{75} - \log_5 \sqrt{15} = \log_5 \dfrac{\sqrt{75}}{\sqrt{15}}$ [定理 55 (2)]

$$= \log_5 \sqrt{\frac{75}{15}} \quad [\text{定理 } 22\,(3)] \qquad = \log_5 \sqrt{5}$$

$$= \log_5 5^{\frac{1}{2}} \qquad = \frac{1}{2} \qquad [\text{定理 } 55\,(0)(iii)]$$

(3) $\log_2 \dfrac{4}{3} + 2\log_2 \sqrt{12} = \log_2 \dfrac{4}{3} + \log_2 (\sqrt{12})^2$ [定理 55 (3)]

$$= \log_2 \frac{4}{3} + \log_2 12 \qquad = \log_2 \left(\frac{4}{3} \cdot 12\right) \qquad [\text{定理 } 55\,(1)]$$

$$= \log_2 16 \qquad = \log_2 2^4 \qquad = 4 \qquad\qquad [\text{定理 } 55\,(0)(iii)]$$

(4) $\log_3 \dfrac{21}{4} - \dfrac{1}{2}\log_3 \dfrac{49}{16} = \log_3 \dfrac{21}{4} - \dfrac{1}{2}\log_3 \left(\dfrac{7}{4}\right)^2$

$$= \log_3 \frac{21}{4} - \frac{1}{2} \cdot 2\log_3 \frac{7}{4} \quad [\text{定理 } 55\,(3)] \qquad = \log_3 \frac{21}{4} - \log_3 \frac{7}{4}$$

$$= \log_3 \left(\frac{21}{4} \cdot \frac{4}{7}\right) \quad [\text{定理 } 55\,(2)] \qquad = \log_3 3 \qquad = 1 \ [\text{定理 } 55\,(0)(ii)]$$

(5) $\log_{10} \dfrac{1}{4} - \log_{10} 9 + 2\log_{10} \dfrac{3}{5} = \log_{10} \dfrac{1}{4} - \log_{10} 9 + \log_{10} \left(\dfrac{3}{5}\right)^2$ [定理 55 (3)]

$$= \log_{10} \left(\frac{1}{4} \cdot \frac{1}{9} \cdot \frac{9}{25}\right) \qquad [\text{定理 } 55\,(1)(2)] \qquad = \log_{10} \tfrac{1}{100}$$

$$= \log_{10} 10^{-2} \qquad = -2 \qquad [\text{定理 } 55\,(0)(iii)]$$

(6) $4\log_2 \sqrt{2} - \dfrac{1}{2}\log_2 3 + \log_2 \dfrac{\sqrt{3}}{4}$

$$= \log_2 (\sqrt{2})^4 - \log_2 3^{\frac{1}{2}} + \log_2 \sqrt{3} - \log_2 4 \qquad [\text{定理 } 55\,(3)(2)]$$

$$= \log_2 4 - \log_2 \sqrt{3} + \log_2 \sqrt{3} - \log_2 4 \qquad = 0$$

(7)　$3\log_3 7 - 4\log_3 \sqrt{63} - \log_3 21$

$\quad = \log_3 7^3 - \log_3 (\sqrt{63})^4 - \log_3 21$ 　　　　　　　　　[定理 55 (3)]

$\quad = \log_3 7^3 - \log_3 63^2 - \log_3 21$ 　　　　　　　　　　[定理 22 (1)]

$\quad = \log_3 \dfrac{7^3}{63^2 \cdot 21}$ 　　　　　　　　　　　　　　[定理 55 (2)]

$\quad = \log_3 \dfrac{7^3}{9^2 \cdot 7^2 \cdot 7 \cdot 3}$ 　　　$= \log_3 \dfrac{1}{9^2 \cdot 3}$ 　　　[定理 6 (6)(v) 約分]

$\quad = \log_3 3^{-5}$ 　　　$= -5$ 　　　　　　　　[定理 55 (0)(iii)]

(8)　$\log_5 \sqrt{3} + \dfrac{3}{2}\log_5 \sqrt[3]{50} - \dfrac{1}{2}\log_5 30$　$= \log_5 3^{\frac{1}{2}} + \dfrac{3}{2}\log_5 50^{\frac{1}{3}} - \dfrac{1}{2}\log_5 30$

$\quad = \dfrac{1}{2}\log_5 3 + \dfrac{3}{2}\cdot\dfrac{1}{3}\log_5 50 - \dfrac{1}{2}\log_5 30$ 　　　　　　[定理 55 (3)]

$\quad = \dfrac{1}{2}\left(\log_5 3 + \log_5 50 - \log_5 30\right)$

$\quad = \dfrac{1}{2}\log_5 \dfrac{3 \cdot 50}{30}$ 　　　　　　　　　　　　　[定理 55 (1)(2)]

$\quad = \dfrac{1}{2}\log_5 5$ 　　　$= \dfrac{1}{2}\cdot 1$ 　　[定理 55 (0)(ii)]　　　$= \dfrac{1}{2}$

14-4

(1)　$\log_3 5 \cdot \log_5 3 = \log_3 5 \cdot \dfrac{\log_3 3}{\log_3 5}$ [定理 55 (4)] $= \log_3 3 = 1$ [定理 55 (0)(ii)]

　㊟　定理 55 (4)（底の変換公式）を，分母を払って，定理 55 (4)′ として
利用することもできる。1 ステップ速い。

(2)　$\log_4 27 \cdot \log_9 32 = \dfrac{\log_2 27}{\log_2 4} \cdot \dfrac{\log_2 32}{\log_2 9}$ 　[定理 55 (4)]　　$= \dfrac{\log_2 3^3}{\log_2 2^2} \cdot \dfrac{\log_2 2^5}{\log_2 3^2}$

$\quad = \dfrac{3\log_2 3}{2\log_2 2} \cdot \dfrac{5\log_2 2}{2\log_2 3}$ 　[定理 55 (3)]　　$= \dfrac{3 \cdot 5}{2 \cdot 2}$ 　[約分]　　$= \dfrac{15}{4}$

(3)　$\log_4 3 \cdot \log_5 8 \cdot \log_9 25 = \dfrac{\log_2 3}{\log_2 4} \cdot \dfrac{\log_2 8}{\log_2 5} \cdot \dfrac{\log_2 25}{\log_2 9}$ 　[定理 55 (4)]

$\quad = \dfrac{\log_2 3}{\log_2 2^2} \cdot \dfrac{\log_2 2^3}{\log_2 5} \cdot \dfrac{\log_2 5^2}{\log_2 3^2}$

$\quad = \dfrac{\log_2 3}{2\log_2 2} \cdot \dfrac{3\log_2 2}{\log_2 5} \cdot \dfrac{2\log_2 5}{2\log_2 3}$ 　[定理 55 (3)]　　$= \dfrac{3}{2}$ 　[約分]

(4) $3\log_5 25 + 4\log_9 \dfrac{1}{3} - 6\log_{\frac{1}{4}} 8 = 3\log_5 25 + 4\dfrac{\log_3 \frac{1}{3}}{\log_3 9} - 6\dfrac{\log_2 8}{\log_2 \frac{1}{4}}$ [定理 55 (4)]

$\quad = 3\log_5 5^2 + 4\dfrac{\log_3 3^{-1}}{\log_3 3^2} - 6\dfrac{\log_2 2^3}{\log_2 2^{-2}}$

$\quad = 3 \cdot 2 + 4 \cdot \dfrac{-1}{2} - 6 \cdot \dfrac{3}{-2}$ 　[定理 55 (0)(iii)]　　$= 6 - 2 + 9$ 　　$= 13$

(5) $(\log_2 9 + \log_8 3)(\log_3 4 + \log_9 8)$

$\qquad = (\log_2 9 + \dfrac{\log_2 3}{\log_2 8})(\log_3 4 + \dfrac{\log_3 8}{\log_3 9})$ $\qquad$ [定理 55 (4)]

$\qquad = (\log_2 3^2 + \dfrac{\log_2 3}{\log_2 2^3})(\log_3 2^2 + \dfrac{\log_3 2^3}{\log_3 3^2})$

$\qquad = (2\log_2 3 + \dfrac{\log_2 3}{3})(2\log_3 2 + \dfrac{3\log_3 2}{2})$ $\qquad$ [定理 55 (3) (0)(iii)]

$\qquad = \dfrac{7}{3}\log_2 3 \cdot \dfrac{7}{2}\log_3 2 \quad = \dfrac{7}{3} \cdot \dfrac{7}{2} \cdot \log_2 3 \log_3 2$

$\qquad = \dfrac{7}{3} \cdot \dfrac{7}{2} \cdot \log_2 2$ $\qquad$ [定理 55 (4)′]

$\qquad = \dfrac{7}{3} \cdot \dfrac{7}{2} \cdot 1$ $\qquad$ [定理 55 (0)(ii)] $\qquad = \dfrac{49}{6}$

(6) $(\log_5 9 + \log_{25} 3)(\log_9 5 - \log_3 25)$

$\qquad = (\log_5 9 + \dfrac{\log_5 3}{\log_5 25})(\dfrac{\log_3 5}{\log_3 9} - \log_3 25)$ $\qquad$ [定理 55 (4)]

$\qquad = (\log_5 3^2 + \dfrac{\log_5 3}{\log_5 5^2})(\dfrac{\log_3 5}{\log_3 3^2} - \log_3 5^2)$

$\qquad = (2\log_5 3 + \dfrac{\log_5 3}{2})(\dfrac{\log_3 5}{2} - 2\log_3 5)$ $\qquad$ [定理 55 (3) (0)(iii)]

$\qquad = \dfrac{5}{2}\log_5 3 \cdot (-\dfrac{3}{2})\log_3 5 \quad = \dfrac{5}{2} \cdot (-\dfrac{3}{2}) \cdot \log_5 3 \log_3 5$

$\qquad = \dfrac{5}{2} \cdot (-\dfrac{3}{2}) \cdot \log_5 5$ $\qquad$ [定理 55 (4)′]

$\qquad = \dfrac{5}{2} \cdot (-\dfrac{3}{2}) \cdot 1$ $\qquad$ [定理 55 (0)(ii)] $\qquad = -\dfrac{15}{4}$

(7) $\log_2 9 - 2(\log_3 6)(\log_2 3) \quad = \log_2 9 - 2\log_2 6$ $\qquad$ [公理 (5), 定理 55 (4)′]

$\qquad = \log_2 9 - \log_2 6^2$ $\quad$ [定理 55 (3)] $\qquad = \log_2 \dfrac{9}{6^2}$ $\qquad$ [定理 55 (2)]

$\qquad = \log_2 2^{-2}$ $\qquad = -2$ $\qquad$ [定理 55 (0)(iii)]

(8) $\log_2 6 \cdot \log_3 6 - (\log_2 3 + \log_3 2) \quad = \log_2(2 \cdot 3)\log_3(3 \cdot 2) - (\log_2 3 + \log_3 2)$

$\qquad = (\log_2 2 + \log_2 3)(\log_3 3 + \log_3 2) - (\log_2 3 + \log_3 2)$ $\qquad$ [定理 55 (1)]

$\qquad = (1 + \log_2 3)(1 + \log_3 2) - (\log_2 3 + \log_3 2)$ $\qquad$ [定理 55 (0)(ii)]

$\qquad = 1 + \log_2 3 + \log_3 2 + \log_2 3 \cdot \log_3 2 - (\log_2 3 + \log_3 2)$

$\qquad = 1 + \log_2 3 \cdot \log_3 2$

$\qquad = 1 + \log_2 2$ $\quad$ [定理 55 (4)′] $\qquad = 1 + 1$ $\quad$ [定理 55 (0)(ii)] $\qquad = 2$

基礎演習 15

15 - 1

① $\quad y = \log_3 x$

② $\quad y = -\log_3 x$

③ $\quad y = \log_3(-x)$

④ $\quad y = -\log_3(-x)$

⑤ $\quad y = \log_3 \dfrac{1}{x}$

⑥ $\quad y = \log_{\frac{1}{3}} x$

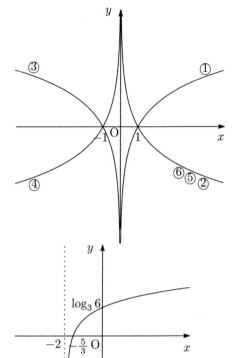

注　②, ⑤, ⑥ のグラフは同じ。

$$\log_3 \frac{1}{x} = \log_3 x^{-1} = -\log_3 x$$

$$\log_{\frac{1}{3}} x = \frac{\log_3 x}{\log_3 3^{-1}} = -\log_3 x$$

⑦ $\quad y = \log_3(3x + 6)$

$\qquad = \log_3(x + 2) + 1$

① を $(-2, 1)$ だけ 平行移動した

ものである。[定理 38]　　右図

15 - 2 　　　　対数の式変形の方針：「 底を揃える，次に，真数 」 を比べる。

(1) 　　$\log_5 2\sqrt{2} = \log_5 \sqrt{8}$, 　　　$\log_5 3 = \log_5 \sqrt{9}$, 　　　$\log_5 \sqrt{7}$

底は 揃っている。 真数 を比べる。　　$\sqrt{7} < \sqrt{8} < \sqrt{9}$ 　　　　[定理 23 (2)]

定理 57 (1) より　　　$\log_5 \sqrt{7} < \log_5 \sqrt{8} < \log_5 \sqrt{9}$

よって，　　　　　　　　$\log_5 \sqrt{7} < \log_5 2\sqrt{2} < \log_5 3$ ············· (答)

(2) 　底を 2 に揃える。　　　　$\log_2 \dfrac{8}{3}$, 　　　$\log_2 3 = \log_2 \sqrt{9}$

$\qquad 1.5 = \log_2 2^{1.5} = \log_2 2^{\frac{3}{2}} = \log_2 \sqrt{8}$ 　　　　[定理 55 (0)(iii), 定義 19]

次に，真数 を比べる。　　　$\dfrac{8}{3} = \dfrac{(\sqrt{8}\,)^2}{\sqrt{9}} < \sqrt{8} < \sqrt{9}$ 　　　　[定理 23 (2)]

定理 57 (1) より　　　　　$\log_2 \dfrac{8}{3} < \log_2 \sqrt{8} < \log_2 \sqrt{9}$

よって，　　　　　　　$\log_2 \dfrac{8}{3} < 1.5 < \log_2 3$ ············· (答)

(3) 底を 0.3 に揃える。 $\log_{0.3} 0.5$, $\log_{0.3} 2$, $0 = \log_{0.3} 1$ [定理 55 (0)(i)]

次に，真数を比べる。 $0.5 < 1 < 2$ 定理 57 (2) より，

$\log_{0.3} 0.5 > \log_{0.3} 1 > \log_{0.3} 2$ よって， $\log_{0.3} 2 < 0 < \log_{0.3} 0.5$ ・・・ (答)

(4) 底を 7 に揃える。 $1 = \log_7 7$ [定理 55 (0)(ii)]

$2\log_7 3 = \log_7 3^2 = \log_7 9$, $3\log_7 2 = \log_7 2^3 = \log_7 8$ [定理 55 (3)]

次に，真数を比べる。 $7 < 8 < 9$ 定理 57 (1) より，

$\log_7 7 < \log_7 8 < \log_7 9$ よって， $1 < 3\log_7 2 < 2\log_7 3$ ・・・・・・ (答)

(5) 底を 3 に揃える。   複雑な式から，

$$\log_9 5 = \frac{\log_3 5}{\log_3 9} = \frac{\log_3 5}{\log_3 3^2} = \frac{\log_3 5}{2} \qquad [定理 55 (4) (0)(iii)]$$

$$= \frac{1}{6} \cdot 3\log_3 5 = \frac{1}{6}\log_3 5^3 = \frac{1}{6}\log_3 125 \qquad [定理 55 (3)]$$

$$\frac{2}{3} = \frac{1}{6} \cdot 4 = \frac{1}{6}\log_3 3^4 = \frac{1}{6}\log_3 81 \qquad [定理 55 (0)(iii)]$$

$$\log_3 2 = \frac{1}{6} \cdot 6\log_3 2 = \frac{1}{6}\log_3 2^6 = \frac{1}{6}\log_3 64 \qquad [定理 55 (3)]$$

次に，真数を比べる。 $64 < 81 < 125$

$$\log_3 64 < \log_3 81 < \log_3 125 \qquad [定理 57 (1)]$$

$$\frac{1}{6}\log_3 64 < \frac{1}{6}\log_3 81 < \frac{1}{6}\log_3 125 \qquad [定理 7 (3)(i)]$$

よって， $\log_3 2 < \dfrac{2}{3} < \log_9 5$ ・・・・・・・・・・・ (答)

(6) 底を 2 に揃える。   複雑な式から，

$$\log_{\frac{1}{4}} 5 = \frac{\log_2 5}{\log_2 2^{-2}} = \frac{\log_2 5}{-2} = -\frac{1}{2}\log_2 5 \qquad [定理 55 (4) (0)(iii)]$$

$$\log_{\frac{1}{2}} 3 = \frac{\log_2 3}{\log_2 2^{-1}} = \frac{\log_2 3}{-1} \qquad [定理 55 (4) (0)(iii)]$$

$$= -\frac{1}{2} \cdot 2\log_2 3 = -\frac{1}{2}\log_2 3^2 = -\frac{1}{2}\log_2 9 \qquad [定理 55 (3)]$$

$$-2 = -\frac{1}{2} \cdot 4 = -\frac{1}{2}\log_2 2^4 = -\frac{1}{2}\log_2 16 \qquad [定理 55 (0)(iii)]$$

次に，真数を比べる。 $5 < 9 < 16$

$$\log_2 5 < \log_2 9 < \log_2 16 \qquad [定理 57 (1)]$$

$$-\frac{1}{2}\log_2 5 > -\frac{1}{2}\log_2 9 > -\frac{1}{2}\log_2 16 \qquad [定理 7 (3)(ii)]$$

よって， $-2 < \log_{\frac{1}{2}} 3 < \log_{\frac{1}{4}} 5$ ・・・・・・・・・・・ (答)

(7)　　$\log_2 3$ ······ ①　　　　　　$\log_3 5$ ······ ②

$$\log_4 8 = \frac{\log_2 8}{\log_2 4} = \frac{\log_2 2^3}{\log_2 2^2} = \frac{3}{2} \ \cdots\cdots \ ③ \qquad [定理 55\,(4)\,(0)(iii)]$$

①③で　底を 2 に揃える。

$$\log_2 3 = \frac{1}{2} \cdot 2\log_2 3 = \frac{1}{2}\log_2 3^2 = \frac{1}{2}\log_2 9 \qquad [定理 55\,(3)]$$

$$\frac{3}{2} = \frac{1}{2} \cdot 3 = \frac{1}{2}\log_2 2^3 = \frac{1}{2}\log_2 8 \qquad [定理 55\,(0)(iii)]$$

真数を比べると，　$8 < 9$　　　定理 57 (1)　より，　　$\log_2 8 < \log_2 9$

定理 7 (3)(i)　より　　$\frac{1}{2}\log_2 8 < \frac{1}{2}\log_2 9$　即ち　　$\frac{3}{2} < \log_2 3 \ \cdots\cdots \ ④$

②③で　底を 3 に揃える。

$$\log_3 5 = \frac{1}{2} \cdot 2\log_3 5 = \frac{1}{2}\log_3 5^2 = \frac{1}{2}\log_3 25 \qquad [定理 55\,(3)]$$

$$\frac{3}{2} = \frac{1}{2} \cdot 3 = \frac{1}{2}\log_3 3^3 = \frac{1}{2}\log_3 27 \qquad [定理 55\,(0)(iii)]$$

真数を比べると，　$25 < 27$　　　定理 57 (1)　より，　　$\log_3 25 < \log_3 27$

定理 7 (3)(i)　より　　$\frac{1}{2}\log_3 25 < \frac{1}{2}\log_3 27$　即ち　　$\log_3 5 < \frac{3}{2} \ \cdots\cdots \ ⑤$

④⑤より　　　　　$\log_3 5 < \frac{3}{2} < \log_2 3$　　　············ (答)

(8)　$\log_{\frac{1}{3}} 2 = \frac{\log_3 2}{\log_3 \frac{1}{3}} = \frac{\log_3 2}{\log_3 3^{-1}} = \frac{\log_3 2}{-1} = -\log_3 2 \qquad [定理 55\,(4)\,(0)(iii)]$

$\log_{\frac{1}{3}} \frac{1}{2} = \frac{\log_3 \frac{1}{2}}{\log_3 \frac{1}{3}} = \frac{\log_3 2^{-1}}{\log_3 3^{-1}} = \frac{(-1)\log_3 2}{-1} = \log_3 2 \ [定理 55\,(4)(3)\,(0)(iii)]$

$\log_{\frac{1}{2}} 3 = \frac{\log_2 3}{\log_2 \frac{1}{2}} = \frac{\log_2 3}{\log_2 2^{-1}} = \frac{\log_2 3}{-1} = -\log_2 3 \qquad [定理 55\,(4)\,(0)(iii)]$

$\log_{\frac{1}{2}} \frac{1}{3} = \frac{\log_2 \frac{1}{3}}{\log_2 \frac{1}{2}} = \frac{\log_2 3^{-1}}{\log_2 2^{-1}} = \frac{(-1)\log_2 3}{-1} = \log_2 3 \ [定理 55\,(4)(3)\,(0)(iii)]$

ここで，$1 < 2 < 3$　定理 57 (1) より，$\log_3 1 < \log_3 2 < \log_3 3$ ，$\log_2 2 < \log_2 3$

　　定理 55 (0)(i)(ii)　より　　　　　　　$0 < \log_3 2 < 1 < \log_2 3$

　　定理 7 (6), 定理 6 (9)(i) より，　　$-\log_2 3 < -1 < -\log_3 2 < 0$

従って，　　　　　　$-\log_2 3 < -\log_3 2 < \log_3 2 < \log_2 3$

よって，　　　　　$\log_{\frac{1}{2}} 3 < \log_{\frac{1}{3}} 2 < \log_{\frac{1}{3}} \frac{1}{2} < \log_{\frac{1}{2}} \frac{1}{3}$　　　············ (答)

15−3　　　対数の式変形の方針：「底を揃える，次に，真数」　に従う。

　　奇数番目は方程式，次の偶数番目は不等式 とし，等号, 不等号以外は 式を
同じくしてある。(13)(14) は別。　　両方の解答を比較して, 学ぶとよい。

(1) (2 項の場合) $\log_5(7x + 4) = 2$ 以下は 同値変形である。

底 を揃える。 $\log_5(7x + 4) = \log_5 5^2$ [定理 55 (0)(iii)]

真数 を比べる。 $7x + 4 = 5^2$ [定理 57 の系 (3)]

$$x = 3 \quad \cdots\cdots\cdots (答)$$

(別解) 定理 54 の系 より $\log_5(7x + 4) = 2 \ \Leftrightarrow \ 7x + 4 = 5^2 \ \Leftrightarrow \ x = 3$

この方が簡単である。不等式の解法との 一貫性を選んだ。 以下でも同様。

(2) (2 項の場合) $\log_5(7x + 4) > 2$ 以下は 同値変形である。

底 を揃える。 $\log_5(7x + 4) > \log_5 5^2$ [定理 55 (0)(iii)]

真数 を比べる。 $7x + 4 > 5^2$ [定理 57 の系 (1)]

$$x > 3 \quad \cdots\cdots\cdots (答)$$

(3) (2 項の場合) $\log_{\frac{1}{3}}(2x - 3) = -2$ 以下は 同値変形である。

底 を揃える。 $\log_{\frac{1}{3}}(2x - 3) = \log_{\frac{1}{3}}\left(\frac{1}{3}\right)^{-2}$ [定理 55 (0)(iii)]

真数 を比べる。 $2x - 3 = \left(\frac{1}{3}\right)^{-2} \quad (= 3^2)$ [定理 57 の系 (3)]

$$x = 6 \quad \cdots\cdots\cdots (答)$$

(4) (2 項の場合) $\log_{\frac{1}{3}}(2x - 3) \geqq -2$ 以下は 同値変形である。

底 を揃える。 $\log_{\frac{1}{3}}(2x - 3) \geqq \log_{\frac{1}{3}}\left(\frac{1}{3}\right)^{-2}$ [定理 55 (0)(iii)]

真数 を比べる。 $0 < 2x - 3 \leqq \left(\frac{1}{3}\right)^{-2} \quad (= 3^2)$ [定理 57 の系 (2)(3)

, 真数条件] $\frac{3}{2} < x \leqq 6$ $\cdots\cdots\cdots (答)$

(5) (2 項に帰着する場合) $\log_3(x^2 - x - 6) = \log_3(x + 5) + 1$ 以下, 同値変形.

底 を揃える。 $\log_3(x^2 - x - 6) = \log_3(x + 5) + \log_3 3$ [定理 55 (0)(ii)]

$\log_3(x^2 - x - 6) = \log_3(x + 5)3$ [定理 55 (1)]

真数 を比べる。 $x^2 - x - 6 = (x + 5)3 \ > 0$ [定理 57 の系 (3), 真数条件]

$x^2 - 4x - 21 = 0 , \quad x + 5 > 0$

$(x + 3)(x - 7) = 0 , \quad x > -5$

$$x = -3, \ 7 \quad \cdots\cdots\cdots (答)$$

(6) (2 項に帰着する場合) $\log_3(x^2 - x - 6) \leqq \log_3(x + 5) + 1$ 以下, 同値変形.

底 を揃える。 $\log_3(x^2 - x - 6) \leqq \log_3(x + 5) + \log_3 3$ [定理 55 (0)(ii)]

$\log_3(x^2 - x - 6) \leqq \log_3(x + 5)3$ [定理 55 (1)]

真数 を比べる。 $0 < \ x^2 - x - 6 \leqq (x + 5)3$ [定理 57 の系 (1)(3), 真数条件]

$x^2 - 4x - 21 \leqq 0 , \quad 0 < x^2 - x - 6$

$(x + 3)(x - 7) \leqq 0 , \quad (x + 2)(x - 3) > 0$

$-3 \leqq x \leqq 7 \quad \wedge \quad (\ x < -2 \ \vee \ 3 < x \ )$

$$-3 \leqq x < -2 , \ 3 < x \leqq 7 \quad \cdots\cdots\cdots (答)$$

(7) （2項に帰着する場合）　　　$\log_4(x+1)+\log_4(x-2)=1$

真数条件より　　　$x+1>0,\ x-2>0$　　　即ち　　　$x>2$　　$\cdots\cdots$ ①

①のもとで，以下は 同値変形である。　　与式より，

底を揃える。　　　　$\log_4(x+1)+\log_4(x-2)=\log_4 4$　　　　　$[$定理 55 $(0)(ii)]$

$\log_4(x+1)(x-2)=\log_4 4$　　　　　$[$定理 55 $(1)]$

真数を比べる。　　　　　$(x+1)(x-2)=4$　　　　$[$定理 57 の系 $(3)]$

$x^2-x-6=0$　　　即ち　　　$(x+2)(x-3)=0$

①　より　　　　　　　　$x=3$　　　$\cdots\cdots\cdots$ （答）

(8) （2項に帰着する場合）　　　$\log_4(x+1)+\log_4(x-2)\leqq 1$

真数条件より　　　$x+1>0,\ x-2>0$　　　即ち　　　$x>2$　　$\cdots\cdots$ ①

①のもとで，以下は 同値変形である。　　与式より，

底を揃える。　　　$\log_4(x+1)+\log_4(x-2)\leqq\log_4 4$　　　　　$[$定理 55 $(0)(ii)]$

$\log_4(x+1)(x-2)\leqq\log_4 4$　　　　　$[$定理 55 $(1)]$

真数を比べる。　　　　$(x+1)(x-2)\leqq 4$　　　$[$定理 57 の系 $(1)(3)]$

$x^2-x-6\leqq 0$　　　即ち　　　$(x+2)(x-3)\leqq 0$

①　より　　　　　　　$2<x\leqq 3$　　　$\cdots\cdots\cdots$ （答）

(9) （2項の場合）$2\log_{\frac{1}{2}}(5-x)=\log_{\frac{1}{2}}(2x^2+x-1)$ 以下は 同値変形である。

$\log_{\frac{1}{2}}(5-x)^2=\log_{\frac{1}{2}}(2x^2+x-1)\,,\ 5-x>0$　$[$定理 55(3)，真数条件$]$

真数を比べる。　　$(5-x)^2=2x^2+x-1\,,\ 5-x>0$　　$[$定理 57 の系 $(3)]$

$x^2+11x-26=0\,,\ \ 5-x>0$

$(x+13)(x-2)=0\,,\ \ x<5$　　　　$\therefore\ x=-13,\ 2$ $\cdots\cdots$ （答）

(10) （2項の場合）$2\log_{\frac{1}{2}}(5-x)>\log_{\frac{1}{2}}(2x^2+x-1)$ 以下は 同値変形である。

$\log_{\frac{1}{2}}(5-x)^2>\log_{\frac{1}{2}}(2x^2+x-1)\,,\ 5-x>0$　$[$定理 55(3)，真数条件$]$

真数を比べる。　　$(5-x)^2<2x^2+x-1\,,\ 5-x>0$　　$[$定理 57 の系 $(2)]$

$x^2+11x-26>0\,,\ \ 5-x>0$

$(x+13)(x-2)>0\,,\ \ x<5$　　　$\therefore\ x<-13,\ 2<x<5$ $\cdots$ （答）

(11) （2項に帰着する場合）　　$\log_2(1-x)=\log_4(4+x)+2$　　以下，同値変形.

底を揃える。　　　$\log_2(1-x)=\dfrac{\log_2(4+x)}{\log_2 4}+2$　　　　　$[$定理 55 $(4)]$

$2\log_2(1-x)=\log_2(4+x)+4$　　　　$[\ \log_2 4=\log_2 2^2=2\ ]$

$2\log_2(1-x)=\log_2(4+x)+\log_2 2^4$　　　　$[$定理 55 $(0)(iii)]$

$\log_2(1-x)^2=\log_2(4+x)2^4,\ 1-x>0,\ 4+x>0\,[$定理 55$(3)(1)$，真数条件$]$

真数を比べる。　　$(1-x)^2=(4+x)2^4\,,\ \ 1-x>0$　　$[$定理 57 の系 $(3)]$

$x^2-18x-63=0\,,\ \ 1-x>0$

$(x+3)(x-21)=0\,,\ \ x<1$　　　　$\therefore\ x=-3$　$\cdots\cdots\cdots$ （答）

(12)（2項に帰着する場合）　$\log_2(1-x) \leqq \log_4(4+x)+2$　以下,同値変形.

底 を 揃える。　　　$\log_2(1-x) \leqq \dfrac{\log_2(4+x)}{\log_2 4} + 2$　　　　［定理 55 (4)］

　　　$2\log_2(1-x) \leqq \log_2(4+x)+4$　　　　　［$\log_2 4 = \log_2 2^2 = 2$］

　　　$2\log_2(1-x) \leqq \log_2(4+x)+\log_2 2^4$　　　　［定理 55 (0)(iii)］

$\log_2(1-x)^2 \leqq \log_2(4+x)2^4,\ 1-x>0,\ 4+x>0$［定理 55 (3)(1),真数条件］

真数 を比べる。　　$(1-x)^2 \leqq (4+x)2^4,\quad 1-x>0$　［定理 57 の系 (1)(3)］

　　　$x^2-18x-63 \leqq 0,\quad 1-x>0$

　　　$(x+3)(x-21) \leqq 0,\quad x<1$　　　　$\therefore\ -3 \leqq x < 1$　………（答）

(13)（指数方程式）　$5^{2x} = 3^{x+2}$　　　両辺 は正で，　以下は 同値変形である。

　　　　　$\log_3 5^{2x} = \log_3 3^{x+2}$　　　　　　　［定理 57 の系 (3)］

　　　　　$2x\log_3 5 = x+2$　　　　　　　　　　［定理 55 (3)(0)(iii)］

　　　　　$(2\log_3 5 - 1)x = 2$　　　$\therefore\ \ x = \dfrac{2}{2\log_3 5 - 1}$　………（答）

(14)（2項の場合）　　$\log_{x^2}(x+2) < 1$　　　　　　以下は 同値変形である。

底 を 揃える。　　　$\log_{x^2}(x+2) < \log_{x^2} x^2$　　　　［定理 55 (0)(ii)］

真数 を 比べる。　　底の条件 によって，場合分けして。

　(i)　$1 < x^2$　のとき　　　$0 < x+2 < x^2$　［定理 57 の系 (1),真数条件］

　　　　$1 < x^2,\quad 0 < x+2,\quad x^2-x-2 > 0$

　　　　$(x+1)(x-1) > 0,\quad -2 < x,\quad (x+1)(x-2) > 0$

　　　従って，　　　　$-2 < x < -1,\quad 2 < x$　　　………①

　(ii)　$0 < x^2 < 1$　のとき　　　$x+2 > x^2$　　　　　［定理 57 の系 (2)］

　　　　$0 < x^2 < 1,\quad x^2-x-2 < 0$

　　　　$x \neq 0,\quad (x+1)(x-1) < 0,\quad (x+1)(x-2) < 0$

　　　従って，　　　　$-1 < x < 0,\quad 0 < x < 1$　　………②

　　①②より，　$-2 < x < -1,\ -1 < x < 0,\ 0 < x < 1,\ 2 < x$　…（答）

15-4　　　　対数の式変形の方針：「底を揃える, 次に, 真数」 に従う。

奇数番目は 方程式, 次の偶数番目は 不等式 とし, 等号,不等号以外は 式を
同じくしてある。　　両方の解答を 比較して, 学ぶとよい。

(1)（3項以上の場合）　$(\log_3 x)^2 - 5\log_3 x + 6 = 0$　以下は 同値変形である。

　　　　　$(\log_3 x - 2)(\log_3 x - 3) = 0$

　　　　　$\log_3 x = 2,\ 3$

底 を 揃える。　　　$\log_3 x = \log_3 3^2,\ \log_3 3^3$　　　　［定理 55 (0)(iii)］

真数 を 比べる。　　　$x = 3^2,\ 3^3$　　　　　　　　　［定理 57 の系 (3)］

　　　　　$\therefore\ \ x = 9,\ 27$　　………（答）

(2)（3項以上の場合）　$(\log_3 x)^2 - 5\log_3 x + 6 > 0$　以下は 同値変形である。

$$(\log_3 x - 2)(\log_3 x - 3) > 0$$

$$\log_3 x < 2 , \quad 3 < \log_3 x$$

底 を 揃える。　　$\log_3 x < \log_3 3^2 , \quad \log_3 3^3 < \log_3 x$　　　[定理 55 (0)(iii)]

真数 を 比べる。　　$0 < x < 3^2 , \quad 3^3 < x$　　　　[定理 57 の系 (1),真数条件]

$$\therefore \quad 0 < x < 9 , \quad 27 < x \qquad \cdots\cdots\cdots （答）$$

(3)（3項以上の場合）$2(\log_{\frac{1}{2}} x)^2 + 5\log_{\frac{1}{2}} x + 2 = 0$　以下は 同値変形である。

$$(\log_{\frac{1}{2}} x + 2)(2\log_{\frac{1}{2}} x + 1) = 0$$

$$\log_{\frac{1}{2}} x = -2 , \quad -\frac{1}{2}$$

底 を 揃える。　　$\log_{\frac{1}{2}} x = \log_{\frac{1}{2}} \left(\frac{1}{2}\right)^{-2} , \quad \log_{\frac{1}{2}} \left(\frac{1}{2}\right)^{-\frac{1}{2}}$　　[定理 55 (0)(iii)]

真数 を 比べる。　　　$x = \left(\frac{1}{2}\right)^{-2} , \quad \left(\frac{1}{2}\right)^{-\frac{1}{2}}$　　　　[定理 57 の系 (3)]

$$\therefore \quad x = 4 , \quad \sqrt{2} \qquad \cdots\cdots\cdots （答）$$

(4)（3項以上の場合）$2(\log_{\frac{1}{2}} x)^2 + 5\log_{\frac{1}{2}} x + 2 \leqq 0$　以下は 同値変形である。

$$(\log_{\frac{1}{2}} x + 2)(2\log_{\frac{1}{2}} x + 1) \leqq 0$$

$$-2 \leqq \log_{\frac{1}{2}} x \leqq -\frac{1}{2}$$

底 を 揃える。　　$\log_{\frac{1}{2}} \left(\frac{1}{2}\right)^{-2} \leqq \log_{\frac{1}{2}} x \leqq \log_{\frac{1}{2}} \left(\frac{1}{2}\right)^{-\frac{1}{2}}$　　[定理 55 (0)(iii)]

真数 を 比べる。　　　$\left(\frac{1}{2}\right)^{-2} \geqq x \geqq \left(\frac{1}{2}\right)^{-\frac{1}{2}}$　　　[定理 57 の系 (2)]

$$4 \geqq x \geqq \sqrt{2} \qquad \therefore \quad \sqrt{2} \leqq x \leqq 4 \qquad \cdots\cdots\cdots （答）$$

(5)（3項以上の場合）　$(\log_2 4x)(\log_2 8x) = 2$　　　　以下は 同値変形である。

$$(\log_2 4 + \log_2 x)(\log_2 8 + \log_2 x) = 2 \qquad\qquad [定理 55 (1)]$$

$$(\log_2 2^2 + \log_2 x)(\log_2 2^3 + \log_2 x) = 2$$

$$(2 + \log_2 x)(3 + \log_2 x) = 2 \qquad\qquad [定理 55 (0)(iii)]$$

$$(\log_2 x)^2 + 5\log_2 x + 4 = 0$$

$$(\log_2 x + 4)(\log_2 x + 1) = 0$$

$$\log_2 x = -4 , \quad -1$$

底 を 揃える。　　　$\log_2 x = \log_2 2^{-4} , \quad \log_2 2^{-1}$　　　[定理 55 (0)(iii)]

真数 を 比べる。　　　$x = 2^{-4} , \quad 2^{-1}$　　　　[定理 57 の系 (3)]

$$\therefore \quad x = \frac{1}{16} , \quad \frac{1}{2} \qquad \cdots\cdots\cdots （答）$$

(6) (3 項以上の場合)　　$(\log_2 4x)(\log_2 8x) \geqq 2$　　　　　以下は 同値変形である。

$$(\log_2 4 + \log_2 x)(\log_2 8 + \log_2 x) \geqq 2 \qquad [\text{定理}\,55\,(1)]$$

$$(\log_2 2^2 + \log_2 x)(\log_2 2^3 + \log_2 x) \geqq 2$$

$$(2 + \log_2 x)(3 + \log_2 x) \geqq 2 \qquad [\text{定理}\,55\,(0)(\text{iii})]$$

$$(\log_2 x)^2 + 5\log_2 x + 4 \geqq 0$$

$$(\log_2 x + 4)(\log_2 x + 1) \geqq 0$$

$$\log_2 x \leqq -4, \quad -1 \leqq \log_2 x$$

底 を揃える。　　$\log_2 x \leqq \log_2 2^{-4}, \quad \log_2 2^{-1} \leqq \log_2 x$　　$[\text{定理}\,55\,(0)(\text{iii})]$

真数 を比べる。　　$0 < x \leqq 2^{-4}, \quad 2^{-1} \leqq x$　$[\text{定理}\,57\,\text{の系}\,(1)(3),\text{真数条件}]$

$$\therefore \quad 0 < x \leqq \frac{1}{16}, \quad \frac{1}{2} \leqq x \quad \cdots\cdots\cdots \text{(答)}$$

(7) (3 項以上の場合)　　$(\log_2 x)^2 - \log_4 x^5 - 6 = 0$　　　以下は 同値変形である。

底 を揃える。　　$(\log_2 x)^2 - \dfrac{\log_2 x^5}{\log_2 4} - 6 = 0$　　　　　　$[\text{定理}\,55\,(4)]$

真数 を揃える。　　$(\log_2 x)^2 - \dfrac{5\log_2 x}{\log_2 2^2} - 6 = 0$　　　　　$[\text{定理}\,55\,(3)]$

$$(\log_2 x)^2 - \frac{5\log_2 x}{2} - 6 = 0 \qquad [\text{定理}\,55\,(0)(\text{iii})]$$

$$2(\log_2 x)^2 - 5\log_2 x - 12 = 0$$

$$(2\log_2 x + 3)(\log_2 x - 4) = 0$$

$$\log_2 x = -\frac{3}{2}, \quad 4$$

再び, 底 を揃える。　　$\log_2 x = \log_2 2^{-\frac{3}{2}}, \quad \log_2 2^4$　　$[\text{定理}\,55\,(0)(\text{iii})]$

真数 を比べる。　　　$x = 2^{-\frac{3}{2}}, \quad 2^4$　　　　$[\text{定理}\,57\,\text{の系}\,(3)]$

$$\therefore \quad x = \frac{1}{\sqrt{8}}, \quad 16 \quad \cdots\cdots\cdots \text{(答)}$$

(8) (3 項以上の場合)　　$(\log_2 x)^2 - \log_4 x^5 - 6 < 0$　　　以下は 同値変形である。

底 を揃える。　　$(\log_2 x)^2 - \dfrac{\log_2 x^5}{\log_2 4} - 6 < 0$　　　　　　$[\text{定理}\,55\,(4)]$

真数 を揃える。　　$(\log_2 x)^2 - \dfrac{5\log_2 x}{\log_2 2^2} - 6 < 0$　　　　　$[\text{定理}\,55\,(3)]$

$$(\log_2 x)^2 - \frac{5\log_2 x}{2} - 6 < 0 \qquad [\text{定理}\,55\,(0)(\text{iii})]$$

$$2(\log_2 x)^2 - 5\log_2 x - 12 < 0$$

$$(2\log_2 x + 3)(\log_2 x - 4) < 0$$

$$-\frac{3}{2} < \log_2 x < 4$$

再び, 底 を揃える。　　$\log_2 2^{-\frac{3}{2}} < \log_2 x < \log_2 2^4$　　$[\text{定理}\,55\,(0)(\text{iii})]$

真数 を比べる。　　　$2^{-\frac{3}{2}} < x < 2^4$　　　　$[\text{定理}\,57\,\text{の系}\,(1)]$

$$\therefore \quad \frac{1}{\sqrt{8}} < x < 16 \quad \cdots\cdots\cdots \text{(答)}$$

(9)（3項以上の場合）　　　　$\log_3 x + \log_x 9 = -3$　　　　以下は 同値変形である。

底 を揃える。　　　　　　$\log_3 x + \dfrac{\log_3 9}{\log_3 x} = -3$　　　　　　［定理 55 (4)］

　　　　　　　　　　　　$\log_3 x + \dfrac{\log_3 3^2}{\log_3 x} = -3$

$\log_3 x = X$ とおく。　　　$X + \dfrac{2}{X} = -3$　　　　　　　　［定理 55 (0)(iii)］

移項し, 通分する。　　　　$\dfrac{X^2 + 3X + 2}{X} = 0$

因数分解する。　　　　　$\dfrac{(X+2)(X+1)}{X} = 0$

　　　　　　　$X = -2, \ -1$　　　即ち　　　$\log_3 x = -2, \ -1$

再び, 底 を揃える。　　$\log_3 x = \log_3 3^{-2}, \quad \log_3 3^{-1}$　　　［定理 55 (0)(iii)］

真数 を比べる。　　　　$x = 3^{-2}, \quad 3^{-1}$　　　　　　［定理 57 の系 (3)］

　　　　　　∴　　　$x = \dfrac{1}{9}, \quad \dfrac{1}{3}$　　………… (答)

(10)（3項以上の場合）　　　$\log_3 x + \log_x 9 < -3$　　　以下は 同値変形である。

底 を揃える。　　　　　　$\log_3 x + \dfrac{\log_3 9}{\log_3 x} < -3$　　　　　　［定理 55 (4)］

　　　　　　　　　　　　$\log_3 x + \dfrac{\log_3 3^2}{\log_3 x} < -3$

$\log_3 x = X$ とおく。　　　$X + \dfrac{2}{X} < -3$　　　　　　　　［定理 55 (0)(iii)］

移項し, 通分する。　　　　$\dfrac{X^2 + 3X + 2}{X} < 0$

因数分解する。　　　　　$\dfrac{(X+2)(X+1)}{X} < 0$

　　　$X < -2, \ -1 < X < 0$　　　即ち　　$\log_3 x < -2, \ -1 < \log_3 x < 0$

再び, 底 を揃える。　　$\log_3 x < \log_3 3^{-2}, \quad \log_3 3^{-1} < \log_3 x < \log_3 1$

　　　　　　　　　　　　　　　　　　　　　　　　　　　　［定理 55 (0)(iii)(i)］

真数 を比べる。　$0 < x < 3^{-2}, \ 3^{-1} < x < 1$ ［定理 57 の系 (1), 真数条件］

　　　　∴　　　$0 < x < \dfrac{1}{9}, \quad \dfrac{1}{3} < x < 1$　　………… (答)

(11) (3項以上の場合) $\log_2 x^2 + 3 = \log_x 4$ 以下は 同値変形である。

底 を 揃える。 $\log_2 x^2 + 3 = \dfrac{\log_2 4}{\log_2 x}$ [定理 55 (4)]

真数 を 揃える。 $2\log_2 x + 3 = \dfrac{\log_2 2^2}{\log_2 x}$ [定理 55 (3)]

$\log_2 x = X$ とおく。 $2X + 3 = \dfrac{2}{X}$ [定理 55 (0)(iii)]

移項し, 通分する。 $\dfrac{2X^2 + 3X - 2}{X} = 0$

因数分解する。 $\dfrac{(X+2)(2X-1)}{X} = 0$

$$X = -2, \ \frac{1}{2} \quad 即ち \quad \log_2 x = -2, \ \frac{1}{2}$$

再び, 底 を 揃える。 $\log_2 x = \log_2 2^{-2}, \quad \log_2 2^{\frac{1}{2}}$ [定理 55 (0)(iii)]

真数 を 比べる。 $x = 2^{-2}, \quad 2^{\frac{1}{2}}$ [定理 57 の系 (3)]

$$\therefore \quad x = \frac{1}{4}, \ \sqrt{2} \quad \cdots\cdots\cdots (答)$$

(12) (3項以上の場合) $\log_2 x^2 + 3 \geqq \log_x 4$ 以下は 同値変形である。

底 を 揃える。 $\log_2 x^2 + 3 \geqq \dfrac{\log_2 4}{\log_2 x}$ [定理 55 (4)]

真数 を 揃える。 $2\log_2 x + 3 \geqq \dfrac{\log_2 2^2}{\log_2 x}$ [定理 55 (3)]

$\log_2 x = X$ とおく。 $2X + 3 \geqq \dfrac{2}{X}$ [定理 55 (0)(iii)]

移項し, 通分する。 $\dfrac{2X^2 + 3X - 2}{X} \geqq 0$

因数分解する。 $\dfrac{(X+2)(2X-1)}{X} \geqq 0$

$$-2 \leqq X < 0, \ \frac{1}{2} \leqq X \quad 即ち \quad -2 \leqq \log_2 x < 0, \ \frac{1}{2} \leqq \log_2 x$$

再び, 底 を 揃える。 $\log_2 2^{-2} \leqq \log_2 x < \log_2 1, \quad \log_2 2^{\frac{1}{2}} \leqq \log_2 x$

[定理 55 (0)(iii)(i)]

真数 を 比べる。 $2^{-2} \leqq x < 1, \quad 2^{\frac{1}{2}} \leqq x$ [定理 57 の系 (1)(3)]

$$\therefore \quad \frac{1}{4} \leqq x < 1, \ \sqrt{2} \leqq x \quad \cdots\cdots\cdots (答)$$

<注> 本問 (3項以上の場合) も, 結局, 因数分解によって 2項に帰着させて
いる。 従って, 前問の (2項に帰着する場合) は, 最初の3項以上を 因数分
解によらずに 2項に帰着する場合 なのである。

15-5   対数の式変形の方針 :「 底を揃える, 次に, 真数 」 も揃える。
$\log_a x = t$ などと 置き換えて, 合成関数 $x \longrightarrow t \longrightarrow y$ として 考える。

(1)　$y = \log_2(x+7) + \log_2(1-x)$　　　　真数条件 $-7 < x < 1$ …… ①

　　　　$= \log_2(x+7)(1-x)$　　　　　　　　　　[定理 55 (1)]

　　　　$= \log_2(-x^2 - 6x + 7)$

　　　　$= \log_2 t$　　　　　　　　　　　　　$\left[\,-x^2 - 6x + 7 = t\ とおく\,\right]$

ここで　　$t = -x^2 - 6x + 7 = -(x+3)^2 + 16$　　　[2次式の平方完成]

① より　　　　$0 < t \leqq 16$　　　　従って,

　$t = 16$　即ち　$x = -3$　で,　$\max y = \log_2 16 = \log_2 2^4 = 4$ ⎫

　$\min y$　は ない。　　　　　　　　　　　　　　　　　　　　⎬ … (答)
　　　　　　　　　　　　　　　　　　　　　　　　　　　　　　　　⎭

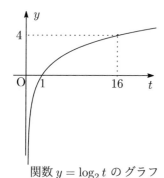

関数 $y = \log_2 t$ のグラフ

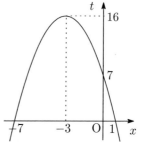

関数 $t = -x^2 - 6x + 7$ のグラフ

(2)　　$y = (\log_4 x)^2 + \log_{\frac{1}{4}} 4x$　　　　　($1 \leqq x \leqq 64$)

　　　$= \left(\dfrac{\log_2 x}{\log_2 4}\right)^2 + \dfrac{\log_2 4x}{\log_2 \frac{1}{4}}$　　　　　　[底を揃える 定理 55 (4)]

　　　$= \left(\dfrac{\log_2 x}{\log_2 2^2}\right)^2 + \dfrac{\log_2 2^2 + \log_2 x}{\log_2 2^{-2}}$　　　[定理 55 (1)]

　　　$= \left(\dfrac{\log_2 x}{2}\right)^2 + \dfrac{2 + \log_2 x}{-2}$　　　　[定理 55 (0)(iii)]

　　　$= \dfrac{1}{4} t^2 - \dfrac{1}{2} t - 1$　　　　　　　[$\log_2 x = t$ とおく]

　　　$= \dfrac{1}{4}(t-1)^2 - \dfrac{5}{4}$　　　　　　　[2次式の平方完成]

ここで, $1 \leqq x \leqq 64$ より $\log_2 1 \leqq \log_2 x \leqq \log_2 64$　[定理 57 の系 (1)(3)]

即ち $0 \leqq t \leqq 6$ 従って, $t = 6$ 即ち $x = 64$ で, $\max y = 5$ ⎫

　　　　　　　　　　　　　　$t = 1$ 即ち $x = 2$ で, $\min y = -\dfrac{5}{4}$ ⎬ … (答)

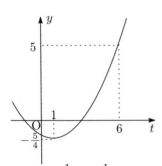

関数 $y = \dfrac{1}{4}t^2 - \dfrac{1}{2}t - 1$ のグラフ

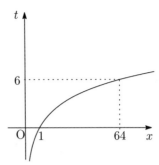

関数 $t = \log_2 x$ のグラフ

(3) $\quad y = \left(\log_2 \dfrac{x}{4} \right)\left(\log_4 \dfrac{x}{2} \right)$ $\qquad\qquad$ ($1 \leqq x \leqq 4$)

$\quad = \left(\log_2 \dfrac{x}{4} \right)\left(\dfrac{\log_2 \frac{x}{2}}{\log_2 4} \right)$ $\qquad\qquad$ [底を揃える 定理 55 (4)]

$\quad = (\log_2 x - \log_2 4)\dfrac{\log_2 x - \log_2 2}{\log_2 4}$ $\qquad$ [真数も揃える 定理 55 (2)]

$\quad = (\log_2 x - 2)\dfrac{\log_2 x - 1}{2}$ $\qquad$ [$\log_2 4 = \log_2 2^2 = 2$ 定理 55 (0)(iii)(ii)]

$\quad = \dfrac{1}{2}t^2 - \dfrac{3}{2}t + 1$ $\qquad\qquad\qquad$ [$\log_2 x = t$ とおく]

$\quad = \dfrac{1}{2}(t - \dfrac{3}{2})^2 - \dfrac{1}{8}$ $\qquad\qquad\qquad$ [2 次式の平方完成]

ここで, $1 \leqq x \leqq 4$ より $\log_2 1 \leqq \log_2 x \leqq \log_2 4$ $\qquad$ [定理 57 の系 (1)(3)]

即ち $0 \leqq t \leqq 2$ よって, $\left.\begin{array}{l} t = 0 \ \text{即ち} \ x = 1 \ \text{で}, \ \max y = 1 \\ t = \dfrac{3}{2} \ \text{即ち} \ x = \sqrt{8} \ \text{で}, \ \min y = -\dfrac{1}{8} \end{array}\right\} \cdots$ (答)

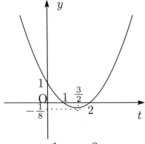

関数 $y = \dfrac{1}{2}t^2 - \dfrac{3}{2}t + 1$ のグラフ

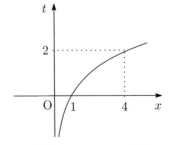

関数 $t = \log_2 x$ のグラフ

＜注＞ 146p(注), 基礎演習 13-4 ＜注＞ を見よ。 同様である。

基礎演習 16

16－1

(1) (斜辺)$= \sqrt{4^2+3^2} = 5$ より， $\sin\theta = \dfrac{3}{5}$， $\cos\theta = \dfrac{4}{5}$， $\tan\theta = \dfrac{3}{4}$

(2) (隣辺)$= \sqrt{3^2-2^2} = \sqrt{5}$ より， $\sin\theta = \dfrac{2}{3}$， $\cos\theta = \dfrac{\sqrt{5}}{3}$， $\tan\theta = \dfrac{2}{\sqrt{5}}$

(3) (対辺)$= \sqrt{4^2-(\sqrt{7})^2} = 3$ より， $\sin\theta = \dfrac{3}{4}$， $\cos\theta = \dfrac{\sqrt{7}}{4}$， $\tan\theta = \dfrac{3}{\sqrt{7}}$

(4) (対辺)$= \sqrt{3^2-2^2} = \sqrt{5}$ より， $\sin\theta = \dfrac{\sqrt{5}}{3}$， $\cos\theta = \dfrac{2}{3}$， $\tan\theta = \dfrac{\sqrt{5}}{2}$

(5) (隣辺)$= \sqrt{8^2-7^2} = \sqrt{15}$ より， $\sin\theta = \dfrac{7}{8}$， $\cos\theta = \dfrac{\sqrt{15}}{8}$， $\tan\theta = \dfrac{7}{\sqrt{15}}$

(6) (斜辺)$= \sqrt{3^2+2^2} = \sqrt{13}$ より， $\sin\theta = \dfrac{2}{\sqrt{13}}$， $\cos\theta = \dfrac{3}{\sqrt{13}}$， $\tan\theta = \dfrac{2}{3}$

(7) (対辺)$= \sqrt{4^2-3^2} = \sqrt{7}$ より， $\sin\theta = \dfrac{\sqrt{7}}{4}$， $\cos\theta = \dfrac{3}{4}$， $\tan\theta = \dfrac{\sqrt{7}}{3}$

(8) (隣辺)$= \sqrt{5^2-2^2} = \sqrt{21}$ より， $\sin\theta = \dfrac{2}{5}$， $\cos\theta = \dfrac{\sqrt{21}}{5}$， $\tan\theta = \dfrac{2}{\sqrt{21}}$

16－2

(1) 151p 図 2 において， $AD:DC = AB:BC = 2:\sqrt{3}$ より，

$DC = 1$ とすると， $AD = \dfrac{2}{\sqrt{3}}$， $BC = \sqrt{3}\,AC = \sqrt{3}\left(\dfrac{2}{\sqrt{3}}+1\right) = 2+\sqrt{3}$

$$BD^2 = BC^2 + DC^2 = (2+\sqrt{3})^2 + 1^2 = 8+4\sqrt{3} = 8+2\sqrt{12}$$
$$\therefore \quad BD = \sqrt{8+2\sqrt{12}} = \sqrt{6}+\sqrt{2}$$

$\triangle BCD$ に注目して， $\angle CBD = 15°$

$$\sin 15° = \frac{DC}{BD} = \frac{1}{\sqrt{6}+\sqrt{2}} = \frac{\sqrt{6}-\sqrt{2}}{(\sqrt{6}+\sqrt{2})(\sqrt{6}-\sqrt{2})} = \frac{\sqrt{6}-\sqrt{2}}{4} \quad \cdots \text{(答)}$$

$$\cos 15° = \frac{BC}{BD} = \frac{2+\sqrt{3}}{\sqrt{6}+\sqrt{2}} = \frac{(2+\sqrt{3})(\sqrt{6}-\sqrt{2})}{(\sqrt{6}+\sqrt{2})(\sqrt{6}-\sqrt{2})} = \frac{\sqrt{6}+\sqrt{2}}{4} \quad \cdots \text{(答)}$$

$$\tan 15° = \frac{DC}{BC} = \frac{1}{2+\sqrt{3}} = \frac{2-\sqrt{3}}{(2+\sqrt{3})(2-\sqrt{3})} = 2-\sqrt{3} \quad \cdots\cdots\cdots \text{(答)}$$

(2) 151p 図 3 において， $AC = CD = 1$ とすると， $AD = \sqrt{2}$

$AB = 2$， $BC = \sqrt{3}$， $BD = BC-CD = \sqrt{3}-1$，

$DE = \dfrac{1}{2}BD = \dfrac{\sqrt{3}-1}{2}$， $BE = \dfrac{\sqrt{3}}{2}BD = \dfrac{\sqrt{3}(\sqrt{3}-1)}{2} = \dfrac{3-\sqrt{3}}{2}$

$AE = AB-BE = 2 - \dfrac{3-\sqrt{3}}{2} = \dfrac{\sqrt{3}+1}{2}$

$\triangle ADE$ に注目して， $DE \perp AB$， $\angle DAE = 15°$

$$\sin 15° = \frac{DE}{AD} = \frac{\sqrt{3}-1}{2\sqrt{2}} = \frac{(\sqrt{3}-1)\sqrt{2}}{2\sqrt{2}\sqrt{2}} = \frac{\sqrt{6}-\sqrt{2}}{4} \quad \cdots\cdots \text{(答)}$$

$$\cos 15° = \frac{AE}{AD} = \frac{\sqrt{3}+1}{2\sqrt{2}} = \frac{(\sqrt{3}+1)\sqrt{2}}{2\sqrt{2}\sqrt{2}} = \frac{\sqrt{6}+\sqrt{2}}{4} \qquad \cdots\cdots (答)$$

$$\tan 15° = \frac{DE}{AE} = \frac{(\sqrt{3}-1)\cdot 2}{2\cdot(\sqrt{3}+1)} = \frac{(\sqrt{3}-1)^2}{(\sqrt{3}+1)(\sqrt{3}-1)} = 2-\sqrt{3} \quad \cdots (答)$$

(3)　151p 図 4 において，　　　　$AC = 1$　とすると，

$AB = 2$,　　$BC = CD = \sqrt{3}$,　　$BD = \sqrt{6}$,　　$AD = CD - AC = \sqrt{3}-1$

$$AE = DE = \frac{AD}{\sqrt{2}} = \frac{\sqrt{3}-1}{\sqrt{2}} = \frac{(\sqrt{3}-1)\sqrt{2}}{\sqrt{2}\sqrt{2}} = \frac{\sqrt{6}-\sqrt{2}}{2}$$

$$BE = BD - DE = \sqrt{6} - \frac{\sqrt{6}-\sqrt{2}}{2} = \frac{\sqrt{6}+\sqrt{2}}{2}$$

$\triangle ABE$　に注目して，　　　　　$AE \perp BD$,　$\angle ABE = 15°$

$$\sin 15° = \frac{AE}{AB} = \frac{\sqrt{6}-\sqrt{2}}{2\cdot 2} = \frac{\sqrt{6}-\sqrt{2}}{4} \qquad \cdots\cdots\cdots\cdots (答)$$

$$\cos 15° = \frac{BE}{AB} = \frac{\sqrt{6}+\sqrt{2}}{2\cdot 2} = \frac{\sqrt{6}+\sqrt{2}}{4} \qquad \cdots\cdots\cdots\cdots (答)$$

$$\tan 15° = \frac{AE}{BE} = \frac{(\sqrt{6}-\sqrt{2})\cdot 2}{2\cdot(\sqrt{6}+\sqrt{2})} = \frac{(\sqrt{6}-\sqrt{2})^2}{(\sqrt{6}+\sqrt{2})(\sqrt{6}-\sqrt{2})} = 2-\sqrt{3} \quad (答)$$

16－3

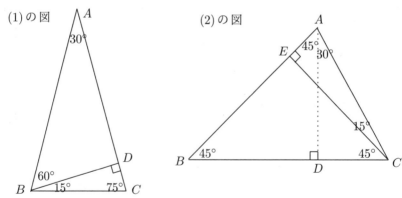

(1) の図　　　　　(2) の図

(1)　上の左図 において，　　$BD \perp AC$,　$\angle C = 75°$　　$BD = 1$　とすると，

$AB = AC = 2$,　$AD = \sqrt{3}$,　$CD = AC - AD = 2-\sqrt{3}$

$BC^2 = BD^2 + CD^2 = 1^2 + (2-\sqrt{3})^2 = 8 - 4\sqrt{3} = (\sqrt{6}-\sqrt{2})^2$

　　$\therefore\quad BC = \sqrt{6}-\sqrt{2}$　　　　　　$\triangle BCD$　に注目して，　　$\angle CBD = 15°$

$$\sin 15° = \frac{CD}{BC} = \frac{2-\sqrt{3}}{\sqrt{6}-\sqrt{2}} = \frac{(2-\sqrt{3})(\sqrt{6}+\sqrt{2})}{(\sqrt{6}-\sqrt{2})(\sqrt{6}+\sqrt{2})} = \frac{\sqrt{6}-\sqrt{2}}{4} \quad \cdots (答)$$

$$\cos 15° = \frac{BD}{BC} = \frac{1}{\sqrt{6} - \sqrt{2}} = \frac{\sqrt{6} + \sqrt{2}}{(\sqrt{6} - \sqrt{2})(\sqrt{6} + \sqrt{2})} = \frac{\sqrt{6} + \sqrt{2}}{4} \quad \cdots (答)$$

$$\tan 15° = \frac{CD}{BD} = \frac{2 - \sqrt{3}}{1} = 2 - \sqrt{3} \quad\quad\quad\quad\quad \cdots\cdots (答)$$

(2)　上の右図 において,　　$AD \perp BC$,　$CE \perp AB$　　$CD = 1$　とすると,

$AC = 2$,　　$AD = BD = \sqrt{3}$,　　$AB = \sqrt{6}$,　　$BC = BD + CD = \sqrt{3} + 1$

$$BE = CE = \frac{BC}{\sqrt{2}} = \frac{\sqrt{3} + 1}{\sqrt{2}} = \frac{(\sqrt{3} + 1)\sqrt{2}}{\sqrt{2}\sqrt{2}} = \frac{\sqrt{6} + \sqrt{2}}{2}$$

$$AE = AB - BE = \sqrt{6} - \frac{\sqrt{6} + \sqrt{2}}{2} = \frac{\sqrt{6} - \sqrt{2}}{2}$$

$\triangle ACE$　に注目して,　　　　　　$\angle ACE = 15°$

$$\sin 15° = \frac{AE}{AC} = \frac{\frac{\sqrt{6} - \sqrt{2}}{2}}{2} = \frac{\sqrt{6} - \sqrt{2}}{4} \quad\quad\quad\quad \cdots\cdots\cdots\cdots (答)$$

$$\cos 15° = \frac{CE}{AC} = \frac{\frac{\sqrt{6} + \sqrt{2}}{2}}{2} = \frac{\sqrt{6} + \sqrt{2}}{4} \quad\quad\quad\quad \cdots\cdots\cdots\cdots (答)$$

$$\tan 15° = \frac{AE}{CE} = \frac{(\sqrt{6} - \sqrt{2}) \cdot 2}{2 \cdot (\sqrt{6} + \sqrt{2})} = \frac{(\sqrt{6} - \sqrt{2})^2}{(\sqrt{6} + \sqrt{2})(\sqrt{6} - \sqrt{2})} = 2 - \sqrt{3} \quad (答)$$

注　B から AC への垂線でもできる。　いずれでも, 垂線 AD は有効だろう。

16-4

(1)の図

(2)の図

(1)　上の左図 において,　　　　$AC = BC = 1$　とすると,

$AB = BD = \sqrt{2}$,　　$CD = BD + BC = \sqrt{2} + 1$,

$AD^2 = AC^2 + CD^2 = 1^2 + (\sqrt{2} + 1)^2 = 4 + 2\sqrt{2}$　　$\therefore \ AD = \sqrt{4 + 2\sqrt{2}}$

また,　$\angle D + \angle BAD = \angle ABC = 45°$,　$\angle D = \angle BAD$　より,

$\angle D = \angle BAD = 22.5°$　　　　$\triangle ADC$　に注目して,

$$\sin 22.5° = \frac{AC}{AD} = \frac{1}{\sqrt{4 + 2\sqrt{2}}} = \frac{\sqrt{4 - 2\sqrt{2}}}{\sqrt{4 + 2\sqrt{2}}\sqrt{4 - 2\sqrt{2}}} = \frac{\sqrt{2 - \sqrt{2}}}{2} \ (答)$$

$$\cos 22.5° = \frac{CD}{AD} = \frac{\sqrt{2} + 1}{\sqrt{4 + 2\sqrt{2}}} = \frac{(\sqrt{2} + 1)\sqrt{4 - 2\sqrt{2}}}{\sqrt{4 + 2\sqrt{2}}\sqrt{4 - 2\sqrt{2}}} = \frac{\sqrt{2 + \sqrt{2}}}{2} \ (答)$$

$$\tan 22.5° = \frac{AC}{CD} = \frac{1}{\sqrt{2} + 1} = \frac{1 \times (\sqrt{2} - 1)}{(\sqrt{2} + 1)(\sqrt{2} - 1)} = \sqrt{2} - 1 \quad \cdots\cdots (答)$$

(2)　　上の右図 において，　　　$AD : DC = AB : BC = \sqrt{2} : 1$　　より，
$AD = \sqrt{2}$ ，　$DC = 1$　　とすると，　　　$BC = AC = AD + DC = \sqrt{2} + 1$
$BD^2 = BC^2 + DC^2 = (\sqrt{2} + 1)^2 + 1^2 = 4 + 2\sqrt{2}$
$\therefore\quad BD = \sqrt{4 + 2\sqrt{2}}$　　　　　$\triangle BCD$　に注目して，　　$\angle CBD = 22.5°$

$\sin 22.5° = \dfrac{DC}{BD} = \dfrac{1}{\sqrt{4 + 2\sqrt{2}}} = \dfrac{\sqrt{4 - 2\sqrt{2}}}{\sqrt{4 + 2\sqrt{2}}\sqrt{4 - 2\sqrt{2}}} = \dfrac{\sqrt{2 - \sqrt{2}}}{2}$　（答）

$\cos 22.5° = \dfrac{BC}{BD} = \dfrac{\sqrt{2} + 1}{\sqrt{4 + 2\sqrt{2}}} = \dfrac{(\sqrt{2} + 1)\sqrt{4 - 2\sqrt{2}}}{\sqrt{4 + 2\sqrt{2}}\sqrt{4 - 2\sqrt{2}}} = \dfrac{\sqrt{2 + \sqrt{2}}}{2}$　（答）

$\tan 22.5° = \dfrac{DC}{BC} = \dfrac{1}{\sqrt{2} + 1} = \dfrac{1 \times (\sqrt{2} - 1)}{(\sqrt{2} + 1)(\sqrt{2} - 1)} = \sqrt{2} - 1$　　$\cdots\cdots$（答）

16-5　　　152p 例題 2 の図において，　頂点 B から対辺 AC へ垂線を下ろし，
その足を F とする。　　例題 2 解答を既知とする。　　$\triangle BCF$ に注目する。

$\angle CBF = \angle DBF = 18°$ ，　　$BC = 1$,　　$CF = \dfrac{CD}{2} = \dfrac{x}{2} = \dfrac{\sqrt{5} - 1}{4}$

$BF^2 = BC^2 - CF^2 = 1^2 - \left(\dfrac{\sqrt{5} - 1}{4}\right)^2 = \dfrac{10 + 2\sqrt{5}}{16}$　$\therefore\ BF = \dfrac{\sqrt{10 + 2\sqrt{5}}}{4}$

$\sin 18° = \dfrac{CF}{BC} = \dfrac{\sqrt{5} - 1}{4}$　　　　　　　　　$\cdots\cdots\cdots\cdots$（答）

$\cos 18° = \dfrac{BF}{BC} = \dfrac{\sqrt{10 + 2\sqrt{5}}}{4}$　　　　　　　$\cdots\cdots\cdots\cdots$（答）

$\tan 18° = \dfrac{CF}{BF} = \dfrac{(\sqrt{5} - 1) \cdot 4}{4\sqrt{10 + 2\sqrt{5}}} = \dfrac{(\sqrt{5} - 1)\sqrt{10 - 2\sqrt{5}}}{\sqrt{10 + 2\sqrt{5}}\sqrt{10 - 2\sqrt{5}}} = \sqrt{1 - \dfrac{2}{\sqrt{5}}}$（答）

16-6

(1)　　$AD = AC\cos\theta = (AB\cos\theta)\cos\theta = c\cos^2\theta$

(2)　　$CD = AC\sin\theta = (AB\cos\theta)\sin\theta = c\sin\theta\cos\theta$

(3)　　$DE = CD\cos\theta$　　$[\angle CDE = \theta]$　　$= (c\sin\theta\cos\theta)\cos\theta$　　$[\text{上記 (2)}]$
　　　　$= c\sin\theta\cos^2\theta$

(4)　　$CE = CD\sin\theta$　　$[\angle CDE = \theta]$　　$= (c\sin\theta\cos\theta)\sin\theta$　　$[\text{上記 (2)}]$
　　　　$= c\sin^2\theta\cos\theta$

16-7　　　　　　　　　　　　　$OA = OB = 10$
中心 O から辺 AB に下ろした垂線の足を H と
する。　　$AH = BH$ ，　　$\angle AOB = \dfrac{2\pi}{n}$
　　　$\angle AOH = \angle BOH = \dfrac{\pi}{n}$　$(= \theta$ とする.$)$
$AB = 2AH = 2OA\sin\theta = 20\sin\dfrac{\pi}{n}$　$\cdots$（答）
$OH = OA\cos\theta = 10\cos\dfrac{\pi}{n}$　　$\cdots\cdots$（答）

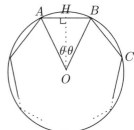

基礎演習 17

17-1 　　　154p $\boxed{1}$ (3) 　　$\dfrac{\theta}{\pi} = \dfrac{\alpha}{180}$ 　　より　　$\theta = \dfrac{\alpha}{180}\pi$

① 　$\theta = \dfrac{72}{180}\pi = \dfrac{2}{5}\pi$ 　　　　　　② 　$\theta = \dfrac{140}{180}\pi = \dfrac{7}{9}\pi$

③ 　$\theta = \dfrac{210}{180}\pi = \dfrac{7}{6}\pi$ 　　　　　　④ 　$\theta = \dfrac{-240}{180}\pi = -\dfrac{4}{3}\pi$

⑤ 　$\theta = \dfrac{300}{180}\pi = \dfrac{5}{3}\pi$ 　　　　　　⑥ 　$\theta = \dfrac{390}{180}\pi = \dfrac{13}{6}\pi$

⑦ 　$\theta = \dfrac{9}{180}\pi = \dfrac{\pi}{20}$ 　　　　　　⑧ 　$\theta = \dfrac{-81}{180}\pi = -\dfrac{9}{20}\pi$

17-2 　　　154p $\boxed{1}$ (3) 　　$\dfrac{\theta}{\pi} = \dfrac{\alpha}{180}$ 　　より　　$\alpha = \dfrac{\theta}{\pi}180$

① 　$\alpha = \dfrac{7}{12}180 = 105°$ 　　　　　　② 　$\alpha = \dfrac{11}{6}180 = 330°$

③ 　$\alpha = \dfrac{1}{8}180 = 22.5°$ 　　　　　　④ 　$\alpha = -\dfrac{5}{12}180 = -75°$

⑤ 　$\alpha = \dfrac{2}{\pi}180 = \dfrac{360}{\pi}°$ 　　　　　　⑥ 　$\alpha = \dfrac{5}{2}180 = 450°$

⑦ 　$\alpha = \dfrac{2}{15}180 = 24°$ 　　　　　　⑧ 　$\alpha = -\dfrac{13}{5}180 = -468°$

17-3

① 　$640° = 280° + 360° \times 1$ 　　より　　　　$280° + 360° \times n$ 　$(n \in Z)$

② 　$930° = 210° + 360° \times 2$ 　　より　　　　$210° + 360° \times n$ 　$(n \in Z)$

③ 　$-315° = 45° + 360° \times (-1)$ 　　より　　　　$45° + 360° \times n$ 　$(n \in Z)$

④ 　$-870° = 210° + 360° \times (-3)$ 　　より　　　　$210° + 360° \times n$ 　$(n \in Z)$

⑤ 　$\dfrac{8}{3}\pi = \dfrac{2}{3}\pi + 2\pi \times 1$ 　　より　　　　$\dfrac{2}{3}\pi + 2n\pi$ 　$(n \in Z)$

⑥ 　$\dfrac{9}{2}\pi = \dfrac{\pi}{2} + 2\pi \times 2$ 　　より　　　　$\dfrac{\pi}{2} + 2n\pi$ 　$(n \in Z)$

⑦ 　$-\dfrac{25}{12}\pi = \dfrac{23}{12}\pi + 2\pi \times (-2)$ 　　より　　　　$\dfrac{23}{12}\pi + 2n\pi$ 　$(n \in Z)$

⑧ 　$-\dfrac{25}{4}\pi = \dfrac{7}{4}\pi + 2\pi \times (-4)$ 　　より　　　　$\dfrac{7}{4}\pi + 2n\pi$ 　$(n \in Z)$

17−4

① $100°$ ② $540° = 180° + 360° \times 1$ ③ $-200° = 160° + 360° \times (-1)$

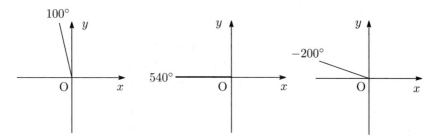

④ $\dfrac{11}{9}\pi = -\dfrac{7}{9}\pi + 2\pi \times 1$ ⑤ $\dfrac{13}{3}\pi = \dfrac{\pi}{3} + 2\pi \times 2$ ⑥ $-\dfrac{9}{4}\pi = -\dfrac{\pi}{4} + 2\pi \times (-1)$

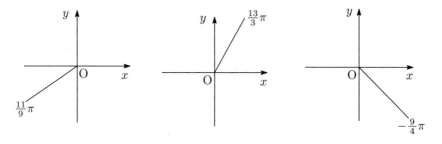

17−5 半径 r，中心角 $\theta\,(\mathrm{rad})$ の扇形の弧の長さを l，面積を S とすると，

$$l = r\theta \ , \qquad\qquad S = \dfrac{1}{2}r^2\theta \qquad\qquad (\text{154p 定理 60})$$

(1) $6\pi = \dfrac{1}{2}\,4^2\,\theta$ $\therefore\quad \theta = \dfrac{3}{4}\pi$ $\cdots\cdots$ (答)

(2) $3 = 2\theta$ $\therefore\quad \theta = \dfrac{3}{2}$ $\cdots\cdots$ (答)

  $S = \dfrac{1}{2}\,2^2\,\dfrac{3}{2} = 3\ (\mathrm{cm^2})$ $\cdots\cdots$ (答)

(3) $2r + l = 12$ 従って $2r + r\theta = 12$ ゆえに $\theta = \dfrac{12 - 2r}{r}$ $\cdots\cdots$ ①

  $0 < \theta < 2\pi$ より $0 < \dfrac{12 - 2r}{r} < 2\pi$ 従って $\dfrac{6}{\pi + 1} < r < 6$ $\cdots\cdots$ ②

  $S = \dfrac{1}{2}\,r^2\theta = \dfrac{1}{2}\,r^2\,\dfrac{12 - 2r}{r}$ [①] $= -r^2 + 6r = -(r-3)^2 + 9$

  ② より $r = 3\,(\mathrm{cm})$，$\theta = 2$ のとき $\max S = 9\,(\mathrm{cm^2})$ $\cdots\cdots$ (答)

基礎演習 18

18-1　　角の動径を作図して，157 p $\boxed{1}$ 定義 24 による。

(1)　$210° = 180° + 30°$

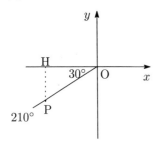

$PH \perp (x \text{軸})$　とすると　　$\angle POH = 30°$

$OP = r = 2$　とすると

$PH = 1,\ OH = \sqrt{3}$　より　$P(-\sqrt{3}, -1)$

よって

$\sin 210° = \dfrac{-1}{2} = -\dfrac{1}{2}$　$\cdots\cdots$ (答)

(2)　$-135° = -180° + 45°$

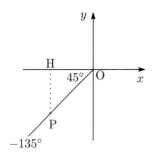

$PH \perp (x \text{軸})$　とすると　　$\angle POH = 45°$

$OP = r = \sqrt{2}$　とすると

$PH = 1,\ OH = 1$　より　$P(-1, -1)$

よって

$\cos(-135°) = \dfrac{-1}{\sqrt{2}} = -\dfrac{1}{\sqrt{2}}$　$\cdots\cdots$ (答)

(3)　$420° = 60° + 360°$

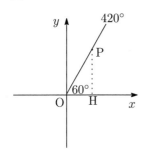

$PH \perp (x \text{軸})$　とすると　　$\angle POH = 60°$

$OP = r = 2$　とすると

$OH = 1,\ PH = \sqrt{3}$　より　$P(1, \sqrt{3})$

よって

$\tan 420° = \dfrac{\sqrt{3}}{1} = \sqrt{3}$　$\cdots\cdots$ (答)

(4) $\dfrac{14}{3}\pi = \dfrac{2\pi}{3} + 2\pi \times 2$

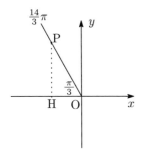

$PH \perp (x 軸)$　とすると　　$\angle POH = \dfrac{\pi}{3}$
$OP = r = 2$　とすると
$OH = 1,\ PH = \sqrt{3}$　より　$P(-1, \sqrt{3})$
よって
$\cos \dfrac{14}{3}\pi = \dfrac{-1}{2} = -\dfrac{1}{2}$　　……(答)

(5) $-\dfrac{13}{4}\pi = \dfrac{3\pi}{4} + 2\pi \times (-2)$

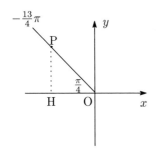

$PH \perp (x 軸)$　とすると　　$\angle POH = \dfrac{\pi}{4}$
$OP = r = \sqrt{2}$　とすると
$OH = 1,\ PH = 1$　より　$P(-1, 1)$
よって
$\sin \left(-\dfrac{13}{4}\pi\right) = \dfrac{1}{\sqrt{2}}$　　……(答)

(6) $\dfrac{11}{6}\pi = -\dfrac{\pi}{6} + 2\pi$

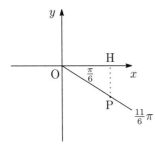

$PH \perp (x 軸)$　とすると　　$\angle POH = \dfrac{\pi}{6}$
$OP = r = 2$　とすると
$PH = 1,\ OH = \sqrt{3}$　より　$P(\sqrt{3}, -1)$
よって
$\tan \dfrac{11}{6}\pi = \dfrac{-1}{\sqrt{3}} = -\dfrac{1}{\sqrt{3}}$　　……(答)

基礎演習 19

19–1 $\boxed{1}$ 相互関係 を利用する。

(1) $\cos^2\theta = 1 - (-\dfrac{3}{5})^2 = \dfrac{16}{25}$ $\therefore$ $\cos\theta = \pm\dfrac{4}{5}$

　　$\tan\theta = (-\dfrac{3}{5})/(\pm\dfrac{4}{5}) = \mp\dfrac{3}{4}$ （複合同順）

(2) $\sin^2\theta = 1 - (\dfrac{12}{13})^2 = \dfrac{25}{169}$ $\therefore$ $\sin\theta = \pm\dfrac{5}{13}$

　　$\tan\theta = (\pm\dfrac{5}{13})/(\dfrac{12}{13}) = \pm\dfrac{5}{12}$ （複合同順）

(3) $\dfrac{1}{\cos^2\theta} = 1 + (-2)^2 = 5$ $\therefore$ $\cos\theta = \pm\dfrac{1}{\sqrt{5}}$

　　$\sin\theta = (-2)\cdot(\pm\dfrac{1}{\sqrt{5}}) = \mp\dfrac{2}{\sqrt{5}}$ （複合同順）

(4) $(\sin\theta + \cos\theta)^2 = (\dfrac{1}{2})^2$ $\sin^2\theta + 2\sin\theta\cos\theta + \cos^2\theta = \dfrac{1}{4}$

　　$2\sin\theta\cos\theta + 1 = \dfrac{1}{4}$ $\therefore$ $\sin\theta\cos\theta = -\dfrac{3}{8}$

19–2 $\boxed{2}$ 還元公式 を利用する。

(1) $\sin\theta + \sin(\dfrac{\pi}{2}+\theta) + \sin(\pi+\theta) + \sin(\dfrac{3\pi}{2}+\theta)$

　$= \sin\theta + \sin(\dfrac{\pi}{2}+\theta) + (-\sin\theta) + \{-\sin(\dfrac{\pi}{2}+\theta)\}$ $[\because \dfrac{3\pi}{2} = \pi + \dfrac{\pi}{2}]$ $= 0$

(2) $\cos(\dfrac{\pi}{2}-\theta) + \cos(-\theta) + \cos(\dfrac{\pi}{2}+\theta) + \cos(\pi+\theta)$

　$= \sin\theta + \cos\theta + (-\sin\theta) + (-\cos\theta)$ $= 0$

(3) $\tan\theta + \tan(\dfrac{\pi}{2}+\theta) + \tan(\pi-\theta) + \tan(\dfrac{\pi}{2}-\theta)$

　$= \tan\theta + (-\dfrac{1}{\tan\theta}) + (-\tan\theta) + \dfrac{1}{\tan\theta}$ $= 0$

(4) $\cos(-\theta)\cos(\theta+\pi) + \sin(\pi-\theta)\sin(-\theta)$

　$= \cos\theta\cdot(-\cos\theta) + \sin\theta\cdot(-\sin\theta) = -(\cos^2\theta + \sin^2\theta)$ $= -1$

(5) $\sin(\theta+\pi)\cos(\theta+\dfrac{\pi}{2}) + \sin(\dfrac{\pi}{2}-\theta)\cos(-\theta)$

　$= (-\sin\theta)(-\sin\theta) + \cos\theta\cos\theta$ $= \sin^2\theta + \cos^2\theta$ $= 1$

19-3　　　　　　　　　　　　　　　　　　　　2 還元公式 を利用する。

(1) $\sin 330° = \sin(-30° + 360°) = \sin(-30°) = -\sin 30° = -\dfrac{1}{2}$

(2) $\cos(-675°) = \cos\{45° + 360° \times (-2)\} = \cos 45° = \dfrac{1}{\sqrt{2}}$

(3) $\tan 930° = \tan(30° + 180° \times 5) = \tan 30° = \dfrac{1}{\sqrt{3}}$

(4) $\sin(-\dfrac{5\pi}{6}) = -\sin\dfrac{5\pi}{6} = -\sin(\pi - \dfrac{\pi}{6}) = -\sin\dfrac{\pi}{6} = -\dfrac{1}{2}$

(5) $\cos\dfrac{5\pi}{4} = \cos(\pi + \dfrac{\pi}{4}) = -\cos\dfrac{\pi}{4} = -\dfrac{1}{\sqrt{2}}$

(6) $\tan(-\dfrac{5\pi}{3}) = \tan\{\dfrac{\pi}{3} + (-2)\pi\} = \tan\dfrac{\pi}{3} = \sqrt{3}$

19-4　　　　　　　　　　　　　　　　　　　　2 還元公式 を利用する。

(1) $\sin 920° = \sin(200° + 360° \times 2) = \sin 200° = \sin(20° + 180°) = -\sin 20°$

(2) $\cos(-200°) = \cos\{160° + 360° \times (-1)\} = \cos 160° = \cos(180° - 20°)$
$$= -\cos 20°$$

(3) $\tan 505° = \tan(-35° + 180° \times 3) = \tan(-35°) = -\tan 35°$

(4) $\sin\dfrac{7\pi}{12} = \sin(\dfrac{\pi}{12} + \dfrac{\pi}{2}) = \cos\dfrac{\pi}{12}$

(5) $\cos\dfrac{19\pi}{12} = \cos(\dfrac{7\pi}{12} + \pi) = -\cos\dfrac{7\pi}{12} = -\cos(\dfrac{\pi}{12} + \dfrac{\pi}{2}) = \sin\dfrac{\pi}{12}$

(6) $\tan(-\dfrac{17\pi}{9}) = \tan\{\dfrac{\pi}{9} + (-2)\pi\} = \tan\dfrac{\pi}{9}$

19-5　　　　　　　　　　　　　　　　　　　　3 加法定理 を利用する。

(1) $\sin 75° = \sin(45° + 30°) = \sin 45° \cos 30° + \cos 45° \sin 30°$
$$= \dfrac{\sqrt{2}}{2} \cdot \dfrac{\sqrt{3}}{2} + \dfrac{\sqrt{2}}{2} \cdot \dfrac{1}{2} = \dfrac{\sqrt{6} + \sqrt{2}}{4}$$

(2) $\cos 105° = \cos(60° + 45°) = \cos 60° \cos 45° - \sin 60° \sin 45°$
$$= \dfrac{1}{2} \cdot \dfrac{\sqrt{2}}{2} - \dfrac{\sqrt{3}}{2} \cdot \dfrac{\sqrt{2}}{2} = \dfrac{\sqrt{2} - \sqrt{6}}{4}$$

(3) $\tan 15° = \tan(60° - 45°) = \dfrac{\tan 60° - \tan 45°}{1 + \tan 60° \tan 45°}$
$$= \dfrac{\sqrt{3} - 1}{1 + \sqrt{3}} = \dfrac{(\sqrt{3} - 1)^2}{(1 + \sqrt{3})(\sqrt{3} - 1)} = 2 - \sqrt{3}$$

19－6　　　　　　　　　　　　　　　　　　　　5 半角の公式 を利用する。

(1)　$\sin^2 15° = \dfrac{1 - \cos 30°}{2} = \dfrac{1 - \sqrt{3}/2}{2} = \dfrac{4 - 2\sqrt{3}}{8} = \left(\dfrac{\sqrt{3} - 1}{2\sqrt{2}}\right)^2$

　　　$\sin 15° > 0$　　より　　　$\sin 15° = \dfrac{\sqrt{3} - 1}{2\sqrt{2}} = \dfrac{(\sqrt{3} - 1)\sqrt{2}}{2\sqrt{2}\,\sqrt{2}} = \dfrac{\sqrt{6} - \sqrt{2}}{4}$

(2)　$\cos^2 22.5° = \dfrac{1 + \cos 45°}{2} = \dfrac{1 + \sqrt{2}/2}{2} = \dfrac{2 + \sqrt{2}}{4}$

　　　$\cos 22.5° > 0$　　より　　　$\cos 22.5° = \dfrac{\sqrt{2 + \sqrt{2}}}{2}$

(3)　$\tan^2 67.5° = \dfrac{1 - \cos 135°}{1 + \cos 135°} = \dfrac{1 - \cos(180° - 45°)}{1 + \cos(180° - 45°)} = \dfrac{1 + \cos 45°}{1 - \cos 45°}$

　　$= \dfrac{1 + 1/\sqrt{2}}{1 - 1/\sqrt{2}} = \dfrac{\sqrt{2} + 1}{\sqrt{2} - 1} = \dfrac{(\sqrt{2} + 1)^2}{(\sqrt{2} - 1)(\sqrt{2} + 1)} = (\sqrt{2} + 1)^2$

　　　$\tan 67.5° > 0$　　より　　　$\tan 67.5° = \sqrt{2} + 1$

19－7　　　　　　　　　　　　4 2倍角の公式, 6 3倍角の公式 を利用する。

(1)　$\theta = 18°$ のとき,　　　$5\theta = 90°$　　　　　　$2\theta = 90° - 3\theta$

　従って　　　　$\sin 2\theta = \sin(90° - 3\theta)$　　$= \cos 3\theta$

　よって　　　　$2\sin\theta\cos\theta = -3\cos\theta + 4\cos^3\theta$

　$\cos\theta \neq 0$　　より　　　$2\sin\theta = -3 + 4\cos^2\theta$　　$= -3 + 4(1 - \sin^2\theta)$

　　　　　　　　∴　$4\sin^2\theta + 2\sin\theta - 1 = 0$

　$\sin\theta > 0$　　より　　　$\sin\theta = \dfrac{-1 + \sqrt{5}}{4}$　　　　　よって　　　$\sin 18° = \dfrac{\sqrt{5} - 1}{4}$

(2)　$\theta = 36°$ のとき,　　　$5\theta = 180°$　　　　　　$2\theta = 180° - 3\theta$

　従って　　　　$\sin 2\theta = \sin(180° - 3\theta)$　　$= \sin 3\theta$

　よって　　　　$2\sin\theta\cos\theta = 3\sin\theta - 4\sin^3\theta$

　$\sin\theta \neq 0$　　より　　　$2\cos\theta = 3 - 4\sin^2\theta$　　$= 3 - 4(1 - \cos^2\theta)$

　　　　　　　　∴　$4\cos^2\theta - 2\cos\theta - 1 = 0$

　$\cos\theta > 0$　　より　　$\cos\theta = \dfrac{1 + \sqrt{5}}{4}$　　　　　よって　　　$\cos 36° = \dfrac{\sqrt{5} + 1}{4}$

19－8　　　　　　　　　　　158p 3 三角関数の値の符号 を参照

(1)　$\cos^2\alpha = 1 - \left(\dfrac{3}{5}\right)^2 = \dfrac{16}{25}$　　　　α は第1象限の角 だから　　$\cos\alpha = \dfrac{4}{5}$

　　$\sin^2\beta = 1 - \left(\dfrac{5}{13}\right)^2 = \dfrac{144}{169}$　　　　β は第4象限の角 だから　　$\sin\beta = -\dfrac{12}{13}$

　加法定理 (1)　より　　　$\sin(\alpha + \beta) = \dfrac{3}{5} \cdot \dfrac{5}{13} + \dfrac{4}{5} \cdot \left(-\dfrac{12}{13}\right) = -\dfrac{33}{65}$ … (答)

　また,　　　$\cos(\alpha + \beta) = \dfrac{4}{5} \cdot \dfrac{5}{13} - \dfrac{3}{5} \cdot \left(-\dfrac{12}{13}\right) = \dfrac{56}{65} > 0$

　従って,　　　$\alpha + \beta$ は第4象限の角 である。………… (答)

(2)　$\cos\theta = -\dfrac{1}{3}$　（ $\dfrac{\pi}{2} < \theta < \pi$ ）　のとき，　　　$\sin^2\theta = 1 - \left(-\dfrac{1}{3}\right)^2 = \dfrac{8}{9}$

θ は第 2 象限の角　だから　　$\sin\theta = \dfrac{2\sqrt{2}}{3}$,　　$\tan\theta = -2\sqrt{2}$

2 倍角の公式 より，　　　　$\sin 2\theta = 2\sin\theta\cos\theta = 2 \cdot \dfrac{2\sqrt{2}}{3} \cdot \left(-\dfrac{1}{3}\right) = -\dfrac{4\sqrt{2}}{9}$

$\cos 2\theta = 2\cos^2\theta - 1 = 2\left(-\dfrac{1}{3}\right)^2 - 1 = -\dfrac{7}{9}$

$\tan 2\theta = \dfrac{2\tan\theta}{1 - \tan^2\theta} = \dfrac{2(-2\sqrt{2})}{1 - (-2\sqrt{2})^2} = \dfrac{4\sqrt{2}}{7}$　（直前の 2 式からでもよい.）

半角の公式 より，　　　$\sin^2\dfrac{\theta}{2} = \dfrac{1 - \cos\theta}{2} = \dfrac{1 - \left(-\frac{1}{3}\right)}{2} = \dfrac{2}{3}$

$\cos^2\dfrac{\theta}{2} = \dfrac{1 + \cos\theta}{2} = \dfrac{1 + \left(-\frac{1}{3}\right)}{2} = \dfrac{1}{3}$

$\tan^2\dfrac{\theta}{2} = \dfrac{1 - \cos\theta}{1 + \cos\theta} = \dfrac{1 - \left(-\frac{1}{3}\right)}{1 + \left(-\frac{1}{3}\right)} = 2$　　　　（直前の 2 式からでもよい.）

$\dfrac{\theta}{2}$ は第 1 象限の角　だから　　　$\sin\dfrac{\theta}{2} = \sqrt{\dfrac{2}{3}} = \dfrac{\sqrt{6}}{3}$

$\cos\dfrac{\theta}{2} = \dfrac{1}{\sqrt{3}}$,　　　　$\tan\dfrac{\theta}{2} = \sqrt{2}$　（直前の 2 式からでもよい.）

(3)　$\tan\theta = 2$　のとき，　　　　2 倍角の公式 より，

$\sin 2\theta = \dfrac{2\tan\theta}{1 + \tan^2\theta} = \dfrac{2 \cdot 2}{1 + 2^2} = \dfrac{4}{5}$

$\cos 2\theta = \dfrac{1 - \tan^2\theta}{1 + \tan^2\theta} = \dfrac{1 - 2^2}{1 + 2^2} = -\dfrac{3}{5}$

$\tan 2\theta = \dfrac{2\tan\theta}{1 - \tan^2\theta} = \dfrac{2 \cdot 2}{1 - 2^2} = -\dfrac{4}{3}$　　　　　　（直前の 2 式からでもよい.）

(4)

$y = m_1 x + n_1$　$\cdots\cdots$ ①

$y = m_2 x + n_2$　$\cdots\cdots$ ②

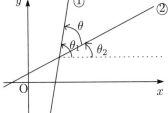

$m_1 \neq m_2$　より　2 直線①②は交わる。

①, ② が x 軸の正の向きとなす角を それぞれ θ_1, θ_2 （ $-\dfrac{\pi}{2} < \theta_1, \theta_2 < \dfrac{\pi}{2}$ ）

とすると，　　　　　$\tan\theta_1 = m_1$,　　　$\tan\theta_2 = m_2$

$m_1 > m_2$　より　$\theta_1 > \theta_2$　　　従って　$0 < \theta_1 - \theta_2 < \pi$　　　　$\theta = \theta_1 - \theta_2$

加法定理 (6) より，$\tan\theta = \tan(\theta_1 - \theta_2) = \dfrac{\tan\theta_1 - \tan\theta_2}{1 + \tan\theta_1\tan\theta_2} = \dfrac{m_1 - m_2}{1 + m_1 m_2}$ ∎

注 普通, 2直線のなす角としては, $0 \leqq \theta \leqq \dfrac{\pi}{2}$ であるものをとる。

上記で, $\dfrac{\pi}{2} < \theta < \pi$ となる場合は, $\pi - \theta$ を採用する。

$m_1 = m_2$ なら $\theta = 0$, $\qquad m_1 m_2 = -1$ なら $\theta = \dfrac{\pi}{2}$

(5) 2直線は $\quad y = 3x - 2 \quad \cdots\cdots$ ① $\qquad y = \dfrac{1}{2}x + 2 \quad \cdots\cdots$ ②

①, ② が x 軸の正の向きとなす角を それぞれ θ_1, θ_2 $(-\dfrac{\pi}{2} < \theta_1, \theta_2 < \dfrac{\pi}{2})$

とすると, $\qquad \tan\theta_1 = 3, \qquad \tan\theta_2 = \dfrac{1}{2}$

$0 < \theta_1 - \theta_2 < \pi$ であり, $\qquad \theta = \theta_1 - \theta_2$

加法定理 (6) (or 前問 (4)) より, $\quad \tan\theta = \tan(\theta_1 - \theta_2) = \dfrac{3 - 1/2}{1 + 3 \cdot 1/2} = 1$

$0 < \theta < \pi$ より $\qquad \theta = \dfrac{\pi}{4} \quad \cdots\cdots\cdots\cdots$ (答)

19−9 $\qquad\qquad\qquad\qquad\qquad\qquad$ ⑨ 三角関数の合成 を見よ。

(1) $\sqrt{3}\sin\theta + \cos\theta = 2(\sin\theta \cdot \dfrac{\sqrt{3}}{2} + \cos\theta \cdot \dfrac{1}{2})$

$\qquad = 2(\sin\theta\cos\dfrac{\pi}{6} + \cos\theta\sin\dfrac{\pi}{6}) = 2\sin(\theta + \dfrac{\pi}{6})$ $\qquad$ [加法定理 (1)]

(2) $\sin\theta - \sqrt{3}\cos\theta = 2(\sin\theta \cdot \dfrac{1}{2} - \cos\theta \cdot \dfrac{\sqrt{3}}{2})$

$\qquad = 2(\sin\theta\cos\dfrac{\pi}{3} - \cos\theta\sin\dfrac{\pi}{3}) = 2\sin(\theta - \dfrac{\pi}{3})$ $\qquad$ [加法定理 (2)]

(3) $\sin\theta - \cos\theta = \sqrt{2}(\sin\theta \cdot \dfrac{1}{\sqrt{2}} - \cos\theta \cdot \dfrac{1}{\sqrt{2}})$

$\qquad = \sqrt{2}(\sin\theta\cos\dfrac{\pi}{4} - \cos\theta\sin\dfrac{\pi}{4}) = \sqrt{2}\sin(\theta - \dfrac{\pi}{4})$ $\qquad$ [加法定理 (2)]

(4) $\dfrac{1}{2}\sin\theta + \dfrac{\sqrt{3}}{2}\cos\theta = \sin\theta \cdot \dfrac{1}{2} + \cos\theta \cdot \dfrac{\sqrt{3}}{2}$

$\qquad = \sin\theta\cos\dfrac{\pi}{3} + \cos\theta\sin\dfrac{\pi}{3} = \sin(\theta + \dfrac{\pi}{3})$ $\qquad$ [加法定理 (1)]

(5) $\sqrt{6}\sin\theta - \sqrt{2}\cos\theta = 2\sqrt{2}(\sin\theta \cdot \dfrac{\sqrt{3}}{2} - \cos\theta \cdot \dfrac{1}{2})$

$\qquad = 2\sqrt{2}(\sin\theta\cos\dfrac{\pi}{6} - \cos\theta\sin\dfrac{\pi}{6}) = 2\sqrt{2}\sin(\theta - \dfrac{\pi}{6})$ $\quad$ [加法定理 (2)]

(6) $\sqrt{3}\sin\theta + 3\cos(\theta + \dfrac{\pi}{3}) = \sqrt{3}\sin\theta + 3(\cos\theta\cos\dfrac{\pi}{3} - \sin\theta\sin\dfrac{\pi}{3})$

$\qquad = \sqrt{3}\sin\theta + 3(\cos\theta \cdot \dfrac{1}{2} - \sin\theta \cdot \dfrac{\sqrt{3}}{2})$

$\qquad = -\dfrac{\sqrt{3}}{2}\sin\theta + \dfrac{3}{2}\cos\theta = \sqrt{3}\{\sin\theta \cdot (-\dfrac{1}{2}) + \cos\theta \cdot \dfrac{\sqrt{3}}{2}\}$

$\qquad = \sqrt{3}(\sin\theta\cos\dfrac{2\pi}{3} + \cos\theta\sin\dfrac{2\pi}{3}) = \sqrt{3}\sin(\theta + \dfrac{2\pi}{3})$ $\quad$ [加法定理 (1)]

19-10　　　　　　　　　　　　　7 積和公式, 8 和積公式 を利用する。

(1)　$\sin 75° \cos 15° = \dfrac{1}{2}(\sin 90° + \sin 60°) = \dfrac{1}{2}(1 + \dfrac{\sqrt{3}}{2}) = \dfrac{2+\sqrt{3}}{4}$

(2)　$\cos 105° \sin 15° = \dfrac{1}{2}(\sin 120° - \sin 90°) = \dfrac{1}{2}(\dfrac{\sqrt{3}}{2} - 1) = \dfrac{-2+\sqrt{3}}{4}$

(3)　$\cos 165° \cos 15° = \dfrac{1}{2}(\cos 180° + \cos 150°) = \dfrac{1}{2}(-1 - \dfrac{\sqrt{3}}{2}) = -\dfrac{2+\sqrt{3}}{4}$

(4)　$\sin 105° \sin 75° = -\dfrac{1}{2}(\cos 180° - \cos 30°) = -\dfrac{1}{2}(-1 - \dfrac{\sqrt{3}}{2}) = \dfrac{2+\sqrt{3}}{4}$

(5)　$\sin 75° + \sin 15° = 2\sin 45° \cos 30° = 2 \cdot \dfrac{\sqrt{2}}{2} \cdot \dfrac{\sqrt{3}}{2} = \dfrac{\sqrt{6}}{2}$

(6)　$\sin 105° - \sin 15° = 2\cos 60° \sin 45° = 2 \cdot \dfrac{1}{2} \cdot \dfrac{\sqrt{2}}{2} = \dfrac{\sqrt{2}}{2}$

(7)　$\cos 105° + \cos 15° = 2\cos 60° \cos 45° = 2 \cdot \dfrac{1}{2} \cdot \dfrac{\sqrt{2}}{2} = \dfrac{\sqrt{2}}{2}$

(8)　$\cos 75° - \cos 15° = -2\sin 45° \sin 30° = -2 \cdot \dfrac{\sqrt{2}}{2} \cdot \dfrac{1}{2} = -\dfrac{\sqrt{2}}{2}$

(9)　$\sin 20° + \sin 140° + \sin 260° = \sin 140° + \sin 260° + \sin 20°$

　　$= \sin 140° + 2\sin 140° \cos 120° = \sin 140° + 2\sin 140° \cdot (-\dfrac{1}{2}) = 0$

(10)　$\cos 20° \cos 40° \cos 80° = \dfrac{1}{2}(\cos 60° + \cos 20°)\cos 80°$

　　$= \dfrac{1}{2} \cdot \dfrac{1}{2} \cos 80° + \dfrac{1}{2}\cos 20° \cos 80° = \dfrac{1}{4}\cos 80° + \dfrac{1}{4}(\cos 100° + \cos 60°)$

　　$= \dfrac{1}{4}(\cos 80° + \cos 100° + \dfrac{1}{2}) = \dfrac{1}{4}\{\cos 80° + (-\cos 80°) + \dfrac{1}{2}\} = \dfrac{1}{8}$

(11)　$\sqrt{3}\sin \dfrac{\pi}{12} + \cos \dfrac{\pi}{12} = 2(\sin \dfrac{\pi}{12} \cdot \dfrac{\sqrt{3}}{2} + \cos \dfrac{\pi}{12} \cdot \dfrac{1}{2})$

　　$= 2(\sin \dfrac{\pi}{12}\cos \dfrac{\pi}{6} + \cos \dfrac{\pi}{12}\sin \dfrac{\pi}{6}) = 2\sin(\dfrac{\pi}{12} + \dfrac{\pi}{6}) = 2\sin \dfrac{\pi}{4} = \sqrt{2}$

(12)　$\sin \dfrac{5}{12}\pi - \cos \dfrac{5}{12}\pi = \sqrt{2}(\sin \dfrac{5}{12}\pi \cdot \dfrac{1}{\sqrt{2}} - \cos \dfrac{5}{12}\pi \cdot \dfrac{1}{\sqrt{2}})$

　　$= \sqrt{2}(\sin \dfrac{5}{12}\pi \cos \dfrac{\pi}{4} - \cos \dfrac{5}{12}\pi \sin \dfrac{\pi}{4}) = \sqrt{2}\sin(\dfrac{5}{12}\pi - \dfrac{\pi}{4})$

　　$= \sqrt{2}\sin \dfrac{\pi}{6} = \dfrac{\sqrt{2}}{2}$

注　(11)(12) は　9 三角関数の合成 を利用する。

19−11 23p $\boxed{4}$ 等式の証明の型 を 参照

(1) $\dfrac{\cos\theta}{1+\sin\theta}+\dfrac{\cos\theta}{1-\sin\theta}=\dfrac{\cos\theta(1-\sin\theta)+\cos\theta(1+\sin\theta)}{(1+\sin\theta)(1-\sin\theta)}$ [通分]

$=\dfrac{2\cos\theta}{1-\sin^2\theta}\quad=\dfrac{2\cos\theta}{\cos^2\theta}\quad$ [$\boxed{1}$(2)] $\quad=\dfrac{2}{\cos\theta}$ [約分]

(2) $\dfrac{1+\sin\theta}{\cos\theta}+\dfrac{\cos\theta}{1+\sin\theta}=\dfrac{(1+\sin\theta)^2+\cos^2\theta}{\cos\theta(1+\sin\theta)}$ [通分]

$=\dfrac{1+2\sin\theta+\sin^2\theta+\cos^2\theta}{\cos\theta(1+\sin\theta)}=\dfrac{2+2\sin\theta}{\cos\theta(1+\sin\theta)}$ [$\boxed{1}$(2)] $=\dfrac{2}{\cos\theta}$ [約分]

(3) $\dfrac{1-\cos\theta}{\sin\theta}+\dfrac{\sin\theta}{1-\cos\theta}=\dfrac{(1-\cos\theta)^2+\sin^2\theta}{\sin\theta(1-\cos\theta)}$ [通分]

$=\dfrac{1-2\cos\theta+\cos^2\theta+\sin^2\theta}{\sin\theta(1-\cos\theta)}=\dfrac{2-2\cos\theta}{\sin\theta(1-\cos\theta)}$ [$\boxed{1}$(2)] $=\dfrac{2}{\sin\theta}$ [約分]

(4) $\dfrac{\cos\theta}{1-\sin\theta}-\tan\theta=\dfrac{\cos\theta}{1-\sin\theta}-\dfrac{\sin\theta}{\cos\theta}=\dfrac{\cos^2\theta-(1-\sin\theta)\sin\theta}{(1-\sin\theta)\cos\theta}$ [通分]

$=\dfrac{\cos^2\theta-\sin\theta+\sin^2\theta}{(1-\sin\theta)\cos\theta}=\dfrac{1-\sin\theta}{(1-\sin\theta)\cos\theta}$ [$\boxed{1}$(2)] $=\dfrac{1}{\cos\theta}$ [約分]

(5) $\tan^2\theta-\tan^2\theta\sin^2\theta=\tan^2\theta(1-\sin^2\theta)=\tan^2\theta\cos^2\theta$ [$\boxed{1}$(2)]

$=(\tan\theta\cos\theta)^2=\sin^2\theta$ [$\boxed{1}$(1)]

従って，$\tan^2\theta-\tan^2\theta\sin^2\theta=\sin^2\theta$ よって，与式が成り立つ。

(6) $\tan3\theta=\dfrac{\sin3\theta}{\cos3\theta}$ [$\boxed{1}$(1)] $=\dfrac{3\sin\theta-4\sin^3\theta}{-3\cos\theta+4\cos^3\theta}$ [$\boxed{6}$(1)(2)]

$=\dfrac{3\dfrac{\sin\theta}{\cos\theta}\dfrac{1}{\cos^2\theta}-4\dfrac{\sin^3\theta}{\cos^3\theta}}{-3\dfrac{1}{\cos^2\theta}+4}$ [分母分子を $\cos^3\theta$ で割る]

$=\dfrac{3\tan\theta(1+\tan^2\theta)-4\tan^3\theta}{-3(1+\tan^2\theta)+4}$ [$\boxed{1}$(1)(3)] $=\dfrac{3\tan\theta-\tan^3\theta}{1-3\tan^2\theta}$

(7) $\cos2\theta\tan2\theta=\sin2\theta$ [$\boxed{1}$(1)] $=2\sin\theta\cos\theta$ [$\boxed{4}$(1)]

$=2\cdot\dfrac{\sin\theta}{\cos\theta}\cdot\cos^2\theta=2\tan\theta\cos^2\theta$ [$\boxed{1}$(1)]

従って，$\cos2\theta\tan2\theta=2\tan\theta\cos^2\theta$ よって，与式が成り立つ。

(8) $\cos(\alpha+\beta)\sin(\alpha-\beta)=\dfrac{1}{2}(\sin2\alpha-\sin2\beta)$ [$\boxed{7}$(2)]

$=\dfrac{1}{2}(2\sin\alpha\cos\alpha-2\sin\beta\cos\beta)$ [$\boxed{4}$(1)] $=\sin\alpha\cos\alpha-\sin\beta\cos\beta$

基礎演習 20

20-1   173 p 定理 63 による。

(1) $y = 3\sin x$

ア 3

イ 2π

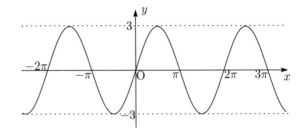

(2) $y = \sin 2x$

ウ $\dfrac{1}{2}$

エ π

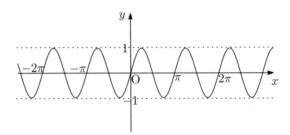

(3) $y = 3\sin 2x$

オ $\dfrac{1}{2}$

カ 3

キ π

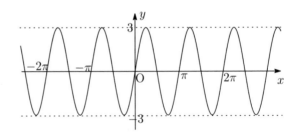

(4) $y = 3\sin\left(2x - \dfrac{\pi}{3}\right)$

ク $\dfrac{\pi}{6}$

ケ 3

コ π

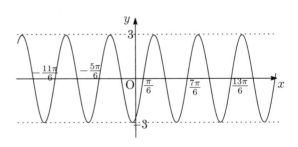

20-2　　　　　　　　　　　109 p 定理 38，173 p 定理 63　を参照

(1)

$y = \sin(x - \dfrac{\pi}{3})$

周期は　2π

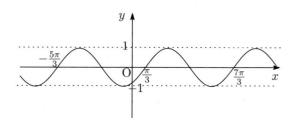

(2)

$y = 2\sin(3x + \dfrac{3}{4}\pi)$

周期は　$\dfrac{2\pi}{3}$

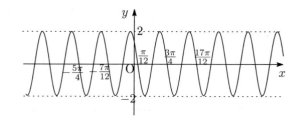

(3)

$y = \cos\dfrac{1}{2}x$

周期は　4π

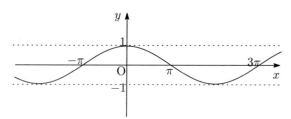

(4)

$y = \cos(x + \dfrac{\pi}{4}) + 2$

周期は　2π

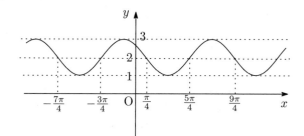

(5)

$y = -\tan x$

周期 は π

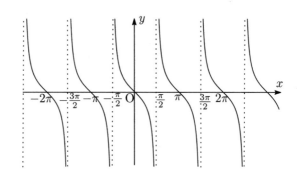

(6)

$y = \tan(x - \dfrac{\pi}{3})$

周期 は π

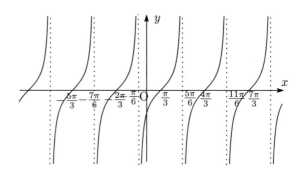

基礎演習 21

21-1, 21-2　方程式と不等式 (等号と不等号 以外は 同形ゆえ 同時に扱う.)

(1) 単位円 と 直線 $y = \dfrac{1}{2}$ の交点 A, B を求める。
方程式の θ の動径は OA, OB である。

動径 OA, OB の表す角は, $0 \leqq \theta < 2\pi$ の範囲で,
$$\theta = \frac{\pi}{6}, \ \frac{5}{6}\pi \qquad \cdots\cdots\cdots (答)$$

不等式に 移って, 解の動径の範囲 は,
右図の 劣弧 AB である。　$0 \leqq \theta < 2\pi$ で
動径を回転して 適不適をみれば,
不等式の θ の範囲は, 　$\dfrac{\pi}{6} \leqq \theta \leqq \dfrac{5}{6}\pi$ $\cdots\cdots$ (答)

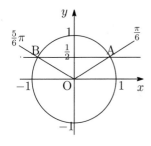

(2) 単位円 と 直線 $x = -\dfrac{1}{2}$ の交点 A, B を求める。
方程式の θ の動径は OA, OB である。

動径 OA, OB の表す角は, $0 \leqq \theta < 2\pi$ の範囲で,
$$\theta = \frac{2}{3}\pi, \ \frac{4}{3}\pi \qquad \cdots\cdots\cdots (答)$$

不等式に 移って, 解の動径の範囲 は,
右図の 優弧 AB である。　$0 \leqq \theta < 2\pi$ で
動径を回転して 適不適をみれば,
不等式の θ の範囲は,

$$0 \leqq \theta < \frac{2}{3}\pi, \ \frac{4}{3}\pi < \theta < 2\pi \ \cdots\cdots (答)$$

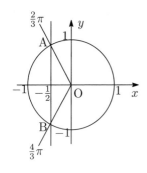

(3) 直線 $x = 1$ と 直線 $y = \dfrac{1}{\sqrt{3}}$ の交点として,
$Q\left(1, \dfrac{1}{\sqrt{3}}\right)$ を得る。　方程式の θ の動径 は
半直線 OQ とその逆向き半直線 OR である。

動径 OQ, OR の表す角は, $0 \leqq \theta < 2\pi$ の範囲で,
$$\theta = \frac{\pi}{6}, \ \frac{7}{6}\pi \qquad \cdots\cdots\cdots (答)$$

不等式に 移って, 解の動径の範囲 は, 単位円上
に変換して, 右図の 劣弧 Q′C, 劣弧 R′B である。
$0 \leqq \theta < 2\pi$ で 動径を回転して 適不適をみれば,
不等式の θ の範囲は,

$$0 \leqq \theta \leqq \frac{\pi}{6}, \ \frac{\pi}{2} < \theta \leqq \frac{7}{6}\pi, \ \frac{3}{2}\pi < \theta < 2\pi \ \cdots\cdots (答)$$

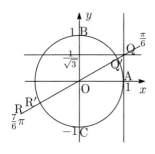

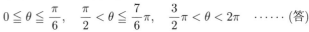

(4) 与式より　$\sin\theta = -\dfrac{\sqrt{3}}{2}$,　$\sin\theta > -\dfrac{\sqrt{3}}{2}$

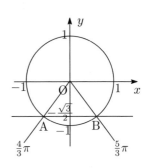

単位円と直線 $y = -\dfrac{\sqrt{3}}{2}$ の交点 A, B を求める。
方程式の θ の動径は OA, OB である。

動径 OA, OB の表す角は,　$0 \leqq \theta < 2\pi$ の範囲で,
$$\theta = \frac{4}{3}\pi,\ \frac{5}{3}\pi \qquad \cdots\cdots\cdots (答)$$

不等式に移って,　解の動径の範囲は,
右図の 優弧 AB である。　　$0 \leqq \theta < 2\pi$ で
動径を回転して 適不適をみれば,
不等式の θ の範囲は,　　$0 \leqq \theta < \dfrac{4}{3}\pi$,　$\dfrac{5}{3}\pi < \theta < 2\pi$　$\cdots\cdots$ (答)

(5) 与式より　$\cos\theta = -\dfrac{1}{\sqrt{2}}$,　$\cos\theta \leqq -\dfrac{1}{\sqrt{2}}$

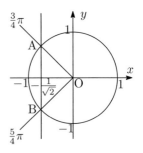

単位円と直線 $x = -\dfrac{1}{\sqrt{2}}$ の交点 A, B を求める。
方程式の θ の動径は OA, OB である。

動径 OA, OB の表す角は,　$0 \leqq \theta < 2\pi$ の範囲で,
$$\theta = \frac{3}{4}\pi,\ \frac{5}{4}\pi \qquad \cdots\cdots\cdots (答)$$

不等式に移って,　解の動径の範囲は,
右図の 劣弧 AB である。　　$0 \leqq \theta < 2\pi$ で
動径を回転して 適不適をみれば,
不等式の θ の範囲は,　　$\dfrac{3}{4}\pi \leqq \theta \leqq \dfrac{5}{4}\pi$　$\cdots\cdots$ (答)

(6) 与式より　$\tan\theta = -\dfrac{1}{\sqrt{3}}$,　$\tan\theta \geqq -\dfrac{1}{\sqrt{3}}$

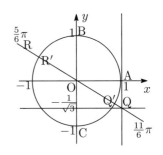

直線 $x = 1$ と直線 $y = -\dfrac{1}{\sqrt{3}}$ の交点 として,

$Q\left(1, -\dfrac{1}{\sqrt{3}}\right)$ を得る。　方程式の θ の動径 は
半直線 OQ とその逆向き半直線 OR である。

動径 OQ, OR の表す角は,　$0 \leqq \theta < 2\pi$ の範囲で,
$$\theta = \frac{5}{6}\pi,\ \frac{11}{6}\pi \qquad \cdots\cdots\cdots (答)$$

不等式に移って,　解の動径の範囲は, 単位円上
に変換して, 右図の 劣弧 Q′B, 劣弧 R′C である。
$0 \leqq \theta < 2\pi$ で 動径を回転して 適不適をみれば,
不等式の θ の範囲は, $0 \leqq \theta < \dfrac{\pi}{2}$,　$\dfrac{5}{6}\pi \leqq \theta < \dfrac{3}{2}\pi$,　$\dfrac{11}{6}\pi \leqq \theta < 2\pi$ $\cdots$ (答)

(7)　$\theta - \dfrac{\pi}{3} = \varphi$ とおけば，　$\sin\varphi = \dfrac{1}{\sqrt{2}},$　$\sin\varphi < \dfrac{1}{\sqrt{2}}$　$\left(-\dfrac{\pi}{3} \leqq \varphi < \dfrac{5}{3}\pi\right)$

単位円と直線 $y = \dfrac{1}{\sqrt{2}}$ の交点 A, B を求める。

方程式の φ の動径は OA, OB である。

動径 OA, OB の表す角は，　$-\dfrac{\pi}{3} \leqq \varphi < \dfrac{5}{3}\pi$ で，

$\varphi = \dfrac{\pi}{4},\ \dfrac{3}{4}\pi$　　$\therefore$　$\theta = \dfrac{7}{12}\pi,\ \dfrac{13}{12}\pi$　…(答)

不等式に移って，　解 φ の動径の範囲は，

右図の 優弧 AB である。　　$-\dfrac{\pi}{3} \leqq \varphi < \dfrac{5}{3}\pi$ で

動径を回転して 適不適をみれば，

不等式の φ の範囲は，　$-\dfrac{\pi}{3} \leqq \varphi < \dfrac{\pi}{4},$　$\dfrac{3}{4}\pi < \varphi < \dfrac{5}{3}\pi$

よって，　　$0 \leqq \theta < \dfrac{7}{12}\pi,$　$\dfrac{13}{12}\pi < \theta < 2\pi$　…………(答)

(8)　$2\theta + \dfrac{\pi}{4} = \varphi$ とおけば，　$\cos\varphi = \dfrac{\sqrt{3}}{2},$　$\cos\varphi \geqq \dfrac{\sqrt{3}}{2}$　$\left(\dfrac{\pi}{4} \leqq \varphi < \dfrac{17}{4}\pi\right)$

単位円と直線 $x = \dfrac{\sqrt{3}}{2}$ の交点 A, B を求める。

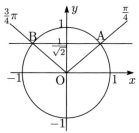

方程式の φ の動径は OA, OB である。

動径 OA, OB の表す角は，　$\dfrac{\pi}{4} \leqq \varphi < \dfrac{17}{4}\pi$ で，

　$\varphi = \dfrac{11}{6}\pi,\ \dfrac{13}{6}\pi,\ \dfrac{23}{6}\pi,\ \dfrac{25}{6}\pi$

　$\therefore$　$\theta = \dfrac{19}{24}\pi,\ \dfrac{23}{24}\pi,\ \dfrac{43}{24}\pi,\ \dfrac{47}{24}\pi$　……(答)

不等式に移って，　解 φ の動径の範囲は，

右図の 劣弧 AB である。　　$\dfrac{\pi}{4} \leqq \varphi < \dfrac{17}{4}\pi$ で

動径を回転して 適不適をみれば，

不等式の φ の範囲は，　$\dfrac{11}{6}\pi \leqq \varphi \leqq \dfrac{13}{6}\pi,$　$\dfrac{23}{6}\pi \leqq \varphi \leqq \dfrac{25}{6}\pi$

よって，　　$\dfrac{19}{24}\pi \leqq \theta \leqq \dfrac{23}{24}\pi,$　$\dfrac{43}{24}\pi \leqq \theta \leqq \dfrac{47}{24}\pi$　…………(答)

(9) $2\theta - \dfrac{\pi}{6} = \varphi$ とおけば, $\tan\varphi = -\sqrt{3}$. $\tan\varphi < -\sqrt{3}$ $\left(-\dfrac{\pi}{6} \leqq \varphi < \dfrac{23}{6}\pi\right)$

直線 $x = 1$ と直線 $y = -\sqrt{3}$ の交点として,

Q$(1, -\sqrt{3})$ を得る。 方程式の φ の動径は

半直線 OQ とその逆向き半直線 OR である。

動径 OQ, OR の表す角は, $-\dfrac{\pi}{6} \leqq \varphi < \dfrac{23}{6}\pi$ で,

$$\varphi = \frac{2}{3}\pi,\ \frac{5}{3}\pi,\ \frac{8}{3}\pi,\ \frac{11}{3}\pi$$

$$\therefore\quad \theta = \frac{5}{12}\pi,\ \frac{11}{12}\pi,\ \frac{17}{12}\pi,\ \frac{23}{12}\pi \quad \cdots\cdots \text{(答)}$$

不等式に移って, 解の動径の範囲は, 単位円上

に変換して, 右図の 劣弧 Q′C, 劣弧 R′B である。

$-\dfrac{\pi}{6} \leqq \varphi < \dfrac{23}{6}\pi$ で 動径を回転して

適不適をみれば, 不等式の φ の範囲は,

$$\frac{\pi}{2} < \varphi < \frac{2}{3}\pi,\ \ \frac{3}{2}\pi < \varphi < \frac{5}{3}\pi,\ \ \frac{5}{2}\pi < \varphi < \frac{8}{3}\pi,\ \ \frac{7}{2}\pi < \varphi < \frac{11}{3}\pi \ \ \text{よって,}$$

$$\frac{\pi}{3} < \theta < \frac{5}{12}\pi,\ \ \frac{5}{6}\pi < \theta < \frac{11}{12}\pi,\ \ \frac{4}{3}\pi < \theta < \frac{17}{12}\pi,\ \ \frac{11}{6}\pi < \theta < \frac{23}{12}\pi \ \cdots \text{(答)}$$

21-3 奇数番目は方程式, 次の偶数番目は不等式で, 等号, 不等号以外, 式は
同じ。 方程式では, グラフを省略した。 次の不等式でのグラフを参照のこと。

(1) 与式より, $\sqrt{2}\left(\sin\theta \cdot \dfrac{1}{\sqrt{2}} + \cos\theta \cdot \dfrac{1}{\sqrt{2}}\right) = \dfrac{1}{\sqrt{2}}$

$\sqrt{2}\left(\sin\theta\cos\dfrac{\pi}{4} + \cos\theta\sin\dfrac{\pi}{4}\right) = \dfrac{1}{\sqrt{2}}$ $\therefore$ $\sin\left(\theta + \dfrac{\pi}{4}\right) = \dfrac{1}{2}$

$\theta + \dfrac{\pi}{4} = \varphi$ と置き換えれば, $\sin\varphi = \dfrac{1}{2}$ $\left(\dfrac{\pi}{4} \leqq \varphi < \dfrac{9}{4}\pi\right)$

単位円と直線 $y = \dfrac{1}{2}$ の交点 A, B を求める。

動径 OA, OB の表す角は $\dfrac{\pi}{4} \leqq \varphi < \dfrac{9}{4}\pi$ の範囲で, $\varphi = \dfrac{5}{6}\pi,\ \dfrac{13}{6}\pi$

よって, $\theta = \dfrac{7}{12}\pi,\ \dfrac{23}{12}\pi$ $\cdots\cdots\cdots\cdots$ (答)

(2) 与式より, $\sqrt{2}\left(\sin\theta \cdot \dfrac{1}{\sqrt{2}} + \cos\theta \cdot \dfrac{1}{\sqrt{2}}\right) \leqq \dfrac{1}{\sqrt{2}}$

$\sqrt{2}\left(\sin\theta\cos\dfrac{\pi}{4} + \cos\theta\sin\dfrac{\pi}{4}\right) \leqq \dfrac{1}{\sqrt{2}}$ $\therefore$ $\sin\left(\theta + \dfrac{\pi}{4}\right) \leqq \dfrac{1}{2}$

$\theta + \dfrac{\pi}{4} = \varphi$ と置き換えれば, $\sin\varphi \leqq \dfrac{1}{2}$ $\left(\dfrac{\pi}{4} \leqq \varphi < \dfrac{9}{4}\pi\right)$

単位円と直線 $y = \dfrac{1}{2}$ の交点 A, B を求める。

動径 OA, OB の表す角は 　$\dfrac{\pi}{4} \leqq \varphi < \dfrac{9}{4}\pi$ で，

$$\varphi = \dfrac{5}{6}\pi, \ \dfrac{13}{6}\pi$$

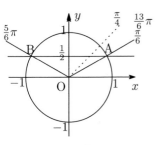

解 φ の動径の範囲は，右図の 優弧 AB である。

$\dfrac{\pi}{4} \leqq \varphi < \dfrac{9}{4}\pi$ で 　動径を回転して

適不適をみれば， 　　φ の範囲 は，

$$\dfrac{5}{6}\pi \leqq \varphi \leqq \dfrac{13}{6}\pi \qquad\qquad よって，\qquad \dfrac{7}{12}\pi \leqq \theta \leqq \dfrac{23}{12}\pi \quad \cdots\cdots\cdots (答)$$

(3) 　与式より， 　　$2\left(\sin\theta \cdot \dfrac{1}{2} + \cos\theta \cdot \dfrac{\sqrt{3}}{2}\right) = \sqrt{2}$

$2\left(\sin\theta \cos\dfrac{\pi}{3} + \cos\theta \sin\dfrac{\pi}{3}\right) = \sqrt{2}$ 　　　　$\therefore \ \sin\left(\theta + \dfrac{\pi}{3}\right) = \dfrac{1}{\sqrt{2}}$

$\theta + \dfrac{\pi}{3} = \varphi$ 　と置き換えれば， 　　　$\sin\varphi = \dfrac{1}{\sqrt{2}}$ 　$\left(\dfrac{\pi}{3} \leqq \varphi < \dfrac{7}{3}\pi\right)$

単位円と直線 $y = \dfrac{1}{\sqrt{2}}$ の交点 A, B を求める。

動径 OA, OB の表す角は 　　　$\dfrac{\pi}{3} \leqq \varphi < \dfrac{7}{3}\pi$ の範囲で， 　$\varphi = \dfrac{3}{4}\pi, \ \dfrac{9}{4}\pi$

よって， 　　　　　　$\theta = \dfrac{5}{12}\pi, \ \dfrac{23}{12}\pi$ 　　　　$\cdots\cdots\cdots\cdots (答)$

(4) 　与式より， 　　$2\left(\sin\theta \cdot \dfrac{1}{2} + \cos\theta \cdot \dfrac{\sqrt{3}}{2}\right) > \sqrt{2}$

$2\left(\sin\theta \cos\dfrac{\pi}{3} + \cos\theta \sin\dfrac{\pi}{3}\right) > \sqrt{2}$ 　　　　$\therefore \ \sin\left(\theta + \dfrac{\pi}{3}\right) > \dfrac{1}{\sqrt{2}}$

$\theta + \dfrac{\pi}{3} = \varphi$ 　と置き換えれば， 　　$\sin\varphi > \dfrac{1}{\sqrt{2}}$ 　$\left(\dfrac{\pi}{3} \leqq \varphi < \dfrac{7}{3}\pi\right)$

単位円と直線 $y = \dfrac{1}{\sqrt{2}}$ の交点 A, B を求める。

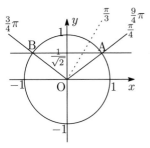

動径 OA, OB の表す角は 　　　$\dfrac{\pi}{3} \leqq \varphi < \dfrac{7}{3}\pi$ で，

$$\varphi = \dfrac{3}{4}\pi, \ \dfrac{9}{4}\pi$$

解 φ の動径の範囲は，右図の 劣弧 AB である。

$\dfrac{\pi}{3} \leqq \varphi < \dfrac{7}{3}\pi$ で 　動径を回転して

適不適をみれば， 　　φ の範囲 は，

$\dfrac{\pi}{3} \leqq \varphi < \dfrac{3}{4}\pi, \ \dfrac{9}{4}\pi < \varphi < \dfrac{7}{3}\pi$ 　$\therefore \ 0 \leqq \theta < \dfrac{5}{12}\pi, \ \dfrac{23}{12}\pi < \theta < 2\pi \cdots (答)$

(5) 与式より，　$(\sqrt{3}\tan\theta + 1)(\tan\theta - \sqrt{3}) = 0$　　$\therefore$　$\tan\theta = -\dfrac{1}{\sqrt{3}},\ \sqrt{3}$

直線 $x = 1$ と 直線 $y = -\dfrac{1}{\sqrt{3}}$, $y = \sqrt{3}$ の交点として，$Q\left(1, -\dfrac{1}{\sqrt{3}}\right)$, $S(1, \sqrt{3})$

θ の動径は　　半直線 OQ とその逆向き半直線 OR，　半直線 OS とその逆向き
半直線 OT である。

動径 OQ, OR, OS, OT の表す角は，　　　　$0 \leqq \theta < 2\pi$ の範囲で，

$$\theta = \dfrac{\pi}{3},\ \dfrac{5}{6}\pi,\ \dfrac{4}{3}\pi,\ \dfrac{11}{6}\pi \qquad \cdots\cdots\cdots (答)$$

(6) 与式より，　$(\sqrt{3}\tan\theta + 1)(\tan\theta - \sqrt{3}) \leqq 0$　　$\therefore$　$-\dfrac{1}{\sqrt{3}} \leqq \tan\theta \leqq \sqrt{3}$

直線 $x = 1$ と 直線 $y = -\dfrac{1}{\sqrt{3}}$, $y = \sqrt{3}$ の交点として，$Q\left(1, -\dfrac{1}{\sqrt{3}}\right)$, $S(1, \sqrt{3})$

等号のときの θ の動径は
半直線 OQ とその逆向き半直線 OR，　半直線 OS
とその逆向き半直線 OT である。

動径 OQ, OR, OS, OT の表す角は，

$0 \leqq \theta < 2\pi$ の範囲で，$\theta = \dfrac{\pi}{3},\ \dfrac{5}{6}\pi,\ \dfrac{4}{3}\pi,\ \dfrac{11}{6}\pi$

不等式に戻って，解の動径の範囲は，単位円上に
変換して，右図の 劣弧 Q′S′，劣弧 R′T′ である。

$0 \leqq \theta < 2\pi$ で　　動径を回転して
適不適をみれば，　　　不等式の θ の範囲は，

$$0 \leqq \theta \leqq \dfrac{\pi}{3},\quad \dfrac{5}{6}\pi \leqq \theta \leqq \dfrac{4}{3}\pi,\quad \dfrac{11}{6}\pi \leqq \theta < 2\pi \quad \cdots\cdots (答)$$

(7) 与式より，　$2(1 - \sin^2\theta) + 3\sin\theta - 3 = 0$　　　$2\sin^2\theta - 3\sin\theta + 1 = 0$

$\qquad (2\sin\theta - 1)(\sin\theta - 1) = 0$　　　$\therefore$　$\sin\theta = \dfrac{1}{2},\ 1$

単位円と 直線 $y = \dfrac{1}{2}$, $y = 1$ の共有点 A, B, C を求める。

θ の動径は OA, OB, OC である。　　動径 OA, OB, OC の表す角は，

$0 \leqq \theta < 2\pi$ の範囲で，　　　　　　$\theta = \dfrac{\pi}{6},\ \dfrac{\pi}{2},\ \dfrac{5}{6}\pi \qquad \cdots\cdots\cdots (答)$

(8) 与式より，　$2(1 - \sin^2\theta) + 3\sin\theta - 3 \geqq 0$　　　$2\sin^2\theta - 3\sin\theta + 1 \leqq 0$

$(2\sin\theta - 1)(\sin\theta - 1) \leqq 0$　　　　$\therefore$　　$\dfrac{1}{2} \leqq \sin\theta \ (\leqq 1)$

単位円と直線 $y = \dfrac{1}{2}$ の交点 A, B を求める。

等号のときの θ の動径は OA, OB である。

動径 OA, OB の表す角は，$0 \leqq \theta < 2\pi$ の範囲で，

$$\theta = \dfrac{\pi}{6}, \ \dfrac{5}{6}\pi$$

不等式に戻って，　解の動径の範囲は，

右図の 劣弧 AB である。　　$0 \leqq \theta < 2\pi$ で

動径を回転して 適不適をみれば，

不等式の θ の範囲 は，　　　　$\dfrac{\pi}{6} \leqq \theta \leqq \dfrac{5}{6}\pi$　$\cdots\cdots$ (答)

(9) 与式より，　$(2\cos^2\theta - 1) - 5\cos\theta - 2 = 0$　　　$2\cos^2\theta - 5\cos\theta - 3 = 0$

$(2\cos\theta + 1)(\cos\theta - 3) = 0$　　　　$\therefore$　　$\cos\theta = -\dfrac{1}{2}$

単位円と直線 $x = -\dfrac{1}{2}$ の交点 A, B を求める。　　　θ の動径は OA, OB である。

動径 OA, OB の表す角は，　　$0 \leqq \theta < 2\pi$ の範囲で，

$$\theta = \dfrac{2}{3}\pi, \ \dfrac{4}{3}\pi \qquad \cdots\cdots\cdots (答)$$

(10) 与式より，　$(2\cos^2\theta - 1) - 5\cos\theta - 2 > 0$　　　$2\cos^2\theta - 5\cos\theta - 3 > 0$

$(2\cos\theta + 1)(\cos\theta - 3) > 0$　　　　$\cos\theta - 3 < 0$　より　$\cos\theta < -\dfrac{1}{2}$

単位円と直線 $x = -\dfrac{1}{2}$ の交点 A, B を求める。

等号のときの θ の動径は OA, OB である。

動径 OA, OB の表す角は，$0 \leqq \theta < 2\pi$ の範囲で，

$$\theta = \dfrac{2}{3}\pi, \ \dfrac{4}{3}\pi$$

不等式に戻って，　解の動径の範囲は，

右図の 劣弧 AB である。　　$0 \leqq \theta < 2\pi$ で

動径を回転して 適不適をみれば，

不等式の θ の範囲 は，

$$\dfrac{2}{3}\pi < \theta < \dfrac{4}{3}\pi \qquad \cdots\cdots (答)$$

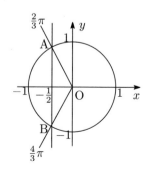

(11) 与式より，　$(1 - 2\sin^2\theta) + 3\sin\theta + 1 = 0$　　　$2\sin^2\theta - 3\sin\theta - 2 = 0$

　　　$(2\sin\theta + 1)(\sin\theta - 2) = 0$　　　$\therefore$　$\sin\theta = -\dfrac{1}{2}$

単位円と直線 $y = -\dfrac{1}{2}$ の交点 A, B を求める。　θ の動径は OA, OB である。

動径 OA, OB の表す角は，$0 \leqq \theta < 2\pi$ の範囲で，

$$\theta = \dfrac{7}{6}\pi,\ \dfrac{11}{6}\pi\qquad \cdots\cdots\cdots (答)$$

(12) 与式より，　$(1 - 2\sin^2\theta) + 3\sin\theta + 1 \leqq 0$　　　$2\sin^2\theta - 3\sin\theta - 2 \geqq 0$

　$(2\sin\theta + 1)(\sin\theta - 2) \geqq 0$　　　　$\sin\theta - 2 < 0$　より　$\sin\theta \leqq -\dfrac{1}{2}$

単位円と直線 $y = -\dfrac{1}{2}$ の交点 A, B を求める。

等号のときの θ の動径は OA, OB である。

動径 OA, OB の表す角は，$0 \leqq \theta < 2\pi$ の範囲で，

$$\theta = \dfrac{7}{6}\pi,\ \dfrac{11}{6}\pi$$

不等式に戻って，　解の動径の範囲 は，

右図の 劣弧 AB である。　　$0 \leqq \theta < 2\pi$ で

動径を回転して　適不適をみれば，

不等式の θ の範囲 は，

$$\dfrac{7}{6}\pi \leqq \theta \leqq \dfrac{11}{6}\pi\qquad \cdots\cdots (答)$$

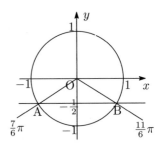

(13) 与式より，　　　$2\sin\theta\cos\theta - \sin\theta - 2\cos\theta + 1 = 0$

　　　$(\sin\theta - 1)(2\cos\theta - 1) = 0$　　　$\therefore$　$\sin\theta = 1,\ \cos\theta = \dfrac{1}{2}$

単位円と直線 $y = 1,\ x = \dfrac{1}{2}$ の共有点 A, B, C を求める。

θ の動径は OA, OB, OC である。　動径 OA, OB, OC の表す角は，

$0 \leqq \theta < 2\pi$ の範囲で，　　　　$\theta = \dfrac{\pi}{3},\ \dfrac{\pi}{2},\ \dfrac{5}{3}\pi\qquad \cdots\cdots\cdots (答)$

(14) 与式より，　　　　$2\sin\theta\cos\theta - \sin\theta - 2\cos\theta + 1 > 0$

　　　　　$(\sin\theta - 1)(2\cos\theta - 1) > 0$　　　　　$\therefore$　$\sin\theta < 1$, $\cos\theta < \dfrac{1}{2}$

単位円と 直線 $y = 1$, $x = \dfrac{1}{2}$ の共有点 A, B, C を求める。

等号のときの θ の動径は OA, OB, OC である。

動径 OA, OB, OC の表す角は，　　$0 \leqq \theta < 2\pi$ で，

　　　　　　　$\theta = \dfrac{\pi}{3}$, $\dfrac{\pi}{2}$, $\dfrac{5}{3}\pi$

不等式に 戻って，　解の動径の範囲 は，

右図の 劣弧 AB, 優弧 AC である。

$0 \leqq \theta < 2\pi$ で　動径を回転して

適不適をみれば，　不等式の θ の範囲は，

　　　$\dfrac{\pi}{3} < \theta < \dfrac{\pi}{2}$, 　$\dfrac{\pi}{2} < \theta < \dfrac{5}{3}\pi$ 　‥‥‥(答)

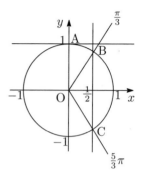

(15) 与式より，　　　$\dfrac{2\sin^2\theta}{\cos\theta} = -3$　　　　$2(1 - \cos^2\theta) = -3\cos\theta$

$2\cos^2\theta - 3\cos\theta - 2 = 0$　　　$(2\cos\theta + 1)(\cos\theta - 2) = 0$　　　$\therefore$　$\cos\theta = -\dfrac{1}{2}$

単位円と 直線 $x = -\dfrac{1}{2}$ の交点 A, B を求める。　　θ の動径は OA, OB である。

動径 OA, OB の表す角は，　　$0 \leqq \theta < 2\pi$ で，　　　$\theta = \dfrac{2}{3}\pi$, $\dfrac{4}{3}\pi$ 　‥‥‥(答)

(16) 与式より，　　　$\dfrac{2\sin^2\theta}{\cos\theta} \leqq -3$　　　　$\dfrac{2(1 - \cos^2\theta) + 3\cos\theta}{\cos\theta} \leqq 0$

　　　$\dfrac{2\cos^2\theta - 3\cos\theta - 2}{\cos\theta} \geqq 0$　　　$\dfrac{(2\cos\theta + 1)(\cos\theta - 2)}{\cos\theta} \geqq 0$

　　　$\cos\theta - 2 < 0$　　　　より　　　　$-\dfrac{1}{2} \leqq \cos\theta < 0$

単位円と 直線 $x = -\dfrac{1}{2}$, $x = 0$ (y 軸) の交点 A, B C, D を求める。

等号のときの θ の動径は OA, OB, OC, OD

である。　動径 OA, OB, OC, OD の表す角は，

$0 \leqq \theta < 2\pi$ の範囲で，$\theta = \dfrac{\pi}{2}$, $\dfrac{2}{3}\pi$, $\dfrac{4}{3}\pi$, $\dfrac{3}{2}\pi$

不等式に 戻って，　解の動径の範囲 は，

右図の 劣弧 AC, 劣弧 BD である。

$0 \leqq \theta < 2\pi$ で　動径を回転して

適不適をみれば，　不等式の θ の範囲は，

　　　$\dfrac{\pi}{2} < \theta \leqq \dfrac{2}{3}\pi$, 　$\dfrac{4}{3}\pi \leqq \theta < \dfrac{3}{2}\pi$ 　‥‥‥(答)

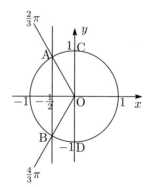

(17) 　与式より，　　　$2\sin\theta\cos\theta = \sin\theta$ 　　　　　　$2\sin\theta\cos\theta - \sin\theta = 0$

　　　　　　　$\sin\theta\,(2\cos\theta - 1) = 0$ 　　　　$\therefore$ 　$\sin\theta = 0$, 　$\cos\theta = \dfrac{1}{2}$

単位円と 直線 $y = 0$ (x 軸)，$x = \dfrac{1}{2}$ の交点 A, B, C, D を求める。

θ の動径は OA, OB, OC, OD である。　　動径 OA, OB, OC, OD の表す角は，

$0 \leqq \theta < 2\pi$ で，　　　　　$\theta = 0,\ \dfrac{\pi}{3},\ \pi,\ \dfrac{5}{3}\pi$ 　$\cdots\cdots$ (答)

(18) 　与式より，　$2\sin\theta\cos\theta > \sin\theta$ 　　　　$2\sin\theta\cos\theta - \sin\theta > 0$

　　$\sin\theta\,(2\cos\theta - 1) > 0$ 　　　　よって　$\begin{cases} \sin\theta > 0 \\ \cos\theta > \dfrac{1}{2} \end{cases}$ or $\begin{cases} \sin\theta < 0 \\ \cos\theta < \dfrac{1}{2} \end{cases}$

単位円と 直線 $y = 0$ (x 軸)，$x = \dfrac{1}{2}$ の交点 A, B, C, D を求める。

等号のときの θ の動径は OA, OB, OC, OD

である。　　動径 OA, OB, OC, OD の表す角は，

$0 \leqq \theta < 2\pi$ で，　　　　　$\theta = 0,\ \dfrac{\pi}{3},\ \pi,\ \dfrac{5}{3}\pi$

不等式に 戻って，　解の動径の範囲 は，

右図の 劣弧 AC, 劣弧 BD である。

$0 \leqq \theta < 2\pi$ で　動径を回転して

適不適をみれば，　不等式の θ の範囲 は，

　　　　$0 < \theta < \dfrac{\pi}{3},\ \ \pi < \theta < \dfrac{5}{3}\pi$ 　$\cdots\cdots$ (答)

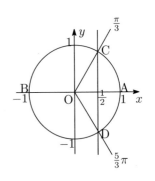

(19) 　与式より，　　　$2\sin\theta\cos\theta = -\cos\theta$ 　　　　$2\sin\theta\cos\theta + \cos\theta = 0$

　　　　　$(2\sin\theta + 1)\cos\theta = 0$ 　　　　$\therefore$ 　$\sin\theta = -\dfrac{1}{2}$, 　$\cos\theta = 0$

単位円と 直線 $y = -\dfrac{1}{2}$，$x = 0$ (y 軸) の交点 A, B, C, D を求める。

θ の動径は OA, OB, OC, OD である。　　動径 OA, OB, OC, OD の表す角は，

$0 \leqq \theta < 2\pi$ で，　　　　　$\theta = \dfrac{\pi}{2},\ \dfrac{7}{6}\pi,\ \dfrac{3}{2}\pi,\ \dfrac{11}{6}\pi$ 　$\cdots\cdots$ (答)

(20) 与式より, $\quad 2\sin\theta\cos\theta > -\cos\theta \qquad 2\sin\theta\cos\theta + \cos\theta > 0$

$\qquad (2\sin\theta + 1)\cos\theta > 0 \qquad$ よって $\begin{cases} \sin\theta > -\dfrac{1}{2} \\ \cos\theta > 0 \end{cases}$ or $\begin{cases} \sin\theta < -\dfrac{1}{2} \\ \cos\theta < 0 \end{cases}$

単位円と直線 $y = -\dfrac{1}{2}$, $x = 0$ (y 軸) の交点 A, B, C, D を求める。

等号のときの θ の動径は OA, OB, OC, OD
である。 動径 OA, OB, OC, OD の表す角は,
$0 \leqq \theta < 2\pi$ で, $\quad \theta = \dfrac{\pi}{2}, \dfrac{7}{6}\pi, \dfrac{3}{2}\pi, \dfrac{11}{6}\pi$
不等式に戻って, 解の動径の範囲 は,
右図の 劣弧 BC, 劣弧 AD である。
$0 \leqq \theta < 2\pi$ で 動径を回転して
適不適をみれば, 不等式の θ の範囲は,

$0 \leqq \theta < \dfrac{\pi}{2}, \quad \dfrac{7}{6}\pi < \theta < \dfrac{3}{2}\pi, \quad \dfrac{11}{6}\pi < \theta < 2\pi \quad \cdots\cdots$ (答)

(21) 与式より, $\quad 2\cos^2\theta - 1 = \cos\theta \qquad 2\cos^2\theta - \cos\theta - 1 = 0$

$\qquad\qquad (2\cos\theta + 1)(\cos\theta - 1) = 0 \qquad \therefore \quad \cos\theta = -\dfrac{1}{2}, \ 1$

単位円と直線 $x = -\dfrac{1}{2}$, $x = 1$ の共有点 A, B, C を求める。

θ の動径は OA, OB, OC である。 動径 OA, OB, OC の表す角は,
$0 \leqq \theta < 2\pi$ の範囲で, $\qquad \theta = 0, \dfrac{2}{3}\pi, \dfrac{4}{3}\pi \qquad \cdots\cdots\cdots$ (答)

(22) 与式より, $\quad 2\cos^2\theta - 1 < \cos\theta \qquad 2\cos^2\theta - \cos\theta - 1 < 0$

$\qquad\qquad (2\cos\theta + 1)(\cos\theta - 1) < 0 \qquad \therefore \quad -\dfrac{1}{2} < \cos\theta < 1$

単位円と直線 $x = -\dfrac{1}{2}$, $x = 1$ の共有点 A, B, C を求める。

等号のときの θ の動径は OA, OB, OC である。
動径 OA, OB, OC の表す角は, $0 \leqq \theta < 2\pi$ で,

$$\theta = 0, \dfrac{2}{3}\pi, \dfrac{4}{3}\pi$$

不等式に戻って, 解の動径の範囲 は,
右図の 劣弧 AC, 劣弧 BC である。
$0 \leqq \theta < 2\pi$ で 動径を回転して
適不適をみれば, 不等式の θ の範囲は,

$\qquad 0 < \theta < \dfrac{2}{3}\pi, \quad \dfrac{4}{3}\pi < \theta < 2\pi \quad \cdots\cdots$ (答)

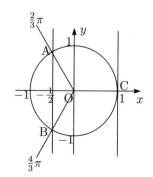

(23)　与式より，　　　$1 - 2\sin^2\theta = \sin\theta$　　　　　　$2\sin^2\theta + \sin\theta - 1 = 0$

　　　　　　$(2\sin\theta - 1)(\sin\theta + 1) = 0$　　　$\therefore$　$\sin\theta = \dfrac{1}{2},\ -1$

単位円と 直線 $y = \dfrac{1}{2}$,　$y = -1$ の共有点 A, B, C を求める。

θ の動径は OA, OB, OC である。　動径 OA, OB, OC の表す角は，

$0 \leqq \theta < 2\pi$ の範囲で，　　　　　$\theta = \dfrac{\pi}{6},\ \dfrac{5}{6}\pi,\ \dfrac{3}{2}\pi$　・・・・・・・・ (答)

(24)　与式より，　　　$1 - 2\sin^2\theta < \sin\theta$　　　　　　$2\sin^2\theta + \sin\theta - 1 > 0$

　　　　　　$(2\sin\theta - 1)(\sin\theta + 1) > 0$　　　$\therefore$　$\sin\theta > \dfrac{1}{2}$

単位円と 直線 $y = \dfrac{1}{2}$ の共有点 A, B を求める。

等号のときの θ の動径は OA, OB である。

動径 OA, OB の表す角は，　$0 \leqq \theta < 2\pi$ で，

　　　　　$\theta = \dfrac{\pi}{6},\ \dfrac{5}{6}\pi$

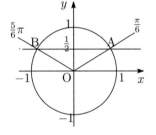

不等式に戻って，　解の動径の範囲 は，
右図の 劣弧 AB である。

$0 \leqq \theta < 2\pi$ で　　動径を回転して
適不適をみれば，　不等式の θ の範囲は，

　　　　　$\dfrac{\pi}{6} < \theta < \dfrac{5}{6}\pi$　・・・・・・ (答)

(25)　与式より，　　　$3\sin\theta - 4\sin^3\theta = \sin\theta$　　　　　　$2\sin^3\theta - \sin\theta = 0$

　　　　　　$(\sqrt{2}\sin\theta + 1)(\sqrt{2}\sin\theta - 1)\sin\theta = 0$　　　$\therefore$　$\sin\theta = \pm\dfrac{1}{\sqrt{2}},\ 0$

単位円と 直線 $y = \pm\dfrac{1}{\sqrt{2}}$,　$y = 0\ (x\,$軸$)$ の共有点 A, B, C, D, E, F を求める。

θ の動径は OA, OB, OC, OD, OE, OF である。

動径 OA, OB, OC, OD, OE, OF の表す角は，

$0 \leqq \theta < 2\pi$ の範囲で，　　　　　$\theta = 0,\ \dfrac{\pi}{4},\ \dfrac{3}{4}\pi,\ \pi,\ \dfrac{5}{4}\pi,\ \dfrac{7}{4}\pi$　・・・・・・ (答)

(別解)　基本形 [2] (176p) による。　　　n を整数 として，

　　　　　$3\theta = \theta + 2n\pi,\ \pi - \theta + 2n\pi$　　　$\therefore$　$\theta = n\pi,\ \dfrac{2n+1}{4}\pi$

$\theta = n\pi$ のとき，　　$0 \leqq n\pi < 2\pi$ より　　$0 \leqq n < 2$　　$\therefore$　$n = 0, 1$

$\theta = \dfrac{2n+1}{4}\pi$ のとき，　$0 \leqq \dfrac{2n+1}{4}\pi < 2\pi$　　$-0.5 \leqq n < 3.5$　$\therefore$　$n = 0, 1, 2, 3$

よって，　　　　　　$\theta = 0,\ \pi,\ \dfrac{\pi}{4},\ \dfrac{3}{4}\pi,\ \dfrac{5}{4}\pi,\ \dfrac{7}{4}\pi$　・・・・・・ (答)

(26)　与式より，　　　$3\sin\theta - 4\sin^3\theta < \sin\theta$　　　　　　　$2\sin^3\theta - \sin\theta > 0$

$(\sqrt{2}\sin\theta + 1)(\sqrt{2}\sin\theta - 1)\sin\theta > 0$　　　$\therefore\ -\dfrac{1}{\sqrt{2}} < \sin\theta < 0,\ \ \dfrac{1}{\sqrt{2}} < \sin\theta$

単位円と直線 $y = \pm\dfrac{1}{\sqrt{2}}$, $y = 0$ (x軸) の共有点 A, B, C, D, E, F を求める。

等号のときの θ の動径は OA, OB, OC, OD, OE, OF

である。動径 OA, OB, OC, OD, OE, OF の表す角

は，　$0 \leqq \theta < 2\pi$ の範囲で，

$$\theta = 0,\ \frac{\pi}{4},\ \frac{3}{4}\pi,\ \pi,\ \frac{5}{4}\pi,\ \frac{7}{4}\pi$$

不等式に戻って，　解の動径の範囲は，

右図の 劣弧 AB, 劣弧 EC, 劣弧 DF である。

$0 \leqq \theta < 2\pi$ で　　動径を回転して

適不適をみれば，　不等式の θ の範囲は，

$$\frac{\pi}{4} < \theta < \frac{3}{4}\pi,\ \ \pi < \theta < \frac{5}{4}\pi,\ \ \frac{7}{4}\pi < \theta < 2\pi\ \ \cdots\cdots \text{(答)}$$

(27)　与式より，　　　$-3\cos\theta + 4\cos^3\theta = \cos\theta$　　　　　$\cos^3\theta - \cos\theta = 0$

　　　　　$\cos\theta(\cos\theta + 1)(\cos\theta - 1) = 0$　　　　　$\therefore\ \cos\theta = 0,\ \pm1$

単位円と直線 $x = 0$ (y軸)，$x = \pm1$ の共有点 A, B, C, D を求める。

θ の動径は OA, OB, OC, OD である。　動径 OA, OB, OC, OD の表す角は，

$0 \leqq \theta < 2\pi$ の範囲で，　　　　　$\theta = 0,\ \dfrac{\pi}{2},\ \pi,\ \dfrac{3}{2}\pi\ \ \cdots\cdots \text{(答)}$

(28)　与式より，　　　$-3\cos\theta + 4\cos^3\theta < \cos\theta$　　　　　$\cos^3\theta - \cos\theta < 0$

　$\cos\theta(\cos\theta + 1)(\cos\theta - 1) < 0$　　　$\cos\theta + 1 \geqq 0$　　より　　$0 < \cos\theta < 1$

単位円と直線 $x = 0$ (y軸)，$x = 1$ の共有点 A, B, C を求める。

等号のときの θ の動径は OA, OB, OC である。

動径 OA, OB, OC の表す角は，

$0 \leqq \theta < 2\pi$ の範囲で，　　$\theta = 0,\ \dfrac{\pi}{2},\ \dfrac{3}{2}\pi$

不等式に戻って，　解の動径の範囲は，

右図の 劣弧 AC, 劣弧 BC である。

$0 \leqq \theta < 2\pi$ で　　動径を回転して

適不適をみれば，　不等式の θ の範囲は，

$$0 < \theta < \frac{\pi}{2},\ \ \frac{3}{2}\pi < \theta < 2\pi\ \ \cdots\cdots \text{(答)}$$

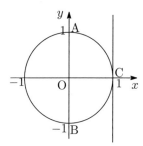

(29)　与式より，　　$\dfrac{2\tan\theta}{1-\tan^2\theta}=\tan\theta$　　　　$\dfrac{\tan^3\theta+\tan\theta}{\tan^2\theta-1}=0$

$\dfrac{(\tan^2\theta+1)\tan\theta}{(\tan\theta+1)(\tan\theta-1)}=0$　　　　$\therefore$　　$\tan\theta=0$

直線 $x=1$ と 直線 $y=0$（x 軸）の交点として，A$(1,\,0)$ を得る。

θ の動径は　　半直線 OA とその逆向き半直線 OB である。

動径 OA, OB の表す角は，　　$0\leqq\theta<2\pi$ の範囲で，　　$\theta=0,\,\pi$　……（答）

（別解）　基本形［2］（176p）による。　　　n を整数として，

$$2\theta=\theta+n\pi\qquad\therefore\quad\theta=n\pi$$

$0\leqq n\pi<2\pi$　より　　　$0\leqq n<2$　　　　　$\therefore$　　$n=0,\,1$

よって　　　　　　　　　　　$\theta=0,\,\pi$　……（答）

(30)　与式より，　　$\dfrac{2\tan\theta}{1-\tan^2\theta}\geqq\tan\theta$　　　　$\dfrac{\tan^3\theta+\tan\theta}{\tan^2\theta-1}\leqq 0$

$\dfrac{(\tan^2\theta+1)\tan\theta}{(\tan\theta+1)(\tan\theta-1)}\leqq 0$　　　　$\therefore$　　$\tan\theta<-1,\ 0\leqq\tan\theta<1$

直線 $x=1$ と 直線 $y=0$（x 軸），$y=\pm1$ の交点として，

A$(1,\,0)$，C$(1,\,1)$，E$(1,-1)$ を得る。

等号のときの θ の動径は　　半直線 OA とその逆

向き半直線 OB, 半直線 OC とその逆向き半直線

OD, 半直線 OE とその逆向き半直線 OF である。

動径 OA, OB, OC, OD, OE, OF の表す角は，

$0\leqq\theta<2\pi$ の範囲で，

$$\theta=0,\ \frac{\pi}{4},\ \frac{3}{4}\pi,\ \pi,\ \frac{5}{4}\pi,\ \frac{7}{4}\pi$$

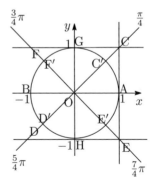

不等式に戻って，解の動径の範囲は，単位円上に

変換して，右図の 劣弧 AC′, 劣弧 GF′, 劣弧 BD′,

劣弧 HE′ である。

$0\leqq\theta<2\pi$ で　　動径を回転して

適不適をみれば，　　不等式の θ の範囲は，

$$0\leqq\theta<\frac{\pi}{4},\quad\frac{\pi}{2}<\theta<\frac{3}{4}\pi,\quad\pi\leqq\theta<\frac{5}{4}\pi,\quad\frac{3}{2}\pi<\theta<\frac{7}{4}\pi\quad……（答）$$

(31)　与式より，　　　$2\cos 2\theta \cos\theta + \cos 2\theta = 0$　　　　　　$(2\cos\theta+1)\cos 2\theta = 0$

$(2\cos\theta+1)(2\cos^2\theta-1) = 0$　　　　$(2\cos\theta+1)(\sqrt{2}\cos\theta+1)(\sqrt{2}\cos\theta-1) = 0$

$$\therefore\quad \cos\theta = -\frac{1}{2},\ \pm\frac{1}{\sqrt{2}}$$

単位円 と 直線 $x = -\dfrac{1}{2},\ \pm\dfrac{1}{\sqrt{2}}$ の共有点 A, B, C, D, E, F を求める。

θ の動径は OA, OB, OC, OD, OE, OF である。

動径 OA, OB, OC, OD, OE, OF の表す角は，

$0 \leqq \theta < 2\pi$ の範囲で，　　　　$\theta = \dfrac{\pi}{4},\ \dfrac{2}{3}\pi,\ \dfrac{3}{4}\pi,\ \dfrac{5}{4}\pi,\ \dfrac{4}{3}\pi,\ \dfrac{7}{4}\pi$　$\cdots\cdots$(答)

(32)　与式より，　　　$2\cos 2\theta \cos\theta + \cos 2\theta \leqq 0$　　　　　　$(2\cos\theta+1)\cos 2\theta \leqq 0$

$(2\cos\theta+1)(2\cos^2\theta-1) \leqq 0$　　　　$(2\cos\theta+1)(\sqrt{2}\cos\theta+1)(\sqrt{2}\cos\theta-1) \leqq 0$

$$\therefore\quad \cos\theta \leqq -\frac{1}{\sqrt{2}},\quad -\frac{1}{2} \leqq \cos\theta \leqq \frac{1}{\sqrt{2}}$$

単位円 と 直線 $x = -\dfrac{1}{2},\ \pm\dfrac{1}{\sqrt{2}}$ の共有点

A, B, C, D, E, F を求める。等号のときの θ の

動径は OA, OB, OC, OD, OE, OF である。

動径 OA, OB, OC, OD, OE, OF の表す角は，

$0 \leqq \theta < 2\pi$ の範囲で，

$$\theta = \frac{\pi}{4},\ \frac{2}{3}\pi,\ \frac{3}{4}\pi,\ \frac{5}{4}\pi,\ \frac{4}{3}\pi,\ \frac{7}{4}\pi$$

不等式に 戻って，　解の動径の範囲は，

右図の 劣弧 AC, 劣弧 EF, 劣弧 BD である。

$0 \leqq \theta < 2\pi$ で　動径を回転して

適不適をみれば，　不等式の θ の範囲は，

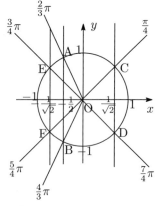

$$\frac{\pi}{4} \leqq \theta \leqq \frac{2}{3}\pi,\quad \frac{3}{4}\pi \leqq \theta \leqq \frac{5}{4}\pi,\quad \frac{4}{3}\pi \leqq \theta \leqq \frac{7}{4}\pi\quad \cdots\cdots(答)$$

(33) 与式より，$\dfrac{1+\cos 2\theta}{2}+\dfrac{\sqrt{3}}{2}\sin 2\theta=1$ $\qquad \cos 2\theta+\sqrt{3}\sin 2\theta=1$

$\qquad 2\left(\cos 2\theta\cdot\dfrac{1}{2}+\sin 2\theta\cdot\dfrac{\sqrt{3}}{2}\right)=1$ $\qquad \cos 2\theta\cos\dfrac{\pi}{3}+\sin 2\theta\sin\dfrac{\pi}{3}=\dfrac{1}{2}$

$\qquad \therefore \quad \cos\left(2\theta-\dfrac{\pi}{3}\right)=\dfrac{1}{2}$ $\qquad$ [(別解) sin で合成してもよい.]

$2\theta-\dfrac{\pi}{3}=\varphi$ と置き換えれば， $\qquad \cos\varphi=\dfrac{1}{2}$ $\quad\left(-\dfrac{\pi}{3}\leqq\varphi<\dfrac{11}{3}\pi\right)$

単位円と直線 $x=\dfrac{1}{2}$ の交点 A, B を求める。 $\qquad$ 動径 OA, OB の表す角は

$-\dfrac{\pi}{3}\leqq\varphi<\dfrac{11}{3}\pi$ の範囲で， $\qquad \varphi=-\dfrac{\pi}{3},\ \dfrac{\pi}{3},\ \dfrac{5}{3}\pi,\ \dfrac{7}{3}\pi$

よって， $\qquad\qquad \theta=0,\ \dfrac{\pi}{3},\ \pi,\ \dfrac{4}{3}\pi$ $\quad\cdots\cdots\cdots\cdots\cdots$ (答)

(別解) 与式より $\qquad \sqrt{3}\sin\theta\cos\theta=\sin^2\theta$

$\qquad \cos\theta\neq 0$ だから $\qquad$ 両辺を $\cos^2\theta$ で割って，

$\qquad\qquad \sqrt{3}\tan\theta=\tan^2\theta$ $\qquad\qquad \tan\theta=0,\ \sqrt{3}$ $\qquad$ より。

(34) 与式より，$\dfrac{1+\cos 2\theta}{2}+\dfrac{\sqrt{3}}{2}\sin 2\theta>1$ $\qquad \cos 2\theta+\sqrt{3}\sin 2\theta>1$

$\qquad 2\left(\cos 2\theta\cdot\dfrac{1}{2}+\sin 2\theta\cdot\dfrac{\sqrt{3}}{2}\right)>1$ $\qquad \cos 2\theta\cos\dfrac{\pi}{3}+\sin 2\theta\sin\dfrac{\pi}{3}>\dfrac{1}{2}$

$\qquad \therefore \quad \cos\left(2\theta-\dfrac{\pi}{3}\right)>\dfrac{1}{2}$ $\qquad$ [(別解) sin で合成してもよい.]

$2\theta-\dfrac{\pi}{3}=\varphi$ と置き換えれば， $\qquad \cos\varphi>\dfrac{1}{2}$ $\quad\left(-\dfrac{\pi}{3}\leqq\varphi<\dfrac{11}{3}\pi\right)$

単位円と直線 $x=\dfrac{1}{2}$ の交点 A, B を求める。

動径 OA, OB の表す角は $\quad -\dfrac{\pi}{3}\leqq\varphi<\dfrac{11}{3}\pi$ で，

$\qquad\qquad \varphi=-\dfrac{\pi}{3},\ \dfrac{\pi}{3},\ \dfrac{5}{3}\pi,\ \dfrac{7}{3}\pi$

解 φ の動径の範囲は，右図の 劣弧 AB である。

$-\dfrac{\pi}{3}\leqq\varphi<\dfrac{11}{3}\pi$ で 動径を回転して

適不適をみれば， $\qquad \varphi$ の範囲 は，

$-\dfrac{\pi}{3}<\varphi<\dfrac{\pi}{3},\ \dfrac{5}{3}\pi<\varphi<\dfrac{7}{3}\pi$ $\qquad \therefore\ 0<\theta<\dfrac{\pi}{3},\ \pi<\theta<\dfrac{4}{3}\pi$ $\cdots$ (答)

(別解)　　与式より　　　$\sqrt{3}\sin\theta\cos\theta > \sin^2\theta$

$\cos\theta \neq 0$　だから　$\cos^2\theta > 0$　　　　　　両辺を $\cos^2\theta$ で割って，

$\sqrt{3}\tan\theta > \tan^2\theta$　　　　　$0 < \tan\theta < \sqrt{3}$　　より。

(35)　与式より　$\begin{cases} \sin y = \cos x - 1 \\ \cos y = -\sin x - \sqrt{3} \end{cases}$　……①　　　相互関係 (2) より

$(\cos x - 1)^2 + (-\sin x - \sqrt{3})^2 = 1$

$\cos^2 x - 2\cos x + 1 + \sin^2 x + 2\sqrt{3}\sin x + 3 = 1$　　　　$\cos x - \sqrt{3}\sin x = 2$

$2\left(\cos x \cdot \dfrac{1}{2} - \sin x \cdot \dfrac{\sqrt{3}}{2}\right) = 2$　　$\cos x \cos\dfrac{\pi}{3} - \sin x \sin\dfrac{\pi}{3} = 1$　　$\cos\left(x + \dfrac{\pi}{3}\right) = 1$

$x + \dfrac{\pi}{3} = \varphi$　と置き換えれば，　　　　$\cos\varphi = 1$　$\left(\dfrac{\pi}{3} \leqq \varphi < \dfrac{7}{3}\pi\right)$

単位円と 直線 $x = 1$ の共有点 A を求める。

動径 OA の表す角は　　$\dfrac{\pi}{3} \leqq \varphi < \dfrac{7}{3}\pi$ の範囲で，　　　$\varphi = 2\pi$

よって，　$x = \dfrac{5}{3}\pi$ ……②　　　　① に代入して，　$\begin{cases} \sin y = -\dfrac{1}{2} \\ \cos y = -\dfrac{\sqrt{3}}{2} \end{cases}$

単位円と 直線 $y = -\dfrac{1}{2}$，　$x = -\dfrac{\sqrt{3}}{2}$ の交点 B を求める。

動径 OB の表す角は　　$0 \leqq y < 2\pi$ の範囲で，　　　$y = \dfrac{7}{6}\pi$ ……③

②，③ より　　　$x = \dfrac{5}{3}\pi$,　$y = \dfrac{7}{6}\pi$　…………(答)

＜注＞　(17) (21) (27) でも　基本形 [2] (176p) による別解がある。

　また，　(19) (23) においても，　還元公式 (2)(3) によって 関数記号を揃えて基本形 [2] とすることができる。　各自 試みてみよ。　183p (10) も参照。

　更に，例えば　21−1 (8) $\cos\left(2\theta + \dfrac{\pi}{4}\right) = \dfrac{\sqrt{3}}{2}$　でも　$\cos\left(2\theta + \dfrac{\pi}{4}\right) = \cos\dfrac{\pi}{6}$

と変形して　基本形 [2] の解法を利用することができる。

ここでは，方程式と不等式の解法の類似性を優先した。

基礎演習 22

22-1

(1) $y = \sqrt{3}\sin x - 3\cos x + 1$

$\qquad = 2\sqrt{3}\,(\sin x \cdot \dfrac{1}{2} - \cos x \cdot \dfrac{\sqrt{3}}{2}) + 1 \qquad [\;\sqrt{(\sqrt{3})^2 + (-3)^2} = 2\sqrt{3}\;]$

$\qquad = 2\sqrt{3}\,(\sin x \cos \dfrac{\pi}{3} - \cos x \sin \dfrac{\pi}{3}) + 1$

$\qquad = 2\sqrt{3}\,\sin\,(x - \dfrac{\pi}{3}) + 1 \qquad\qquad\qquad [\;加法定理 (2) で 合成\;]$

ここで、 $0 \leq x < 2\pi$ より $-\dfrac{\pi}{3} \leq x - \dfrac{\pi}{3} < -\dfrac{\pi}{3} + 2\pi$

よって、 $x - \dfrac{\pi}{3} = \dfrac{\pi}{2}$ 即ち $x = \dfrac{5}{6}\pi$ のとき $\max y = 1 + 2\sqrt{3}$ （答）

$\qquad\quad x - \dfrac{\pi}{3} = \dfrac{3}{2}\pi$ 即ち $x = \dfrac{11}{6}\pi$ のとき $\min y = 1 - 2\sqrt{3}$ （答）

(2) $y = \cos x - \sin x + 2$

$\qquad = \sqrt{2}\,(\cos x \cdot \dfrac{1}{\sqrt{2}} - \sin x \cdot \dfrac{1}{\sqrt{2}}) + 2 \qquad\qquad [\;\sqrt{1^2 + (-1)^2} = \sqrt{2}\;]$

$\qquad = \sqrt{2}\,(\cos x \cos \dfrac{\pi}{4} - \sin x \sin \dfrac{\pi}{4}) + 2$

$\qquad = \sqrt{2}\,\cos\,(x + \dfrac{\pi}{4}) + 2 \qquad\qquad\qquad [\;加法定理 (3) で 合成\;]$

ここで、 $0 \leqq x < 2\pi$ より $\dfrac{\pi}{4} \leqq x + \dfrac{\pi}{4} < \dfrac{\pi}{4} + 2\pi$

よって、 $x + \dfrac{\pi}{4} = 2\pi$ 即ち $x = \dfrac{7}{4}\pi$ のとき $\max y = 2 + \sqrt{2}$ （答）

$\qquad\quad x + \dfrac{\pi}{4} = \pi$ 即ち $x = \dfrac{3}{4}\pi$ のとき $\min y = 2 - \sqrt{2}$ （答）

(3) $y = 3\sin x - 2\cos x$

$\qquad = \sqrt{13}\,\big(\sin x \cdot \dfrac{3}{\sqrt{13}} - \cos x \cdot \dfrac{2}{\sqrt{13}}\big) \qquad\qquad [\;\sqrt{3^2 + (-2)^2} = \sqrt{13}\;]$

$\qquad = \sqrt{13}\,(\sin x \cos \alpha - \cos x \sin \alpha) \quad [\;\exists \alpha \;\; \cos \alpha = \dfrac{3}{\sqrt{13}},\; \sin \alpha = \dfrac{2}{\sqrt{13}}\;]$

$\qquad = \sqrt{13}\,\sin\,(x - \alpha) \qquad\qquad\qquad\qquad [\;加法定理 (2) で 合成\;]$

ここで、 $0 \leq x < 2\pi$ より $-\alpha \leq x - \alpha < -\alpha + 2\pi$

従って、 $-1 \leqq \sin\,(x - \alpha) \leqq 1$

よって $\max y = \sqrt{13}\,,\qquad \min y = -\sqrt{13}$ ……（答）

(4) $y = 2\tan^2 x + 4\tan x - 1$

$\qquad = 2t^2 + 4t - 1 \qquad\qquad\qquad\qquad\qquad [\;\tan x = t \;とおく\;]$

$\qquad = 2(t + 1)^2 - 3 \qquad\qquad\qquad\qquad\qquad [\;平方完成\;]$

ここで、 $-\dfrac{\pi}{3} \leqq x \leqq \dfrac{\pi}{3}$ より $-\sqrt{3} \leqq t \leqq \sqrt{3}$

よって，　$t = \sqrt{3}$　　即ち　　$x = \dfrac{\pi}{3}$　　のとき　　　　$\max y = 5 + 4\sqrt{3}$　（答）

　　　　　$t = -1$　　　即ち　　$x = -\dfrac{\pi}{4}$　のとき　　　　$\min y = -3$　　　（答）

(5)　$y = \cos^2 x - \sin x + 2$

　　　$= (1 - \sin^2 x) - \sin x + 2$　　$= -\sin^2 x - \sin x + 3$

　　　$= -t^2 - t + 3$　　　　　　　　　　　　[$\sin x = t$ とおく]

　　　$= -\left(t + \dfrac{1}{2}\right)^2 + \dfrac{13}{4}$　　　　　　　　[平方完成]

ここで，　　$0 \leqq x < 2\pi$　より　　　$-1 \leqq t \leqq 1$

よって，　$t = -\dfrac{1}{2}$　即ち　$x = \dfrac{7}{6}\pi,\ \dfrac{11}{6}\pi$　のとき　　$\max y = \dfrac{13}{4}$　　（答）

　　　　　$t = 1$　　　即ち　$x = \dfrac{\pi}{2}$　　のとき　　　　$\min y = 1$　　　　（答）

(6)　$y = \cos 2x - 2\cos x + 1$

　　　$= (2\cos^2 x - 1) - 2\cos x + 1$　　$= 2\cos^2 x - 2\cos x$

　　　$= 2t^2 - 2t$　　　　　　　　　　　　　[$\cos x = t$ とおく]

　　　$= 2\left(t - \dfrac{1}{2}\right)^2 - \dfrac{1}{2}$　　　　　　　　　[平方完成]

ここで，　　$0 \leqq x < 2\pi$　より　　　$-1 \leqq t \leqq 1$

よって，　　$t = -1$　　　即ち　$x = \pi$　　のとき　　　　$\max y = 4$　　（答）

　　　　　$t = \dfrac{1}{2}$　　　即ち　$x = \dfrac{\pi}{3},\ \dfrac{5}{3}\pi$　のとき　　$\min y = -\dfrac{1}{2}$　（答）

(7)　$y = \cos 2x + 2\sqrt{2}\,\sin x + 3$

　　　$= (1 - 2\sin^2 x) + 2\sqrt{2}\,\sin x + 3$　　$= -2\sin^2 x + 2\sqrt{2}\,\sin x + 4$

　　　$= -2t^2 + 2\sqrt{2}\,t + 4$　　　　　　　　　[$\sin x = t$ とおく]

　　　$= -2\left(t - \dfrac{\sqrt{2}}{2}\right)^2 + 5$　　　　　　　　[平方完成]

ここで，　　$0 \leqq x < 2\pi$　より　　　$-1 \leqq t \leqq 1$

よって，　$t = \dfrac{\sqrt{2}}{2}$　　即ち　$x = \dfrac{\pi}{4},\ \dfrac{3}{4}\pi$　のとき　　$\max y = 5$　　（答）

　　　　　$t = -1$　　　即ち　$x = \dfrac{3}{2}\pi$　　のとき　　$\min y = 2 - 2\sqrt{2}$　（答）

(8)　$y = \sin x + \sin\left(x + \dfrac{\pi}{3}\right)$　　$= 2\sin\left(x + \dfrac{\pi}{6}\right)\cos\dfrac{\pi}{6}$　　[和積公式 (1)]

　　　$= \sqrt{3}\,\sin\left(x + \dfrac{\pi}{6}\right)$

ここで，　　$0 \leqq x < 2\pi$　より　　　$\dfrac{\pi}{6} \leqq x + \dfrac{\pi}{6} < \dfrac{\pi}{6} + 2\pi$

よって，　$x + \dfrac{\pi}{6} = \dfrac{\pi}{2}$　　即ち　$x = \dfrac{\pi}{3}$　のとき　　　　$\max y = \sqrt{3}$　（答）

　　　　　$x + \dfrac{\pi}{6} = \dfrac{3}{2}\pi$　　即ち　$x = \dfrac{4}{3}\pi$　のとき　　　$\min y = -\sqrt{3}$　（答）

(9) $y = \sin x \sin\left(x + \dfrac{\pi}{3}\right) = -\dfrac{1}{2}\left\{\cos\left(2x + \dfrac{\pi}{3}\right) - \cos\dfrac{\pi}{3}\right\}$ [積和公式 (4)]

$\qquad\qquad = -\dfrac{1}{2}\cos\left(2x + \dfrac{\pi}{3}\right) + \dfrac{1}{4}$

ここで，$\qquad 0 \leqq x < 2\pi$ より $\qquad\qquad \dfrac{\pi}{3} \leqq 2x + \dfrac{\pi}{3} < \dfrac{\pi}{3} + 4\pi$

よって，$\quad 2x + \dfrac{\pi}{3} = \pi, 3\pi$ 即ち $\quad x = \dfrac{\pi}{3}, \dfrac{4}{3}\pi$ のとき $\quad \max y = \dfrac{3}{4}$ （答）

$\qquad 2x + \dfrac{\pi}{3} = 2\pi, 4\pi$ 即ち $\quad x = \dfrac{5}{6}\pi, \dfrac{11}{6}\pi$ のとき $\quad \min y = -\dfrac{1}{4}$ （答）

(10) $y = \sin^2 x + 2\sin x \cos x + 3\cos^2 x$

$\qquad = \dfrac{1 - \cos 2x}{2} + \sin 2x + 3 \cdot \dfrac{1 + \cos 2x}{2}$

$\qquad = \sin 2x + \cos 2x + 2$

$\qquad = \sqrt{2}\left(\sin 2x \cdot \dfrac{1}{\sqrt{2}} + \cos 2x \cdot \dfrac{1}{\sqrt{2}}\right) + 2 \qquad\qquad\quad [\ \sqrt{1^2 + 1^2} = \sqrt{2}\ ]$

$\qquad = \sqrt{2}\left(\sin 2x \cos\dfrac{\pi}{4} + \cos 2x \sin\dfrac{\pi}{4}\right) + 2$

$\qquad = \sqrt{2}\sin\left(2x + \dfrac{\pi}{4}\right) + 2 \qquad\qquad\qquad\quad [\ 加法定理 (1) で 合成\ ]$

ここで，$\qquad 0 \leqq x \leqq 2\pi$ より $\qquad \dfrac{\pi}{4} \leqq 2x + \dfrac{\pi}{4} < \dfrac{\pi}{4} + 4\pi \qquad\qquad$ よって，

$2x + \dfrac{\pi}{4} = \dfrac{\pi}{2}, \dfrac{5}{2}\pi \quad$ 即ち $\quad x = \dfrac{\pi}{8}, \dfrac{9}{8}\pi$ のとき $\quad \max y = 2 + \sqrt{2}$ （答）

$2x + \dfrac{\pi}{4} = \dfrac{3}{2}\pi, \dfrac{7}{2}\pi \quad$ 即ち $\quad x = \dfrac{5}{8}\pi, \dfrac{13}{8}\pi$ のとき $\quad \min y = 2 - \sqrt{2}$ （答）

(11) $y = 2\cos x - \sin 2x - 2\sin x - 1 = -2\sin x \cos x + 2(\cos x - \sin x) - 1$

$\qquad\qquad \cos x - \sin x = t \quad$ とおくと，

$t^2 = \cos^2 x - 2\cos x \sin x + \sin^2 x = 1 - 2\cos x \sin x$

$\qquad \therefore \quad \sin x \cos x = -\dfrac{1}{2}(t^2 - 1)$

従って，$\qquad y = (t^2 - 1) + 2t - 1 = t^2 + 2t - 2 = (t + 1)^2 - 3$

ここで，$\qquad t = \cos x - \sin x = \sqrt{2}\cos\left(x + \dfrac{\pi}{4}\right) \qquad$ だから

$0 \leqq x < 2\pi$ より $\qquad \dfrac{\pi}{4} \leqq x + \dfrac{\pi}{4} < \dfrac{\pi}{4} + 2\pi$ で $\quad -\sqrt{2} \leqq t \leqq \sqrt{2}$

よって，$\quad t = \sqrt{2}$ 即ち $\quad \cos\left(x + \dfrac{\pi}{4}\right) = 1 \quad$ 即ち $\quad x + \dfrac{\pi}{4} = 2\pi$

$\qquad\qquad\qquad$ 即ち $\quad x = \dfrac{7}{4}\pi$ のとき $\qquad\qquad \max y = 2\sqrt{2}$ （答）

$\qquad t = -1 \quad$ 即ち $\quad \cos\left(x + \dfrac{\pi}{4}\right) = -\dfrac{1}{\sqrt{2}} \quad$ 即ち $\quad x + \dfrac{\pi}{4} = \dfrac{3}{4}\pi, \dfrac{5}{4}\pi$

$\qquad\qquad\qquad$ 即ち $\quad x = \dfrac{\pi}{2}, \pi \quad$ のとき $\qquad\qquad \min y = -3 \qquad$ （答）

基礎演習 23

23-1

(1)　$a = 3$，$b = 7$，$c = 8$　のとき。

第2余弦定理より，　$\cos A = \dfrac{7^2 + 8^2 - 3^2}{2 \cdot 7 \cdot 8} = \dfrac{13}{14}$

$\cos B = \dfrac{8^2 + 3^2 - 7^2}{2 \cdot 8 \cdot 3} = \dfrac{1}{2}$　　　$\therefore\ B = 60°$

$\cos C = \dfrac{3^2 + 7^2 - 8^2}{2 \cdot 3 \cdot 7} = -\dfrac{1}{7}$

正弦定理より，　　$\dfrac{7}{\sin 60°} = 2R$　　　　$\therefore\ R = \dfrac{7}{\sqrt{3}}$

面積の公式 (2辺と夾角) より，　　$S = \dfrac{1}{2} \cdot 8 \cdot 3 \sin 60° = 6\sqrt{3}$

面積の公式 (内接円の半径) より，　　$\dfrac{1}{2}(3+7+8)\,r = 6\sqrt{3}$　　$\therefore\ r = \dfrac{2\sqrt{3}}{3}$

(2)　$a = 4$，$b = 5$，$c = 6$　のとき。

第2余弦定理より，　$\cos A = \dfrac{5^2 + 6^2 - 4^2}{2 \cdot 5 \cdot 6} = \dfrac{3}{4}$

$\cos B = \dfrac{6^2 + 4^2 - 5^2}{2 \cdot 6 \cdot 4} = \dfrac{9}{16}$

$\cos C = \dfrac{4^2 + 5^2 - 6^2}{2 \cdot 4 \cdot 5} = \dfrac{1}{8}$

また，　　$\sin^2 A = 1 - \left(\dfrac{3}{4}\right)^2 = \dfrac{7}{16}$　　$\sin A > 0$　より　　$\sin A = \dfrac{\sqrt{7}}{4}$

正弦定理より，　　$\dfrac{4}{\sin A} = 2R$　　　　$\therefore\ R = \dfrac{8}{\sqrt{7}}$

面積の公式 (2辺と夾角) より，　　$S = \dfrac{1}{2} \cdot 5 \cdot 6 \sin A = \dfrac{15\sqrt{7}}{4}$

面積の公式 (内接円の半径) より，　　$\dfrac{1}{2}(4+5+6)\,r = \dfrac{15\sqrt{7}}{4}$　　$\therefore\ r = \dfrac{\sqrt{7}}{2}$

(3)　$b = 7$，$c = 8$，$A = 120°$　のとき。

第2余弦定理より，　$a^2 = 7^2 + 8^2 - 2 \cdot 7 \cdot 8 \cos 120° = 169$　　　$\therefore\ a = 13$

$\cos B = \dfrac{8^2 + 13^2 - 7^2}{2 \cdot 8 \cdot 13} = \dfrac{23}{26}$

$\cos C = \dfrac{13^2 + 7^2 - 8^2}{2 \cdot 13 \cdot 7} = \dfrac{11}{13}$

正弦定理より，　　$\dfrac{13}{\sin 120°} = 2R$　　　　$\therefore\ R = \dfrac{13}{\sqrt{3}}$

面積の公式 (2辺と夾角) より，　　$S = \dfrac{1}{2} \cdot 7 \cdot 8 \sin 120° = 14\sqrt{3}$

面積の公式 (内接円の半径) より，　　$\dfrac{1}{2}(13+7+8)\,r = 14\sqrt{3}$　　$\therefore\ r = \sqrt{3}$

(4) $b = 3\sqrt{2}$, $c = 7$, $A = 45°$ のとき。

第2余弦定理より, $a^2 = (3\sqrt{2})^2 + 7^2 - 2 \cdot 3\sqrt{2} \cdot 7 \cos 45° = 25$ $\therefore\ a = 5$

$$\cos B = \frac{7^2 + 5^2 - (3\sqrt{2})^2}{2 \cdot 7 \cdot 5} = \frac{4}{5}$$

$$\cos C = \frac{5^2 + (3\sqrt{2})^2 - 7^2}{2 \cdot 5 \cdot 3\sqrt{2}} = -\frac{\sqrt{2}}{10}$$

正弦定理より, $\dfrac{5}{\sin 45°} = 2R$ $\therefore\ R = \dfrac{5}{\sqrt{2}}$

面積の公式 (2辺と夾角) より, $S = \dfrac{1}{2} \cdot 3\sqrt{2} \cdot 7 \sin 45° = \dfrac{21}{2}$

面積の公式 (内接円の半径) より,

$$\frac{1}{2}(5 + 3\sqrt{2} + 7)r = \frac{21}{2}$$ $\therefore\ r = \dfrac{7}{4 + \sqrt{2}} = \dfrac{4 - \sqrt{2}}{2}$

(5) $a = 2$, $B = 60°$, $C = 75°$ のとき。

$$A = 180° - (60° + 75°) = 45°$$

正弦定理より, $\dfrac{2}{\sin 45°} = \dfrac{b}{\sin 60°} = 2R$

$$\therefore\ b = \frac{2 \sin 60°}{\sin 45°} = \sqrt{6}\ ,\quad R = \frac{2}{2 \sin 45°} = \sqrt{2}$$

第1余弦定理より, $c = 2\cos 60° + \sqrt{6} \cos 45° = \sqrt{3} + 1$

面積の公式 (2辺と夾角) より, $S = \dfrac{1}{2}(\sqrt{3} + 1) \cdot 2 \sin 60° = \dfrac{1}{2}(3 + \sqrt{3})$

面積の公式 (内接円の半径) より, $\dfrac{1}{2}(2 + \sqrt{6} + \sqrt{3} + 1)r = \dfrac{1}{2}(3 + \sqrt{3})$

$\therefore\ r = \dfrac{3 + \sqrt{3}}{3 + \sqrt{6} + \sqrt{3}} = \dfrac{(3 + \sqrt{3})(\sqrt{6} + \sqrt{3} - 3)}{(3 + \sqrt{6} + \sqrt{3})(\sqrt{6} + \sqrt{3} - 3)} = \dfrac{\sqrt{3} - \sqrt{2} + 1}{2}$

(6) $a = \sqrt{6}$, $A = 120°$, $B = 45°$ のとき。

$$C = 180° - (120° + 45°) = 15°$$

正弦定理より, $\dfrac{\sqrt{6}}{\sin 120°} = \dfrac{b}{\sin 45°} = 2R$

$$\therefore\ b = \frac{\sqrt{6}\ \sin 45°}{\sin 120°} = 2\ ,\quad R = \frac{\sqrt{6}}{2 \sin 120°} = \sqrt{2}$$

第1余弦定理より, $c = \sqrt{6} \cos 45° + 2\cos 120° = \sqrt{3} - 1$

面積の公式 (2辺と夾角) より, $S = \dfrac{1}{2}(\sqrt{3} - 1)\sqrt{6}\ \sin 45° = \dfrac{1}{2}(3 - \sqrt{3})$

面積の公式 (内接円の半径) より, $\dfrac{1}{2}(\sqrt{6} + 2 + \sqrt{3} - 1)r = \dfrac{1}{2}(3 - \sqrt{3})$

$\therefore\ r = \dfrac{3 - \sqrt{3}}{\sqrt{6} + \sqrt{3} + 1} = \dfrac{(3 - \sqrt{3})(\sqrt{3} + 1 - \sqrt{6})}{(\sqrt{6} + \sqrt{3} + 1)(\sqrt{3} + 1 - \sqrt{6})}$

$\quad = \dfrac{\sqrt{3}(\sqrt{3} - 1)(\sqrt{3} + 1 - \sqrt{6})}{2(\sqrt{3} - 1)} = \dfrac{\sqrt{3}(\sqrt{3} + 1 - \sqrt{6})}{2} = \dfrac{3 + \sqrt{3} - 3\sqrt{2}}{2}$

(7) $b = 2$, $c = \sqrt{2}$, B $= 135°$ のとき。

第 2 余弦定理より， $2^2 = (\sqrt{2})^2 + a^2 - 2\sqrt{2}\,a\cos 135°$

$$a^2 + 2a - 2 = 0 \qquad a > 0 \quad \text{より} \qquad a = \sqrt{3} - 1$$

$$\cos C = \frac{(\sqrt{3}-1)^2 + 2^2 - (\sqrt{2})^2}{2(\sqrt{3}-1)\cdot 2} = \frac{\sqrt{3}(\sqrt{3}-1)}{2(\sqrt{3}-1)} = \frac{\sqrt{3}}{2} \qquad \therefore \ C = 30°$$

従って， $A = 180° - (135° + 30°) = 15°$

正弦定理より， $\dfrac{2}{\sin 135°} = 2R \qquad \therefore \ R = \dfrac{2}{2\sin 135°} = \sqrt{2}$

面積の公式 (2 辺と夾角) より， $S = \dfrac{1}{2}\sqrt{2}(\sqrt{3}-1)\sin 135° = \dfrac{1}{2}(\sqrt{3}-1)$

面積の公式 (内接円の半径) より， $\dfrac{1}{2}(\sqrt{3}-1+2+\sqrt{2})r = \dfrac{1}{2}(\sqrt{3}-1)$

$$\therefore \ r = \frac{\sqrt{3}-1}{\sqrt{3}+\sqrt{2}+1} = \frac{(\sqrt{3}-1)(\sqrt{2}+1-\sqrt{3})}{(\sqrt{3}+\sqrt{2}+1)(\sqrt{2}+1-\sqrt{3})}$$

$$= \frac{\sqrt{6}+2\sqrt{3}-\sqrt{2}-4}{2\sqrt{2}} = \frac{\sqrt{6}+\sqrt{3}-2\sqrt{2}-1}{2}$$

(8) $b = 2$, $c = \sqrt{6}$, B $= 45°$ のとき。

第 2 余弦定理より， $2^2 = (\sqrt{6})^2 + a^2 - 2\sqrt{6}\,a\cos 45°$

$$a^2 - 2\sqrt{3}\,a + 2 = 0 \qquad\qquad \therefore \ a = \sqrt{3} \pm 1$$

(i) $a = \sqrt{3} + 1$ のとき

第 2 余弦定理より，

$$\cos C = \frac{(\sqrt{3}+1)^2 + 2^2 - (\sqrt{6})^2}{2(\sqrt{3}+1)\cdot 2} = \frac{2(\sqrt{3}+1)}{2(\sqrt{3}+1)\cdot 2} = \frac{1}{2} \qquad \therefore \ C = 60°$$

従って， $A = 180° - (45° + 60°) = 75°$

正弦定理より， $\dfrac{2}{\sin 45°} = 2R \qquad \therefore \ R = \dfrac{2}{2\sin 45°} = \sqrt{2}$

面積の公式 (2 辺と夾角) より， $S = \dfrac{1}{2}\sqrt{6}(\sqrt{3}+1)\sin 45° = \dfrac{1}{2}(3+\sqrt{3})$

(ii) $a = \sqrt{3} - 1$ のとき

第 2 余弦定理より，

$$\cos C = \frac{(\sqrt{3}-1)^2 + 2^2 - (\sqrt{6})^2}{2(\sqrt{3}-1)\cdot 2} = \frac{-2(\sqrt{3}-1)}{2(\sqrt{3}-1)\cdot 2} = -\frac{1}{2} \quad \therefore \ C = 120°$$

従って， $A = 180° - (45° + 120°) = 15°$

正弦定理より， $\dfrac{2}{\sin 45°} = 2R \qquad \therefore \ R = \dfrac{2}{2\sin 45°} = \sqrt{2}$

面積の公式 (2 辺と夾角) より， $S = \dfrac{1}{2}\sqrt{6}(\sqrt{3}-1)\sin 45° = \dfrac{1}{2}(3-\sqrt{3})$

23−2

(1) $\angle BAD = \angle CAD = 30°$, $\triangle ABD + \triangle ACD = \triangle ABC$ より,
$AD = x$ として, $\dfrac{1}{2} \cdot 4x \sin 30° + \dfrac{1}{2} \cdot 3x \sin 30° = \dfrac{1}{2} \cdot 4 \cdot 3 \sin 60°$

$$\therefore \quad AD = x = \frac{12\sqrt{3}}{7} \quad \cdots\cdots\cdots \text{(答)}$$

(2) $AD = x$, $\angle BAD = \angle CAD = \theta$ とすると,
$\triangle ABC$ で 余弦定理 より $\cos 2\theta = \dfrac{6^2 + 4^2 - 5^2}{2 \cdot 6 \cdot 4} = \dfrac{9}{16}$

従って, $2\cos^2\theta - 1 = \dfrac{9}{16}$ $\cos\theta > 0$ より $\cos\theta = \dfrac{5\sqrt{2}}{8}$

また, $\triangle ABD + \triangle ACD = \triangle ABC$ より,
$\dfrac{1}{2} \cdot 4x \sin\theta + \dfrac{1}{2} \cdot 6x \sin\theta = \dfrac{1}{2} \cdot 4 \cdot 6 \sin 2\theta$ $5x \sin\theta = 24 \sin\theta \cos\theta$

$$\therefore \quad AD = x = \frac{24}{5}\cos\theta = \frac{24}{5} \cdot \frac{5\sqrt{2}}{8} = 3\sqrt{2} \quad \cdots\cdots\cdots \text{(答)}$$

(3) AD は $\angle A$ の二等分線 だから $AB : AC = BD : CD = 3 : 2$
従って, $AB = 3k$, $AC = 2k$ とおける。
更に, $\angle ADB = \theta$ とおくと, $\angle ADC = \pi - \theta$
$\triangle ABD$, $\triangle ACD$ で   余弦定理 より

$$(3k)^2 = 3^2 + 3^2 - 2 \cdot 3 \cdot 3 \, \cos\theta \qquad \therefore \quad k^2 = 2 - 2\cos\theta$$
$$(2k)^2 = 3^2 + 2^2 - 2 \cdot 3 \cdot 2 \, \cos(\pi - \theta) \qquad \therefore \quad 4k^2 = 13 + 12\cos\theta$$

これを解いて, $k^2 = \dfrac{5}{2}$, $\cos\theta = -\dfrac{1}{4}$

$k > 0$, $\sin\theta > 0$ より $k = \dfrac{\sqrt{10}}{2}$, $\sin\theta = \sqrt{1 - \left(-\dfrac{1}{4}\right)^2} = \dfrac{\sqrt{15}}{4}$

よって, $AB = 3k = \dfrac{3\sqrt{10}}{2}$ $\cdots\cdots\cdots$ (答)

$$\triangle ABC = \triangle ABD + \triangle ACD = \frac{1}{2} \cdot 3 \cdot 3 \sin\theta + \frac{1}{2} \cdot 3 \cdot 2 \sin(\pi - \theta)$$
$$= \frac{15}{2}\sin\theta = \frac{15}{2} \cdot \frac{\sqrt{15}}{4} = \frac{15\sqrt{15}}{8} \quad \cdots\cdots\cdots \text{(答)}$$

23−3

$\angle AMB = \theta$ とおくと, $\angle AMC = \pi - \theta$ $BM = CM$ に注意する。
$\triangle ABM$ で 余弦定理 より, $AB^2 = AM^2 + BM^2 - 2AM \cdot BM \cos\theta \cdots$ ①
$\triangle ACM$ で 余弦定理 より, $AC^2 = AM^2 + CM^2 - 2AM \cdot CM \cos(\pi - \theta)$
$$= AM^2 + BM^2 + 2AM \cdot BM \cos\theta \cdots ②$$
①+② より, $AB^2 + AC^2 = 2(AM^2 + BM^2)$ ∎

(別証)

$\triangle ABM$ と $\triangle ABC$ で　余弦定理 より,

$$\cos B = \frac{AB^2 + BM^2 - AM^2}{2AB \cdot BM} \qquad \cos B = \frac{AB^2 + BC^2 - AC^2}{2AB \cdot BC}$$

従って,　$\dfrac{AB^2 + BM^2 - AM^2}{2AB \cdot BM} = \dfrac{AB^2 + (2BM)^2 - AC^2}{2AB \cdot 2BM}$　$[\because BC = 2BM]$

$$2(AB^2 + BM^2 - AM^2) = AB^2 + (2BM)^2 - AC^2$$

よって,　　　　　$AB^2 + AC^2 = 2(AM^2 + BM^2)$　　　　■

23-4

(1)　　　対角線 AC を引く。

三角形の面積 (2 辺と夾角)　より　　　$\triangle ABC = \dfrac{1}{2} \cdot 3 \cdot 5 \sin 120° = \dfrac{15\sqrt{3}}{4}$

$\triangle ABC$ で 余弦定理 より　$AC^2 = 3^2 + 5^2 - 2 \cdot 3 \cdot 5 \cos 120° = 49$　$\therefore$　$AC = 7$

三角形の面積 (3 辺)　より

$$\triangle ACD = \frac{1}{4}\sqrt{(7+6+5)(-7+6+5)(7-6+5)(7+6-5)}$$
$$= \frac{1}{4}\sqrt{18 \cdot 4 \cdot 6 \cdot 8} = 6\sqrt{6}$$

よって　　$S = \triangle ABC + \triangle ACD = \dfrac{15}{4}\sqrt{3} + 6\sqrt{6}$　　………(答)

(2)　　　直線 AB, CD の交点 を E とする。

$\angle E = 60°$　だから　　　$\triangle EBC$ は 1 辺 10 の 正三角形である。

従って,　　　$EA = 10 - AB = 4$,　　$ED = 10 - CD = 5$

よって,　　　$S = \triangle EBC - \triangle EAD$

$$= \frac{1}{2} \cdot 10^2 \cdot \sin 60° - \frac{1}{2} \cdot 4 \cdot 5 \cdot \sin 60° = 25\sqrt{3} - 5\sqrt{3} = 20\sqrt{3}\ \cdots (答)$$

23-5

(1)　　　$\triangle ABC$ で 余弦定理 より

$AC^2 = 4^2 + (3\sqrt{2})^2 - 2 \cdot 4 \cdot 3\sqrt{2} \cos 45° = 10$　　　$\therefore$　$AC = \sqrt{10}$　$\cdots$(答)

四角形 $ABCD$ は 円に内接するから　　　$\angle D = 180° - \angle B = 135°$

$AD = x$ とすると,　　$\triangle ACD$ で　余弦定理 より

$$(\sqrt{10})^2 = 2^2 + x^2 - 2 \cdot 2 \cdot x \cos 135°$$
$$x^2 + 2\sqrt{2}\,x - 6 = 0 \qquad (x + 3\sqrt{2})(x - \sqrt{2}) = 0$$

$x > 0$　より　　$x = \sqrt{2}$　　即ち　　$AD = \sqrt{2}$　………(答)

従って,　　　$S = \triangle ABC + \triangle ACD$

$$= \frac{1}{2} \cdot 4 \cdot 3\sqrt{2} \sin 45° + \frac{1}{2} \cdot 2 \cdot \sqrt{2} \sin 135° = 6 + 1 = 7\ \cdots(答)$$

(2)　　　四角形 $ABCD$ は 円に内接するから　　　　$\angle D = \pi - \angle B$

$\triangle ABC,\ \triangle ACD$ で　　余弦定理 より

$$AC^2 = 2^2 + 4^2 - 2 \cdot 2 \cdot 4 \cos B \qquad\qquad \therefore\quad AC^2 = 20 - 16 \cos B$$

$$AC^2 = 3^2 + 2^2 - 2 \cdot 3 \cdot 2 \ \cos(\pi - B) \qquad \therefore\quad AC^2 = 13 + 12 \cos B$$

これを解いて,　　　　　　　$AC = 4$,　　　$\cos B = \dfrac{1}{4}$　$\cdots\cdots\cdots$ (答)

$\sin B > 0$　　より　　　　$\sin B = \sqrt{1 - \left(\dfrac{1}{4}\right)^2} = \dfrac{\sqrt{15}}{4}$

従って,　　　$S = \triangle ABC + \triangle ACD\ \ = \dfrac{1}{2} \cdot 2 \cdot 4 \sin B + \dfrac{1}{2} \cdot 3 \cdot 2 \sin(\pi - B)$

$$= 4 \sin B + 3 \sin B\ \ = 7 \sin B\ \ = \dfrac{7\sqrt{15}}{4}\ \ \cdots\cdots \text{(答)}$$

23-6

$\triangle ABC,\ \triangle ABF,\ \triangle BCF$　は 直角三角形 だから

$$AC^2 = 2^2 + 3^2 = 13 \qquad\qquad \therefore\qquad AC = \sqrt{13}$$

$$AF^2 = 2^2 + 4^2 = 20 \qquad\qquad \therefore\qquad AF = 2\sqrt{5}$$

$$CF^2 = 3^2 + 4^2 = 25 \qquad\qquad \therefore\qquad CF = 5$$

$\triangle AFC$ で　余弦定理 より,

$$\cos\angle CAF = \frac{(\sqrt{13})^2 + (2\sqrt{5})^2 - 5^2}{2\sqrt{13} \cdot 2\sqrt{5}} = \frac{2}{\sqrt{65}} \qquad \cdots\cdots\cdots \text{(答)}$$

$\sin\angle CAF > 0$　　より　　　　$\sin\angle CAF = \sqrt{1 - \left(\dfrac{2}{\sqrt{65}}\right)^2} = \dfrac{\sqrt{61}}{\sqrt{65}}$

よって,　　　$S = \dfrac{1}{2}\sqrt{13} \cdot 2\sqrt{5} \sin\angle CAF = \sqrt{13}\sqrt{5} \cdot \dfrac{\sqrt{61}}{\sqrt{65}}\ = \sqrt{61}\ \cdots \text{(答)}$

<注>　　三角形の面積の公式 (一般に,三角関数の公式) は多いから, それに
　　応じて 別解がある。 23-1 ～ 23-6 では, 適当と思われる 1 つで解いた。

あ と が き

　実数の公理系 (第 1 章 §2 [1]) から出発して，次々と定理を証明してきて，本書の最終 (第 5 章 §8 基礎演習 23) にまで至った。 この流れは 12p の図 に描かれた「数学的理論の構成」に示されている。この後, 公理 (14) の関連する (数列や関数の) 極限 から 微分積分へ と 続けてゆくとよい。

　証明においては, 一歩進めるごとに根拠, 理由が必要であるが, それは, 公理 (0)〜(14), 等号の性質 (第 1 章 §1), 定義 (序章 §3 を含む), その時点までに証明された定理, それと 論理 (序章 §2 §4) である。

　理論が進めば, 一般に, 示すべき根拠は 次第に多くなるから, 初歩的なものから省略してゆくことになる。 しかし, 第 1 章 §2 §3 のような 初め (スタート) の部分では, 証明においては 根拠は すべてを示す位でありたい。

　本書では, できうる限り詳しく示したが, 全体の見通しが悪くならないように やはり いくらかは省略せざるを得なかった。それゆえ, 省略されたと思われる 処は 是非, 補って読んでほしいと思う。論理の実践的な習得のためには, そのような姿勢で臨むことが有効であろう。

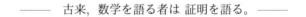

―――　古来, 数学を語る者は 証明を語る。 ―――

索　引

346

著者略歴

　　酒　井　久　満

1947年　石川県生まれ
京都大学理学部物理学科卒業
京都大学大学院理学研究科動物学専攻
　　　　博士後期課程　単位取得退学
関西文理学院講師
私大非常勤講師
長浜バイオ大学講師
2018年退職　本書の執筆

基礎解析　—論証, 証明を実践的に習得するために—　　定価はカバーに表示

2021 年 2 月 4 日　初版発行

　　　　　　　　　著　者　酒　井　久　満
　　　　　　　　　発行所　株式会社　大　垣　書　店
　　　　　　　　　　　　京都市北区小山西花池町 1-1
　　　　　　　　　　　　郵 便 番 号　6 0 3 - 8 1 4 8
　　　　　　　　　　　　https://www.books-ogaki.co.jp

〈検印省略〉

　　　　　　　　　　　　　　　亜細亜印刷株式会社

ISBN 978-4-903954-39-4　C 3041　　　　　　　Printed in Japan